职业教育规划教材——公路工程类

土质与道路建筑材料

主　编　张　燕　郭秀芹

参　编　代红娟　孙道建　李荣晓

　　　　孙丽娟　耿秀春

西南交通大学出版社
·成　都·

图书在版编目（CIP）数据

土质与道路建筑材料／张燕，郭秀芹主编. —成都：
西南交通大学出版社，2017.3
职业教育规划教材. 公路工程类
ISBN 978-7-5643-5331-5

Ⅰ. ①土… Ⅱ. ①张… ②郭… Ⅲ. ①土质学 – 职业
教育 – 教材②筑路材料 – 职业教育 – 教材 Ⅳ. ①P642.1
②U414

中国版本图书馆 CIP 数据核字（2017）第 048572 号

职业教育规划教材——公路工程类

土质与道路建筑材料

主　编　张　燕　　郭秀芹

责 任 编 辑	杨　勇
封 面 设 计	何东琳设计工作室
出 版 发 行	西南交通大学出版社 （四川省成都市二环路北一段 111 号 西南交通大学创新大厦 21 楼）
发 行 部 电 话	028-87600564　　028-87600533
邮 政 编 码	610031
网　　　　址	http://www.xnjdcbs.com
印　　　　刷	成都中铁二局永经堂印务有限责任公司
成 品 尺 寸	185 mm×260 mm
印　　　　张	28.5
字　　　　数	675 千
版　　　　次	2017 年 3 月第 1 版
印　　　　次	2017 年 3 月第 1 次
书　　　　号	ISBN 978-7-5643-5331-5
定　　　　价	65.00 元

课件咨询电话：028-87600533

前　言

为落实《国家中长期教育改革和发展纲要（2010—2020）》精神，深化职业教育改革，积极推进课程改革和教材建设，满足职业教育发展的新需求，山东公路技师学院根据工学结合、理实一体化课程的开发程序和方法，编写了一套供技工院校公路工程试验检测技术及相关专业群教学使用的系列教材。

本系列教材充分考虑了目前技工职业教育的特点以及公路工程试验检测与评价对人才的需求，坚持面向市场、面向社会，以能力为基本，以职业为发展导向，以经济结构调整和科技进步为原则；注重理论知识与实践技能的有机结合，实践内容与现行行业标准的紧密结合。

本系列教材突出实用性，以知识、技能的系统性构建为重点，摒弃了传统教材重理论轻实践的学科性编写模式，在教材主线、编写风格、教材组织上有了较大改变。本书紧密结合国家现行的规范与技术标准，保留了传统实用技能的推广，同时穿插新工艺、新技术，辅助能有效地实施"做、学、教"，对实际工程项目的检测有较高的指导意义。

本系列教材具有新、特的特点。新：全面反映并采用了国家及行业最新技术标准与技术规范，选编最新材料、新工艺，充分反映当前试验检测的新技术。特：有别于其他同类教材，本教材汇集了山东公路技师学院十几年来进行的教学、生产、科研的知识精华和经验，对基本理论进行了严格把关，反映了科研生产一线的最新技术，使得技能培训与实际密切结合。

本系列教材服务于师生、服务于教学，重点突出，主次分明，阐述简明。每个单元设有重点内容与学习要求并配有相应的习题集，与工程案例分析，以便学生更好地了解与掌握核心内容。

本系列教材注重学生基本素质、基本能力的培养，教材从内容和形式上力求贴近实际。

"工学结合、校企合作"是职业教育健康发展的基础。本教材在编写过程中，邀请国内知名的工程检测专家参与了编审工作，在此表示衷心感谢。

为方便教学，本系列教材配套有《公路工程试验实训多媒体教材》。

在编写过程中，参考了大量的著作和文献资料，在此一并向有关作者、编者表示真诚的感谢。

由于编者水平有限及时间仓促，遗漏在所难免，敬请使用本书的老师和同学们提出宝贵的意见，使本教材不断完善。

编　者

2016 年 12 月

目　录

绪　论

道路建筑材料是构成建筑物的物质基础，它是随着社会生产和材料科学的发展而发展的。人类社会的发展史伴随着材料的发明和发展。道路与桥梁建设是土木工程的一个重要组成部分，道路建筑材料用于路基、路面、桥梁、隧道等的各种构件和结构体并最终构成建筑物。

随着公路建设的大规模发展，道路建筑材料的使用和发展速度也越来越快，传统的建筑材料虽在基础工程中广泛应用，但已渐渐不能满足快速发展的公路建设对高标准工程的要求。在当代道路工程建设中，水泥混凝土、钢材、钢筋混凝土、沥青和沥青混凝土虽是不可替代的结构材料，但新型合金材料、有机材料、新型土工合成材料、化学材料及各种复合材料等已占有相当的比重。

一、材料在公路工程中的重要性

1. 材料是工程结构物的物质基础

道路建筑材料是道路、桥梁工程结构的基础，材料质量的好坏、配制是否合理以及选用是否适当等，均直接影响结构物的质量。

2. 材料的使用与工程造价密切相关

在道路与桥梁工程结构的修造费用中，材料费通常占道路工程总造价的 60% ~ 70%，因此合理地选择和使用材料是节约工程投资、降低工程造价的关键。

3. 材料科学的进步可以促使工程技术发展

在道路与桥梁工程建设中，工程建筑设计、工艺的更新换代、新材料的发展产生是促进道路与桥梁工程技术发展的重要基础。

二、建筑材料的分类

由于建筑材料种类繁多，为便于区分和应用，工程中常从不同的角度对其进行分类。最常用的分类方法是按材料的化学成分及其使用功能和用途进行划分。

本书主要讲述的材料如下：

1. 砂石材料

砂石材料是人工开采的岩石或轧制的碎石以及地壳表层岩石经风化而得到的天然砂砾。其中尺寸较大的块状石料经加工后，可以直接用于砌筑道路、桥梁工程结构物或铺筑隧道基础；性能稳定的岩石集料可用于配置水泥混凝土和沥青混合料；一些具有活性的矿质材料或工业废渣，可作为水泥混凝土和沥青混合料中的掺合料。

2. 无机结合料和水泥混凝土

路桥工程中采用最多的无机结合料是石灰和水泥，用它们制成的无机结合料稳定类混合料通常用于高等级道路路面基层结构或低级道路路面面层结构。水泥是配置水泥混凝土和预应力混凝土结构的主要材料，广泛应用于土木工程建设中。水泥砂浆是各种桥梁圬工结构的砌筑材料。

3. 有机结合料及其混合料

有机结合料主要是指石油沥青、煤沥青和乳化沥青，它们与集料可以配制成沥青混合料，修筑成不同类型的沥青路面。沥青混合料是现代路面建筑中很重要的一种材料。

4. 高分子合成材料

各种高聚物材料应用于道路、桥梁建设中，除可以替代传统材料外，还可改善路桥工程材料的性能，加固土壤、改善沥青性能和提高水泥混凝土强度等。

5. 钢　材

钢材是桥梁结构及钢筋混凝土结构的重要材料。

三、道路建筑材料的研究内容

（1）研究道路建筑材料的组成与结构。

材料的基本性质在很大程度上取决于材料的组成（化学组成、矿物成分）、结构等内部因素。近代由于测试手段的发展，人们对材料组成结构与性能之间的关系有了较深刻的认识。这对于合理使用材料、进一步改进和完善材料性质、发展新材料有重要意义。

（2）研究道路建筑材料的基本技术性质。

材料及其制品必须具有一定的技术性质，以适应结构物与施工条件的要求。只有充分了解和掌握材料的基本技术性质，如：物理性能、力学性能、耐久性等，才能合理有效地选择和使用材料，并保证工程结构物的综合力学强度和稳定性。

① 力学性质。

力学性质是材料抵抗车辆荷载复杂力综合作用的性能，如竖向力、水平力和冲击力以及车轮的磨损。本书将研究道路材料的强度、变形行为、抗磨性能等力学性能，以及这些性能的影响因素及评价方法和指标，并进一步考虑在不同的温度和时间条件下这些力学性能的变化规律。

② 物理性质。

材料在使用过程中，其力学强度随温度和湿度等物理因素的影响而改变。一般材料随温度升高、湿度的加大，强度会降低。因此材料的温度稳定性、水稳定性是材料性能的主要指标。

常用的物理性能指标包括物理常数（密度、孔隙率、空隙率）和吸水率等。材料的物理常数可用于计算材料用量、配合比设计，且能反映其内部组成和构造；既与其吸水性有关，又与其力学性质及耐久性关系密切。

③ 化学性质。

化学性质是指材料抵抗各种周围环境对其化学作用的性能。在公路与桥梁建筑中，材料可能受到侵蚀作用和自然因素综合作用，引起性质变化即材料的老化。近代测试手段可通过红外光谱、核磁共振波谱、X 射线衍射及扫描电镜等来研究材料的微观结构，提示材料化学性质变化的实质。

④ 工艺性质。

工艺性质是指材料适合于按一定工艺要求加工的性能。例如，水泥混凝土拌和物需要一定的流动性，以便浇筑。材料工艺性质通过一定的试验方法和指标进行控制。

⑤ 耐久性。

裸露于自然环境中的结构物，将受到各种自然因素的侵蚀作用，如温度变化、冻融循环、氧化、酸碱腐蚀等。本书将根据道路材料所处的结构部位、环境条件，综合考虑引起材料耐久性降低的原因。

（3）研究土质与道路建筑材料试验检测的方法。

四、道路建筑材料的发展趋势

（1）在原材料上，利用再生资源、工农业废渣、废料，保护土地资源。

（2）在工艺上，引进新技术，改造淘汰旧设备，降低原材料与能耗，减少环境污染，维护社会可持续发展。

（3）在性能上，力求产品轻质、高强、耐久、美观，并高性能化和多功能化。

（4）在形式上，发展预制装配技术，提高构件尺寸和单元化水平。

（5）在研究方向上，研究和开发化学建材和复合材料，促进新型建材的发展。

五、道路建筑材料的技术标准

建筑材料及制品必须具备一定的技术性能以满足工程的需要，而各种材料由于化学组成、结构及构造的差异而带来性质的差异或因试验方法的不同而影响测定的数值结果。因此，必须有统一的技术质量要求和统一的试验方法实行评定，这些要求或方法体现在由国家标准或有关的技术规范、规定的各项技术指标，在道路设计、施工和验收过程中应以这些标准的方法和指标为基础。

为了保证建筑材料的质量，我国对各种材料制定了专门的技术标准。目前，我国建筑材料的标准分为国家标准、行业标准、地方标准和企业标准四个等级。各级标准分别由相应的标准管理部门批准并颁布，我国国家技术监督局是国家标准化管理的最高机构。国家标准和行业标准是全国通用标准，是国家指令性技术文件，各级生产、设计、施工等部门均必须严格遵照执行。

各级标准都有各自的部门代号，例如：GB——国家标准；JGJ——建设部行业标准；JC——国家建材局标准；JTJ、JTG——交通运输部部颁标准，等等。标准的表示方法，由标准名称、部门代号、编号和批准年份等组成，如国家标准《通用硅酸盐水泥》（GB 175—2007），标准的部门代号为 GB，编号为 175，批准年份为 2007 年。上述标准为强制性国家标准，任何技术（产品）不得低于此标准。此外，还有推荐性国家标准，以 GB/T 为标准代号，它表示也可以执行其他标准，为非强制性。

根据国际技术和经济交流与合作的需要，我国参加了 ISO 和 IEO 两个国际标准化组织的活动。工程中可能采用的其他技术标准还有国际标准（代号 ISO）、美国国家标准（ANSI）、英国标准（BS）、德国工业标准（DIN）、法国标准（NF）和日本工业标准（JIS）等。

公路工程中常用的是现行国家标准和行业标准。

六、试验检测的目的和意义

在公路建设中，质量是工程建设的关键，任何一个环节、任何一个部位出现问题，都会给工程的整体质量带来严重后果，直接影响到公路的使用效益，造成巨大的经济损失。所以如果不实行完善而严格的质量管理、保证和监督体系，难免会在公路工程施工过程中出现质量事故或造成质量隐患。因此，在现场施工的质量控制中，配置与质量控制和管理相匹配的常规标准试验仪器和采用适宜的检测方法，进行必要的试验检测，对确保工程质量是极为重要的。

通过试验检测能充分地利用当地原材料，迅速推广应用新材料、新技术和新工艺；能用定量的方法科学地评定各种材料和构件的质量；能合理地控制并科学地评定工程质量。因此，工程试验检测工作对于提高工程质量、加快工程进度、降低工程造价、推动公路工程施工技术进步，将起到极为重要的作用。公路工程试验检测技术融试验检测基本理论和测试操作技能及公路工程相关学科基础知识于一体，是工程设计参数、施工质量控制、施工验收评定、养护管理决策及各种技术规范和规程修定的主要依据。

为使公路满足使用要求，必须在精心设计的基础上，严格按照设计文件和现行施工技术规范的要求认真组织施工。作为施工技术人员和工程试验检测人员或质量控制管理人员，在整个施工期间，应在吃透并领会设计文件、熟悉现行施工技术规范和试验检测规程的前提下，严格做好路用材料质量、施工控制参数、现场施工过程质量和分部分项工程验收四个关键环节的把关工作。

七、对试验检测人员、设备和记录的要求

试验检测人员一定要正确地认识各种试验检测的作用及其局限性。试验检测成果因试验方法和试验技巧的熟练程度不同，会有较大的误差。为了使试验检测能较正确地反映材料或工程的实际性质，就要求试验检测人员必须掌握试验检测的基本理论、基本知识和基本技能。

1. 对试验检测人员的要求

（1）人员要持证上岗。

检测操作人员应熟悉检测任务，了解被测对象和所用检测仪器设备的性能。检测人员必须经考核合格，取得上岗证后，才能上岗操作。凡使用精密、贵重、大型检测仪器设备者，必须熟悉该检测仪器的性能，具备使用该仪器的知识，经考核合格，取得操作证书后才能操作。

（2）熟悉技术标准，掌握最新的试验检测技术。

试验检测人员应掌握所从事检测项目的有关技术标准，了解本领域国内外测试技术、检测仪器的现状及发展方向，具备制订检测大纲、采用国内外最新技术进行检测工作的能力。

（3）试验检测人员应了解误差理论、数理统计方面的知识，能独立进行数据处理工作。

（4）态度端正，维护科学。

试验检测人员应对试验检测工作、数据处理工作持严肃的态度，以数据说话，不受行政或其他方面影响的干扰。

2. 对试验检测仪器的要求

（1）贵重、精密的仪器要专人专用专管。

使用贵重、精密、大型仪器设备者，均应经培训考核合格，取得操作许可证。精密、贵重、大型仪器设备的安放位置不得随意变动，如确实需要变动，重新安装后，应对其安装位置、安装环境、安装方式进行检查，并重新进行检定或校准。

（2）仪器设备的检定。

除对所有仪器设备按周期进行计量检定外，还应对它们进行不定期的抽查，以确保其功能正常，性能完好，精度满足检测工作的要求。

（3）注意仪器设备的日常保养。

仪器设备保管人员应负责所保管设备的清洁卫生，不用时，应罩上防尘罩。长期不用的电子仪器，每隔三个月应通电一次，每次通电时间不得短于半小时。

全部仪器设备的使用环境均应满足说明书的要求。有温度、湿度要求者，确保温度、湿度方面的要求。

3. 对试验检测原始记录的要求

（1）原始记录应印成一定格式的记录表，其格式根据检测的要求不同可以有所不同。原始记录表主要应包括：产品名称、型号、规格；产品编号、生产单位；抽样地点；检测项目、检测编号、检测地点；温度、湿度；主要检测仪器名称、型号、编号；检测原始记录数据、数据处理结果；检测人、复核人；试验日期等。

（2）原始记录是试验检测结果的如实记载，不允许随意更改，不许删减。

（3）原始记录一般不得用铅笔填写，内容应填写完整，应有试验检测人员和计算校核人员的签名。

（4）原始记录如果确需更改，作废数据应划水平线，将正确数据填在上方，盖更改人印章。

（5）原始记录应集中保管，保管期一般不得少于 5 年。

单元一　试验检测数据处理

课题一　数据修约方法

> **知识点：**
> ◎ 数字修约规则
> **技能点：**
> ◎ 数据修约方法的具体应用

一、修约间隔

1. 数值修约

通过省略原数值的最后若干位数字，调整所保留的末位数字，使最后所得到的值最接近原数值的过程。

2. 修约间隔

修约值的最小数值单位。修约间隔的数值一经确定，修约值即应为该数值的整数倍。

例如：修约间隔为 0.1：修约值即应在 0.1 的整数倍中选取，相当于将数值修约到一位小数；

修约间隔为 100：修约值即应在 100 的整数倍中选取，相当于将数值修约到"百"数位。

例如：0.5 单位修约（半个单位修约）：修约间隔为指定数位的 0.5 单位，即修约到指定数位的 0.5 单位。

例如：0.2 单位修约：修约间隔为指定数位的 0.2 单位，即修约到指定数位的 0.2 单位。

二、数值修约进舍规则

1. 修约间隔为某数位的 1 单位修约

修约方法：四舍六入五考虑，五后非零则进一，五后为零视奇偶，奇升偶舍要注意，修约一次要到位。

（1）"四舍"。

拟舍弃数字的最左一位数字小于 5，则舍去，即保留其余各位数字不变。

例如：将 12.149 8 修约到个数位，得 12；将 12.149 8 修约到一位小数，得 12.1。

（2）"六入"。

拟舍弃数字的最左一位数字大于 5，则进 1，即保留数字的末位数字加 1。

例如：将 1 268 修约到"百"数位，得 13×10^2（特定场合可写为 1 300）。

（3）"五后非零"。

拟舍弃数字的最左一位数字为 5，且其后有非 0 数字时进一，即保留数字的末位数字加 1。

例如：将 10.500 2 修约到个数位，得 11。

（4）"五后为零，奇进"。

拟舍弃数字的最左一位数字为 5，且其后无数字或皆为 0 时，若所保留的末位数字为奇数（1、3、5、7、9），则进 1。

例 1：修约间隔为 0.1（或 10^{-1}）。

拟修约数值	修约值
0.35	4×10^{-1}（特定场合可写成为 0.4）

例 2：修约间隔为 1000（或 10^3）。

拟修约数值	修约值
3 500	4×10^3（特定场合可写成为 4 000）

（5）"五后为零，偶舍"。

拟舍弃数字的最左一位数字为 5，且其后无数字或皆为 0 时，若所保留的末位数字为偶数（2、4、6、8），则舍去。

例 1：修约间隔为 0.1（或 10^{-1}）。

拟修约数值	修约值
1.050	10×10^{-1}（特定场合可写成为 1.0）

例 2：修约间隔为 1 000（或 10^3）。

拟修约数值	修约值
2 500	2×10^3（特定场合可写成为 2 000）

2. 修约间隔为某数位的 0.5 单位修约（半个单位修约）

修约方法：将拟修约数值 X 乘以 2，按指定修约间隔对 $2X$ 依以上的规定修约，所得数值（$2X$ 修约值）再除以 2。

例：将下例数字修约到"个"数位的 0.5 单位修约。

拟修约数值 （X）	乘 2 （$2X$）	$2X$ 修约值 （修约间隔为 1）	X 修约值 （修约间隔为 0.5）
50.25	100.50	100	50.0
50.38	100.76	101	50.5

3. 0.2 单位修约

修约方法：将拟修约数值 X 乘以 5，按指定修约间隔对 $5X$ 依以上的规定修约，所得数值（$5X$ 修约值）再除以 5。

例如：将下列数字修约到"百"数位的 0.2 单位修约。

拟修约数值 （X）	乘 5 （$5X$）	$5X$ 修约值 （修约间隔为 1）	X 修约值 （修约间隔为 0.2）
830	4 150	4 200	840
842	4 210	4 200	840

三、数值修约注意事项

实行数值修约，应在明确修约间隔、确定修约位数后一次完成，而不应连续修约，否则会导致不正确的结果。然而，实际工作中常有这种情况，有的部门先将原始数据按修约要求多一位至几位报出，而后另一个部门按此值再按规定位数修约和判定，这样就有连续修约的错误。

（1）拟修约数字应在确定修约间隔或指定修约数位后一次修约获得结果，不得多次连续修约。

例 1：修约 97.46，修约间隔为 1。

正确的做法：97.46——97；

不正确的做法：97.46——97.5——98。

例 2：修约 15.454 6，修约间隔为 1。

正确的做法：15.454 6——15；

不正确的做法：15.454 6——15.455——15.46——15.5——16。

（2）在具体的实施中，有时测量与计算部门先将获得的数值按指定的修约数位多一位或几位报出，而后由其他部门判定。

为避免产生连续修约的错误，应按下列步骤进行：

① 报出数值最右的非 0 数字为 5 时，应在数值后面加"（＋）"号或"（－）"或不加符号，以分别表明已进行过舍、进或未舍未进。

例：15.50（＋）表示实际值大于 15.50，经修约舍弃为 15.50；

15.50（－）表示实际值小于 15.50，经修约进 1 成为 15.50。

② 如果判定报出值需要进行修约，当拟舍弃数字的最左一位数字为 5，而后面无数字或全部为 0 时，数值后面有（＋）号者进 1，数值后面有（－）号者舍去，其他仍按进舍规则进行。

例如：将下列数字修约到个数位后进行判定（报出值多留一位到一位小数）。

实测值	报出值	修约值
15.454 6	15.5（－）	15
15.520 3	15.5（＋）	16
16.500 0	16.5	16
－14.454 6	－14.5（－）	－14

课题二　数据统计方法

> **知识点：**
> ◎　总体与样本的概念
> ◎　数据统计的指标名称及含义
> **技能点：**
> ◎　计算器数据统计程序的应用

一、总体与样本

1.　总　体

总体又称母体，是统计分析中所需研究对象的全体。而组成总体的每个单元称为个体。例如，在沥青混合料拌和工地上需要确定某公司运来的一批沥青质量是否合格，则这批沥青就是总体。

总体分为有限总体和无限总体。如果是一批产品，由于其数量有限，所以称其为有限总体；如果是一道工序，由于工序总在源源不断地生产出产品，有时是一个连续的整体，所以这样的总体称为无限总体。

2.　样　本

从总体中抽取一部分个体就是样本（又称子样）。例如，从每一桶沥青中取两个试样，一批沥青有 100 桶，抽查了 200 个试样做试验，则这 200 个试样就是样本。而组成样本的每一个个体，即为样品。例如，上述 200 个试样中的某一个，就是该样本中的一个样品。

样本容量是样本所含样品的数量，通常用 n 来表示。上例中样本容量 $n = 200$。样本容量的大小，直接关系到判断结果的可靠性。一般来说，样本容量越大，可靠性越好，但检测所耗费的工作量亦越大，成本也就越高。样本容量与总体中所含个体的数量相等时，是一种极限情况，因此，全数检验是抽样检验的极限。

3.　总体与样本的关系

在大多数土木工程问题中，将研究对象全体进行鉴定是不可能的。例如，从某一地层中可以采集到无限个土壤样本，显然不可能对其一一列举。

在工程质量检验中，对无限总体中的个体逐一考察其某个质量特性也显然是不可能的，即使对有限总体，若所含个体数量虽不大，但要作全部破坏性考察也是不可取的。所以，除特殊项目外，主要通过抽取总体中的一小部分个体（样本）加以检测，以便了解和分析总体的质量状况。

二、数据的统计特征量

工程质量数据的统计特征量分为两类：一类表示统计数据的规律性，主要有算术平均值、中位数、加权平均值等；一类表示统计数据的差异性，即工程质量的波动性，主要有极差、标准偏差、变异系数等。

1. 算术平均值

算术平均值是表示一组数据集中位置最有用的统计特征量，经常用样本的算术平均值来代表总体的平均水平。样本的算术平均值用 $\bar{x}$ 表示。如果 n 个样本数据为 x_1, x_2, …, x_n, 那么，样本的算术平均值为：

$$\bar{x} = \frac{1}{n}(x_1 + x_2 + \cdots + x_n) = \frac{1}{n}\sum_{i=1}^{n} x_i \qquad (1\text{-}2\text{-}1)$$

例1：某路段沥青混凝土面层抗滑性能检测，摩擦系数的检测值（共10个测点）分别为 58、56、60、53、48、54、50、61、57、55（摆值）。求摩擦系数的算术平均值。

解：由公式（1-2-1）可知摩擦系数的算术平均值：

$$\overline{F_B} = \frac{1}{10}(58 + 56 + 60 + 53 + 48 + 54 + 50 + 61 + 57 + 55) = 55(摆值)$$

2. 中位数

在一组数据 x_1, x_2, …, x_n 中，按其大小次序排序，以排在正中间的一个数表示总体的平均水平，称为中位数，或称中值，用 $\tilde{x}$ 表示。n 为奇数时，正中间的数只有一个；n 为偶数时，正中间的数有两个，取这两个数的平均值作为中位数，即

$$\tilde{x} = \begin{cases} x_{\frac{n+1}{2}} & (n\text{为奇数}) \\ \frac{1}{2}\left(x_{\frac{n}{2}} + x_{\frac{n}{2}+1}\right) & (n\text{为偶数}) \end{cases} \qquad (1\text{-}2\text{-}2)$$

例2：检测值同例1，求中位数。

解：检测值按大小次序排列为：61、60、58、57、56、55、54、53、50、48（摆值），其中位数为

$$\tilde{F}_B = \frac{F_{B(5)+B(6)}}{2} = \frac{56 + 55}{2} = 55.5$$

3. 极 差

在一组数据中最大值与最小值之差：

$$R = x_{\max} - x_{\min} \qquad (1\text{-}2\text{-}3)$$

例3：检测值同例1，求极差。

$$R = F_{B\max} - F_{B\min} = 61 - 48 = 13$$

极差没有充分利用数据的信息，但计算十分简单，仅适用于样本容量较小（$n < 10$）的情况。

4. 标准偏差

标准偏差有时也称标准离差、标准差或均方差，是衡量样本数据波动性（离散程度）的指标。在质量检验中，总体的标准偏差（σ）一般不易求得。样本的标准差 S 按公式（1-2-4）计算：

$$S = \sqrt{\frac{(x_1 - \overline{x})^2 + (x_2 - \overline{x})^2 + \cdots + (x_n - \overline{x})^2}{n-1}} = \sqrt{\frac{\sum_{i=1}^{n}(x_i - \overline{x})^2}{n-1}} \qquad （1-2-4）$$

例 4：例 1 的数据，求样本标准偏差 S。

解：

$$S = \sqrt{\frac{(x_1 - \overline{x})^2 + (x_2 - \overline{x})^2 + \cdots + (x_n - \overline{x})^2}{n-1}}$$

$$= \sqrt{\frac{(58 - 55.2)^2 + (56 - 55.2)^2 + \cdots + (55 - 55.2)^2}{10-1}} = 4.13 \text{（摆值）}$$

5. 变异系数

标准偏差是反映样本数据的绝对波动状况。当测量较大的量值时，绝对误差一般较大；测量较小的量值时，绝对误差一般较小，因此，用相对波动的大小，即变异系数更能反映样本数据的波动性。

变异系数用 C_V 表示，是标准差 S 与算术平均值的比值，即

$$C_V = \frac{S}{\overline{x}} \times 100\% \qquad （1-2-5）$$

例 5：若甲路段沥青混凝土面层的摩擦系数算术平均值为 55.2（摆值），标准偏差为 4.13（摆值）；乙路段沥青混凝土面层的摩擦系算术平均值为 60.8（摆值），标准偏差为 4.27（摆值）。则两路段的变异系数为

甲路段：　　　$C_V = \frac{4.13}{55.2} \times 100\% = 7.48\%$

乙路段：　　　$C_V = \frac{4.27}{60.8} \times 100\% = 7.02\%$

从标准偏差看，$S_甲 < S_乙$。但从变异系数分析，$C_{V甲} > C_{V乙}$，说明甲路段的摩擦系数相对波动比乙路段的大，面层抗滑稳定性较差。

课题三 可疑数据的剔除

> **知识点：**
> ◎ 可疑数据的剔除方法原理
> **技能点：**
> ◎ 可疑数据的剔除方法的计算过程

在一组条件完全相同的重复试验中，个别的测量值可能会出现异常。如测量值过大或过小，这些过大或过小的测量数据是不正常的，或称为可疑的。对于这些可疑数据，应用数理统计的方法判别其真伪。常用方法有拉依达法、肖维纳特法、格拉布斯法等。

一、拉依达法

1. 方 法

当试验次数较多时，可简单的用 3 倍标准差（$3S$）作为确定可疑数据舍取的标准。当某一测量数据（x_i）与其测量结果的算术平均值（$\bar{x}$）之差的绝对值大于 3 倍标准偏差时，用公式表示为

$$|x_i - \bar{x}| > 3S \qquad\qquad (1\text{-}3\text{-}1)$$

则该测量数据应符合公式（1-3-1），则舍弃。

由于该方法以 3 倍标准差作为判别标准，亦称 3 倍标准偏差法，简称 $3S$ 法。

2. 取 $3S$ 的理由

根据随机变量的正态分布规律，在多次试验中，测量值落在 $\bar{x}-3S$ 与 $\bar{x}+3S$ 之间的概率为 99.73%，出现在此范围之外的概率仅为 0.27%，也就是在近 400 次试验中才能遇到一次，这种事件为小概率事件，出现的可能性很小，几乎是不可能。因而在实际试验中，一旦出现，就认为该测量数据是不可靠的，应将其舍弃。

3. 特 点

拉依达法简单方便，不需查表，但要求较宽，当试验检测次数较多或要求不高时可以应用，当试验检测次数较少时（如 $n < 10$），在一组测量值中即使混有异常值，也无法舍弃。

例：试验室进行同配比的混凝土强度试验，其试验结果为（$n=10$）：23.0 MPa、24.0 MPa、26.0 MPa、25.0 MPa、24.8 MPa、27.0 MPa、25.5 MPa、31.0 MPa、25.4 MPa、25.8 MPa，试用 $3S$ 法判别其取舍。

解：分析上述 10 个检测数据 $x_{\min} = 23.0$ MPa 和 $x_{\max} = 31.0$ MPa 最可疑。故应先判别 $x_{\min}$ 和 $x_{\max}$。

经计算 $\bar{x} = 25.8\,\mathrm{MPa}$ ， $S = 2.1\,\mathrm{MPa}$ ，则

$$|\,x_{\max} - \bar{x}\,| = |31.0 - 25.8| = 5.2\,\mathrm{MPa} < 3S = 6.3\,\mathrm{MPa}$$
$$|\,x_{\min} - \bar{x}\,| = |23.0 - 25.8| = 2.8\,\mathrm{MPa} < 3S = 6.3\,\mathrm{MPa}$$

故上述测验数据均不能舍弃。

二、肖维纳特法

1. 方 法

进行 n 次试验，其测量值服从正态分布，以概率 $1/(2n)$ 设定一判定范围（ $-K_nS$ ， K_nS ），当偏差（测量值 x_i 与算术平均值 $\bar{x}$ 之差）超出该范围时，就意味着该测量值 x_i 是可疑的，应予舍弃。

肖维纳特法可疑数据舍弃的标准为

$$\frac{|\,x_i - \bar{x}\,|}{S} \geqslant k_n \tag{1-3-2}$$

式中 k_n——肖维纳特系数，与试验次数有关，可由正态分布系数表查得，见表 1-3-1。

表 1-3-1 肖维纳特系数 k_n

n	k_n	n	k_n	n	k_n	n	k_n	n	k_n	n	k_n
3	1.38	8	1.86	13	2.07	18	2.20	23	2.30	50	2.58
4	1.53	9	1.92	14	2.12	19	2.22	24	2.31	75	2.71
5	1.65	10	1.96	15	2.13	20	2.24	25	2.33	100	2.81
6	1.73	11	2.00	16	2.15	21	2.26	30	2.39	200	3.02
7	1.80	12	2.03	17	2.17	22	2.28	40	2.49	500	3.20

2. 特 点

肖维纳特法改善了拉依达法，但从理论上分析，当 $n \to \infty$ ， $k_n \to \infty$ ，此时所有异常值都无法舍弃。此外，肖维纳特系数与置信水平之间无明确关系。

例：试结果同上例题，试用肖维纳特进行判别。

解：查表 1-3-1，当 $n = 10$ 时， $k_n = 1.96$ 。对于测量值 31.0，则有

$$\frac{|\,x_i - \bar{x}\,|}{S} = \frac{|31.0 - 25.8|}{2.1} = 2.48 > k_n = 1.96$$

测量值 31.0 应舍弃。

三、格拉布斯法

1. 方 法

格拉布斯法假定测量结果服从正态分布，根据顺序统计来确定可疑数据的取舍。例如，

做 n 次重复试验，测得结果为 x_1, x_2, $\cdots$, x_i, $\cdots$, x_n，且 x_i 服从正态分布。为了检验 x_i（$i = 1$, 2, $\cdots$, n）中是否有可疑值，可将 x_i 按其值由小到大顺序重新排列，得

$$x_{(1)} \leqslant x_{(2)} \leqslant \cdots \leqslant x_{(n)} \tag{1-3-3}$$

根据顺序统计原则，给出标准化顺序统计量 g：

当最小值 $x_{(1)}$ 可疑时，则 $\qquad g_1 = \dfrac{\overline{x} - x_{(1)}}{S}$ （1-3-4）

当最大值 $x_{(n)}$ 可疑时，则 $\qquad g_n = \dfrac{x_{(n)} - \overline{x}}{S}$ （1-3-5）

根据格拉布斯统计量的分布，在指定的显著性水平 β（一般 $\beta = 0.05$）下，求得判别可疑值的临界值 $g_0(\beta, n)$，格拉布斯法的判别标准为

$$g \geqslant g_0(\beta, n) \tag{1-3-6}$$

当 $g \geqslant g_0(\beta, n)$，该量测可疑值是异常的，应予以舍去。格拉布斯系数 $g_0(\beta, n)$ 列于表 1-3-2 中。

表 1-3-2　格拉布斯系数 $g_0(\beta, n)$

n	β		n	β		n	β	
	0.01	0.05		0.01	0.05		0.01	0.05
3	1.15	1.15	13	2.61	2.33	23	2.96	2.62
4	1.49	1.46	14	2.66	2.37	24	2.99	2.64
5	1.75	1.67	15	2.70	2.41	25	3.01	2.66
6	1.94	1.82	16	2.74	2.44	30	3.10	2.74
7	2.10	1.94	17	2.78	2.47	35	3.18	2.81
8	2.22	2.03	18	2.82.	2.50	40	3.24	2.87
9	2.32	2.11	19	2.85	2.53	50	3.34	2.96
10	2.41	2.18	20	2.88	2.56	100	3.59	3.17
11	2.48	2.24	21	2.91	2.58			
12	2.55	2.29	22	2.94	2.60			

2. 特　点

利用格拉布斯法每次只能舍弃一个可疑值。若有两个以上的可疑数据，应一个一个数据舍弃。舍弃第一个数据后，检测数由 n 变为 $n-1$，以此为基础再判别第二个可疑数据是否应舍去。每次平均值与均方差要重新计算，再决定取舍。

例 1：试用格拉布斯法判别上例测量数据真伪。

解：（1）测量数据按从小到大次序排列如下：

23.0　24.5　24.8　25.0　25.4　25.5　25.8　26.0　27.0　31.0

（2）计算数据特征量：

$$\bar{x} = 25.8\ \text{MPa}, \quad S = 2.1\ \text{MPa}$$

（3）计算统计量：

$$g_{(1)} = \frac{\bar{x} - x_{(1)}}{S} = \frac{25.8 - 23.0}{2.1} = 1.33$$

$$g_{(10)} = \frac{x_{(10)} - \bar{x}}{S} = \frac{31.0 - 25.8}{2.1} = 2.48$$

由于 $g_{(10)} > g_{(1)}$，首先判别 $x_{(10)} = 31.0$。

（4）选定显著性水平 $\beta = 0.05$ 和 $n = 10$，由表查得：$g_0(0.05,10) = 2.18$。

（5）判别。

由于 $g_{(10)} = 2.48 > g_0(0.05,10) = 2.18$，所以 $x_{(10)} = 31.0$ 为异常值，应予舍去。

仿照上述方法继续对余下的 9 个数据进行判别，经计算没有异常值。

课题四 数据的表达与分析方法

知识点：
◎ 数据的表达方法
◎ 回归分析的原理和方法
技能点：
◎ 计算器中一元线性回归程序的应用

试验必然要采集大量数据，试验人员需要对试验数据进行记录、整理、计算与分析，从而寻找出测量对象的内在规律，正确地给出试验结果，这一过程称为试验数据处理。数据处理是试验工作的重要内容，涉及的内容很多，这里介绍一些基本的数据处理方法。

一、表格法

在科学试验中一系列测量数据都是首先列成表格，然后再进行其他的处理。表格法简单方便，但要进行深入的分析，表格就不能胜任了。首先，尽管测量次数相当多，但它不能给出所有的函数关系；其次，从表格中不易看出自变量变化时函数的变化规律，而只能大致估计出函数是递增的、递减的或是周期性变化的等。列成表格是为了表示出测量结果或是为了以后的计算方便，同时也是图示法和经验公式法的基础。

表格有两种：一种是数据记录表；另一种是结果表。

数据记录表是该项试验检测的原始记录表，它包括的内容应有试验检测目的、内容摘要、试验日期、环境条件、检测仪器设备、原始数据、测量数据、结果分析以及参加人员和负责人等。

结果表只反映试验检测结果的最后结论，一般只有几个变量之间的对应关系。试验检测结果表应力求简明扼要，能说明问题。

二、图示法

图示法的最大优点是一目了然，即从图形中可非常直观地看出函数的变化规律，如递增性或递减性、是否具有周期性变化规律等。但是，从图形上只能得到函数变化关系而不能进行数学分析。

1. 原 理

可以用来分析研究两种数据之间是否存在相关关系。把两种数据列出之后，在坐标纸上打点，就可以得到一张相关图。从点子的散布情况可以判断两种数据之间关系特性。在质量控制中借助相关图进行相关分析，可研究质量结果和原因之间的关系，进一步弄清影响质量特性的主要因素。

2. 作图方法

（1）数据收集。

成对的收集两种特性的数据做成数据表，数据应在30组以上。

（2）设计坐标。

在坐标纸上以原因作 x 轴，结果（特性）作 y 轴，找出 x、y 的最大值和最小值，以最大值和最小值的差定坐标长度，并定出适当的坐标刻度。

（3）数据打点入座。

将集中整理后的数据依次相应用"·"标出纵横坐标交点，当两个同样数据的交点重合时用"⊙"表示。

3. 相关图的观察分析关系

（1）正相关：x 增加，y 也明显增加，如图 1-4-1（a）所示。

（2）弱正相关：x 增加，y 大体上也增加，但点的分布不像正相关那样呈直线状。如图 1-4-1（b）所示。

（3）负相关：x 增加，y 明显减小，如图 1-4-1（c）所示。

（4）弱负相关：x 增加，y 大体上也减小，但点的分布不像负相关那样呈直线状。如图 1-4-1（d）所示。

（5）不相关：x 增加对 y 无影响，即 x 与 y 没有关系，如图 1-4-1（e）所示。

（6）非线性相关：点的分布呈曲线状，如图 1-4-1（f）所示。

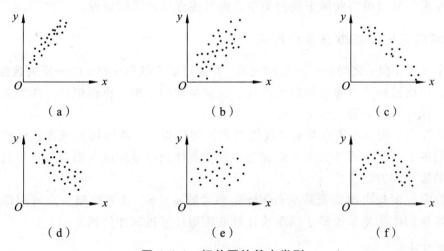

（a）　　　　　　　　（b）　　　　　　　　（c）

（d）　　　　　　　　（e）　　　　　　　　（f）

图 1-4-1　相关图的基本类型

三、经验公式法

测量数据不仅可以用图形表示函数之间的关系，而且可用于图形对应的一个公式来表示所有的测量数据，当然这个公式不能完全准确地表达全部数据。因此，常把与曲线对应的公式称为经验公式，在回归分析中则称之为回归方程。

1．特　点

把全部测量数据用一个公式来代替，不仅有紧凑、扼要的优点，而且可以对公式进行必要的数学运算，以研究各自变量与函数之间的关系。

2．建立公式的步骤

（1）描绘曲线。

用图示法把数据点描绘成曲线。

（2）对所描绘的曲线进行分析，确定公式的基本形式。

如果数据点描绘的基本上是直线，则可用一元线性回归方法确定直线方程。

如果数据点描绘的是曲线，则要根据曲线的特点判断曲线属于何种类型。判断时可参考现成的数学曲线形状加以选择。

（3）曲线化直。

如果测量数据描绘的曲线被确定为某种类型的曲线，尽可能地将该曲线方程变换为直线方程，然后按一元线性回归方法处理。

（4）确定公式中的常量。

代表测量数据的直线方程或经曲线化直后的直线方程表达式为 $y = a + bx$，可根据一系列测量数据用各种方法确定方程中的常量 a 和 b。

（5）检验所确定的公式的准确性。

即用测量数据中自变量值代入公式计算出函数值，看它与实际测量值是否一致，如果差别很大，说明所确定的公式基本形式可能有错误，则应建立另外形式的公式。

如果测量曲线很难判断属于何种类型，则可按多项式回归处理。

四、回归分析的基本原理和方法

若两个变量 x 和 y 之间存在一定的关系，并通过试验获得 x 和 y 的一系列数据，用数学处理的方法得出这两个变量之间的关系式，这就是回归分析，也称拟合。所得关系式称为经验公式，或称回归方程、拟合方程。

如果两变量 x 和 y 之间的关系是线性关系，就称为一元线性回归或称直线拟合。如果两变量之间的关系是非线性关系，则称为一元非线性回归或称曲线拟合。这里只介绍一元线性回归的原理和方法。

直线拟合，即找出函数关系 $y = a + bx$ 中的常数 a，b。通常粗略一点可用作图法、平均值法，准确的作法是采用最小二乘法计算或应用计算机软件处理。

1．作图法

把试验点绘到坐标纸上，根据试验点的情况画出一条直线，尽量让试验点与此直线的偏差之和最小，然后在 x 和 y 图上得到直线的斜率 b 和截距 a。计算斜率要尽可能从直线两端点求得。这种方法显然有相当的随意性。

2．平均值法

当有 6 个以上比较精密的数据时，结果比作图法好。

将试验数据代入方程：$y_i = a + bx_i$，把这些方程尽量平均地分为两组，每组中各方程相加成一个方程，最后成一个二元一次方程组，可解得 a 和 b。

3. 最小二乘法计算

最小二乘法的原理：当所有测量数据的偏差平方和最小时，所拟合的直线最优。最小二乘法原理可表示为

$$S = \sum [y_i - f(x_i)]^2 = \sum [y_i - (a + bx_i)]^2 \to \min \qquad (1\text{-}4\text{-}1)$$

根据极值原理，要使 S 最小，只需将上式分别对 a 和 b 求偏导数，并令其等于零，即

$$\frac{\partial S}{\partial a} = -2 \sum (y_i - a - bx_i) = 0 \qquad (1\text{-}4\text{-}2)$$

$$\frac{\partial S}{\partial b} = -2 \sum (y_i - a - bx_i) x_i = 0 \qquad (1\text{-}4\text{-}3)$$

由此二式联立，可解出：

$$a = \frac{\sum x_i y_i \sum x_i - \sum y_i \sum x_i^2}{(\sum x_i)^2 - n \sum x_i^2} \qquad (1\text{-}4\text{-}4)$$

$$b = \frac{\sum x_i \sum y_i - n \sum x_i y_i}{(\sum x_i)^2 - n \sum x_i^2} \qquad (1\text{-}4\text{-}5)$$

将试验数据代入上二式，得出 x 和 y 的关系。

回归系数 a 和 b 除采用上述公式计算外，还可以直接利用计算器中的线形回归程序，按计算器的输入方法输入相关数据，即可得到相应的结果。

例1：不同灰水比（c/w）的混凝土 28d 强度（R_{28}）试验结果如表所示，试确定 $R_{28}\text{-}c/w$ 之间回归方程。

表 1-4-1

序号	$x(c/w)$	$y(R_{28})/\text{MPa}$
1	1.25	14.3
2	1.50	18.0
3	1.75	22.6
4	2.00	26
5	2.25	30.3
6	2.50	34.1
$\sum$	11.25	146.2

解：利用计算器中的线形回归方程的程序计算，回归系数 a 和 b，得回归方程：
$y = -5.63 + 15.92x$

任何两个变量 x、y 的若干组试验数据，都可以按上述方法配置一条回归直线，假如两变量 x、y 之间根本不存在线性关系，那么所建立的回归方程就毫无实际意义。因此，需要引入一个数量指标来衡量其相关程度，这个指标就是相关系数，用 γ 表示：

$$\gamma = \frac{L_{XY}}{\sqrt{L_{XX} \cdot L_{YY}}}$$ （1-4-6）

相关系数 γ 是描述回归方程线性相关的密切程度的指标，其取值范围为 $-1 \leqslant \gamma \leqslant +1$。$\gamma$ 的绝对值越接近于 1，x 与 y 之间线性关系越好，当 $\gamma = \pm 1$ 时，x 和 y 之间符合直线函数关系，称 x 和 y 完全相关，这时所有数据点均在一条直线上；如果 γ 趋近于 0，则 x 与 y 之间没有线性关系，这时 x 与 y 可能不相关，也可能是曲线相关。

例 2：试验结果同例 1，试检验 R_{28}-c/w 的相关性（取显著性水平 $\beta = 0.05$）。

解：相关系数：$\gamma = \dfrac{L_{XY}}{\sqrt{L_{XX} \cdot L_{YY}}} = 0.999\,5$

故 $\gamma > \gamma_{0.05}$，说明混凝土 28 d 的抗压度 R_{28} 与灰水比（c/w）是线性相关的，而且例 1 中所确定的直线回归线方程是有意义的。

课题五　抽样检验基础

知识点：
◎ 抽样检验的类型
◎ 随机抽样的方法
技能点：
◎ 随机抽样方法的应用

检验是指通过测量、试验等质量检验方法，将工程产品与其质量要求相比较并作出质量评判的过程。工程质量检验是工程质量控制的一个重要环节，是保证工程质量的重要手段。

检验可分为全数检验和抽样检验两大类。全数检验是指根据质量标准对送交检验的全部产品逐件进行试验测定，从而判断每一件产品是否合格的检验方法，又称全面检验、普遍检验。抽样检验又称抽样检查，是从一批产品中随机抽取少量产品（样本）进行检验，据以判断该批产品是否合格的统计方法和理论。全数检验一般应用于：重要的、关键的和贵重的制品；对以后工序加工有决定性影响的项目；质量严重不匀的工序和制品；不能互换的装配件；批量小，不必抽样检验的产品。

全数检验较抽样检验可靠性好，但检验工作量非常大，往往难以实现；抽样检验方法以数理统计为理论依据，具有很强的科学性和经常性，在许多情况下，只能采用抽样检验方法。公路施工不同于一般产品，它是连续的整体，且采用的质量检测手段又多属于破坏性的。所以，就公路工程质量检验而言，不可能采用全数检验，而只能采用抽样检验。即从待检工程中抽取样本，根据样本的质量检查结果，推断整个待检工程的质量状况。

一、抽样检验的类型

抽样是从总体中抽取样本的过程，并通过样本了解总体。总的来说，抽样检验可分为非随机抽样和随机抽样。

1. 非随机抽样

进行人为的有意识的挑选取样即为非随机抽样。非随机抽样中，人的主观因素占主导作用，所得到的质量数据往往会对总体做出错误的判断。因此，采用非随机抽样方法所得的试验结论，其可信度较低。

2. 随机抽样

随机抽样排除了人的主观因素，使待检总体中每一个产品具有同等被抽取到的机会。只有随机抽取的样本才能客观地反映总体的质量状况。这类方法所得到的数据代表性强，质量检验的可靠性得到了基本保证。因此，随机抽样是以数理统计的原理，根据样本取得的质量数据来推测、判断总体的一种科学抽样检验方法，因而被广泛使用。

二、随机抽样的方法

随机抽样的方法有多种，适用于公路工程质量检验的随机抽样方式有以下三种：

1. 单纯随机抽样

在总体中，直接抽取样本的方法即为单纯随机取样。这是一种完全随机化的抽样方法，适用于对总体缺乏基本了解的场合。随机取样并不意味着随便地、任意地取样，随机取样可利用随机表或随机数筛子等工具进行取样，它可以保证总体中每个单位出现的概率相同。

例：有一批产品，共 100 箱，每箱 20 件，从中选择 200 个样品。单纯随机抽样方法为：从整批中，任意抽取 200 件。

2. 系统抽样

有系统地将总体分成若干部分，然后从每一个部分抽取一个或若干个个体，组成样本。这一方法称为系统抽样。这种方法主要用于无法知道总体的确切数量的场合，如每个班的确切产量，多见于流水生产线的产品抽样。在工程质量控制中，系统抽样的实现主要有三种方式：

（1）将比较大的工程分为若干部分，再根据样本容量的大小，在每部分中按比例进行单纯随机抽样，将各部分抽取的样品组合成一个样本。

（2）间隔定时法。

每隔一定的时间，从工作面抽取一个或若干个样品。该方法适用于工序质量控制。

（3）间隔定量法。

每隔一定数量的产品，从工作面抽取一个或若干个样品。该方法主要适用于工序质量控制。

例：有一批产品，共 100 箱，每箱 20 件，从中选择 200 个样品。系统抽样方法：从整批中，先分成 10 组，每组为 10 箱，然后分别从各组中任意抽取 20 件。

3. 分层抽样

一项工程或工序是由若干不同的班组施工的。分层抽样法就是根据此类情况，将工程或工序分成若干层，然后可从所有分层中按一定比例取样。这样便于了解不同"层"的产品质量特性，研究各层造成不良品率的原因。

例：有一批产品，共 100 箱，每箱 20 件，从中选择 200 个样品。分层抽样方法：从整批中，分别从每组中任意抽取 2 件。

单元二 桥涵工程材料试验检测方法

课题一 概 述

> **知识点：**
> ◎ 水泥混凝土的定义与分类
> ◎ 水泥混凝土的特点

桥梁是人类在生活和生产活动中，为克服天然障碍而建造的建筑物，也是有史以来人类所建造的最古老、最壮观和最美丽的建筑工程，它体现了一个时代的文明与进步。目前，使用钢筋混凝土建造的桥梁种类多、数量大，在桥梁工程中占有重要地位。

凡是采用混凝土和钢筋结合在一起所建成的桥梁统称为钢筋混凝土桥梁。钢筋混凝土由钢筋和混凝土两种力学性能完全不同的材料组成，其中混凝土抗压能力较强而抗拉能力却很弱；钢筋的抗压及抗拉能力均较强。工程中为了充分利用材料的特性，而把混凝土和钢筋结合在一起共同工作，发挥其各自的优点。

一、水泥混凝土的定义

水泥混凝土是由水泥、粗细集料和水按适当比例混合，在需要时掺加适宜的外加剂、掺合料等配制而成。其中水泥起胶凝作用，集料起骨架和填充作用，水泥与水发生化学反应生成具有胶凝作用的水化物，将集料颗粒紧密黏结在一起，经过一定凝结硬化时间后形成人造石材，成为混凝土。

二、水泥混凝土的分类

1. 按表观密度分类

（1）普通混凝土：表观密度为 2 000 ~ 2 600 kg/m³，主要以砂、石子、水和水泥配制而成，为道路路面与桥梁结构中最常用的混凝土。

（2）轻混凝土：表观密度通常小于 2 000 kg/m³，包括轻集料混凝土、多孔混凝土和大孔混凝土等，常用于现代大跨度钢筋混凝土桥梁。

（3）重混凝土：表观密度通常大于 2 600 kg/m³ 的混凝土。常由重晶石和铁矿石配制而成，常用于屏蔽各种辐射作用而采用各种高密度集料的配制的高密度混凝土。

2. 按胶凝材料分类

按胶凝材料，可分为水泥混凝土、石膏混凝土、水玻璃混凝土、硅酸盐混凝土、沥青混凝土、聚合物混凝土、钢纤维混凝土、粉煤灰混凝土等。

3．按性能和用途分类

按性能和用途，可分为道路混凝土、大坝混凝土、耐热混凝土、耐酸混凝土、水工混凝土、防辐射混凝土、结构混凝土等。

4．按强度分类

（1）低强度混凝土：抗压强度标准值小于 20 MPa。

（2）中强度混凝土：抗压强度标准值 20 ~ 60 MPa。

（3）高强度混凝土：抗压强度标准值大于等于 60 MPa。

5．按流动性分类

（1）干硬性混凝土：其坍落度一般小于 10 mm，须用维勃稠度表示其稠度的混凝土。

（2）塑性混凝土：其坍落度一般为 10 ~ 90 mm。

（3）流动性混凝土：其坍落度一般为 100 ~ 150 mm。

（4）大流动性混凝土：其坍落度一般大于 160 mm。

6．按施工方法分类

按施工方法，可分为泵送混凝土、喷射混凝土、碾压混凝土、灌浆混凝土等。

7．按配盘方式分类

按配盘方式，可分为钢筋混凝土、钢丝混凝土、钢纤维混凝土、预应力混凝土。

三、水泥混凝土的特点

1．优　点

（1）原材料来源丰富。混凝土中 70% 以上的材料是砂石料，属地方性材料，可就地取材，避免远距离运输，因而价格低廉。

（2）施工方便。混凝土拌合物具有良好的流动性和可塑性，可根据工程需要浇筑成各种形状尺寸的构件及构筑物。既可现场浇筑成型，也可预制。

（3）性能可根据需要设计调整。通过调整各组成材料的品种和数量，特别是掺入不同外加剂和掺合料，可获得不同施工和易性、强度、耐久性或具有特殊性能的混凝土，满足工程上的不同要求。

（4）抗压强度高。混凝土的抗压强度一般为 7.5 ~ 60 MPa。当掺入高效减水剂和掺合料时，强度可达 100 MPa。而且，混凝土与钢筋具有良好的匹配性，浇筑成钢筋混凝土后，可以有效地改善混凝土抗拉强度低的缺陷，使混凝土能够应用于各种结构部位。

（5）耐久性好。原材料选择正确、配比合理、施工养护良好的混凝土具有优异的抗渗性、抗冻性和耐腐蚀性能，且对钢筋有保护作用，可保持混凝土结构长期使用性能稳定。

2. 缺　点

（1）自重大。可采用轻集料等措施减小其的自重力。

（2）抗拉强度低，抗裂性差。可应用钢筋混凝土、预应力钢筋混凝土、钢纤维混凝土等。

（3）收缩变形大。可采用补偿收缩混凝土、膨胀混凝土、自应力混凝土等，改善其抗裂性。

（4）水泥混凝土需一定的硬化时间，施工时间较长；可采用快硬水泥、早强水泥或其他措施加速水泥混凝土的硬化，加快施工进度。

课题二　水　泥

知识点：
◎ 路桥工程中常用水泥的品种及组成
◎ 硅酸盐水泥的矿物成分
◎ 硅酸盐水泥的技术性质

技能点：
◎ 水泥的试验操作及报告处理
◎ 能够正确判定水泥的质量

胶凝材料是指在施工过程中具有黏聚性、可塑性，施工结束后在一定条件下能凝结硬化并具有强度和其他技术性能的材料。胶凝材料按化学成分可分为无机胶凝材料与有机胶凝材料两大类，无机胶凝材料按其硬化条件又可分为气硬性胶凝材料与水硬性胶凝材料。只能在空气中硬化并保持强度发展的胶凝材料称为气硬性胶凝材料，如石灰、石膏等；既能在空气中硬化，也能在水中硬化并保持强度发展的胶凝材料称为水硬性胶凝材料，如水泥。

一、路桥工程中常用水泥的品种

水泥按其主要水硬性物质名称分为硅酸盐类水泥、铝酸盐类水泥、硫铝酸盐类水泥和铁铝酸盐类水泥等；按其用途和性能，分为通用水泥、专用水泥及特性水泥。通用水泥为用于一般土木建筑工程的水泥，如硅酸盐水泥、普通硅酸盐水泥、矿渣硅酸盐水泥、火山灰质硅酸盐水泥、粉煤灰硅酸盐水泥和复合硅酸盐水泥。专用水泥指专门用途的水泥，如道路水泥、砌筑水泥等。特性水泥是某种性能比较突出的水泥，如快硬水泥、抗硫酸盐水泥和低热水泥等。

在道路与桥梁工程中通常应用六大品种的通用水泥，组成见表 2-2-1。

表 2-2-1　常用硅酸盐水泥的组成

品　　种	代号	组　分				
		熟料＋石膏	粒化高炉矿渣	火山灰质混合材料	粉煤灰	石灰石
硅酸盐水泥	P·Ⅰ	100	—	—	—	—
	P·Ⅱ	≥95	≤5	—	—	—
		≥95	—	—	—	≤5
普通硅酸盐水泥	P·O	≥80 且＜95	> 5 且≤20			
矿渣硅酸盐水泥	P·S·A	≥50 且＜80	> 20 且≤50	—	—	—
	P·S·B	≥30 且＜50	> 50 且≤70	—	—	—
火山灰质硅酸盐水泥	P·P	≥60 且＜80		> 20 且≤40		—
粉煤灰硅酸盐水泥	P·F	≥60 且＜80	—	—	> 20 且≤40	—
复合硅酸盐水泥	P·C	≥50 且＜80	> 20 且≤50^e			

二、硅酸盐水泥生产工艺

硅酸盐水泥的生产原料主要是石灰质原料和黏土质原料两类。石灰质原料（如石灰石、白垩、石灰质凝灰岩等）主要提供 CaO，黏土质原料（如黏土、黏土质页岩、黄土等）主要提供 SiO_2、Al_2O_3、Fe_2O_3。有时两种原料化学组成不能满足要求，还要加入少量的校正原料（如黄铁矿渣）等进行调整。

硅酸盐水泥的生产工艺，概括起来为"两磨一烧"，即生料制备、熟料煅烧和水泥粉磨三个过程，如图 2-2-1 所示。

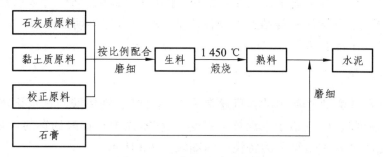

图 2-2-1 水泥生产流程图

在水泥熟料磨细过程中加入适量的石膏，能够调节其凝结硬化速度。如不掺加少量石膏，水泥可在几分钟内迅速凝结；若石膏掺量过多，过量的石膏在水泥硬化后还会与固态的水化铝酸钙反应生成水化硫铝酸钙，体积膨胀 1.5 倍，引起水泥石开裂。

三、硅酸盐水泥的矿物成分

（一）硅酸盐水泥熟料的矿物成分

硅酸盐水泥熟料主要由四种矿物组成，其简式与含量列于表 2-2-2。

表 2-2-2 硅酸盐水泥熟料的矿物组成

矿物组成	化学组成	简 式	大致含量（%）
硅酸三钙	$3CaO \cdot SiO$	C_3S	35～65
硅酸二钙	$2CaO \cdot SiO_2$	C_2S	10～40
铝酸三钙	$3CaO \cdot Al_2O_3$	C_3A	0～15
铁铝酸四钙	$4CaO \cdot Al_2O_3 \cdot Fe_2O_3$	C_4AF	5～15

（二）水泥熟料主要矿物组成的性质

1. 硅酸三钙

硅酸三钙是硅酸盐水泥中最主要的矿物成分，其含量通常在 50% 左右，它对硅酸盐水泥的性质有重要的影响。硅酸三钙水化速度快，水化热高，且早期强度高，28 天强度可达一年强度的 70%～80%。硅酸三钙含量高的水泥一般为早强水泥，适用于具有早强度要求或提高工期的工程。

2. 硅酸二钙

硅酸二钙也是硅酸盐水泥中的主要矿物组分，其含量为 10%～40%。硅酸二钙遇水时与水反应较慢，水化热很低，早期强度较低而后期强度高，耐化学侵蚀性和干缩性较好。硅酸二钙含量高的水泥一般为低热水泥，适用于大坝工程或具有抗冻、抗渗性能要求的工程。

3. 铝酸三钙

铝酸三钙是四种组分中遇水反应速度最快、水化热最高的组分，含量通常在 15% 以下。铝酸三钙的含量决定着水泥的凝结速度和释热量。它对水泥早期强度起一定的作用，但其耐化学侵蚀性差，干缩性大。

4. 铁铝酸四钙

铁铝酸四钙在硅酸盐水泥中的含量通常为 5%～15%。铁铝酸四钙水化速度较快，水化热较高，但抗压强度较低。它给予水泥抗折强度。道路水泥中铁铝酸四钙的含量不低于 16%。

硅酸盐水泥的主要矿物组成的特性归纳如表 2-2-3 所示。

水泥是由多种矿物组成的，改变各矿物组分之间的比例，则可生产各种性能特异的水泥。例如：提高 C_3S 含量可以制得高强度水泥；降低 C_3A 和 C_3S 含量，提高 C_2S 含量，则可制得低热大坝水泥；提高 C_4AF 和 C_3S 含量，则可制得抗折强度高的道路水泥。

表 2-2-3　硅酸盐水泥主要矿物成分的特性

矿物组成		硅酸三钙 （C_3S）	硅酸二钙 （C_2S）	铝酸三钙 （C_3A）	铁铝酸四钙 （C_4AF）
与水反应速度		中	慢	快	中
水化热		中	低	高	中
对强度的作用	早期	良	差	良	良
	后期	良	优	中	中
耐化学侵蚀		中	良	差	优
干缩性		中	小	大	小

四、硅酸盐水泥的技术性质

按照我国现行国家标准《通用硅酸盐水泥》（GB175—2007）规定，硅酸盐水泥的技术性质包括下列项目。

（一）化学性质

水泥的化学性质指标主要是控制水泥中有害的化学成分含量，若超过最大允许限量，即意味着对水泥的性能和质量可能产生有害或潜在的影响。化学指标应符合表 2-2-4 的规定。

表 2-2-4 化学指标（%）

品　　种	代号	不溶物	烧失量	三氧化硫	氧化镁	氯离子
硅酸盐水泥	P·I	≤0.75	≤3.0	≤3.5	≤5.0	≤0.06
	P·II	≤1.50	≤3.5			
普通硅酸盐水泥	P·O	—	≤5.0			
矿渣硅酸盐水泥	P·S·A	—	—	≤4.0	≤6.0	
	P·S·B	—	—		—	
火山灰质硅酸盐水泥	P·P	—	—	≤3.5	≤6.0	
粉煤灰硅酸盐水泥	P·F	—	—			
复合硅酸盐水泥	P·C	—	—			

1. 氧化镁含量

在水泥熟料中，常含有少量未与其他矿物结合的游离氧化镁。这种多余的氧化镁是高温时形成的方镁石，它水化为氢氧化镁的速度很慢，常在水泥硬化以后才开始水化，产生体积膨胀，可导致水泥石结构产生裂缝甚至破坏。因此，游离氧化镁是引起水泥产生体积安定性不良的因素之一。

2. 三氧化硫含量

水泥中的三氧化硫主要是在生产时为调节凝结时间加入石膏而产生的。石膏掺量如果超出一定限度，在水泥硬化后，它会继续水化并产生膨胀，导致结构物破坏，是引起水泥产生体积不安定的因素之一。

3. 烧失量

水泥煅烧不佳或受潮后，均会导致烧失量增加。烧失量越大，水泥的品质越差。烧失量是指以水泥试样在 950 ~ 1 000 ℃ 下灼烧 15 ~ 20 min 冷却至室温称量。如此反复灼烧，直至恒重，计算灼烧前后的质量损失百分率。

4. 不溶物

水泥中的不溶物来自原料中的黏土和氧化硅，由于煅烧不良、化学反应不充分而不能形成熟料矿物，这些物质的存在将影响水泥的有效成分含量。

5. 氯离子

水泥中的氯离子含量过高，其主要原因是掺加了混合材料和外加剂（如工业废渣、助磨剂等）。氯离子是混凝土中钢筋锈蚀的重要因素。

6. 碱含量（选择性指标）

水泥中碱含量按 $Na_2O + 0.658K_2O$ 计算值表示。若水泥中的碱含量高，就可能会产生碱-集料反应，从而导致混凝土产生膨胀破坏。因此，当使用活性集料时，应采用低碱水泥，碱含量应不大于 0.60% 或由供、需双方商定。

（二）物理性质

1. 相对密度

水泥的相对密度是指单位体积（不含闭口、开口孔隙及颗粒间空隙的体积）物质的干质量与同体积 4 ℃ 水的质量之比，属无量纲。硅酸盐水泥的相对密度一般为 3.0 ~ 3.2。计算混凝土的配合比设计时通常采用 3.1。

我国现行标准《公路工程水泥及水泥混凝土试验规程》（JTG E30）中规定：水泥的相对密度可采用水泥比重试验测定，具体内容见"试验一 水泥密度测定方法"。

2. 细度（选择性指标）

细度指水泥颗粒的粗细程度。水泥颗粒越细，水化时与水的接触面越大，水化速度越快，早期强度越高，凝结速度越快。但颗粒过细，标准稠度用水量越大，硬化后收缩变形大，易产生裂缝，且粉磨能耗增加，成本提高，不宜长期储存。

水泥细度有两种表示方法：

（1）筛析法：我国现行标准《公路工程水泥及水泥混凝土试验规程》（JTG E30）中规定：以 80 μm 方孔筛上的筛余百分率表示。常用方法有负压筛法和水筛法，有争议时，以负压筛法为准。负压筛法具体内容见"试验三 水泥细度检验方法（筛析法）"。

（2）比表面积法：以每千克水泥所具有的总表面积（m²）表示。常用方法为勃压透气法，具体内容见"试验二 水泥比表面积测定方法（勃氏法）"。

《通用硅酸盐水泥》（GB175—2007）中规定：硅酸盐水泥和普通硅酸盐水泥以比表面积表示，不小于 300 m²/kg；矿渣硅酸盐水泥、火山灰质硅酸盐水泥、粉煤灰硅酸盐水泥和复合硅酸盐水泥以筛余表示，80 μm 方孔筛筛余不大于 10% 或 45 μm 方孔筛筛余不大于 30%。

3. 水泥标准稠度用水量

为使水泥凝结时间和安定性的测定结果具有可比性，必须采用同一稠度的水泥净浆，即标准稠度。水泥的标准稠度用水量是指水泥净浆达到标准稠度时所用水的质量占水泥质量的百分比。我国现行标准规定，水泥净浆稠度采用标准法维卡仪测定。

水泥净浆稠度采用维卡仪测定时，以试杆沉入净浆并距底板 6 mm ± 1 mm 的稠度为"标准稠度"，此时的用水量为标准稠度用水量。以水泥质量百分率计。

影响水泥标准稠度用水量的因素主要有：水种的品种、细度、矿物组成以及混合材料的掺量等。

4. 凝结时间

从水泥加水拌和开始，至水泥浆体失去可塑性为止的时间为水泥的凝结时间。凝结时间分为初凝时间和终凝时间。从水泥加水开始至水泥浆体开始失去可塑性为止的时间为初凝时间；从水泥加水开始到水泥浆体完全失去可塑性为止的时间为终凝时间。

我国现行标准《公路工程水泥及水泥混凝土试验规程》（JTG E30）规定：水泥凝结时间采用凝结时间测定仪测定。从水泥加水拌和开始至初凝时间测定针自由沉入水泥净浆中距底板 4 mm ± 1 mm 时所需的时间为初凝时间；从水泥加水拌和开始至终凝时间测定针自由沉入水泥净浆中深度为 0.5 mm 时，即环形附件开始不能在试体上留下痕迹时所需的时间为终凝时间。

水泥的凝结时间对水泥混凝土的施工有重要意义。水泥混凝土的拌和、运输、浇灌、振捣等一系列工艺均要在水泥的初凝之前完成，故初凝不能太早。混凝土成型后，为了不拖延工期，要求尽快硬化，具有强度，以利下一道工序的尽早进行，故终凝不能太迟。

《通用硅酸盐水泥》（GB175—2007）中规定：硅酸盐水泥初凝不小于 45 min，终凝不大于 390 min；普通硅酸盐水泥、矿渣硅酸盐水泥、火山灰质硅酸盐水泥、粉煤灰硅酸盐水泥和复合硅酸盐水泥初凝不小于 45 min，终凝不大于 600 min。

5. 体积安定性

水泥体积安定性是表征水泥硬化后体积变化均匀性的物理性能指标。各种水泥在凝结硬化过程中几乎都会产生不同程度的体积变化，较均匀轻微的体积变化，一般不会影响其使用质量。如果含有过量的游离氧化钙、氧化镁或硫酸盐，遇水时水化缓慢，当水泥硬化后，它才在其中水化，引起体积膨胀，使水泥产生不均匀变形或变形较大，会使水泥混凝土构件产生变形、膨胀，严重时造成开裂，影响工程质量，甚至造成结构物的破坏。

检验安定性主要采用沸煮法。按我国现行试验方法，具体可采用试饼法或雷氏法，主要以雷氏法为准。

注意：试饼法与雷氏法都是经过在水中沸煮的过程，观察水泥是否存在安定性不良的问题。而这种过程只对由游离 CaO 是否造成的安定性问题有意义。因为沸煮过程可以对水泥中存在的游离 CaO 的熟化起到加速的作用，从而"刺激"游离 CaO 所造成的不安定现象得以暴露；但对游离 MgO 却达不到这种效果，MgO 只有在压蒸条件下才会使其加速熟化程度，反映出是否有安定性问题；同时石膏的危害则需长期在水温条件下才能表现出来。所以目前采用的安定性检测方法只是针对游离 CaO 的影响，并未涉及游离 MgO 和石膏造成的安定性问题。

以上三个水泥指标试验方法具体内容见"试验四 水泥标准稠度用水量、凝结时间、安定性检验方法"。

6. 强　度

水泥强度是确定水泥强度等级的主要指标，是反映水泥胶结能力的主要依据。强度高的水泥，胶结能力大，制成的结构物的承载能力高。

我国现行标准《公路工程水泥及水泥混凝土试验规程》（JTG E30）规定：用水泥胶砂来评定水泥的强度及确定强度等级。该法是用 1:3 的水泥和中国 ISO 标准砂，按规定的水灰比 0.5，用标准制作方法制成 40 mm × 40 mm × 160 mm 的标准试件，在标准养护条件下，达到规定龄期（3 d 和 28 d）时，测定其抗折强度和抗压强度，以 28 d 的抗压强度确定水泥的强度等级。其他强度（3 d 的抗折、抗压强度，28 d 的抗折强度）不低于标准规定。

国标 GB175—2007 中规定，硅酸盐水泥的强度等级有 42.5、42.5R、52.5、52.5R、62.5、62.5R（带 R 的为早强型），共 6 个强度等级，普通硅酸盐水泥的强度等级有 42.5、42.5R、52.5、52.5R（带 R 的为早强型），共 4 个强度等级，矿渣硅酸盐水泥、火山灰硅酸盐水泥、粉煤灰硅酸盐水泥、复合硅酸盐水泥强度等级分别有 32.5、32.5R、42.5、42.5R、52.5、52.5R，共 6 个强度等级。要求各强度等级水泥的各龄期强度不得低于表 2-2-5 的数值。

表 2-2-5　通用硅酸盐水泥各龄期强度（GB 175—2007）

品　种	强度等级	抗压强度		抗折强度	
		3 d	28 d	3 d	28 d
硅酸盐水泥	42.5	≥17.0	≥42.5	≥3.5	≥6.5
	42.5R	≥22.0		≥4.0	
	52.5	≥23.0	≥52.5	≥4.0	≥7.0
	52.5R	≥27.0		≥5.0	
	62.5	≥28.0	≥62.5	≥5.0	≥8.0
	62.5R	≥32.0		≥5.5	
普通硅酸盐水泥	42.5	≥17.0	≥42.5	≥3.5	≥6.5
	42.5R	≥22.0		≥4.0	
	52.5	≥23.0	≥52.5	≥4.0	≥7.0
	52.5R	≥27.0		≥5.0	
矿渣硅酸盐水泥 火山灰硅酸盐水泥 粉煤灰硅酸盐水泥 复合硅酸盐水泥	32.5	≥10.0	≥32.5	≥2.5	≥5.5
	32.5R	≥15.0		≥3.5	
	42.5	≥15.0	≥42.5	≥3.5	≥6.5
	42.5R	≥19.0		≥4.0	
	52.5	≥21.0	≥52.5	≥4.0	≥7.0
	52.5R	≥23.0		≥4.5	

7．判定规则

（1）检验结果符合化学指标、凝结时间、安定性、强度要求者为合格品。

（2）检验结果不符合化学指标、凝结时间、安定性、强度要求中的任何一项技术要求者为不合格品。

五、其他品种的水泥

（一）道路硅酸盐水泥

凡以适当成分的生料烧至部分熔融，得到以硅酸盐为主要成分和较多的铁铝酸四钙的硅酸盐水泥熟料，加 0 ~ 10% 活性混合材料和适量石膏磨细制成的水硬性胶凝材料称为道路硅酸盐水泥，简称道路水泥。道路水泥要求有较高的抗折强度。要求水泥熟料中的铁铝酸四钙含量不得低于 16%。

道路水泥抗折强度较高、耐磨性好、干缩性小、抗冲击性能好，适用于道路路面、机场跑道、城市广场等工程。道路水泥可减少水泥混凝土路面的裂缝和磨耗等病害，减少维修，延长路面使用年限，因而可获得显著的社会效益和经济效益。

（二）快硬硅酸盐水泥

由硅酸盐水泥熟料和适量石膏磨细制成，以 3 天抗压强度表示强度等级的水硬性胶凝材料称为快硬硅酸盐水泥，简称快硬水泥。

快硬水泥硬化速度快，早期强度高，适用于配制早强工程、紧急抢修工程、低温施工工程和高强预应力钢筋混凝土或混凝土预制构件等，不宜用于大体积工程。快硬水泥的缺点是干缩变形大，容易吸湿而使强度降低，储存期超过一个月须重新检验。

（三）抗硫酸盐硅酸盐水泥

以适当成分的生料烧至部分熔融，得以硅酸钙为主要矿物成分的熟料加入适量的石膏磨细制成的具有一定抗硫酸盐侵蚀性能的水硬性胶凝材料称为抗硫酸盐硅酸盐水泥简称抗硫酸盐水泥。

抗硫酸盐水泥要求熟料中 C_3S 含量小于 50%，C_3A 含量小于 5%，C_3A 和 C_4AF 总含量小于 22%。抗硫酸盐水泥除具有抗硫酸盐侵蚀的能力外，水化热也低，适用于一般受硫酸盐侵蚀的海港、水利、地下、隧道、引水、道路和桥涵基础工程。

（四）中热硅酸盐水泥和低热矿渣硅酸盐水泥（大坝水泥）

以适当成分的硅酸盐水泥熟料，加入适量石膏，磨细制成的具有中等水化热的水硬性胶凝材料称为中热硅酸盐水泥，简称中热水泥。

以适当成分的硅酸盐水泥熟料，加入矿渣和适量石膏磨细制成的具有低水化热的水硬性胶凝材料称为低热矿渣硅酸盐水泥，简称低热矿渣水泥。

中热水泥和低热矿渣水泥通过限制水泥熟料中水化热大的 C_3A 和 C_3S 的含量，从而降低水化热。

中热水泥和低热矿渣水泥主要适用于水化热较低的大坝和大体积混凝土工程。

六、水泥石的腐蚀与防治

（一）水泥石的腐蚀

水泥混凝土结构物在适宜的环境中，水泥石的强度不断增长，但在某些环境（除自然界的风化与机械力的破坏外）中水泥石的强度降低，甚至引起水泥混凝土结构物的破坏，这种现象称为水泥石的腐蚀。常见的水泥石腐蚀类型如下：

1. 淡水腐蚀

淡水腐蚀又称为溶析性侵蚀，是硬化后混凝土中的水泥水化产物被淡水溶解而带走的一种侵蚀性现象。

在水泥的水化产物中，$Ca(OH)_2$ 在水中的溶解度最大，首先被溶出。在水量小、静水或无压情况下，由于 $Ca(OH)_2$ 的迅速溶出，周围的水很快饱和，溶出作用也就中止。但在大量、流动或有压力的水中，由于 $Ca(OH)_2$ 不断被溶析，不仅降低混凝土的密度和强度，还导致水化硅酸钙和水化铝酸钙的分解，从而引起结构物的破坏。

2. 硫酸盐的侵蚀

海水、沼泽水和工业污水中，常含有易溶的硫酸盐类，它们与水泥中的氢氧化钙反应生成石膏，石膏在水泥孔隙中结晶体积膨胀，且石膏与水泥中的水化铝酸钙作用，生成水化硫铝酸钙（即钙矾石），其体积可增大 1.5 倍，因此水泥石产生很大的内应力，使混凝土结构的强度降低，甚至破坏。

3. 镁盐侵蚀

在海水、地下水或矿泉水中，常含有较多的镁盐，如氯化镁、硫酸镁。镁盐与水泥石中的 $Ca(OH)_2$ 反应生成无胶结能力、极易溶于水的氯化钙，或生成二水石膏，导致水泥石的破坏。

4. 碳酸侵蚀

在工业污水或地下水中常溶解有较多的 CO_2，CO_2 与水泥石中的 $Ca(OH)_2$ 反应生成不溶于水的 $CaCO_3$，$CaCO_3$ 再与水中的 H_2CO_3 作用生成易溶于水的 $Ca(HCO_3)_2$，这种可溶性使水泥石的强度下降。

（二）水泥石腐蚀的防治

（1）根据结构物的环境特点，合理选择水泥品种。选用掺混合材水泥，减少水泥石中氢氧化钙和水化铝酸钙的含量，可提高结构物抗淡水侵蚀和硫酸盐侵蚀的能力。

（2）提高水泥结构物的密实度。合理设计混凝土配合比、降低水胶比，合理选择集料、掺加外加剂及采用机械施工等方法，可以提高水泥石的密实度，增强其抗腐蚀能力。

（3）敷设耐蚀保护层。当腐蚀作用较强时，可在混凝土表面敷设耐腐蚀性强的保护层，或采用耐酸石料、耐酸陶瓷、玻璃、塑料或沥青等。

七、水泥的储运

水泥容易与水作用结成硬块，造成使用品质降低。所以在水泥的应用、存储、运输过程中应特别注意：

（1）防止受潮。存放水泥的仓库应经常保持干燥，垫板要高出地面 30cm，以免水泥受潮。运输时用棚车或专用车，以防遇雨淋湿。

（2）进场的水泥应按不同生产厂、品种、强度等级、批量分别存放，做好标记，严禁混杂，施工中不应将品种不同的水泥随意换用或混合使用。

试验一　水泥密度测定方法

一、目的与适用范围

本标准规定了水泥密度的测量方法、仪器材料、测定步骤和结果计算等。

本标准适用于测定水泥的密度，也适用于指定采用本方法的其他粉体物料密度的测定。

二、仪器设备

（1）李氏瓶：由优质玻璃制成，透明无条纹，具有抗化学侵蚀性且热滞后性小，要有足够的厚度以确保良好的抗裂性。李氏瓶横截面形状为圆形，外形尺寸如图 2-2-1 所示。瓶颈刻度由 0~1 mL 和 18~24 mL 两段刻度组成，且 0~1 mL 和 18~24 mL 以 0.1 mL 为分度值，任何标明的容量误差都不大于 0.05 mL。

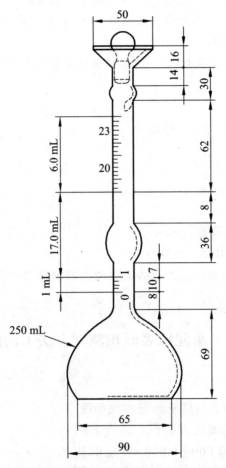

图 2-2-1　测定密度的仪器（李氏密度瓶）（尺寸单位：mm）

（2）无水煤油：符合 GB 253 的要求。

（3）恒温水槽：应有足够大的容积，使水温可以稳定在 20 ℃ ± 1 ℃。

（4）天平：量程不小于 100 g，分度值不大于 0.01 g。

（5）温度计：量程包含 0 ℃ ~ 50 ℃，分度值不大于 0.1 ℃。

三、试验方法

（1）水泥试样应预先通过 0.90 mm 方孔筛，在 110 ℃ ± 5 ℃ 温度下烘干 1 h，并在干燥器内冷却至室温（室温应控制在 20 ℃ ± 1 ℃）。

（2）称取水泥 60g（m），精确至 0.01 g。在测试其他材料的密度时，可按实际情况增减称量材料的质量，以便读取刻度值。

（3）将无水煤油注入李氏瓶中至"0 mL"到"1 mL"刻度线后（选用磁力搅拌此时应加入磁力棒），盖上瓶塞放入恒温水槽内，使刻度部分浸入水中（水温应控制在 20 ℃ ± 1 ℃），恒温至少 30 min，记下无水煤油的初始（第一次）读数（V_1）。

（4）从恒温水槽中取出李氏瓶，用滤纸将李氏瓶细长颈内没有煤油的部分仔细擦干净。

（5）用小匙将水泥样品一点点地装入李氏瓶中，反复摇动（亦可用超声波震动或磁力搅拌等）直至没有气泡排出，再次将李氏瓶静置于恒温水槽，使刻度部分浸入水中，恒温至少 30 min，记下第二次读数（V_2）。

（6）第一次读数和第二次读数时，恒温水槽温度差不大于 0.2 ℃。

四、试验结果

（1）水泥密度按公式（2-2-1）计算：

$$\rho = m/(V_1 - V_2) \tag{2-2-1}$$

式中　　ρ——水泥的密度，g/cm³；

　　　　m——水泥质量，g；

　　　　V_2——李氏瓶第二次读数，mL；

　　　　V_1——李氏瓶第一次读数，mL。

（2）结果精确至 0.01 g/cm³。试验结果取两次测定结果的算术平均值，两次测定结果之差不大于 0.02 g/cm³。

试验二　水泥比表面积测定方法（勃氏法）

一、目的与适用范围

本方法规定了采用勃氏透气仪来测定水泥细度。

本标准适用于测定水泥的比表面积及适合采用本标准方法的、比表面积在 2 000 ~ 6 000 cm²/g 的其他各种粉状物料，不适用于测定多孔材料及超细粉状物料。

二、仪器设备

（1）透气仪：如图 2-2-2、图 2-2-3 所示，本方法采用的勃氏比表面积透气仪，分手动和自动两种，均应符合 JC/T956 的要求。

（2）烘干箱：控制温度灵敏度 ±1 ℃。

（3）分析天平：分度值 0.001 g。

（4）秒表：精确值 0.5 s。

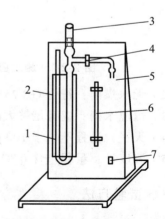

图 2-2-2　Blaine 透气仪示意图

1—U 形压力计；2—平面镜；3—透气圆筒；
4—活塞；5—背面接微型电磁泵；
6—温度计；7—开关

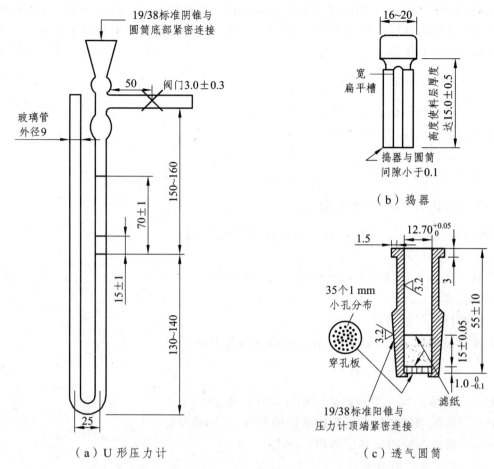

（a）U形压力计

（b）捣器

（c）透气圆筒

图 2-2-3　Blaine 透气仪结构及主要尺寸（尺寸单位：mm）

（5）水泥样品：先通过 0.9 mm 方孔筛，再在 110 ℃ ± 5 ℃ 下烘干 1 h，并在干燥器中冷却至室温。

（6）基准材料：GSB 14-1511 或相同等级的标准物质。有争议时以 GSB 14-1511 为准。

（7）压力计液体：采用带有颜色的蒸馏水或直接采用无色蒸馏水。

（8）滤纸：中速定量滤纸。

（9）汞：分析纯汞。

（10）试验室条件：相对湿度不大于 50%。

三、仪器校准

（一）勃氏仪的标定方法

1. 圆筒试料层体积的标定方法

用水银排代法标定圆筒的试料层体积。将穿孔板平板放入圆筒内，再放入两片滤纸。然后用水银注满圆筒，用玻璃片挤压圆筒上口多余的水银，使水银面与圆筒上口平齐，倒出水银称量（P_1），取出一片滤纸，在圆筒内加入适量的试样。再盖上一片滤纸后用捣器压实至试料层规定高度。取出捣器用水银注满圆筒，同样用玻璃片挤压平后，将水银倒出称量（P_2），圆筒试料层体积按公式（2-2-2）计算。试料层体积要重复测定两遍，取平均值，计算精确至 0.001 cm³。

$$V = (P_1 - P_2)/\rho_汞 \qquad (2\text{-}2\text{-}2)$$

式中　V ——透气圆筒的试料层体积，cm³；

　　　P_1 ——未装试样时，充满圆筒的水银质量，g；

　　　P_2 ——装试样后，充满圆筒的水银质量，g；

　　　$\rho_汞$ ——试验温度下水银的密度，g/cm³。

2. 手动勃氏仪标准时间的标定方法

用 GSB14—1511 水泥细度和比表面积标准样测定常数。

（1）标准样的处理。

将一瓶 GSB14—1511 水泥细度和比表面积标准样，倒入不小于 50 mL 的磨口瓶中摇匀，放置试验室恒温 1 h。

（2）标准样质量的确定。

标准样质量按公式（2-2-3）计算，精确称取至 0.001 g。

$$W = \rho V(1-\varepsilon) \qquad (2\text{-}2\text{-}3)$$

式中　W ——称取水泥细度和比表面积标准样的质量，g；

　　　ρ ——水泥细度和比表面积标准样的密度，g/cm³；

　　　V ——透气圆筒的试料层体积，cm³；

　　　ε ——空隙率，取 0.5。

（3）试料层制备。

将穿孔板平板放入圆筒，取一片滤纸放入，并放平。将准确称取的水泥细度和比表面积标准样倒入圆筒，使其表面平坦，再放入一片滤纸，用捣器均匀压实标准直至捣器的支持环紧紧接触圆筒顶边，旋转捣器 1~2 圈，慢慢取出捣器。

（4）标准样透气时间确定。

将装好标准样的圆筒下锥面涂一薄层凡士林，把它连接到 U 形压力计上。打开阀门，缓慢地从压力计一臂中抽出空气，直到压力计内液面上升到超过第三条刻度线时关闭阀门。当压力计内液面的凹液面下降到第三刻度线时开始计时，当液面的凹液面下降到第二条刻度线时停止计时。记录液面从第三条刻度线到第二条刻度线所需的时间，精确到 0.1 s。测定透气时间时要重复称取两次标准样，分别进行测定。当两次透气时间的差超过 1.0 s 时，要测第三遍，取两次不超过 1.0 s 的透气时间平均值作为该仪器的标准时间。

3. 自动勃氏仪常数的标定方法

用 GSB 14-1511 水泥细度和比表面积标准样测定常数。

（1）标准样的处理：同上 2。

（2）标准样质量的确定：同上 2。

（3）试料层制备：同上 2。

（4）标准样透气时间确定。

将装好标准样的圆筒下锥面涂一薄层凡士林，把它连接到 U 形压力计上。选择标定键，录入相关常数；按测量键进行透气试验。测定透气时间时要重复称取两次标准样，分别进行测定。当两次试验的常数相对误差超过 0.2% 时，要进行第三次试验；取两次常数相对误差不超过 0.2% 的平均数作为自动勃氏仪的标准常数，结果精确至该仪器显示的位数。

（二）校准周期

至少每年进行一次。仪器设备使用频繁则应半年进行一次；仪器设备维修后也要重新标定。

四、试验步骤

1. 测定水泥密度

同试验一。

2. 漏气检查

将透气圆筒上口用橡皮塞塞紧，接到压力计上。用抽气装置从压力计一臂中抽出部分气体，然后关闭阀门，观察是否漏气。如发现漏气，可用活塞油脂加以密封。

3. 空隙率（ε）的确定

P Ⅰ、P Ⅱ 型水泥的空隙率采用 0.500 ± 0.005，其他水泥或粉料的空隙率选用 0.530 ± 0.005。当按上述空隙率不能将试样压至（五、5 条）规定的位置时，则允许改变空隙率。空隙率的调整以 2 000 g 砝码（5 等砝码）将试样压实至（五、5 条）规定的位置为准。

4. 确定试样量

试样量按公式（2-2-4）计算：

$$m = \rho V (1 - \varepsilon) \tag{2-2-4}$$

式中　m——需要的试样量，g；

　　　ρ——试样密度，g/cm^3；

　　　V——试料层体积，cm^3；

　　　ε——试料层空隙率。

5. 试料层制备

（1）将穿孔板放入透气圆筒的突缘上，用捣棒把一片滤纸放到穿孔板上，边缘放平并压紧。称取按（五、4 条）确定的试样量，精确到 0.001 g，倒入圆筒。轻敲圆筒的边沿，使水泥层表面平坦。再放入一片滤纸，用捣器均匀捣实试料直至捣器的支持环与筒顶边接触，并旋转 1~2 两圈，慢慢取出捣器。

（2）穿孔板上的滤纸为直径 ϕ12.7 mm 边缘光滑的圆形滤纸片。每次测定需要用新的滤纸片。

6. 透气试验

（1）把装有试料层的透气圆筒下锥面涂一薄层活塞油脂，然后把它插入压力计顶端锥形磨口处，旋转 1 ~ 2 圈。要保证紧密连接不致漏气，并不振动所制备的试料层。

（2）打开微型电磁泵慢慢地从压力计一臂中抽出空气，直到压力计内液面上升到扩大部下端时关闭阀门。当压力计内液体的凹液面下降到第一个刻线时开始计时，当液体的凹液面下降到第二条刻线时停止计时，记录液面从第一条刻度线到第二条刻度线所需的时间。以秒记录，并记录下试验时的温度（℃）。每次透气试验应重新制备试料层。

五、计 算

（1）当被测物料的密度、试料层中空隙率与标准样品相同，试验时的温度与校准温度差≤3 ℃时，可按公式（2-2-5）计算：

$$S = \frac{S_s \sqrt{T}}{\sqrt{T_s}}$$ （2-2-5）

如试验时的温度与校准温度差 > 3 ℃时，则按公式（2-2-6）计算：

$$S = \frac{S_s \sqrt{T} \sqrt{\eta_s}}{\sqrt{T_s} \sqrt{\eta}}$$ （2-2-6）

式中　S——被测试样的比表面积，cm^2/g；

　　　S_s——标准样品的比表面积，cm^2/g；

　　　T——被测试样试验时，压力计中液面降落测得的时间，s；

　　　T_s——标准样品试验时，压力计中液面降落测得的时间，s；

　　　η——被测试样试验温度下的空气黏度，$\mu Pa \cdot s$；

　　　η_s——标准样品试验温度下的空气黏度，$\mu Pa \cdot s$。

（2）当被测试样的试料层中空隙率与标准试样试料层中空隙率不同，试验时温度与校准温度之差≤3 ℃时，可按公式（2-2-7）计算：

$$S = \frac{S_s \sqrt{T} (1-\varepsilon_s) \sqrt{\varepsilon^3}}{\sqrt{T_s} (1-\varepsilon) \sqrt{\varepsilon_s^3}}$$ （2-2-7）

如试验时的温度与校准温度差 > 3 ℃时，则按公式（2-2-8）计算：

$$S = \frac{S_s \sqrt{T} (1-\varepsilon_s) \sqrt{\varepsilon^3} \sqrt{\eta_s}}{\sqrt{T_s} (1-\varepsilon) \sqrt{\varepsilon_s^3} \sqrt{\eta}}$$ （2-2-8）

式中　ε——被测试样试料层中的空隙率；

　　　ε_s——标准样品试料层中的空隙率。

（3）当被测试样的密度和空隙率均与标准样品不同，试验时温度与校准温度之差≤3 ℃时，可按公式（2-2-9）计算：

$$S = \frac{S_s\sqrt{T}(1-\varepsilon_s)\sqrt{\varepsilon^3}\rho_s}{\sqrt{T_s}(1-\varepsilon)\sqrt{\varepsilon_s^3}\rho} \qquad (2\text{-}2\text{-}9)$$

如试验时的温度与校准温度差 > 3 ℃，则按公式（2-2-10）计算：

$$S = \frac{S_s\sqrt{T}(1-\varepsilon_s)\sqrt{\varepsilon^3}\rho_s\sqrt{\eta_s}}{\sqrt{T_s}(1-\varepsilon)\sqrt{\varepsilon_s^3}\rho\sqrt{\eta}} \qquad (2\text{-}2\text{-}10)$$

式中　ρ ——被测试样的密度，g/cm^3；

ρ_s ——标准样品的密度，g/cm^3。

（4）结果处理：

① 水泥比表面积应由二次透气试验结果的平均值确定。如二次试验结果相差 2% 以上时，应重新试验。计算结果保留至 10 cm^2/g。

② 当同一水泥用手动勃氏透气仪测定的结果与自动勃氏透气仪测定的结果有争议时，以手动勃氏透气仪测定结果为准。

试验三　水泥细度检验方法（筛析法）

一、目的与适用范围

本标准规定了用 80 μm 筛检验水泥细度的测试方法。

本标准适用于硅酸盐水泥、普通硅酸盐水泥、矿渣硅酸盐水泥、火山灰硅酸盐水泥、粉煤灰硅酸盐水泥、复合硅酸盐水泥、道路硅酸盐水泥及指定采用本标准的其他品种的水泥。

二、仪器设备

1. 试验筛

（1）试验筛由圆形筛框和筛网组成，分负压筛和水筛两种，其结构尺寸见图 2-2-4 和图 2-2-5。负压筛应附有透明筛盖，筛盖与筛上口应有良好的密封性。

（2）筛网应紧绷在筛框上，筛网和筛框接触处应用防水胶密封，防止水泥嵌入。

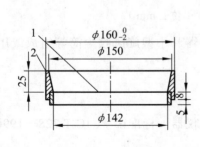

图 2-2-4　负压筛（尺寸单位：mm）

1—筛网；2—筛框

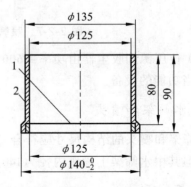

图 2-2-5　水筛（尺寸单位：mm）

1—筛网；2—筛框

2. 负压筛析仪

（1）负压筛析仪由筛座、负压筛、负压源及收尘器组成，其中筛座由转速为 30r/min ± 2r/min 的喷气嘴、负压表、控制板、微电机及壳体等构成，见图 2-2-6。

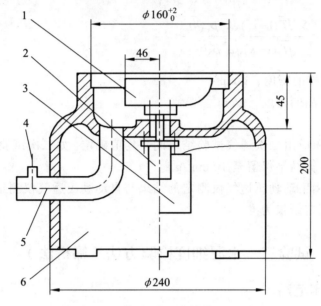

图 2-2-6 筛座（尺寸单位：mm）

1—喷气嘴；2—微电机；3—控制板开口；4—负压表接口；5—负压源及收尘器接口；6—壳体

（2）筛析仪负压可调范围为 4 000 ~ 6 000 Pa。

（3）喷气嘴上口平面与筛网之间的距离为 2 ~ 8 mm。

（4）喷气嘴的上开口尺寸见图 2-2-7。

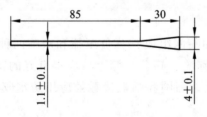

图 2-2-7 喷气嘴上开口（尺寸单位：mm）

（5）负压源和收尘器由功率 ≥ 600 W 的工业吸尘器和小型旋风收尘筒等组成或用其他具有相当功能的设备。

3. 水筛架和喷头

水筛架和喷头的结构尺寸应符合《水泥物理检验仪器　标准筛》（JC/T 728—1996）的规定，但其中水筛架上筛座内径为 140_{-3}^{0} mm。

4. 天　平

量程大于 100 g，感量不大于 0.05 g。

三、样品处理

水泥样品应充分拌匀，通过 0.9 mm 方孔筛，记录筛余物情况，要防止过筛时混进其他水泥。

四、试验步骤

1. 负 压 筛 法

（1）筛析试验前，应把负压筛放在筛座上，盖上筛盖，接通电源，检查控制系统，调节负压至 4 000 ~ 6 000 Pa 内。

（2）称取试样 25 g，置于洁净的负压筛中，放在筛座上，盖上筛盖，开动筛析仪连续筛析 2 min，在此期间如有试样附着在筛盖上，可轻轻地敲击筛盖使试样落下。筛毕，用天平称量筛余物。

（3）当工作负压小于 4 000 Pa 时，应清理吸尘器内的水泥，使负压恢复正常。

2. 水 筛 法

（1）筛析试验前，使水中无泥、砂，调整好水压及水筛架的位置，使其能正常运转。喷头底面和筛网之间的距离为 35 ~ 75 mm。

（2）称取试样 25 g，置于洁净的水筛中，立即用淡水冲洗至大部分细粉通过后，放在水筛架上，用水压为 0.05 MPa ± 0.02 MPa 的喷头连续冲洗 3 min。筛毕，用少量水把筛余物冲至蒸发皿中，等水泥颗粒全部沉淀后，小心倒出清水，烘干并用天平称量筛余物。

3. 试验筛的清洗

试验筛必须保持洁净，筛孔通畅，使用 10 次后要进行清洗。金属筛框、钢丝网筛洗时应用专门的清洗剂，不可用弱酸浸泡。

五、试验结果

（1）水泥试样筛余百分数按公式（2-2-11）计算：

$$F = \frac{R_s}{m} \times 100 \qquad （2-2-11）$$

式中　F——水泥试样的筛余百分数，%；

　　　R_s——水泥筛余物的质量，g；

　　　m——水泥试样的质量，g。

计算结果计算至 0.1%。

（2）筛余结果的修正。

为使试验结果可比，应采用试验筛修正系数方法修正（五、1条）的计算结果。修正系数的测定方法如下：

合格评定时，每个样品应称取两个试样分别筛析，取筛余平均值为筛析结果。若两次筛余结果绝对误差大于 0.5% 时（筛余值水于 5.0% 时可放至 1.0%），应再做一次试验，取两次相近结果的算术平均值作为最终结果。

（3）负压筛法与水筛法测定的结果发生争议时，以负压筛法为准。

六、水泥试验筛的标定方法

（1）水泥细度标准样品应符合 GSB 14—1511 的要求，或相同等级的标准样品。有争议时，以 GSB 14—1511 标准样品为准。

（2）标定操作。

将标准样装入干燥、洁净的密闭广口瓶，盖上盖子摇动 2 min，消除结块，静置 2 min 后，用一根干燥、洁净的搅棒搅匀样品。按本方法第四条试验步骤测定标准样在试验筛上的筛余百分数。每个试验筛的标定应称取两个标准样品连续进行，中间不得插做其他样品试验。

（3）标定结果。

两个样品结果的算术平均值为最终值，但当两个样品筛余结果相差大于 0.3% 时，应称第三个样品进行试验，并取接近的两个结果进行平均作为最终结果。

（4）试验筛修正系数按公式（2-2-12）计算：

$$C = F_n / F_t \qquad\qquad (2\text{-}2\text{-}12)$$

式中　C——试验筛修正系数；

　　　F_n——标准样品的筛余标准值，%；

　　　F_t——标准样品在试验筛上的筛余值，%。

修正系数计算精确至 0.01。

注：修正系数 C 在 0.80～1.20 内时，试验筛可继续使用，C 可作为结果修正系数；当 C 值超出 0.80～1.20 时，试验筛应予淘汰。

（5）水泥试样筛余百分数结果修正系数按公式（2-2-13）计算：

$$F_c = C \cdot F \qquad\qquad (2\text{-}2\text{-}13)$$

式中　F_c——水泥试样修正后的筛余百分数，%；

　　　C——试验筛修正系数；

　　　F——水泥试样修正前的筛余百分数，%。

试验四　水泥标准稠度用水量、凝结时间、安定性检验方法

一、范　围

本标准规定了水泥标准稠度用水量、凝结时间和由游离氧化钙造成的体积安定性检验方法的原理、仪器设备、材料、试验条件和测定方法。

本标准适用于硅酸盐水泥、普通硅酸盐水泥、矿渣硅酸盐水泥、粉煤灰硅酸盐水泥、火山灰硅酸盐水泥、复合硅酸盐水泥以及指定采用本方法的其他品种的水泥。

二、原　理

（1）水泥标准稠度：水泥标准稠度净浆对标准试杆（或试锥）的沉入具有一定阻力。通过试验不同含水量的水泥净浆的穿透性，以确定水泥标准稠度净浆中所需加入的水量。

（2）凝结时间：试针沉入水泥标准稠度净浆至一定深度所需的时间。

（3）安定性：采用雷氏法，通过测定水泥标准稠度净浆在雷氏夹中沸煮后试针的相对位移表征其体积膨胀的程度。

三、仪器设备

（1）水泥净浆搅拌机：符合 JC/T729 的要求。注意通过减小搅拌翅和搅拌锅之间的间隙，可以制备更加均匀的净浆。

（2）标准法维卡仪：仪器组成如图 2-2-8 所示。

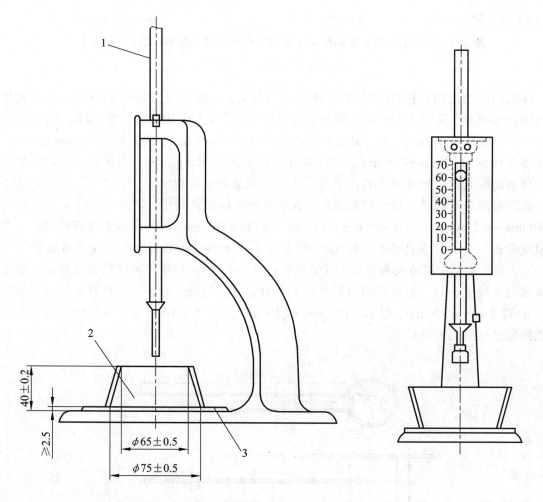

（a）初凝时间测定用立式试模的侧视图　　　　（b）终凝时间测定用板转试模的前视图

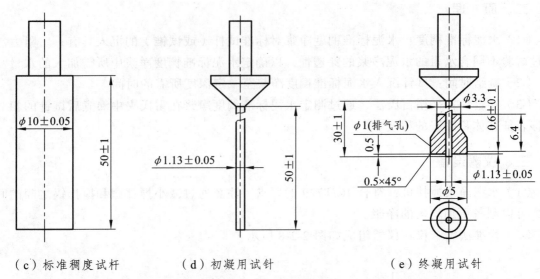

（c）标准稠度试杆　　　（d）初凝用试针　　　（e）终凝用试针

图 2-2-8　测定水泥标准稠度和凝结时间用维卡仪及配件示意图（mm）

1—滑动杆；2—试模；3—玻璃板

标准稠度测定用试杆有效长度为 50 mm ± 1 mm、由直径为 ϕ10 mm ± 0.05 mm 的圆柱形耐腐蚀金属制成，见图 2-2-8（c）。测定凝结时间时取下试杆，用试针代替试杆，见图 2-2-8（d）、（e）。试针由钢制成，其有效长度初凝针为 50 mm ± 1 mm、终凝针为 30 mm ± 1 mm，圆柱体直径为 ϕ1.13 mm ± 0.05 mm，滑动部分的总质量为 300 g ± 1 g。与试杆、试针联结的滑动杆表面应光滑，能靠重力自由下落，不得有紧涩和旷动现象。

盛装水泥净浆的试模应由耐腐蚀的、有足够硬度的金属制成，见图 2-2-8（a）。试模为深 40 mm ± 0.2 mm、顶内径 ϕ65 mm ± 0.5 mm、底内径 ϕ75 mm ± 0.5 mm 的截顶圆锥体。每个试模应配备一个边长或直径约 100 mm、厚度为 4 ~ 5 mm 的平板玻璃底板或金属底板。

（3）雷氏夹：由铜质材料制成，其结构见图 2-2-9。当一根指针的根部先悬挂在一根金属丝或尼龙丝上，另一根指针的根部再挂上 300 g 质量的砝码时，两根指针针尖增加的距离应在 17.5 mm ± 2.5 mm，即 2x = 17.5 mm ± 2.5 mm（见图 2-2-10），当去掉砝码后针尖的距离能恢复至挂砝码前的状态。

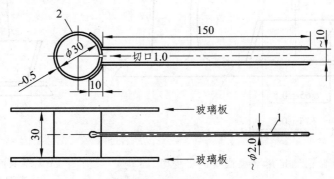

图 2-2-9　雷氏夹示意图（单位：毫米）

1—指针；2—环模

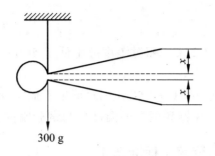

300 g

图 2-2-10　雷氏夹受力示意图

（4）沸煮箱：有效容积为 410 mm × 240 mm × 310 mm，篦板的结构应不影响试验结果，篦板与加热器之间的距离大于 50 mm。箱的内层由不易锈蚀的金属材料制成，能在 30 min ± 5 min 内将箱内的试验用水由室温升至沸腾状态并保持 3 h 以上，整个试验过程中不需要补充水量。

（5）雷氏夹膨胀测定仪：如图 2-2-11 所示，标尺最小刻度为 0.5 mm。

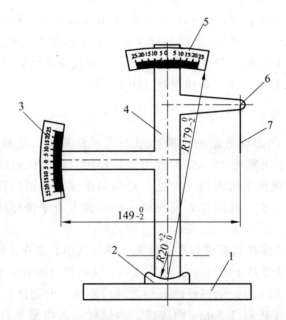

图 2-2-11　雷氏膨胀测量仪（单位：mm）

1—底座；2—模子座；3—测弹性标尺；4—立柱；5—测膨胀值标尺；6—悬臂；7—悬丝

（6）量水器：最小刻度 ± 0.5 mL。

（7）天平：最大称量不小于 1 000 g，分度值不大于 1 g。

四、材　料

（1）水泥试样应充分拌匀，通过 0.9 mm 方孔筛并记录筛余物情况，但要防止过筛时混进其他水泥。

（2）试验用水必须是洁净的饮用水，如有争议时应以蒸馏水为准。

五、试验条件

（1）试验室温度为 20 ℃±2 ℃，相对湿度应不低于 50%；水泥试样、拌和水、仪器和用具的温度应与试验室一致。

（2）湿气养护箱的温度为 20 ℃±1 ℃，相对湿度不低于 90%。

（3）水泥试样、拌和水、仪器和用具的温度应与试验室内室温一致。

六、标准稠度用水量的测定（标准法）

1．试验前的准备工作

（1）维卡仪的金属棒能够自由滑动。试模和玻璃板用湿布擦拭，将试模放在底板上。

（2）调整至试杆接触玻璃板时指针对准零点。

（3）搅拌机运行正常。

2．水泥净浆的拌制

用水泥净浆搅拌机搅拌，搅拌锅和搅拌叶片先用湿布擦拭，将拌和水倒入搅拌锅，然后在 5~10 s 内小心将称好的 500 g 水泥加到水中，防止水和水泥溅出。拌和时，先将锅放在搅拌机的锅座上，升至搅拌位置，启动搅拌机，低速搅拌 120 s，停 15 s，同时将叶片和锅壁上的水泥浆刮入锅中间，接着高速搅拌 120 s 停机。

3．标准稠度用水量的测定步骤

（1）拌和结束后，立即取适量的水泥净浆一次性将其装入已置于玻璃底板上的试模中，浆体超过试模上端，用宽约 25 mm 的直边刀轻轻拍打超出试模部分的浆体 5 次以排除浆体中的孔隙，然后在试模上表面约 1/3 处，略倾斜于试模分别向外轻轻锯掉多余净浆，再从试模边沿轻抹顶部一次，使净浆表面光滑。在锯掉多余净浆和抹平的操作过程中，注意不要压实净浆。

（2）抹平后迅速将试模和底板移到维卡仪上，并将其中心定在试杆下，降低试杆直至与水泥净浆表面接触，拧紧螺丝 1~2 s 后，突然放松，使试杆自由地垂直沉入水泥净浆。在试杆停止沉入或释放试杆 30 s 时记录试杆距底板之间的距离，升起试杆后，立即擦净。

（3）整个操作应在搅拌后 1.5 min 内完成，以试杆沉入净浆并距底板 6 mm±1 mm 的水泥净浆为标准稠度净浆。其拌和水量为该水泥的标准稠度用水量（P），按水泥质量的百分比计。

（4）当试杆距玻璃板小于 5 mm 时，应适当减水，重复水泥浆的拌制和上述过程；若距离大于 7 mm，则应适当加水，并重复水泥浆的拌制和上述过程。

七、凝结时间测定

（1）测定前准备工作：调整凝结时间测定仪的试针接触玻璃板，使指针对准零点。

（2）试件的制备：以标准稠度用水量制成标准稠度净浆一次装满试模和刮平，立即放进湿气养护箱中。记录水泥全部进入水中的时间作为凝结时间的起始时间。

（3）初凝时间测定：

① 记录水泥全部加入水中至初凝状态的时间作为初凝时间，以"min"计。

② 试件在湿气养护箱中养护至加水后 30 min 时进行第一次测定。测定时，从湿气养护箱中取出试模放到试针下，降低试针与净浆表面接触。拧紧螺丝 1~2 s 后，突然放松，试针自由地垂直沉入水泥净浆。观察试针停止下沉或释放试针 30 s 时指针的读数。

③ 临近初凝时，每隔 5 min 测定一次。当试针沉至距底板 4 mm ± 1 mm 时，为水泥达到初凝状态。

④ 到达初凝时应立即重复测一次，当两次结论相同时才能定为到达初凝状态。

（4）终凝时间测定：

① 由水泥全部加入水中至终凝状态的时间为水泥的终凝时间，用"min"表示。

② 为了准确观测试针沉入的状况，在终凝针上安装一个环形附件，见图 2-2-8（e）。在完成初凝时间测定后，立即将试模连同浆体以平移的方式从玻璃板上取下，翻转 180°，直径大端向上、小端向下放在玻璃板上，再放进湿气养护箱中继续养护。

③ 临近终凝时间时每隔 15 min 测定一次，当试针沉入试件 0.5 mm 时，即环形附件开始不能在试体上留下痕迹时，为水泥达到终凝状态。

④ 到达终凝时，需要在试体另外两个不同点进行测试，结论相同时才能确定到达终凝状态。

（5）测定时应注意，在最初测定的操作时应轻轻扶持金属柱，使其徐徐下降，以防止试针撞弯，但结果以自由下落为准；在整个测试过程中试针沉入的位置至少要距试模内壁 10 mm。每次测定不能让试针落入原针孔，每次测试完毕须将试针擦净并将试模放回湿气养护箱，整个测试过程要防止试模受振。

注：可以使用能得出与标准中规定方法相同结果的凝结时间自动测定仪，有矛盾时以标准规定为准。

八、安定性测定（标准法）

1. 测定前的准备工作

每个试样需要两个试件，每个雷氏夹需配备两个边长或直径约 80 mm、厚度 4~5 mm 的玻璃板。

凡与水泥净浆接触的玻璃板和雷氏夹内表面都要稍稍涂上一层油。

2. 雷氏夹试件的制备方法

将预先准备好的雷氏夹放在已稍擦油的玻璃板上，并立即将已制好的标准稠度净浆一次装满雷氏夹。装浆时，一只手轻轻扶持雷氏夹，另一只手用宽约 25 mm 的的直边刀在浆体表面轻轻插捣 3 次，然后抹平，盖上稍涂油的玻璃板，接着立即将试件移至湿气养护箱内养护 24 h ± 2 h。

3. 沸 煮

（1）调整好沸煮箱内的水位，使能保证在整个沸煮过程中都能超过试件，不需中途添补试验用水，同时又保证在 30 min ± 5 min 内升至沸腾。

（2）脱去玻璃板取下试件，先测量雷氏夹指针尖端间的距离（A），精确到 0.5 mm；接着将试件放到沸煮箱水中的试件架上，指针朝上，然后在 30 min ± 5 min 内加热水至沸腾并恒沸 180 min ± 5 min。

4．结果判别

沸煮结束后，立即放掉沸煮箱中的热水，打开箱盖，待箱体冷却至室温，取出试件进行判别。测量雷氏夹指针尖端的距离（C），准确至 0.5 mm。当两个试件煮后增加距离（$C-A$）的平均值不大于 5.0 mm 时，即认为该水泥安定性合格；当两个试件煮后增加距离（$C-A$）的平均值大于 5.0 mm 时，应用同一样品立即重做一次试验，以复检结果为准。

试验五　水泥胶砂强度检验方法（ISO 法）

一、试验目的与适用范围

本方法规定水泥胶砂强度检验基准方法的仪器、材料、胶砂组成、试验条件、操作步骤和结果计算等。

本方法适用于硅酸盐水泥、普通硅酸盐水泥、矿渣硅酸盐水泥、粉煤灰硅酸盐水泥、复合硅酸盐水泥、道路硅酸盐水泥以及石灰石硅酸盐水泥的抗折与抗压强度的检验。其他水泥采用本标准时，必须研究本标准规定的适用性。

二、仪器设备

（1）水泥胶砂搅拌机：胶砂搅拌机属行星式，如图 2-2-12 所示，应符合 JC/T 681 的规定。叶片与锅之间的间隙，是指叶片与锅壁最近的距离，应每月检查一次。

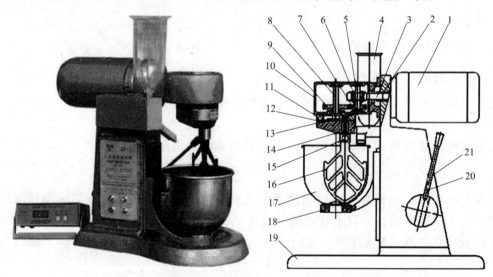

图 2-2-12　水泥胶砂搅拌机

1—电机；2—联轴器；3—蜗杆；4—砂罐；5—传动装置；6—蜗轮；7—齿轮Ⅰ；8—主轴；9—齿轮Ⅱ；
10—传动轮；11—内齿轮；12—偏心座；13—行星齿轮；14—搅拌叶轴；15—调节螺母；
16—搅拌叶；17—搅拌锅 18—支座；19—底座；20—手柄；21—立柱

（2）振实台：如图 2-2-13 所示，应符合 JC/T 682 的规定。振实台应安装在高度约 400 mm 的混凝土基座上。混凝土体积约为 0.25 m³时，质量约 600 kg。为防止外部振动影响振实效果时，可在整个混凝土基座下放一层厚约 5 mm 的天然橡胶弹性衬垫。

将仪器用地脚螺丝固定在基座上，安装后设备成水平状态，仪器底座与基座之间要铺一层砂浆以保证它们完全接触。

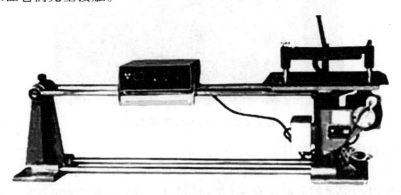

图 2-2-13　水泥胶砂振实台

（3）试模。

试模由三个水平的模槽组成（见图 2-2-14），可同时成型三条截面为 40 mm × 40 mm × 160 mm 的棱形试件，其材质和制造尺寸应符合 JC/T 726 的要求。

当试模的任何一个公差超过规定的要求时，就应更换。在组装备用的干净模型时，应用黄干油等密封材料涂覆模型的外接缝。试模的内表面应涂上一薄层模型油或机油。

进行成型操作时，应在试模上面加有一个壁高 20 mm 的金属模套，当从上往下看时，模套壁与模型内壁应该重叠，超出内壁不应大于 1 mm。

为了控制料层厚度和刮平胶砂，应备有两个播料器和一把金属刮平直尺。

（4）抗折试验机：折试验机应符合 JC/T 724 的要求，抗折强度测定加荷，见图 2-2-15。

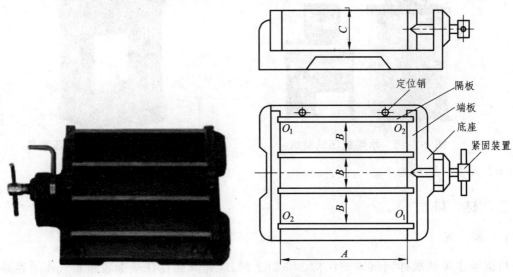

图 2-2-14　胶砂试模

图 2-2-15　水泥抗折试验机

（5）抗压试验机和抗压夹具。

抗压试验机（见图 2-2-16）的吨位以 200～300 kN 为宜。抗压试验机，在较大的 4/5 量程范围内使用时，记录的荷载应有 ±1.0% 的精度，并具有按 2 400 N/s ± 200 N/s 速率的加荷能力，应有一个能指示试件破坏时荷载的指示器。

当需要使用夹具（见图 2-2-17）时，应把它放在压力机的上、下压板之间并与压力机处于同一轴线，以便将压力机的荷载传递至胶砂试件表面。夹具应符合 JC/T 683 的要求，受压面积为 40 mm × 40 mm。夹具在压力机上位置，夹具要保持清洁，球座应能转动以使其上的压板能从一开始就适应试体的形状并在试验中保持不变。使用中夹具应满足 JC/T 683 的全部要求。

图 2-2-16　水泥抗压试验机

图 2-2-17　水泥胶砂抗压夹具

（6）天平：感量为 1 g。

三、材　料

1. 水　泥

当试验水泥从取样到试验要保持 24 h 以上时，应将其储存在基本装满和气密的容器中，这个容器不能与水泥发生反应。

2．ISO 标准砂

ISO 基准砂（reference sand）是由德国标准砂公司制备的 SiO$_2$ 含量不低于 98% 的天然的圆形硅质砂组成，其颗粒分布在表 2-2-6 规定的范围内。

各国生产的 ISO 标准砂都可以按本方法测定水泥强度。

我国 ISO 标准砂可以单级分包装，也可以各级预配合以 1350 g ± 5 g 量的塑料袋混合包装，但所用塑料袋材料不得影响其强度试验结果。

3．水

仲裁试验或其他重要试验用蒸馏水，其他试验可用饮用水。

表 2-2-6　ISO 基准砂颗粒分布

方孔边长/mm	累计筛余/%
2.0	0
1.6	7 ± 5
1.0	33 ± 5
0.5	67 ± 5
0.16	87 ± 5
0.08	99 ± 1

四、温度和相对湿度

（1）试件成型试验室的温度应保持在 20 ℃ ± 2 ℃（包括强度试验室），相对湿度大于50%。水泥试样、ISO 砂、拌和水及试模等的温度应与室温相同。

（2）养护箱或雾室温度保持在 20 ℃ ± 1 ℃，相对湿度大于 90%。

（3）养护池水的温度 20 ℃ ± 1 ℃ 范围内。

（4）试件成型试验室空气温度和相对湿度及养护池水温在工作期间每天至少记录一次。养护箱或雾室的温度和相对湿度至少每 4 h 记录一次。

五、试件成型

（1）成型前将试模擦净，四周的模板与底座的接触面上应涂黄油，紧密装配，防止漏浆，内壁均匀地刷一薄层机油。

（2）配料。

水泥与 ISO 砂的质量比为 1∶3，水灰比 0.5。

每成型三条试件需称量的材料及用量为：水泥 450 g ± 2 g；ISO 砂 1 350 g ± 5 g；水225 mL ± 1 mL。

（3）搅拌。

将水加入锅中，再加入水泥，把锅放在固定架上并上升至固定位置。

然后立即开动机器，低速搅拌 30 s 后，在第二个 30 s 开始的同时均匀地将砂子加入。

当砂是分级装时，应从最粗粒级开始，依次加入，再高速搅拌 30 s。

停拌 90 s。在停拌中的第一个 15 s 内用胶皮刮具将叶片和锅壁上的胶砂刮入锅中。在高速下继续搅拌 60 s。各个阶段时间误差应在 ±1 s 内。

（4）试件制备。

① 试件为 40 mm × 40 mm × 160 mm 的棱柱体。

② 用振实台成型时。

胶砂制备后立即进行成型。将空试模和模套固定在振实台上，用适当的勺子直接从搅拌锅中将胶砂分两层装入试模。装第一层时，每个槽里约放 300 g 胶砂，用大播料器垂直架在模套顶部，沿每个模槽来回一次将料层播平，接着振实 60 次。再装入第二层胶砂，用小播料器播平，再振实 60 次。移走模套，从振实台上取下试模，用金属直尺以近似 90° 的角度架在试模顶的一端，沿试模长度方向以横向锯割动作慢慢向另一端移动，一次将超过试模的胶砂刮去，并用同一直尺以近乎水平的情况下将试体表面抹平。

在试模上作标记或加字条标明试件的编号和试件相对于振实台的位置。

（5）试验前或更换水泥品种时，须将搅拌锅、叶片和下料漏斗等抹擦干净。

六、养 护

1. 脱模前的处理和养护

去掉留在模子四周的胶砂。立即将做好标记的试模放入雾室或养护箱的水平架上养护，湿空气应能与试模各边接触。养护时不应将试模放在其他试模上。一直养护到规定的脱模时间时取出脱模。脱模前，用防水墨汁或颜料笔对试体进行编号和做其他标记。两个龄期以上的试体，在编号时应将同一试模中的三条试体分在两个以上龄期内。

2. 脱 模

脱模时要非常小心。对于 24 h 龄期的，应在破型试验前 20 min 内脱模；对于 24 h 以上龄期的，应在成型后 20～24 h 脱模。如经 24 h 养护，会因脱模对强度造成损害时，可以延迟到 24 h 以后脱模，但在试验报告中应予说明。

3. 水中养护

将做好标记的试件立即水平或竖直放在 20 ℃±1 ℃ 水中养护，水平放置时刮平面应朝上。

试件放在不易腐烂的篦子上，并彼此间保持一定间距，以让水与试件的六个面接触。养护期间试件之间间隔或试体上表面的水深不得小于 5 mm。

每个养护池中只能养护同类水泥试件。

最初用自来水装满养护池（或容器），随后随时加水保持适当的恒定水位，不允许在养护期间全部换水。

除 24 h 龄期或延迟至 48 h 脱模的试体外，任何到龄期的试体应在试验（破型）前 15 min 从水中取出。抹去试件表面的沉积物，并用湿布覆盖至试验为止。

七、强度试验

1. 龄 期

试件龄期从水泥加水搅拌开始试验时算起。不同龄期强度试验在下列时间里进行：

龄期	试验时间
24 h	24 h ± 15 min
48 h	48 h ± 30 min
72 h	72 h ± 45 min
7 d	7 d ± 2 h
28 d	28 d ± 8 h

2. 抗折强度试验

（1）以中心加荷法测定抗折强度。

（2）采用杠杆式抗折试验机试验时，试件放入前，应使杠杆成水平状态，将试件成型侧面朝上放入抗折试验机。试件放入后调整夹具，使杠杆在试件折断时尽可能地接近水平位置。

（3）抗折试验加荷速度为 50 N/s ± 10 N/s，直至折断，并保持两个半截棱柱试件处于潮湿状态直至进行抗压试验。

（4）抗折强度按公式（2-2-14）计算：

$$R_f = \frac{1.5F_f L}{b^3} \tag{2-2-14}$$

式中　R_f——抗折强度，MPa；

　　　F_f——破坏荷载，N；

　　　L——支撑圆柱中心距离，mm；

　　　b——试件断面正方形的边长，为 40 mm。

3. 抗压强度试验

（1）抗折试验后的断块应立即进行抗压试验。

（2）试件受压面为试件成型时的两个侧面，面积为 40 mm × 40 mm。

（3）试验前应清除试件受压面与加压板间的砂粒或杂物。半截棱柱体中心与压力机压板中心差应在 ± 0.5 mm 内，棱柱体露在压板外的部分约有 10 mm。

（4）压力机加荷速度应控制在 2 400 N/s ± 200 N/s，在接近破坏时更应严格掌握。

（5）抗压强度按公式（2-2-15）计算：

$$R_c = \frac{F_c}{A} \tag{2-2-15}$$

式中　R_c——抗压强度，MPa；

　　　F_c——破坏时的最大荷载，N；

　　　A——受压面积，40 mm × 40 mm = 1 600 mm^2。

八、试验结果

1. 抗折强度

以一组三个棱柱体抗折结果的平均值作为试验结果。当三个强度值中有超出平均值 ±10% 时，应剔除后再取平均值作为抗折强度试验结果。

抗折强度计算值精确至 0.1 MPa。

2. 抗压强度

以一组三个棱柱体上得到的六个抗压强度测定值的算术平均值作为试验结果。

如六个测定值中有一个超出六个的平均值的 ±10%，就应剔除这个结果，而以剩下五个的平均值作为结果。如果五个测定值中还有超过它们平均值 ±10% 的，则此组结果作废。

抗压强度计算值精确至 0.1 MPa。

课题三　砂石材料

> **知识点：**
> ◎ 细集料的分类及技术性质
> ◎ 粗集料的分类及技术性质
> ◎ 岩石的分类及技术性质
>
> **技能点：**
> ◎ 集料的试验操作及报告处理
> ◎ 能够正确判定集料的质量

砂石材料是道路与桥梁建筑中用量最大的一种建筑材料，它可以直接用于道路或桥梁的圬工结构，亦可以作为水泥混凝土、沥青混合料的集料。用作道路与桥梁建筑的砂石材料都应具备一定的技术性质，以适应不同工程建筑的技术要求。特别是作为水泥（或沥青）混凝土用集料，应严格按级配理论组成一定要求的矿质混合料。因此，必须掌握其组成设计的方法。

集料是指在混合料中起骨架和填充作用的粒料，包括天然风化而成的漂石、砾石（卵石）、细集料等，以及由人工轧制的不同尺寸的碎石、石屑。

工程上一般将集料分为细集料和粗集料两类。

一、细集料

在沥青混合料中，细集料是指粒径小于 2.36 mm 的天然砂、人工砂及石屑；在水泥混凝土中，细集料是指粒径小于 4.75 mm 的天然砂、人工砂。在工程中应用较多的细集料是砂。

砂按来源分为两类：一类为天然砂，它是由自然风化、水流冲刷、堆积形成的、粒径小于 4.75 mm 的岩石颗粒，按生成环境分河砂、山砂和海砂。河砂颗粒表面圆滑，比较洁净，质地较好，产源广；山砂颗粒表面粗糙有棱角，与水泥浆黏结力好，但含泥量和含有机质多；海砂颗粒表面圆滑，比较洁净，但常有贝壳碎片和盐分等有害杂质。一般工程上多使用河砂，在缺乏河砂地区，可采用山砂或海砂，但在使用时必须按规定作技术检验。另一类为人工砂，它是经加工处理得到的符合规格要求的细集料，表面多棱角，较洁净，但造价较高，如无特殊情况，多不采用这种砂。

细集料技术性主要包括物理性质、颗粒级配和粗细程度。

（一）物理性质

集料的物理性质是集料结构状态的反映，它与集料的技术性质有着密切的联系。集料的内部结构主要是由矿质实体、闭口孔隙（不与外界相通的）、开口孔隙（与外界相通的）和空隙（颗粒之间的）等四部分组成，如图 2-3-1 所示。细集料在公路工程中的主要物理性质有：表观密度、堆积密度和含水率、空隙率、有害杂质含量等。

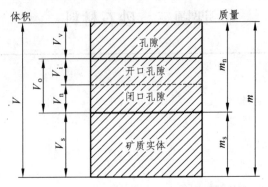

图 2-3-1　集料体积与质量关系图

1. 表观密度及表观相对密度

细集料的表观密度是指单位体积（含矿质实体及其闭口孔隙体积）物质颗粒的干质量。表观相对密度是指表观密度与同温度水的密度的比值。细集料表观密度按图 2-3-1，可由公式（2-3-1）求得。

$$\rho_a = \frac{m_s}{V_s + V_n} \qquad\qquad (2-3-1)$$

式中　ρ_a——细集料表观密度，g/cm³；

　　　m_s——矿质实体质量，g；

　　　V_s——矿质实体体积，cm³；

　　　V_n——矿质实体中闭口孔隙的体积，cm³。

细集料的表观密度的大小，主要取决于细集料的种类和风化程度。风化严重的细集料表观密度小，强度低，稳定性差，所以表观密度是衡量细集料品质的主要技术指标。

我国现行规程《公路工程集料试验规程》（JTG E42）规定采用 T0328—2005 的方法，具体内容见"试验二　细集料表观密度（容量瓶法）"。

2. 毛体积密度及毛体积相对密度

细集料的毛体积密度是指单位体积（含矿质实体及其闭口、开口孔隙体积）物质颗粒的干质量。毛体积相对密度是指毛体积密度与同温度水的密度的比值。细集料毛体积密度按图 2-3-1，可由公式（2-3-2）求得。

$$\rho_b = \frac{m_s}{V_s + V_n + V_i} \qquad\qquad (2-3-2)$$

式中　ρ_b——细集料毛体积密度，g/cm³；

　　　m_s——矿质实体质量，g；

　　　V_s，V_n，V_i——细集料矿质实体、闭口孔隙和开口孔隙体积，cm³。

我国现行规程《公路工程集料试验规程》（JTG E42）规定采用 T0330—2005 的方法，具体内容见第"试验三　细集料密度及吸水率试验"。

3. 表干密度及表干相对密度

细集料的表干密度是单位体积（含矿质实体及其闭口、开口孔隙体积）物质颗粒的饱和面干质量，又称饱和面干密度。表干相对密度是指表干密度与同温度水的密度的比值。细集料表干密度按图 2-3-1，可由公式（2-3-3）求得

$$\rho_s = \frac{m_s + V_i \cdot \rho_w}{V_s + V_n + V_i} \qquad (2\text{-}3\text{-}3)$$

式中　ρ_s——细集料表干密度，g/cm^3；

　　　m_s——矿质实体质量，g；

　　　V_s，V_n，V_i——细集料矿质实体、闭口孔隙和开口孔隙体积，cm^3。

我国现行规程《公路工程集料试验规程》（JTG E42）规定采用 T0330—2005 的方法，具体内容见第"试验三　细集料密度及吸水率试验"。

4. 堆积密度

细集料的堆积密度是单位体积（含矿质实体及其闭口、开口孔隙体积及颗粒间空隙体积）物质颗粒的质量。细集料的堆积密度包括自然堆积状态下的堆积密度和振实状态下的紧装密度。紧装密度与堆积密度是同一类物理概念，只是试验方法不同。

细集料表干密度按图 2-3-1，可由公式（2-3-4）求得

$$\rho = \frac{m_s}{V_s + V_n + V_i + V_v} \qquad (2\text{-}3\text{-}4)$$

式中　ρ_s——细集料表干密度，g/cm^3；

　　　m_s——矿质实体质量，g；

　　　V_s，V_n，V_i，V_v——细集料矿质实体、闭口孔隙、开口孔隙和空隙体积，cm^3。

我国现行规程《公路工程集料试验规程》（JTG E42）规定采用 T0331—1994 的方法，具体内容见第"试验四　细集料堆积密度及紧装密度试验"。

5. 空隙率

空隙率是指集料颗粒之间的空隙体积占集料总体积的百分率。

细集料的空隙率与级配和颗粒形状有关。细集料的空隙率一般为 35%～45%，特细细集料可达 50% 左右。

细集料的空隙率可按公式（2-3-5）求得

$$n = \left(1 - \frac{\rho}{\rho_a}\right) \times 100 \qquad (2\text{-}3\text{-}5)$$

式中　n——细集料的空隙率，%；

　　　ρ——细集料的堆积密度或紧装密度，g/cm^3；

　　　ρ_a——细集料的表观密度，g/cm^3。

6. 含水率

含水率是指细集料中所含水的质量占干细集料质量的百分率。

在工程应用中细集料是露天堆放的，含水量随天气而变化，其体积亦发生变化。当施工采用体积计量时，由于体积是随含水量而变化的，故在计算细集料的用量时，必须了解其含水率与体积的关系（见图 2-3-2）。

（1）烘干状态（完全干燥状态）：在 105 ℃ ± 5 ℃ 温度下烘至表面与内部都不含水分，见图 2-3-2（a）。

（2）风干状态（气干状态）：自然条件下使集料吸收一些水分，而后又在空气中任其风干一些水分，其外面一层已经干燥，而内部还是湿的，见图 2-3-2（b）。

（3）表干状态（饱和面干状态）：内部吸水饱和，而表面仍是干燥的，而且外部凹凸和缝隙没有水，见图 2-3-2（c）。

（4）湿润状态（潮湿状态）：内部吸水饱和后，外部凹凸、缝隙等都充盈着水，而且整个表面为一层水膜所包裹，见图 2-3-2（d）。

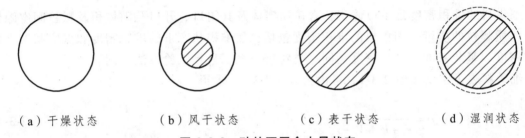

（a）干燥状态　　　（b）风干状态　　　（c）表干状态　　　（d）湿润状态

图 2-3-2　砂的不同含水量状态

细集料从烘干至表干状态，它的体积都不变化，及至湿润状态后，由于细集料颗粒表面水膜的存在，使颗粒相互接触处积存一些水。由于液体表面张力作用，湿细集料的体积会有所膨胀。及至细集料中水含量增加至完全充满所有的粒间空隙，其膨胀即结束，细集料的体积又恢复至原来状态。

我国现行规程《公路工程集料试验规程》（JTG E42）规定采用烘干法、碳化钙气压法和酒精燃烧法，其中以烘干法为准。

7. 有害物质含量

通常集料中多多少少带有一些杂质，对集料的使用造成一定的消极影响。尤其是对水泥混凝土用砂，当其中的有害杂质超出一定数量时，会对水泥的水化硬化带来一定危害，实际应用时应对砂中杂质的含量要有所限制。

有害杂质主要有泥土和泥块、云母、轻物质、硫酸盐和硫化物以及有机质等。

（1）含泥量和泥块含量。

含泥量是指细集料中粒径小于 0.075 mm 的尘屑、淤泥和黏土的含量。泥块含量是指原粒径大于 1.18 mm，经水浸洗、手捏后小于 0.6 mm 的颗粒含量。

我国现行规程《公路工程集料试验规程》（JTG E42）规定，水泥混凝土用细集料含泥量采用筛洗法，而沥青路面用细集料含泥量采用砂当量方法，具体内容见"试验五　细集料含泥量试验（筛洗法）"及"试验六　细集料砂当量试验"。

（2）云母含量。

某些细集料中含有云母，云母呈薄片状，表面光滑且极易沿节理裂开，因此，它与水泥的黏附性较差。

（二）级　配

级配是集料各级粒径颗粒的分配情况，如图 2-3-3 所示。图（a）所示为采用相同粒径的细集料，其空隙最大；图（b）所示为采用两种不同粒径的细集料相互搭配，中粒径填充大粒径空隙，其细集料的空隙减小；图（c）所示为采用两种以上粒径的细集料相互搭配，小粒径填充中粒径空隙，中粒径填充大粒径空隙，细集料的空隙就会更小。如果细集料的大小颗粒搭配得恰当，就会使细集料的空隙不断地被填充，空隙率达到最小，可得到密实的混凝土骨架，同时节省水泥浆的用量。

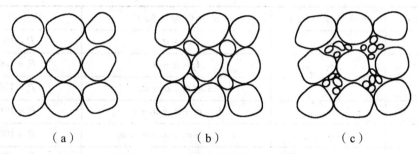

（a）　　　　　　　　　（b）　　　　　　　　　（c）

图 2-3-3　细集料颗粒级配示意图

我国现行规程《公路工程集料试验规程》（JTG E42）规定采用 T0327—2005 的方法，具体内容见"试验七　细集料筛分试验"。筛分法是将 500 g 试样，在一套标准筛上进行筛分，分别求出试样存留在各筛上筛余量，并按下述方法计算其级配的有关参数。

1. 分计筛余百分率

某号筛的分计筛余百分率为某号筛上的筛余量除以试样总量的百分率，准确至 0.1%，按公式（2-3-6）求得。

$$a_i = \frac{m_i}{m} \times 100 \qquad\qquad (2\text{-}3\text{-}6)$$

式中　a_i——某号筛的分计筛余百分率，%；

　　　m_i——存留在某号筛上的质量，g；

　　　m——试样的总质量，g。

2. 累计筛余百分率

某号筛的累计筛余百分率是指某号筛及大于某号筛的各筛的分计筛余百分率总和，准确至 0.1%，按公式（2-3-7）求得。

$$A_i = a_1 + a_2 + \cdots + a_n \qquad\qquad (2\text{-}3\text{-}7)$$

式中　A_i——累计筛余百分率，%；

　　　a_1，a_2，$\cdots$，a_n——各筛分计筛余百分率，%。

3. 通过百分率

某号筛的通过百分率是指通过某筛的质量占试样总质量的百分率，即 100 与累计筛余百分率之差，准确至 0.1%，按公式（2-3-8）求得

$$P_i = 100 - A_i \qquad (2\text{-}3\text{-}8)$$

式中　P_i——通过百分率，%；

　　　A_i——累计筛余百分率，%。

分计筛余百分率、累计筛余百分率及通过百分率三者的关系列于表 2-3-1。

表 2-3-1　分计筛余、累计筛余、通过量三者关系

筛孔尺寸/mm	分计筛余（%）	累计筛余（%）	通过量（%）
4.75	a_1	$A_1 = a_1$	$P_1 = 100 - A_1$
2.36	a_2	$A_2 = a_1 + a_2$	$P_2 = 100 - A_2$
1.18	a_3	$A_3 = a_1 + a_2 + a_3$	$P_3 = 100 - A_3$
0.6	a_4	$A_4 = a_1 + a_2 + a_3 + a_4$	$P_4 = 100 - A_4$
0.3	a_5	$A_5 = a_1 + a_2 + a_3 + a_4 + a_5$	$P_5 = 100 - A_5$
0.15	a_6	$A_6 = a_1 + a_2 + a_3 + a_4 + a_5 + a_6$	$P_6 = 100 - A_6$
0.075	a_7	$A_7 = a_1 + a_2 + a_3 + a_4 + a_5 + a_6 + a_7$	$P_7 = 100 - A_7$

（三）粗　度

粗度是评价砂粗细程度的一种指标，通常用细度模数表示。

根据累计筛余百分率计算细度模数，可按公式（2-3-9）计算。

$$M_x = \frac{(A_{0.15} + A_{0.3} + A_{0.6} + A_{1.18} + A_{2.36}) - 5A_{4.75}}{100 - A_{4.75}} \qquad (2\text{-}3\text{-}9)$$

式中　M_x——细度模数；

　　　$A_{0.15}$，$A_{0.3}$，$\cdots$，$A_{4.75}$——0.15 mm、0.3 mm、$\cdots$、4.75 mm 各筛的累计筛余百分率，%。

细度模数越大，表示细集料越粗。我国现行标准《公路桥涵施工技术规范》（JTG/T F50—2011）规定砂的粗度按细度模数可分为三类，见表 2-3-2。

表 2-3-2　砂分类表

分　类	粗　砂	中　砂	细　砂
细度模数 M_x	3.7～3.1	3.0～2.3	2.2～1.6

细度模数虽然能够表示细集料的粗细程度，但不能完全反映出颗粒级配情况，因为相

同细度模数的细集料可有不同的颗粒级配。因此，要全面表征细集料的颗粒性质，必须同时使用细度模数和级配两个指标。

例题：根据表 2-3-3 所给某砂样筛分数据，求该砂样筛分结果及细度模数。

表 2-3-3 已知筛分条件

筛孔尺寸/mm	9.5	4.75	2.36	1.18	0.6	0.3	0.15	0.075	筛底
各筛上存留量/g	0.0	24.2	35.6	89.7	140.1	114.8	69.7	23.8	2.1

解：由表 2-3-3 数据，计算结果列于表 2-3-4。

表 2-3-4 筛分结果

筛孔尺寸/mm	9.5	4.75	2.36	1.18	0.6	0.3	0.15	0.075	筛底
各筛上存留量/g	0.0	24.2	35.6	89.6	140.1	114.8	69.6	23.8	2.3
分计筛余（%）	0.0	4.8	7.1	17.9	28.0	23.0	13.9	4.8	0.5
累计筛余（%）	0.0	4.8	11.9	29.8	57.8	80.8	94.7	99.5	100
通过率（%）	0.0	95.2	88.1	70.2	42.2	19.2	5.3	0.5	0
细度模数	$M_x = \dfrac{(A_{0.15} + A_{0.3} + A_{0.6} + A_{1.18} + A_{2.36}) - 5A_{4.75}}{100 - A_{4.75}}$ $= \dfrac{(11.9 + 29.8 + 57.8 + 80.8 + 94.7) - 5 \times 4.8}{100 - 4.8} = 2.63$ 结果表明，该砂属于中砂								

试验一 细集料的取样方法

一、分批方法

按同产地、同规格分批进行。用大型工具（如火车、货船、汽车）运输的，以 400 m³ 或 600 t 为一验收批。用小型工具（如马车等）运输的，以 200 m³ 或 300 t 为一验收批。

二、取样方法

（1）在料堆上取样时，取样部位应均匀分布。取样前先将取样部位表层铲除，然后由不同部位抽取大致等量的砂 8 份，组成一组样品。

（2）从皮带运输机上取样时，应用接料器在皮带运输机机尾的出料处定时抽取大致等量的砂 4 份，组成一组样品。

（3）从火车、汽车、货船上取样时，从不同部位和深度抽取大致相等的砂 8 份，组成一组样品。

三、取样数量

单项试验的最少取样数量应符合表 2-3-5 的规定。做几项试验时，如确能保证试样经一项试验后不致影响另一项试验的结果，可用同一试样进行几项不同的试验。

表 2-3-5　单项试验取样数量

序　号	试验项目		最少取样数量/kg
1	颗粒级配		4.4
2	含泥量		4.4
3	石粉含量		6.0
4	泥块含量		20.0
5	云母含量		0.5
6	轻物质含量		3.2
7	有机物含量		2.0
8	硫化物与硫酸盐含量		0.6
9	氯化物含量		4.4
10	坚固性	天然砂	8.0
		人工砂	20.0
11	表面密度		2.6
12	堆积密度与空隙率		5.0
13	碱集料反应		20.0

四、样品的缩分（人工四分法）

（1）将所取每组样品置于平板上，拌和均匀，并堆成方形或圆形，沿互相垂直的两条直径将其分成大致相等的四份，取其对角的两份重新拌匀，再堆成方形或圆形。重复上述过程，直至缩分后的材料量略多于进行试验所必需的量为止。

（2）堆积密度、人工砂坚固性检验所用试样可不经缩分，在拌匀后直接进行试验。

试验二　细集料表观密度试验（容量瓶法）

一、目的与适用范围

用容量瓶法测定细集料（天然砂、石屑、机制砂）在 23 ℃ 时对水的表观相对密度和表观密度。本方法适用于含有少量大于 2.36 mm 部分的细集料。

二、仪器设备

（1）天平：称量 1 kg，感量不大于 1 g。

（2）容量瓶：500 mL。

（3）烘箱：能使温度控制在 105 ℃ ± 5 ℃。

（4）烧杯：500 mL。

（5）其他：干燥器、浅盘、铝制料勺、温度计等。

三、试验准备

将缩分至 650 g 左右的试样在温度为 105 ℃±5 ℃ 的烘箱中烘干至恒重，并在干燥器内冷却至室温，分成两份备用。

四、试验步骤

（1）称取烘干的试样约 300 g（m_0），装入盛有半瓶洁净水的容量瓶中。

（2）摇转容量瓶，使试样在已保温至 23 ℃±1.7 ℃ 的水中充分搅动以排除气泡，塞紧瓶塞，在恒温条件下静置 24 h 左右；然后用滴管添水，使水面与瓶颈刻度线平齐；再塞紧瓶塞，擦干瓶外水分，称其总质量（m_2）。

（3）倒出瓶中的水和试样，将瓶的内、外表面洗净，再向瓶内注入同样温度的洁净水（温差不超过 2 ℃）至瓶颈刻度线，塞紧瓶塞，擦干瓶外水分，称其总质量（m_1）。

注：在砂的表观密度试验过程中应测量并控制水的温度，试验期间的温差不得超过 1 ℃。

五、计　算

（1）细集料的表观相对密度按公式（2-3-10）计算至小数点后 3 位。

$$\gamma_a = \frac{m_0}{m_0 + m_1 - m_2}　\text{（2-3-10）}$$

式中　γ_a——细集料的表观相对密度，无量纲；

$\quad\quad m_0$——试样的烘干质量，g；

$\quad\quad m_1$——水及容量瓶总质量，g；

$\quad\quad m_2$——试样、水及容量瓶总质量，g。

（2）表观密度 ρ_a 按公式（2-3-11）计算，准确至小数点后 3 位。

$$\rho_a = \gamma_a \times \rho_T　\text{或}　\rho_a = (\gamma_a - \alpha_T) \times \rho_w　\text{（2-3-11）}$$

式中　ρ_a——细集料的表观密度，g/cm³；

$\quad\quad \rho_w$——水的 4 ℃ 时的密度，g/cm³；

$\quad\quad \alpha_T$——试验时水温对水密度影响的修正系数，按表 2-3-6 取用；

$\quad\quad \rho_T$——试验温度 T ℃ 时水的密度，按表 2-3-6 取用，g/cm³。

表 2-3-6　不同水温时水的温度 ρ_T 及水温修正系数 α_T

水温/℃	15	16	17	18	19	20
水的密度 ρ_T/(g/cm³)	0.999 13	0.998 97	0.998 80	0.998 62	0.998 43	0.998 22
水温修正系数 α_T	0.002	0.003	0.003	0.004	0.004	0.005
水温/℃	21	22	23	24	25	
水的密度 ρ_T/(g/cm³)	0.998 02	0.997 79	0.997 56	0.997 33	0.997 02	
水温修正系数 α_T	0.005	0.006	0.006	0.007	0.007	

（3）以两次平行试验结果的算术平均值作为测定值，如两次结果之差大于 0.01 g/cm³ 时，应重新取样进行试验。

试验三　细集料密度及吸水率试验

一、目的与适用范围

（1）用坍落筒法测定细集料（天然砂、机制砂、石屑）在 23 ℃ 时对水的毛体积相对密度、表观相对密度、表干相对密度（饱和面干相对密度）。

（2）坍落筒法测定细集料（天然砂、机制砂、石屑）处于饱和面干状态时的吸水率。

（3）坍落筒法测定细集料（天然砂、机制砂、石屑）的毛体积密度、表观密度、表干密度（饱和面干密度）。

（4）本方法适用于小于 2.36 mm 以下的细集料。当含有大于 2.36 mm 的成分时，如 0~4.75 mm 石屑，宜采用 2.36 mm 的标准筛进行筛分，其中大于 2.36 mm 的部分采用 "粗集科密度与吸水率测定方法" 测定，小于 2.36 mm 的部分用本方法测定。

二、仪器设备

（1）天平：称量 1 kg，感量不大于 0.1 g。

（2）饱和面干试模：上口径 40 mm ± 3 mm，下口径 90 mm ± 3 mm，高 75 mm ± 3 mm 的坍落筒（见图 2-3-4）。

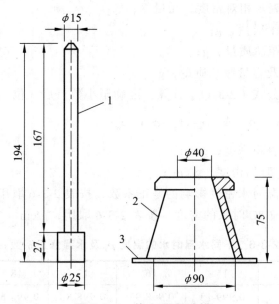

图 2-3-4　饱和面干试模

（3）捣棒：金属棒，直径 25 mm ± 3 mm，质量 340 g ± 15 g（见图 2-3-4）。

（4）烧杯：500 mL。

（5）容量瓶：500 mL。

（6）烘箱：能控温在 105 ℃ ± 5 ℃。

（7）洁净水，温度为 23 ℃ ± 1.7 ℃。

（8）其他：干燥器、吹风机（手提式）、浅盘、铝制料勺、玻璃棒、温度计等。

三、试验准备

（1）试样用 2.36 mm 标准筛过筛，除去大于 2.36 mm 的部分。在潮湿状态下用四分法缩分细集料至每份约 1 000 g，拌匀后分成两份，分别装入浅盘或其他合适的容器中。

（2）注入洁净水，使水面高出试样表面 20 mm 左右（测量水温并控制在 23 ℃ ± 1.7 ℃），用玻璃棒连续搅拌 5 min，以排除气泡，静置 24 h。

（3）细心地倒去试样上部的水，但不得将细粉部分倒走，并用吸管吸去余水。

（4）将试样在盘中摊开，用手提吹风机缓缓吹入暖风，并不断翻拌试样，使集料表面的水在各部位均匀蒸发，达到估计的饱和面干状态。注意：吹风的过程中不得使细粉损失。

（5）将试样松散地一次装入饱和面干试模中，用捣棒轻捣 25 次，捣棒端面距试样表面距离不超过 10 mm，使之自由落下，捣完后刮平模口，如留有空隙亦不必再装满。

（6）从垂直方向徐徐提起试模，如试样保留锥形没有坍落，则说明集料中尚含有表面水，应继续按上述方法用暖风干燥、试验，直至试模提起后试样开始出现坍落为止。如试模提起后试样坍落过多，则说明试样已干燥过分，此时应将试样均匀洒水约 5 mL，经充分拌匀，并静置于加盖容器中 30 min，再按上述方法进行试验，至达到饱和面干状态为止。判断饱和面干状态的标准，对天然砂，宜以"在试样中心部分上部成为 2/3 左右的圆锥体，即大致坍塌 1/3 左右"作为标准状态；对机制砂和石屑，宜以"当移去坍落筒第一次出现坍落时的含水率即最大含水率作为试样的饱和面干状态"。参见图 2-3-5。

（a）含水率过大，　　（b）含水率适中　　　（c）可以接受　　　（d）含水率太小，
　　过于潮湿　　　　　　　　　　　　　　　　　　　　　　　　　　过于干燥

图 2-3-5　砂的饱和面干状态

四、试验步骤

（1）立即称取饱和面干试样约 300 g（m_3）。

（2）将试样迅速放入容量瓶中，勿使水分蒸发和集料粒散失，而后加洁净水至约 450 mL 刻度处，转动容量瓶排除气泡后，再仔细加水至 500 mL 刻度处，塞紧瓶塞，擦干瓶外水分，称其总量（m_2）。

（3）倒出全部的集料试样，洗净瓶内外，用同样的水（每次需测量水温，宜为 23 ℃ ± 1.7 ℃，两次水温相差不大于 2 ℃）加至 500 mL 刻度处，塞紧瓶塞，擦干瓶外水分，称其总量（m_1）。将倒出的集料样置 105 ℃ ± 5 ℃ 的烘箱中烘干至恒重，在干燥器内冷却至室温后，称取干样的质量（m_0）。

五、结果整理

（1）细集料的表观相对密度 γ_a、表干相对密度 γ_s 及毛体积相对密度 γ_b 按公式（2-3-12）计算至小数点后 3 位。

$$\left.\begin{array}{l} \gamma_a = \dfrac{m_0}{m_0 + m_1 - m_2} \\[3mm] \gamma_s = \dfrac{m_3}{m_3 + m_1 - m_2} \\[3mm] \gamma_b = \dfrac{m_0}{m_3 + m_1 - m_2} \end{array}\right\} \qquad (2\text{-}3\text{-}12)$$

式中　γ_a——集料的表观相对密度，无量纲；

　　　γ_s——集料的表干相对密度，无量纲；

　　　γ_b——集料的毛体积相对密度，无量纲；

　　　m_0——集料的烘干后质量，g；

　　　m_1——水、瓶总质量，g；

　　　m_2——饱和面干试样、水、瓶总质量，g；

　　　m_3——饱和面干试样质量，g。

（2）细集料的表观密度 ρ_a、表干密度 ρ_s 及毛体积密度 ρ_b 按公式（2-3-13）计算至小数点后 3 位。

$$\left.\begin{array}{l} \rho_a = (\gamma_a - \alpha_T) \times \rho_w \\[2mm] \rho_s = (\gamma_s - \alpha_T) \times \rho_w \\[2mm] \rho_b = (\gamma_b - \alpha_T) \times \rho_w \end{array}\right\} \qquad (2\text{-}3\text{-}13)$$

式中　ρ_a——集料的表观密度，g/cm³；

　　　ρ_s——集料的表干密度，g/cm³；

　　　ρ_b——集料的毛体积密度，g/cm³；

　　　ρ_w——水在 4 ℃ 时的密度，g/cm³。

　　　α_T——试验时水温对水密度影响的修正系数，按附录表取用；

（3）细集料的吸水率按公式（2-3-14）计算，精确至 0.01%。

$$w_x = \frac{m_3 - m_0}{m_3} \times 100 \qquad (2\text{-}3\text{-}14)$$

式中　w_x——集料的吸水率（%）；

　　　m_3——饱和面干试样质量，g；

　　　m_0——烘干试样质量，g。

（4）如因特殊需要，需以饱和面干状态的试样为基准求取细集料的吸水率时，细集料的饱和面干吸水率按公式（2-3-15）计算，精确至 0.01%，但需在报告中注明。

$$w_x' = \frac{m_3 - m_0}{m_3} \times 100 \qquad (2\text{-}3\text{-}15)$$

式中　w'_x——集料的饱和面干吸水率（%）；

　　　　m_3——饱和面干试样质量，g；

　　　　m_0——烘干试样质量，g。

（5）精度与允许差：

① 毛体积密度及饱和面干密度以两次平行试验结果的算术平均值为测定值，如两次结果与平均值之差大于 0.01 g/cm³，应重新取样进行试验。

② 吸水率以两次平行试验结果的算术平均值作为测定值，如两次结果与平均值之差大于 0.02%，应重新取样进行试验。

试验四　细集料堆积密度及紧装密度试验

一、试验目的

测定砂自然状态下堆积密度、紧装密度及空隙率。

二、仪器设备

（1）台秤：称量 5 kg，感量 5 g。

（2）容量筒：金属制圆形筒（见图 2-3-6），内径 108 mm，净高 109 mm，筒壁厚 2 mm，筒底厚 5 mm，容积约为 1 L。

（3）标准漏斗：见图 2-3-6。

（4）烘箱：能控温在 105 ℃ ± 5 ℃。

（5）其他：小勺、直尺、浅盘等。

三、试验制备

（1）试样准备：用浅盘装来样约 5 kg，在温度为 105 ℃ ± 5 ℃ 的烘箱中烘干至恒量，取出并冷却至室温，分成大致相等的两份备用。

注：试样烘干后如有结块，应在试验前先予捏碎。

（2）容量筒容积的校正方法：以温度为 20 ℃ ± 5 ℃ 的洁净水装满容量筒，用玻璃板沿筒口滑移，使其紧贴水面，玻璃板与水面之间不得有空隙。擦干筒外壁水分，然后称量，按公式（2-3-16）计算筒的容积：

图 2-3-6　容量筒与标准漏斗

$$V = m'_2 - m'_1 \qquad (2\text{-}3\text{-}16)$$

式中　V——容量筒的容积，mL；

　　　　m'_1——容量筒和玻璃板总质量，g；

　　　　m'_2——容量筒、玻璃板和水总质量，g。

四、试验步骤

（1）堆积密度：将试样装入漏斗，打开底部的活动门，将砂流入容量筒，也可直接用小勾向容量筒中装试样，但漏斗出料口或料勺距容量筒筒口均应为 50 mm，试样装满并超出容量筒筒口后，用直尺将多余的试样沿筒口中心线向两个相反方向刮平，称取质量（m_1）。

（2）紧装密度：取试样 1 份，分两层装入容量筒。装完一层后，在筒底垫放一根直径为 10 mm 的钢筋，将筒按住，左右交替颠击地面各 25 下，然后再装入第二层。

第二层装满后用同样方法颠实（但筒底所垫钢筋的方向应与第一层放置方向垂直）。两层装完并颠实后，添加试样超出容量筒筒口，然后用直尺将多余的试样沿筒口中心线向两个相反方向刮平，称其质量（m_2）。

五、计　算

（1）堆积密度及紧装密度分别按公式（2-3-17）计算至小数点后 3 位。

$$\rho = \frac{m_1 - m_0}{V}$$
$$\rho' = \frac{m_2 - m_0}{V} \qquad (2\text{-}3\text{-}17)$$

式中　ρ——砂的堆积密度，g/cm^3；

$\quad\quad\rho'$——砂的紧装密度，g/cm^3；

$\quad\quad m_0$——容量筒的质量，g；

$\quad\quad m_1$——容量筒和堆积砂的总质量，g；

$\quad\quad m_2$——容量筒和紧装砂的总质量，g；

$\quad\quad V$——容量筒容积，mL。

（2）砂的空隙率按公式（2-3-18）计算至 0.1%。

$$n = \left(1 - \frac{\rho}{\rho_a}\right) \times 100 \qquad (2\text{-}3\text{-}18)$$

式中　n——砂的空隙率（%）；

$\quad\quad\rho$——砂的堆积或紧装密度，g/cm^3；

$\quad\quad\rho_a$——砂的表观密度，g/cm^3。

以两次试验结果的算术平均值作为测定值。

试验五　细集料含泥量试验（筛洗法）

一、目和与适用范围

（1）本方法仅用于测定天然砂中粒径小于 0.075 mm 的尘屑、淤泥和黏土的含量。

（2）本方法不适用于人工砂、石屑等矿粉成分较多的细集料。

二、仪器设备

（1）天平：称量 1 kg，感量不大于 1 g。

（2）烘箱：能控温在 105 °C ± 5 °C。

（3）标准筛：孔径 0.075 mm 及 1.18 mm 的筛。

（4）其他：筒、浅盘等。

三、试验准备

将来样用四分法缩分至每份约 1 000 g，置于温度为 105 ℃±5 ℃的烘箱中烘干至恒重，冷却至室温后，称取约 400 g（m_0）的试样两份备用。

四、试验步骤

（1）取烘干的试样一份置于筒中，并注入洁净的水，使水面高出砂面约 200 mm，充分拌和均匀后，浸泡 24 h，然后用手在水中淘洗试样，使尘屑、淤泥和黏土与砂粒分离，并使之悬浮于水中，缓缓地将浑浊液倒在 1.18 mm 至 0.075 mm 的套筛上，滤去小于 0.075 mm 的颗粒。试验前筛的两面应先用水湿润，在整个试验过程中应注意避免砂粒丢失。

注：不得直接将试样放在 0.075 mm 筛上用水冲洗或者将试样放在 0.075 mm 筛上后在水中淘洗，以避免误将小于 0.075 mm 的细集料颗粒当作泥冲走。

（2）再次加水于筒中，重复上述过程，直至筒内砂样洗出的水清澈为止。

（3）用水冲洗剩留在筛上的细粒，并将 0.075 mm 筛放在水中（使水面略高出筛中砂粒的上表面）来回摇动，以充分洗除小于 0.075 mm 的颗粒；然后将两筛上筛余的颗粒和筒中已经洗净的试样一并装入浅盘，置于温度为 105 ℃±5 ℃的烘箱中烘干至恒重，冷却至室温，称取试样的质量（m_1）。

五、计　算

砂的含泥量按公式（2-3-19）计算至 0.1%。

$$Q_0 = \frac{m_0 - m_1}{m_0} \times 100 \qquad (2\text{-}3\text{-}19)$$

式中　Q_0——砂的含泥量（%）；

　　　m_0——试验前的烘干试样质量，g；

　　　m_1——试验后的烘干试样质量，g。

以两个试样试验结果的算术平均值作为测定值。两次结果的差值超过 0.5% 时，应重新取样进行试验。

试验六　细集料砂当量试验

一、目的与适用范围

（1）本方法适用于测定天然砂、人工砂、石屑等各种细集料中所含的黏性土或杂质的含量，以评定集料的洁净程度。砂当量用 *SE* 表示。

（2）本方法适用于公称最大粒径不超过 4.75 mm 的集料。

二、仪器与材料

（一）仪器设备

（1）砂当量试验仪：见图 2-3-7。

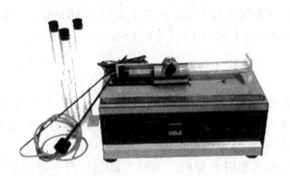

图 2-3-7　砂当量试验仪

① 透明圆柱形试筒：如图 2-3-8 所示，透明塑料制，外径 40 mm ± 0.5 mm，内径 32 mm ± 0.25 mm，高度 420 mm ± 0.25 mm。在距试筒底部 100 mm、380 mm 处刻划刻度线，试筒口配有橡胶瓶口塞。

② 冲洗管：如图 2-3-9 所示，由一根弯曲的硬管组成，不锈钢或冷锻钢制，其外径为 6 mm ± 0.5 mm，内径为 4 mm ± 0.2 mm。管的上部有一个开关，下部有一个不锈钢两侧带孔尖头，孔径为 1 mm ± 0.1 mm。

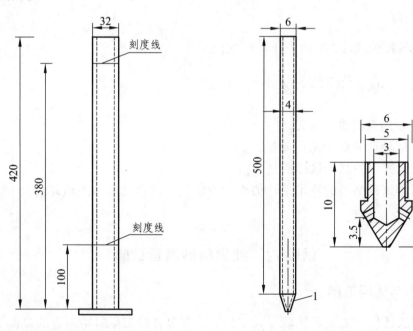

图 2-3-8　透明圆柱试筒（单位：mm）　　**图 2-3-9　冲洗管**（单位：mm）

③ 透明玻璃或塑料桶：容积 5 L，有一根虹吸管放置桶中，桶底面高出工作台约 1 m。

④ 橡胶管（或塑料管）：长约 1.5 m，内径约 5 mm，同冲洗管联在一起吸液用，配有金属夹，以控制冲洗液的流量。

⑤ 配重活塞：如图 2-3-10 所示，由长 440 mm ± 0.25 mm 的杆、直径 25 mm ± 0.1 mm 的底座（下面平坦、光滑，垂直杆轴）、套筒和配重组成。且在活塞上有三个横向螺丝可保持活塞在试筒中间，并使活塞与试筒之间有一条小缝隙。

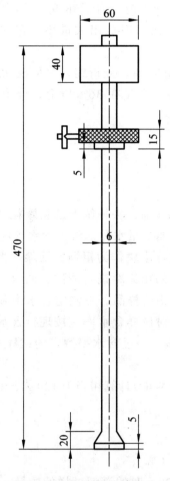

图 2-3-10 配重活塞（单位：mm）

套筒由黄铜或不锈钢制，厚 10 mm ± 0.1 mm，大小适合试筒并且引导活塞杆，能标记筒中活塞下沉的位置。套筒上有一个螺钉用以固定的活塞杆。配重为 1 kg ± 5 g。

⑥ 机械振荡器：可以使试筒产生横向的直线运动振荡，振幅为 203 mm ± 1.0 mm，频率为 180 次/min ± 2 次/min。

（2）天平：称量 1 kg，感量不大于 0.1 g。

（3）烘箱：能使温度控制在 105 ℃ ± 5 ℃。

（4）秒表。

（5）标准筛：筛孔为 4.75 mm。

（6）温度计。

（7）广口漏斗：玻璃或塑料制，口的直径为 100 mm 左右。

（8）钢板尺：长 50 cm，刻度为 1 mm。

（9）其他：量筒（500 mL），烧杯（1 L），塑料桶（5 L）、烧杯、刷子等。

（二）试　剂

（1）无水氯化钙（$CaCl_2$）：分析纯，含量在 96% 以上，分子量为 110.99，纯品为无色立方结晶，在水中溶解度大，溶解时放出大量热，它的水溶液呈微酸性，具有一定的腐蚀性。

（2）丙三醇（$C_3H_8O_3$）：又称甘油，分析纯，含量在 98% 以上，分子量为 92.09。

（3）甲醛（HCHO）：分析纯，含量在 36% 以上，分子量为 30.03。

（4）洁净水或纯净水。

三、试验准备

（一）试样制备

（1）将样品通过孔径 4.75 mm 筛，去掉筛上的粗颗粒部分，试样数量不少于 1 000 g。如样品过分干燥，可在筛分之前加少量水分润湿（含水率约为 3% 左右），用包橡胶的小锤打碎土块，然后再过筛，以防止将土块作为粗颗粒筛除。当粗颗粒部分被在筛分时不能分离的杂质裹覆时，应将筛上部分的粗集料进行清洗，回收其中的细粒并放入试样中。

（2）测定试样含水率，试验用的样品，在测定含水率和取样试验期间不得丢失水分。

由于试样是加水湿润过的，对试样含水率应按现行含水率测定方法进行，含水率以两次测定的平均值计，准确至 0.1%。经过含水率测定的试样不得用于试验。

（3）称取试样的湿重

根据测定的含水率按公式（2-3-20）计算相当于 120 g 干燥试样的样品湿重，准确至 0.1 g。

$$m_1 = \frac{120 \times (100 + w)}{100} \qquad (2\text{-}3\text{-}20)$$

式中　w——集料试样的含水率（%）；

　　　m_1——相当于干燥试样 120 g 时的潮湿试样的质量，g。

（二）配制冲洗液

（1）根据需要确定冲洗液的数量，通常一次配制 5 L，约可进行 10 次试验。如试验次数较少，可以按比例减少，但不宜少于 2 L，以减小试验误差。冲洗液的浓度以每升冲洗液中的氯化钙、甘油、甲醛含量分别为 2.79 g、12.12 g、0.34 g 控制。称取配制 5 L 冲洗液的各种试剂的用量：氯化钙 14.0 g；甘油 60.6 g；甲醛 1.7 g。

（2）称取无水氯化钙 14.0 g 放入烧杯，加洁净水 30 mL，充分溶解，此时溶液温度会升高，待溶液冷却至室温，观察是否有不溶的杂质。若有杂质，必须用滤纸将溶液过滤，以除去不溶的杂质。

（3）倒入适量洁净水稀释，加入甘油 60.6 g，用玻璃棒搅拌均匀后再加入甲醛 1.7 g，用玻璃棒搅拌均匀后全部倒入 1 L 量筒中，并用少量洁净水分别对盛过 3 种试剂的器皿洗涤 3 次，每次洗涤的水均放入量筒，最后加入洁净水至 1 L 刻度线。

（4）将配制的 1 L 溶液倒入塑料桶或其他容器，再加入 4 L 洁净水或纯净水稀释至 5 L±0.005 L。该冲洗液的使用期限不得超过 2 周，超过 2 周后必须废弃，其工作温度为 22 ℃±3 ℃。

注：有条件时，可向专门机构购买高浓度的冲洗液，按照要求稀释后使用。

四、试验步骤

（1）用冲洗管将冲洗液加入试筒，直到最下面的 100 mm 刻度处（约需 80 mL 试验用冲洗液）。

（2）把相当于 120 g±1 g 干料重的湿样用漏斗仔细地倒入竖立的试筒中。

（3）用手掌反复敲打试筒下部，以除去气泡，并使试样尽快润湿，然后放置 10 min。

（4）在试样静止 10 min±1 min 后，在试筒上塞上橡胶塞堵住试筒，用手将试筒横向水平放置或将试筒水平固定在振荡机上。

（5）开动机械振荡器，在 30 s±1 s 的时间内振荡 90 次。用手振荡时，仅需手腕振荡，不必晃动手臂，以维持振幅为 230 mm±25 mm，振荡时间和次数与机械振荡器相同。然后将试筒取下竖直放回试验台上，拧下橡胶塞。

（6）将冲洗管插入试筒，用冲洗液冲洗附在试筒壁上的集料，然后迅速将冲洗管插到试筒底部，不断转动冲洗管，使附着在集料表面的土粒杂质浮游上来。

（7）缓慢、匀速向上拔出冲洗管，当冲洗管抽出液面，且保持液面位于 380 mm 刻度线时，切断冲洗管的液流，使液面保持在 380 mm 刻度线处，然后开动秒表在没有扰动的情况下静置 20 min±15 s。

（8）如图 2-3-11 所示，在静置 20 min 后，用尺量测从试筒底部到絮状凝结物上液面的高度（h_1）。

（9）将配重活塞徐徐插入试筒里，直至碰到沉淀物时，立即拧紧套筒上的固定螺丝。将活塞取出，用直尺插入套筒开口，量取套筒顶面至活塞底面的高度 h_2，准确至 1 mm，同时记录试筒内的温度，准确至 1 ℃。

（10）按上述步骤进行两个试样的平行试验。

注：① 为了不影响沉淀的过程，试验必须在无振动的水平台上进行。随时检查试验的冲洗管口，防止堵塞。

② 由于塑料在太阳光下容易变成不透明，应尽量避免将塑料试筒等直接暴露太阳光下，盛试验溶液的塑料桶用毕要清洗干净。

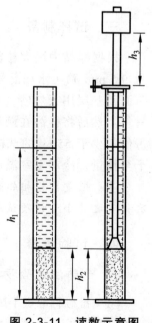

图 2-3-11 读数示意图

五、计 算

（1）试样的砂当量值按公式（2-3-21）计算。

$$SE = \frac{h_2}{h_1} \times 100 \qquad (2\text{-}3\text{-}21)$$

式中 *SE* ——试样的砂当量（%）；

        h_2 ——试筒中用活塞测定的集料沉淀物的高度，mm；

        h_1 ——试筒中絮凝物和沉淀物的总高度，mm。

（2）一种集料应平行测定两次，取两个试样的平均值，并以活塞测得砂当量为准，以整数表示。

试验七　细集料筛分试验

一、试验目的

测定细集料（天然砂、人工砂、石屑）的颗粒级配及粗细程度。对水泥混凝土用细集料可采用干筛法，如果需要也可采用水洗法筛分；对沥青混合料及基层用细集料必须用水洗法筛分。

注： 当细集料中含有粗集料时，可参照此方法用水洗法筛分，但需要特别注意保护标准筛筛面不遭致损坏。

二、仪具与材料

（1）标准筛：如图 2-3-12。

（2）天平：称量 1000 g，感量不大于 0.5 g。

（3）摇筛机：见图 2-3-12。

（4）烘箱：能控温 105 ℃ ± 5 ℃。

（5）其他：浅盘和硬、软毛刷等。

图 2-3-12　摇筛机与标准筛

三、试样制备

根据样品中最大粒径的大小，选用适宜的标准筛，通常为 9.5 mm 筛（水泥混凝土用天然砂）或 4.75 mm 筛（沥青路面及基层用天然砂、石屑、机制砂等）筛除其中的超粒径材料。然后将样品在潮湿状态下充分拌匀，用四分法缩分至每份不少于 550 g 的试样两份，在 105 ℃ ± 5 ℃ 的烘箱中烘干至恒量，冷却至室温后备用。

注： 恒重系指相邻两次称量间隔时间大于 3 h（通常不少于 6 h）的情况下，前、后两次称量之差小于该项试验所要求的称量精密度，下同。

四、试验步骤

1. 干筛法试验步骤

（1）准确称取烘干试样约 500 g（m_1），准确至 0.5 g，置于套筛的最上一只，即 4.75 mm 筛上，将套筛装入摇筛机，摇筛约 10 min；然后取出套筛，再按筛孔大小顺序，从最大的筛号开始，在清洁的浅盘上逐个进行手筛，直到每分钟的筛出量不超过筛上剩余量的 0.1%

时为止；将筛出通过的颗粒并入下一号筛，和下一号筛中的试样一起过筛。以此顺序进行至各号筛全部筛完为止。

注：① 试样如为特细砂时，试样质量可减少到 100 g。

② 如试样含泥量超过 5%，不宜采用干筛法。

③ 无摇筛机时，可直接用手筛。

（2）称量各筛筛余试样的质量，精确至 0.5 g。所有各筛的分计筛余量和底盘中剩余量的总量与筛分前的试样总量，相差不得超过后者的 1%。

2. 水洗法试验步骤

（1）准确称取烘干试样约 500 g（m_1），准确至 0.5 g。

（2）将试样置一洁净容器中，加入足量的洁净水，将集料全部盖没。

（3）用搅棒充分搅动集料，将集料表面洗涤干净，使细粉悬浮在水中，但不得有集料从水中溅出。

（4）用 1.18 mm 筛及 0.075 mm 筛组成套筛。仔细将容器中混有细粉的悬浮液徐徐倒出，经过套筛流入另一容器中，但不得将集料倒出。

注：不可直接倒至 0.075 mm 筛上，以免集料掉出，损坏筛面。

（5）重复（2）~（4）步骤，直至倒出的水洁净且小于 0.075 mm 的颗粒全部倒出。

（6）将容器中的集料倒入搪瓷盘，用少量水冲洗，使容器上沾附的集料颗粒全部进入搪瓷盘。将筛子反扣过来，用少量的水将筛上集料冲入搪瓷盘中。操作过程中不得有集料散失。

（7）将搪瓷盘连同集料一起置 105 ℃ ± 5 ℃ 烘箱中烘干至恒量，称取干燥集料试样的总质量（m_2），准确至 0.1g。m_1 与 m_2 之差即为通过 0.075 mm 部分。

（8）将全部要求筛孔组成套筛（但不需 0.075 mm 筛），将已经洗去小于 0.075 mm 部分的干燥集料置于套筛上（通常为 4.75 mm 筛），将套筛装入摇筛机，摇筛约 10 min；然后取出套筛，再按筛孔大小顺序，从最大的筛号开始，在清洁的浅盘上逐个进行手筛，直至每分钟的筛出量不超过筛上剩余量的 0.1% 时为止；将筛出通过的颗粒并入下一号筛，和下一号筛中的试样一起过筛。这样依序进行，直至各号筛全部筛完为止。

注：如为含有粗集料的集料混合料，套筛筛孔根据需要选择。

（9）称量各筛筛余试样的质量，精确至 0.5g。所有各筛的分计筛余量和底盘中剩余量的总质量与筛分前试样总量 m_1 的差值不得超过前者的 1%。

五、计 算

（1）计算分计筛余百分率。

各号筛的分计筛余百分率为各号筛上的筛余量除以试样总量（m_1）的百分率，精确至 0.1%。对沥青路面细集料而言，0.15 mm 筛下部分即为 0.075 mm 的分计筛余，由"水洗法试验步骤"的（7）测得的 m_1 与 m_2 之差即为小于 0.075 mm 的筛底部分。

（2）计算累计筛余百分率。

各号筛的累计筛余百分率为该号筛及大于该号筛的各号筛的分计筛余百分率之和，准确至 0.1%。

（3）计算质量通过百分率。

各号筛的质量通过百分率等于 100 减去该号筛的累计筛余百分率，准确至 0.1%。

（4）根据各筛的累计筛余百分率或通过百分率，绘制级配曲线。

（5）天然砂的细度模数按公式（2-3-22）计算，准确至 0.01。

$$M_x = \frac{(A_{0.15} + A_{0.3} + A_{0.6} + A_{1.18} + A_{2.36}) - 5A_{4.75}}{100 - A_{4.75}} \qquad （2\text{-}3\text{-}22）$$

式中　M_x——细集料的细度模数；

　　　$A_{0.15}$，$A_{0.315}$，…，$A_{4.75}$——0.15 mm、…、4.75 mm 各筛上的累计筛余百分率（%）。

（6）应进行两次平行试验，以试验结果的算术平均值作为测定值。如两次试验所得的细度模数之差大于 0.2，应重新进行试验。

二、粗集料

在沥青混合料中，粗集料是指粒径大于 2.36 mm 的碎石、破碎砾石、筛选砾石和矿渣等。在水泥混凝土中，粗集料是指粒径大于 4.75 mm 的碎石、砾石和破碎砾石。

粗集料技术性主要包括物理性质、力学性质。

（一）物理性质

1. 密　度

粗集料的表观密度、毛体积密度、表干密度、表观相对密度、毛体积相对密度、表干相对密度的含义与细集料完全相同，但是粒径大小不同，所需试样数量不同，因此测定与计算方法稍有不同。

我国现行规程《公路工程集料试验规程》（JTG E42）规定可采用网篮法、容量瓶法，具体内容见"试验二　粗集料密度试验（网篮法）"。

2. 堆积密度

粗集料的堆积密度是指单位体积（含材料的颗粒固体及闭口、开口孔隙体积及颗粒间空隙体积）物质颗粒的质量。

由于试验方法不同，颗粒排列的松紧程度不同，又可分为堆积状态下的堆积密度、振实状态下的振实密度、捣实状态下的捣实密度。

我国现行规程《公路工程集料试验规程》（JTG E42）规定可采用 T0310—2005 的方法，具体内容见"试验三　粗集料堆积密度及空隙率试验"。

3. 空隙率、含水率、级配

含义与细集料完全相同，只是测定与计算方法稍有不同。其中级配采用我国现行规程《公路工程集料试验规程》（JTG E42）的 T0303—2005，具体内容见"试验五　粗集料筛分试验"。

4. 有害物质含量

粗集料的有害物质主要包括针片状颗粒含量、含泥量、泥块含量、硫化物及硫酸盐、有机质含量等。其中含泥量、泥块含量、硫化物及硫酸盐、有机质含量均与细集料的含义及方法相似。

针片状颗粒是指粗集料中细长的针状颗粒与扁平的片状颗粒。当颗粒形状的诸方向中的最小厚度（或直径）与最大长度（或宽度）的尺寸之比小于规定比例时，属于针片状颗粒。

我国现行规程《公路工程集料试验规程》（JTG E42）规定针片状颗粒含量的测定方法有：

（1）规准仪法：适用于测定水泥混凝土用的 4.75 mm 以上的粗集料的针、片状颗粒含量。

（2）游标卡尺法：适用于测定沥青混合料、各种路面基层及底基层用的 2.36 mm 以上粗集料的细长扁平颗粒含量。

以上两种方法的具体内容见"试验六　水泥混凝土用粗集料针片状颗粒含量试验（规准仪法）"和"试验七　粗集料针片状颗粒含量试验（游标卡尺法）"。

5. 坚固性

坚固性是指在气候、环境变化或其他物理因素作用下，粗集料抵抗碎裂的能力。测定方法有硫酸钠溶液法。硫酸钠从溶解的离子状态转化为结晶体，会产生一定的晶胀作用，类似于水在负温时结冰产生的冻胀作用，但这种晶胀作用程度要比冻用作用更为显著。因此通过一定的试验方法，检验集料经历数次硫酸钠结晶产生的晶胀作用后，其性能的变化程度（如质量缺失、强度降低等）来评定集料耐候性的好坏。

粗集料的坚固性，按我国现行规程《公路工程集料试验规程》（JTG E42—2005）规定：将试样缩分至规定数量，用水洗净，放入烘箱烘干至恒量，然后筛分。称取试样，将不同粒级的试样分别装入网篮，并浸入盛有硫酸钠溶液的容器中。网篮浸入溶液时，上下升降25 次，以排除试样的气泡，然后静置于该容器中。浸泡 20 h 后，把装试样的网篮从溶液中取出，放在烘箱中烘 4 h，至此，完成第一次试验循环，待试样冷却至 20~25 ℃后，再按上述方法时行第二次循环。从第二次循环开始，浸泡与烘干时间均为 4 h，共循环 5 次。最后一次循环后，用清洁的温水淋洗试样，直至淋洗试样后的水加入少量氯化钡溶液不出现白色浑浊为止，洗过的试样放在烘箱中烘干至恒量。用孔径为试样粒级下限的筛过筛，称出各粒级试样试验后的筛余量。

6. 集料最大粒径和公称最大粒径

集料最大粒径是指集料 100% 都要求通过的最小标准筛筛孔尺寸。集料公称最大粒径是指集料可能全部通过或允许有少量不通过（一般容许筛余不超过10%）的最小标准筛筛孔尺寸。

这两个定义涉及的粒径有着明显区别，通常公称最大粒径比最大粒径小一个粒级。但在实际使用过程中，容易引起混淆。实际上，工程中所指的最大粒径往往是指公称最大粒径，这一点在今后的应用中要加以区分。

（二）力学性质

粗集料力学性质主要是抗压碎能力和磨耗性，当粗集料用于表层路面时，还涉及磨光值、道瑞磨耗值和冲击值。

1. 压碎值

粗集料压碎值指粗集料在连续增加的荷载作用下抵抗压碎的能力。它作为相对衡量石料强度的一个指标，用以评价水泥混凝土、路面基层、底基层及沥青面层的粗集料品质。

我国现行规程《公路工程集料试验规程》（JTG E42）规定可采用 T0316—2005，具体内容见"试验八 粗集料压碎值试验"。

2. 磨耗性

磨耗损失是指石料抵抗摩擦、撞击、剪切等综合作用的性能。其测定方法有洛杉矶法（又称搁板式）、狄法尔法（又称双筒式）两种。

石料的磨耗性是石料力学性质的另一个重要指标，也是评定石料等级的依据之一。我国现行试验规程规定，石料磨耗试验以洛杉矶法为标准方法，只有在不具备该磨耗试验条件时，方允许采用狄法尔法代替。

3. 磨光值（PSV）

现代高速交通的行车条件对路面的抗滑性提出更高的要求，在车辆轮胎作用下，不仅要求具有高的抗磨耗性，而且要求具有高的抗磨光性。集料的抗磨光性采用石料磨光值表示。

集料磨光值是利用加速磨光机（见图 2-3-13）磨光集料并以摆式摩擦系数测定仪测得的磨光后集料的摩擦系数值。其试验方法是：选取 9.5 ~ 13.2 mm 集料试样，密排于试模中，先用砂填充集料间空隙，然后再用环氧树脂砂浆固结，经养护 24 h 后，制成试件，每种集料制备 4 块试件。将制备好的试件安装于加速磨光机的道路轮上，当电机开动时，模拟汽车轮胎即以（640 ± 10）r/min 的转速旋转，道路轮在轮胎带动下随之旋转，在两轮之间加入水和金刚砂，使试件受到磨料金刚砂的磨耗。先用 30 号金刚砂磨 3 h，然后用 280 号金刚砂磨 3 h，共经磨耗 6 h 后取下试件，冲洗去金刚砂，用摆式摩擦系数仪测定试件的摩擦系数值，乘以折算系数及按标准试件磨光平均值换算后，即可得到石料磨光值。

图 2-3-13　石料磨光机

集料磨光值越高，表示抗滑性越好。抗滑面层应选用磨光值高的集料，如玄武岩、安山岩、砂岩、花岗岩等。

4. 集料冲击值（AIV）

集料冲击值反映集料抵抗多次连续重复冲击荷载作用的性能，可采用冲击值试验仪测定，如图 2-3-14 所示。

冲击试验方法是选取粒径为 9.5 ~ 13.2 mm 的集料试样，用金属量筒分三次捣实的方法确定试验用集料数量，将集料装于冲击值试验仪的盛样器中，用捣实杆捣实 25 次使其初步压实，然后用质量为 13.75 kg ± 0.05 kg 的冲击锤，没导杆自 380 mm ± 5 mm 处，自由落下锤击集料并连续锤击 15 次，每次锤击间隔时间不少于 1 s。将试验后的集料用 2.36 mm 的筛子筛分并称量，此质量占试验前试样总质量的百分比即为冲击值。

5. 磨耗值（AAV）

集料磨耗值用于评定抗滑表层的集料抵抗车轮磨耗的能力。按我国现行试验规程《公路工程集料试验规程》（JTG E42—2005）采用道瑞磨耗试验机（见图 2-3-15）来测定集料磨耗值。

图 2-3-14　冲击值试验仪　　　图 2-3-15　道瑞磨耗试验机

集料磨耗值试验方法是选取粒径为 9.5 ~ 13.2 mm 的洗净集料试样，单层紧排于两个试模内（不少于 24 粒），然后排砂并用环氧树脂砂浆填充密实。经养护 24 h，拆模取出试件，准确称出试件质量，试件、托盘和配重总质量为 2 000 g ± 10 g。将试件安装在道瑞磨耗机附的托盘上，道瑞磨耗机的磨盘以（28 ~ 30）r/min 的转速旋转，磨 500 转后，取出试件，刷净残砂，准确称出试件质量。其磨耗值按公式（2-3-23）计算。

$$AAV = \frac{3(m_1 - m_2)}{\rho_s} \tag{2-3-23}$$

式中　　AAV ——集料的道瑞磨耗值；

m_1——磨耗前试件的质量，g；

m_2——磨耗后试件的质量，g；

ρ_s——集料表干密度，g/cm^3。

集料磨耗值越高，表示集料耐磨性越高。

试验一　粗集料取样法

一、适用范围

本方法适用于对粗集料的取样，也适用于含粗集料的集料混合料如级配碎石、天然砂砾等的取样方法。

二、取样方法和试样份数

（1）通过皮带运输机的材料如采石场的生产线、沥青拌和楼的冷料输送带、无机结合料稳定集料、级配碎石混合料等，应从皮带运输机上采集样品。取样时，可在皮带运输机骤停的状态下取其中一截的全部材料，或在皮带运输机的端部连续接一定时间的料得到，并间隔 3 次以上所取的试样组成一组试样，作为代表性试样。

（2）在材料场同批来料的料堆上取样时，应先铲除堆脚等处无代表性的部分，再在料堆的顶部、中部和底部，各由均匀分布的几个不同部位，取得大致相等的若干份组成一组试样，务必使所取试样能代表本批来料的情况和品质。

（3）从火车、汽车、货船上取样时，应从各不同部位和深度处，抽取大致相等的试样若干份，组成一组试样。抽取的具体份数，应视能够组成本批来料代表样的需要而定。

（4）从沥青拌和楼的热料仓取样时，应在放料口的全断面上取样。通常宜将一开始按正式生产的配比投料拌和的几锅（至少 5 锅以上）废弃，然后分别将每个热料仓放出至装载机上，倒在水泥地上，适当拌和，从 3 处以上的位置取样，拌和均匀，取要求数量的试样。

三、取样数量

对每一单项试验；每组试样的取样数量宜不少于表 2-3-7 所规定的最少取样量。需做几项试验时，如确能保证试样经一项试验后不致影响另一试验的结果时，可用同一组试样进行几项不同的试验。

四、试样的缩分

（1）分料器法：将试样拌匀后，通过分料器分为大致相等的两份，再取其中的一份分成两份，缩分至需要的数量为止。

（2）四分法：将所取试样置于平板上，在自然状态下拌和均匀，大致摊平，然后沿互相垂直的两个方向把试样由中向边摊开，分成大致相等的四份，取其对角的两份重新拌匀，重复上述过程，直至缩分后的材料量略多于进行试验所必要的量。

（3）缩分后的试样数量应符合各项试验规定数量的要求。

表 2-3-7　各试验项目所需粗集料的最小取样质量

试验项目	相对于下列公称最大粒径（mm）的最小取样量（kg）										
	4.75	9.5	13.2	16	19	26.5	31.5	37.5	53	63	75
筛分	8	10	12.5	15	20	20	30	40	50	60	80
表观密度	6	8	8	8	8	8	12	16	20	24	24
含水率	2	2	2	2	2	2	3	3	4	4	6
吸水率	2	2	2	2	4	4	4	6	6	6	8
堆积密度	40	40	40	40	40	40	80	80	100	120	120
含泥量	8	8	8	8	24	24	40	40	60	80	80
泥块含量	8	8	8	8	24	24	40	40	60	80	80
针片状含量	0.6	1.2	2.5	4	8	8	20	40	—	—	—
硫化物、硫酸盐	1.0										

试验二　粗集料密度试验（网篮法）

一、试验目的

本方法适用于测定各种粗集料的表观相对密度、表干相对密度、毛体积相对密度、表观密度、表干密度、毛体积密度，以及粗集料的吸水率。

二、仪器设备

（1）天平或浸水天平：如图 2-3-16 所示，可悬挂吊篮测定集料的水中质量，称量应满足试样数量称量要求，感量不大于最大称量的 0.05%。

（2）吊篮：耐锈蚀材料制成，直径和高度为 150 mm 左右，四周及底部用 1～2 mm 的筛网编制或具有密集的孔眼。

（3）溢流水槽：在称量水中质量时能保持水面高度一定。

（4）烘箱：能控温在 105 ℃ ± 5 ℃。

（5）毛巾：纯棉制，洁净，也可用纯棉的汗衫布代替。

（6）温度计。

（7）标准筛。

（8）盛水容器（如搪瓷盘）。

（9）其他：刷子等。

图 2-3-16　浸水天平

三、试样制备

（1）将试样用标准筛过筛除去其中的细集料，对较粗的粗集料可用 4.75 mm 筛过筛，对 2.36～4.75 mm 集料，或者混在 4.75 mm 以下石屑中的粗集料，则用 2.36 mm 标准筛过筛，用四分法或分料器法缩分至要求的质量，分两份备用。对沥青路面用粗集料，应对不同规格的集料分别测定，不得混杂，所取的每一份集料试样应基本上保持原有的级配。在测定 2.36 ~ 4.75 mm 的粗集料时，试验过程中应特别小心，不得丢失集料。

（2）经缩分后供测定密度和吸水率的粗集料质量应符合表 2-3-8 的规定。

表 2-3-8　测定密度所需要的试样最小质量

公称最大粒径/mm	4.75	9.5	16	19	26.5	31.5	37.5	63	75
每一份试样的最小质量/kg	0.8	1	1	1	1.5	1.5	2	3	3

（3）将每一份集料试样浸泡在水中，并适当搅动，仔细洗去附在集料表面的尘土和石粉，经多次漂洗干净至水完全清澈为止。清洗过程中不得散失集料颗粒。

四、试验步骤

（1）取试样一份装入干净的搪瓷盘中，注入洁净的水，水面至少应高出试样 20 mm，轻轻搅动石料，使附着在石料上的气泡完全逸出。在室温下保持浸水 24 h。

（2）将吊篮挂在天平的吊钩上，浸入溢流水槽，向溢流水槽中注水，水面高度至水槽的溢流孔，将天平调零。吊篮的筛网应保证集料不会通过筛孔流失；对 2.36 ~ 4.75 mm 的粗集料，应更换小孔筛网或在网篮中加放入一个浅盘。

（3）调节水温在 15 ~ 25 ℃ 内。将试样移入吊篮。溢流水槽中的水面高度由水槽的溢流孔控制，维持不变，称取集料的水中质量（m_w）。

（4）提起吊篮，稍稍滴水后，较粗的粗集料可以直接倒在拧干的湿毛巾上。将较细的粗集料（2.36 ~ 4.75 mm）连同浅盘一起取出，稍稍倾斜搪瓷盘，仔细倒出余水，将粗集料倒在拧干的湿毛巾上，用毛巾吸走从集料中漏出的自由水。此步骤需特别注意不得有颗粒丢失或有小颗粒附在吊篮上。再用拧干的湿毛巾轻轻擦干集料颗粒的表面水，至表面看不到发亮的水迹，即为饱和面干状态。当粗集料尺寸较大时，宜逐颗擦干。注意对较粗的粗集料，拧湿毛巾时不要太用劲，防止拧得太干；对较细的含水较多的粗集料，毛巾可拧得稍干些。擦颗粒的表面水时，既要将表面水擦掉，又千万不能将颗粒内部的水吸出。整个过程中不得有集料丢失，且已擦干的集料不得继续在空气中放置，以防止集料过度干燥。

注：对 2.36 ~ 4.75 mm 集料，用毛巾擦拭时容易沾附细颗粒集料从而造成集料损失，此时宜改用洁净的纯棉汗衫布擦拭至表干状态。

（5）立即在保持表干状态下，称取集料的表干质量（m_f）。

（6）将集料置于浅盘中，放进 105 ℃ ± 5 ℃ 的烘箱中烘干至恒重。取出浅盘，放在带盖的容器中冷却至室温，称取集料的烘干质量（m_a）。

注：恒重指相邻两次称量间隔时间大于 3 h 的情况下，其前后两次称量之差小于该项试验所要求的精密度，即 0.1%。一般在烘箱中烘烤的时间不得少于 4 ~ 6 h。

（7）对同一规格的集料应平行试验两次，取平均值作为试验结果。

五、计　算

（1）表观相对密度 γ_a、表干相对密度 γ_s、毛体积相对密度 γ_b 按公式（2-3-24）计算至小数点后 3 位。

$$
\left.
\begin{aligned}
\gamma_a &= \frac{m_a}{m_a - m_w} \\
\gamma_s &= \frac{m_f}{m_f - m_w} \\
\gamma_b &= \frac{m_a}{m_f - m_w}
\end{aligned}
\right\}
\tag{2-3-24}
$$

式中　γ_a——集料的表观相对密度，无量纲；

γ_s——集料的表干相对密度，无量纲；

γ_b——集料的毛体积相对密度，无量纲；

m_a——集料的烘干质量，g；

m_f——集料的表干质量，g；

m_w——集料的水中质量，g。

（2）集料的吸水率以烘干试样为基准，按公式（2-3-25）计算，精确至 0.01%。

$$
\omega_x = \frac{m_f - m_a}{m_a} \times 100
\tag{2-3-25}
$$

（3）粗集料的表观密度（视密度）ρ_a、表干密度 ρ_s、毛体积密度 ρ_b 按公式（2-3-26）计算，准确至小数点后 3 位。不同水温条件下测量的粗集料表观密度需进行水温修正，不同试验温度下水的密度 ρ_T 及水的温度修正系数 α_T 按表 2-3-9 选用。

表 2-3-9　不同水温时水的温度 ρ_T 及水温修正系数 α_T

水温/°C	15	16	17	18	19	20
水的密度 ρ_T/(g/cm³)	0.999 13	0.998 97	0.998 80	0.998 62	0.998 43	0.998 22
水温修正系数 α_T	0.002	0.003	0.003	0.004	0.004	0.005
水温/°C	21	22	23	24	25	
水的密度 ρ_T/(g/cm³)	0.998 02	0.997 79	0.997 56	0.997 33	0.997 02	
水温修正系数 α_T	0.005	0.006	0.006	0.007	0.007	

$$
\left.
\begin{aligned}
\rho_a &= \gamma_a \rho_T \quad \text{或} \quad \rho_a = (\gamma_a - \alpha_T) \times \rho_w \\
\rho_s &= \gamma_s \rho_T \quad \text{或} \quad \rho_s = (\gamma_s - \alpha_T) \times \rho_w \\
\rho_b &= \gamma_b \rho_T \quad \text{或} \quad \rho_b = (\gamma_b - \alpha_T) \times \rho_w
\end{aligned}
\right\}
\tag{2-3-26}
$$

式中　ρ_a——粗集料的表观密度，g/cm³；

ρ_s——粗集料的表干密度，g/cm³；

ρ_b——粗集料的毛体积密度，g/cm³；

ρ_T——试验温度 T °C 时水的密度，按表 2-3-9 取用，g/cm³；

α_T——试验温度 T °C 时的水温修正系数，按表 2-3-9 取用；

ρ_w——水在 4 °C 时的密度（1.000 g/cm³）。

六、精度或允许差

重复试验的精密度，对表观相对密度、表干相对密度、毛体积相对密度，两次结果相差不得超过 0.02，对吸水率不得超过 0.2%。

试验三　粗集料堆积密度及空隙率试验

一、目的和适用范围

测定粗集料的堆积密度，包括自然堆积状态、振实状态、捣实状态下的堆积密度，以及堆积状态下的间隙率。

二、仪器设备

（1）天平或台秤：感量不大于称量的 0.1%。

（2）容量筒：如图 2-3-17 所示，适用于粗集料堆积密度测定的容量筒应符合表 2-3-10 的要求。

（3）平头铁锹。

（4）烘箱：能控温 105 °C ± 5 °C。

（5）振动台：频率为 3 000 次/min ± 200 次/min。负荷下的振幅为 0.35mm，空载时的振幅为 0.5 mm。

（6）捣棒：直径 16 mm、长 600 mm、一端为圆头的钢棒。

图 2-3-17　容量筒

表 2-3-10　容量筒的规格要求

粗集料公称最大粒径/mm	容量筒容积/L	容量筒规格/mm			筒壁厚度/mm
		内径	净高	底厚	
≤4.75	3	155 ± 2	160 ± 2	5.0	2.5
9.5 ~ 26.5	10	205 ± 2	305 ± 2	5.0	2.5
31.5 ~ 37.5	15	255 ± 5	295 ± 5	5.0	3.0
≥53	20	355 ± 5	305 ± 5	5.0	3.0

三、试验步骤

（1）将来样缩分至表 2-3-11 的规定要求，烘干并冷却，也可以摊在清洁的地面上风干，拌匀并分成两份备用。

表 2-3-11　堆积密度试验最小取样质量

公称最大粒径/mm	方孔筛	9.5 及 13.2	16	19	26.5	31.5	37.5
最小取样质量/kg		40	40	40	40	80	80

（2）自然堆积密度。

取试样一份，置于干净的水泥地（或铁板）上，用平头铁锹铲起试样，使石子自由落入容量筒内。此时，从铁锹的齐口至容量筒上口的距离应保持 50 mm 左右，装满容量筒并除去凸出筒口表面的颗粒，并以合适的颗粒填入凹陷空隙，使表面稍凸起部分和凹陷部分的体积大致相等，称取试样和容量筒总质量（m_2）。

（3）振实密度。

按堆积密试验步骤，将装满试样的容量筒放在振动台上，振动 3 min，或者将试样分三层装入容量筒：装完一层后，在筒底垫放一根直径为 25 mm 的圆钢筋，将筒按住，左右交替颠击地面各 25 下；然后装入第二层，用同样的方法颠实（但筒底所垫钢筋的方向应与第一层放置方向垂直），然后再装入第三层，如法颠实。待三层试样装填完毕，加料直到试样超出容量筒口，用钢筋沿筒口边缘滚动，刮下高出筒口的颗粒，用合适的颗粒填平凹处，使表面稍凸起部分和凹陷部分的体积大致相等，称取试样和容量筒的总质量（m_2）。

（4）捣实密度。

根据沥青混合料的类型和公称最大粒径，确定起骨架作用的关键性筛孔（通常为 4.75 mm 或 2.36 mm 等）。将矿料混合料中此筛孔以上颗粒筛出，作为试样装入符合要求规格的容器中达 1/3 的高度，由边至中用捣棒均匀捣实 25 次。再向容器中装入 1/3 高度的试样，用捣棒均匀地捣实 25 次，捣实深度约至下层的表面。然后重复上一步骤，加最后一层，捣实 25 次，使集料与容器口齐平。用合适的集料填充表面的大空隙，用直尺大体刮平，目测估计表面凸起部分与凹陷部分的容积大致相等，称取容量筒与试样的总质量（m_2）。

（5）容量筒容积的标定。

用水装满容量筒，测量水温，擦干筒外壁的水分，称取容量筒与水的总质量（m_w），并按水的密度对容量筒的容积作校正。

四、结果计算

（1）容量筒的容积按公式（2-3-27）计算。

$$V = \frac{m_w - m_0}{\rho_T} \tag{2-3-27}$$

式中　V——容量筒的容积，L；

m_0——容量筒的质量，kg；

m_w——容量筒与水的总质量，kg；

ρ_T——试验温度 T ℃时水的密度，查表 2-3-9。

（2）堆积密度（包括自然堆积状态、振实状态、捣实状态下的堆积密度）按公式（2-3-28）计算至小数点后两位。

$$\rho = \frac{m_2 - m_0}{V} \qquad\qquad (2\text{-}3\text{-}28)$$

式中　　ρ——与各种状态相对应的堆积密度，t/m^3；

　　　　m_0——容量筒的质量，kg；

　　　　m_2——容量筒与试样的总质量，kg；

　　　　V——容量筒的容积，L。

以两次试验结果的算术平均值作为测定值。

（3）水泥混凝土用粗集料振实状态下的空隙率按公式（2-3-29）计算。

$$V_c = \left(1 - \frac{\rho}{\rho_a}\right) \times 100 \qquad\qquad (2\text{-}3\text{-}29)$$

式中　　V_c——水泥混凝土用粗集料的空隙率，%；

　　　　ρ_a——粗集料的表观密度，t/m^3；

　　　　ρ——按振实法测定的粗集料的堆积密度，t/m^3。

（4）沥青混合料用粗集料骨架捣实状态下的间隙率按公式（2-3-30）计算。

$$VCA_{DRC} = \left(1 - \frac{\rho}{\rho_b}\right) \times 100 \qquad\qquad (2\text{-}3\text{-}30)$$

式中　　VCA_{DRC}——捣实状态下粗集料骨架间隙率，%；

　　　　ρ_b——粗集料的毛体积密度，t/m^3；

　　　　ρ——按捣实法测定的粗集料的自然堆积密度，t/m^3。

以两次平行试验结果的平均值作为测定值。

试验四　粗集料含泥量及泥块含量试验

一、目的与适用范围

测定碎石或砾石中小于 0.075 mm 的尘屑、淤泥和黏土的总含量及 4.75 mm 以上泥块颗粒含量。

二、仪器设备

（1）台秤：感量不大于称量的 0.1%。

（2）烘箱：能控温 105 ℃ ± 5 ℃。

（3）标准筛：测泥含量时用孔径为 1.18 mm、0.075 mm 的方孔筛各 1 只；测泥块含量时，则用 2.36 mm 及 4.75 mm 的方孔筛各 1 只。

（4）容器：容积约 10 L 的桶或搪瓷盘。

（5）其他：浅盘、毛刷等。

三、试验准备

按"粗集料取样方法"取样，将来样用四分法或分料器法缩分至表 2-3-12 所规定的量（注意防止细粉丢失并防止所含黏土块被压碎），置于温度为 105 ℃ ± 5 ℃ 的烘箱内烘干至恒重，冷却至室温后分成两份备用。

表 2-3-12　含泥量及泥块含量试验所需试样最小质量

公称最大粒径/mm	4.75	9.5	16	19	26.5	31.5	37.5	63	75
试样的最小质量/kg	1.5	2	2	6	6	10	10	20	20

四、试验步骤

（一）含泥量试验步骤

（1）称取试样 1 份（m_0）装入容器，加水，浸泡 24 h，用手在水中淘洗颗粒（或用毛刷洗刷），使尘屑、黏土与较粗颗粒分开，并使之悬浮于水中；缓缓地将浑浊液倒入 1.18 mm 及 0.075 mm 的套筛上，滤去小于 0.075 mm 的颗粒。试验前筛子的两面应先用水湿润，在整个试验过程中，应注意避免大于 0.075 mm 的颗粒丢失。

（2）再次加水于容器中，重复上述步骤，直到洗出的水清澈为止。

（3）用水冲洗余留在筛上的细粒，并将 0.075 mm 筛放在水中（使水面略高于筛内颗粒）来回摇动，以充分洗除小于 0.075 mm 的颗粒。而后将两只筛上余留的颗粒和容器中已经洗净的试样一并装入浅盘，置于温度为 105 ℃ ± 5 ℃ 的烘箱中烘干至恒重，取出冷却至室温后，称取试样的质量（m_1）。

（二）泥块含量试验步骤

（1）取试样 1 份。

（2）用 4.75 mm 筛将试样过筛，称出筛去 4.75 mm 以下颗粒后的试样质量（m_2）。

（3）将试样在容器中摊平，加水使水面高出试样表面，24 h 后将水放掉，用手捻压泥块，然后将试样放在 2.36 mm 筛上用水冲洗，直至洗出的水清澈为止。

（4）小心地取出 2.36 mm 筛上试样，置于温度为 105 ℃ ± 5 ℃ 的烘箱中烘干至恒重，取出冷却至室温后称量（m_3）。

五、计　算

（1）碎石或砾石的含泥量按公式（2-3-31）计算，精确至 0.1%。

$$Q_n = \frac{m_0 - m_1}{m_0} \times 100 \tag{2-3-31}$$

式中　Q_n——碎石或砾石的含泥量，%；

　　　m_0——试验前烘干试样质量，g；

　　　m_1——试验后烘干试样质量，g。

以两次试验的算术平均值作为测定值，两次结果的差值超过 0.2% 时，应重新取样进行试验。对沥青路面用集料，此含泥量记为小于 0.075 mm 颗粒含量。

（2）碎石或砾石中黏土泥块含量按公式（2-3-32）计算，精确至 0.1%。

$$Q_k = \frac{m_2 - m_3}{m_2} \times 100 \tag{2-3-32}$$

式中　Q_k——碎石或砾石中黏土泥块含量，%；

　　　m_2——4.75 mm 筛筛余量，g；

　　　m_3——试验后烘干试样质量，g。

以两个试样两次试验结果的算术平均值为测定值，两次结果的差值超过 0.1% 时，应重新取样进行试验。

试验五　粗集料及集料混合料的筛分试验

一、目的与适用范围

（1）测定粗集料（碎石、砾石、矿渣等）的颗粒组成。对水泥混凝土用粗集料，可采用干筛法筛分；对沥青混合料及基层用粗集料，必须采用水洗法试验。

（2）本方法也适用于同时含有粗集料、细集料、矿粉的集料混合料筛分试验，如未筛碎石、级配碎石、天然砂砾、级配砂砾、无机结合料稳定基层材料、沥青拌和楼的冷料混合料、热料仓材料、沥青混合料经溶剂抽提后的矿料等。

二、仪器设备

（1）试验筛：根据需要选用规定的标准筛。

（2）摇筛机。

（3）天平或台秤：感量不大于试样质量的 0.1%。

（4）其他：盘子、铲子、毛刷等。

三、试验准备

按规定将来样用分料器或四分法缩分至表 2-3-13 要求的试样所需量，风干后备用。根据需要可按要求的集料最大粒径的筛孔尺寸过筛，除去超粒径部分颗粒后，再进行筛分。

表 2-3-13　筛分用的试样质量

公称最大粒径/mm	75	63	37.5	31.5	26.5	19	16	9.5	4.75
试样质量不少于/kg	10	8	5	4	2.5	2	1	1	0.5

四、水泥混凝土用粗集料干筛法试验步骤

（1）取试样一份置于 105 ℃ ± 5 ℃ 的烘箱中，烘干至恒重，称取干燥集料试样的总质量（m_0），准确至 0.1%。

（2）用搪瓷盘作筛分容器，按筛孔大小排列顺序逐个将集料过筛。人工筛分时，需使集料在筛面上同时有水平方向及上下方向的不停顿的运动，使小于筛孔的集料通过筛孔，直到 1 min 内通过筛孔的质量小于筛上残余量的 0.1% 为止；当采用摇筛机筛分时，应在摇筛机筛分后再逐个由人工补筛。将筛出通过的颗粒并入下一号筛，和下一号筛中的试样一起过筛，按顺序进行，直至各号筛全部筛完为止。应确认 1 min 内通过筛孔的质量确实小于筛上残余量的 0.1%。

注：由于 0.075 mm 筛干筛几乎不能把沾在粗集料表面的小于 0.075 mm 部分的石粉筛过去，而且对水泥混凝土用粗集料而言，0.075 mm 通过率的意义不大，所以也可以不筛，且把通过 0.15 mm 筛的筛下部分全部作为 0.075 mm 的分计筛余，将粗集料的 0.075 mm 通过率假设为 0。

（3）如果某个筛上的集料过多，影响筛分作业时，可以分两次筛分。当筛余颗粒的粒径大于 19 mm 时，筛分过程中允许用手指轻轻拨动颗粒，但不得逐颗塞过筛孔。

（4）称取每个筛上的筛余量，准确至总质量的 0.1%。各筛分计筛余量及筛底存量的总和与筛分前试样的干燥总质量 m_0 相比，其相差不得超过 m_0 的 0.5%。

五、沥青混合料及基层用粗集料水洗法试验步骤

（1）取一份试样，将试样置于 105 ℃ ± 5 ℃ 的烘箱中并烘干至恒量，称取干燥集料试样的总质量（m_3），准确至 0.1%。

（2）将试样置一洁净容器中，加入足够数量的洁净水，将集料全部淹没，但不得使用任何洗涤剂、分散剂或表面活性剂。

（3）用搅棒充分搅动集料，使集料表面洗涤干净，并使细粉悬浮在水中，但不得破碎集料或有集料从水中溅出。

（4）根据集料粒径大小选择组成一组套筛，其底部为 0.075 mm 标准筛，上部为 2.36 mm 或 4.75 mm 筛。仔细将容器中混有细粉的悬浮液倒出，经过套筛流进另一容器中，尽量不将粗集料倒出，以免损坏标准筛筛面。

注：无需将容器中的全部集料都倒出，只倒出悬浮液。且不可直接倒至 0.075 mm 筛上，以免集料掉出而损坏筛面。

（5）重复（2）~（4）步骤，直到倒出的水洁净为止，必要时可采用水流缓慢冲洗。

（6）将套筛每个筛子上的集料及容器中的集料全部回收在一个搪瓷盘中，容器上不得有沾附的集料颗粒。

注：沾在 0.075 mm 筛面上的细粉很难回收扣入搪瓷盘，此时需将筛子倒扣在搪瓷盘上用少量的水并助以毛刷将细粉刷落入搪瓷盘，并注意不要散失。

（7）在确保细粉不散失的前提下，小心泌去搪瓷盘中的积水，将搪瓷盘连同集料一起置于 105 ℃ ± 5 ℃ 的烘箱中烘干至恒量，称取干燥集料试样的总质量（m_4），准确至 0.1%。以 m_3 与 m_4 之差作为 0.075 mm 的筛下部分。

（8）将回收的干燥集料按干筛方法筛分出 0.075 mm 筛以上各筛的筛余量，此时 0.075 mm 筛下部分应为 0；如果尚能筛出，则应将其并入水洗得到的 0.075 mm 的筛下部分，且表示水洗得不干净。

六、计 算

1. 干筛法筛分结果的计算

（1）按公式（2-3-33）计算各筛分计筛余量及筛底存量的总和与筛分前试样的干燥总质量 m_0 之差，作为筛分时的损耗，并计算损耗率。若损耗率大于 0.3%，应重新进行试验。

$$m_5 = m_0 - (\sum m_i + m_底) \tag{2-3-33}$$

式中　m_5——由于筛分造成的损耗，g；

　　　m_0——用于干筛的干燥集料总质量，g；

　　　m_i——各号筛上的分计筛余，g；

　　　i——依次为 0.075 mm、0.15 mm、…至集料最大粒径的排序；

　　　$m_底$——筛底（0.075 mm 以下部分）集料总质量，g。

（2）干筛分计筛余百分率

干筛后各号筛上的分计筛余百分率按公式（2-3-34）计算，精确至 0.1%。

$$P_i' = \frac{m_i}{m_0 - m_5} \times 100 \tag{2-3-34}$$

式中　P_i'——各号筛上的分计筛余百分率，%；

　　　m_5——由于筛分造成的损耗，g；

　　　m_0——用于干筛的干燥集料总质量，g；

　　　m_i——各号筛上的分计筛余，g；

　　　i——依次为 0.075 mm、0.15 mm、…至集料最大粒径的排序。

（3）干筛累计筛余百分率。

各号筛的累计筛余百分率为该号筛以上各号筛的分计筛余百分率之和，精确至 0.1%。

（4）干筛各号筛的质量通过百分率。

各号筛的质量通过百分率 P_i 等于 100 减去该号筛累计筛余百分率，精确至 0.1%。

（5）由筛底存量除以扣除损耗后的干燥集料总质量计算 0.075 mm 筛的通过率。

（6）试验结果以两次试验的平均值表示，精确至 0.1%。当两次试验结果 $P_{0.075}$ 的差值超过 1% 时，试验应重新进行。

2. 水筛法筛分结果的计算

（1）按式公（2-3-35）、公式（2-3-36）计算粗集料中 0.075 mm 筛下部分质量 $m_{0.075}$ 和含量 $P_{0.075}$，精确至 0.1%。当两次试验结果 $P_{0.075}$ 的差值超过 1% 时，试验应重新进行。

$$m_{0.075} = m_3 - m_4 \tag{2-3-35}$$

$$P_{0.075} = \frac{m_{0.075}}{m_3} = \frac{m_3 - m_4}{m_3} \times 100 \tag{2-3-36}$$

式中　$P_{0.075}$——粗集料中小于 0.075 mm 的含量（通过率），%；

　　　$m_{0.075}$——粗集料中水洗得到的小于 0.075 mm 部分的质量，g；

m_3——用于水洗的干燥粗集料总质量，g；

m_4——水洗后的干燥粗集料总质量，g。

（2）按公式（2-3-37）计算各筛分计筛余量及筛底存量的总和与筛分前试样的干燥总质量 m_4 之差，作为筛分时的损耗，并计算损耗率。若损耗率大于 0.3%，应重新进行试验。

$$m_5 = m_3 - \left(\sum m_i + m_{0.075}\right) \qquad (2\text{-}3\text{-}37)$$

式中　m_5——由于筛分造成的损耗，g；

m_3——用于水筛筛分的干燥集料总质量，g；

m_i——各号筛上的分计筛余，g；

i——依次为 0.075 mm、0.15 mm、…至集料最大粒径的排序；

$m_{0.075}$——水洗后得到的 0.075 mm 以下部分质量（g），即 $m_3 - m_4$。

（3）计算其他各筛的分计筛余百分率、累计筛余百分率、质量通过百分率，计算方法与干筛法相同。当干筛时筛分有损耗时，应按干筛法从总质量中扣除损耗部分，并计算结果。

（4）试验结果以两次试验的平均值表示。

七、报　告

（1）筛分结果以各筛孔的质量通过百分率表示；

（2）对用于沥青混合料、基层材料配合比设计用的集料，宜绘制集料筛分曲线，其横坐标为筛孔尺寸的 0.45 次方，纵坐标为普通坐标；

（3）同一种集料至少取两个试样平行试验两次，取平均值作为每号筛上筛余量的试验结果，报告内容包括集料级配组成通过百分率及级配曲线。

试验六　水泥混凝土用粗集料针片状颗粒含量试验
（规准仪法）

一、目的和适用范围

（1）本方法适用于测定水泥混凝土使用的 4.75 mm 以上的粗集料的针状及片状颗粒含量，以百分率计。

（2）本方法测定的针片状颗粒，是指使用专用规准仪测定的粗集料颗粒的最小厚度（或直径）方向与最大长度（或宽度）方向的尺寸之比小于一定比例的颗粒。

（3）本方法测定的粗集料中针片状颗粒的含量，可用于评价集料的形状及其在工程中的适用性。

二、仪器设备

（1）水泥混凝土集料针片状规准仪（见图 2-3-18、图 2-3-19），尺寸要求见表 2-3-14。

（2）天平或台秤：感量不大于称量值的 0.1%。

图 2-3-18　针片状规准仪

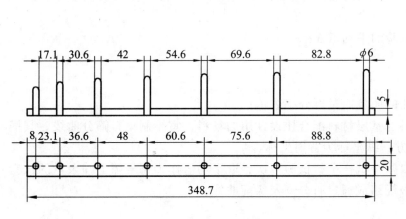

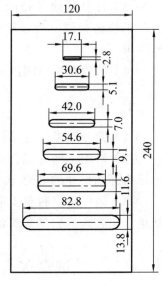

图 2-3-19　针片状规准仪（尺寸单位：mm）

（3）标准筛：孔径分别为 4.75 mm、9.5 mm、16.0 mm、19.0 mm、26.5 mm、31.5 mm、37.5 mm，试验时根据需要选用。

表 2-3-14　水泥混凝土集料针片状颗粒试验的粒级划分及其相应的规准仪孔宽或间距

粒级（方孔筛）/mm	4.75~9.5	9.5~16	16~19	19~26.5	26.5~31.5	31.5~37.5
针状规准仪上相对应的立柱之间的间距宽/mm	17.1 (B₁)	30.6 (B₂)	42.0 (B₃)	54.6 (B₄)	69.6 (B₅)	82.8 (B₆)
片状规准仪上相时应的孔宽/mm	2.8 (A₁)	5.1 (A₂)	7.0 (A₃)	9.1 (A₄)	11.6 (A₅)	13.8 (A₆)

三、试验准备

将来样在室内风干至表面干燥，并用四分法或分料器法缩分至满足表 2-3-15 规定的质量，称量（m_0），然后筛分成表 2-3-14 所规定的粒级备用。

表 2-3-15   针片状颗粒试验所需试样的最少质量

公称最大粒径/mm	9.5	16	19	26.5	31.5	37.5	63.0	75.0
试样最小质量/kg	0.3	1	2	3	5	10	10	10

四、试验步骤

（1）目测挑出接近立方体形状的规则颗粒，将目测有可能属于针片状颗粒的集料按表 2-3-14 所规定的粒级用规准仪逐粒对试样进行针状颗粒鉴定，挑出颗粒长度大于针状规准仪上相应间距而不能通过者，为针状颗粒。

（2）将通过针状规准仪上相应间距的非针状颗粒逐粒对试样进行片状颗粒鉴定，挑出厚度小于片状规准仪上相应孔宽而能通过者，为片状颗粒。

（3）称量由各粒级挑出的针状颗粒和片状颗粒的质量，其总质量为 m_1。

五、计   算

碎石或砾石针片状颗粒含量按公式（2-3-38）计算，精确至 0.1%。

$$Q_e = \frac{m_1}{m_0} \times 100 \qquad\qquad (2\text{-}3\text{-}38)$$

式中 Q_e——试样的针片状颗粒的含量，%；

m_1——试样中所含针状颗粒与片状颗粒的总质量，g；

m_0——试样总质量，g。

试验七   粗集料针片状颗粒含量试验（游标卡尺法）

一、目的和适用范围

（1）本方法适用于测定粗集料的针状及片状颗粒含量，以百分率计。

（2）本方法测定的针片状颗粒，是指用游标卡尺测定的粗集料颗粒的最大长度（或宽度）方向与最小厚度（或直径）方向的尺寸之比大于3倍的颗粒。有特殊要求需采用其他比例时，应在试验报告中注明。

（3）本方法测定的粗集料中针片状颗粒的含量，可用于评价集料的形状和抗压碎能力，以评定石料生产厂的生产水平及该材料在工程中的适用性。

二、仪器设备

（1）标准筛：方孔筛 4.75 mm。

（2）游标卡尺：精密度为 0.1 mm。

（3）天平：感量不大于 1 g。

三、试验步骤

（1）按粗集料取样方法，采集粗集料试样。

（2）按分料器法或四分法选取 1 kg 左右的试样。对每一种规格的粗集料，应按照不同的公称粒径，分别取样检验。

（3）用 4.75 mm 标准筛将试样过筛，取筛上部分供试验用，称取试样的总质量 m_0，准确至 1 g，试样数量不少于 800 g，并不少于 100 颗。

注：对 2.36 mm～4.75 mm 级粗集料，由于卡尺量取有困难，故一般不作测定。

（4）将试样平摊于桌面上，首先用目测挑出接近立方体的颗粒，剩下可能属于针状（细长）和片状（扁平）的颗粒。

（5）按图 2-3-20 所示的方法将欲测量的颗粒放在桌面上成一稳定的状态，图中颗粒平面方向的最大长度为 L，侧面厚度的最大尺寸为 t，颗粒最大宽度为 w（$t < w < L$），用卡尺逐颗测量石料的 L 及 t，将 $L/t \geqslant 3$ 的颗粒（即最大长度方向与最大厚度方向的尺寸之比大于 3 的颗粒）分别挑出作为针片状颗粒。称取针片状颗粒的质量 m_1，准确至 1 g。

注：稳定状态是指平放的状态，不是直立状态，侧面厚度的最大尺寸 t 为图中状态的颗粒顶部至平台的厚度，是在最薄的一个面上测量的，但并非颗粒中最薄部位的厚度。

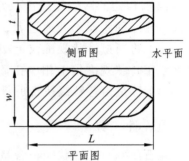

图 2-3-20　针片状颗粒稳定状态

四、计　算

按公式（2-3-39）计算针片状颗粒含量。

$$Q_e = \frac{m_1}{m_0} \times 100 \qquad\qquad (2\text{-}3\text{-}39)$$

式中　Q_e——针片状颗粒含，%；

m_0——试验用的集料总质量，g；

m_1——针片状颗粒的质量，g。

五、报　告

（1）试验要平行测定两次，计算两次结果的平均值。如两次结果的差小于平均值的 20%，取平均值为试验值；如大于或等于 20%，应追加测定一次，取三次结果的平均值为测定值。

（2）试验报告的内容应包括集料的种类、产地、岩石名称、用途。

试验八　粗集料压碎值试验

一、目的和适用范围

集料压碎值用于衡量石料在逐渐增加的荷载下抵抗压碎的能力，是衡量石料力学性质的指标，以评定其在工程中的适用性。

二、仪器设备

（1）石料压碎值试验仪：由内径 150 mm、两端开口的钢制圆形试筒和压柱、底板组成，其形状和尺寸见图 2-3-21 和表 2-3-16。试筒内壁、压柱的底面及底板的上表面等与石料接触的表面都应进行热处理，使表面硬化，达到维氏硬度 65° 并保持光滑状态。

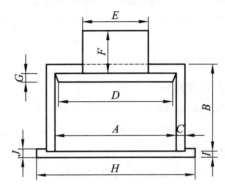

图 2-3-21　压碎指标值测定仪（单位：mm）

表 2-3-16　试筒、压柱和底板尺寸

部　位	符　号	名　称	尺寸/mm
试筒	A	内　径	150 ± 0.3
	B	高　度	125 ~ 128
	C	壁　厚	≥12
压柱	D	压头直径	149 ± 0.2
	E	压杆直径	100 ~ 149
	F	压柱总长	100 ~ 110
	G	压头厚度	≥25
底板	H	直　径	200 ~ 220
	I	厚度（中间部分）	6.4 ± 0.2
	J	边缘厚度	10 ± 0.2

（2）金属棒：直径 10 mm，长 450 ~ 600 mm，一端加工成半球形。

（3）天平：称量 2 ~ 3 kg，感量不大于 1 g。

（4）方孔筛：筛孔尺寸 13.2 mm、9.5 mm、2.36 mm 方孔筛各一个。

（5）压力机：500 kN，应能在 10 min 内达到 400 kN。

（6）金属筒：圆柱形，内径 112.0 mm，高 179.4 mm，容积 1 767 cm³。

三、试验准备

（1）采用风干石料用 9.5 mm 和 13.2 mm 标准筛过筛，取 9.5 ~ 13.2 mm 的试样 3 组各 3 000 g，供试验用。如过于潮湿需加热烘干时，烘箱温度不应超过 100 ℃，烘干时间不超过 4 h。试验前，石料应冷却至室温。

（2）每次试验的石料数量应满足按下述方法夯击后石料在试筒内的深度为 100 mm。

在金属筒中确定石料数量的方法如下：

将试样分 3 次（每次数量大体相同）均匀装入试模，每次均将试样表面整平，用金属棒的半球面端从石料表面上均匀捣实 25 次。最后用金属棒作为直刮刀将表面仔细整平。称取量筒中试样质量（m_0）。以相同质量的试样进行压碎值的平行试验。

四、试验步骤

（1）将试筒安放在底板上。

（2）将要求质量的试样分 3 次（每次数量大体相同）均匀装入试模，每次均将试样表面整平，用金属棒的半球面端从石料表面上均匀捣实 25 次，最后用金属棒作为直刮刀将表面仔细整平。

（3）将装有试样的试模放到压力机上，同时加压头放至试筒内石料面上，注意使压头摆平，勿楔挤试模侧壁。

（4）开动压力机，均匀地施加荷载，在 10 min 左右的时间内达到总荷载 400 kN，稳压 5 s，然后卸荷。

（5）将试模从压力机上取下，取出试样。

（6）用 2.36 mm 标准筛筛分经压碎的全部试样，可分几次筛分，均需筛到在 1 min 内无明显的筛出物为止。

（7）称取通过 2.36 mm 筛孔的全部细料质量（m_1），准确至 1 g。

五、计　算

石料压碎值按公式（2-3-40）计算，准确至 0.1%。

$$Q'_a = \frac{m_1}{m_0} \times 100 \qquad (2\text{-}3\text{-}40)$$

式中　Q'_a——石料压碎值，%；

　　　m_1——试验前试样质量，g；

　　　m_0——试验后通过 2.36 mm 筛孔的细料质量，g。

以 3 次试样平行试验结果的算术平均值作为压碎值的测定值。

三、岩　石

岩石是指在各种地质作用下，按一定方式结合而成的矿物集合体，它是构成地壳及地幔的主要物质。

天然石材是最古老的建筑材料之一，在地球表面蕴藏丰富，分布广泛，便于就地取材，在性能上，具有抗压强度高、耐久、耐磨等特点。因而，在工程上直接应用的石材很多，如块状的毛石、片石、条石、片状的石板，散粒状的砂、卵石、碎石等。块状石材可直接用来砌筑墙体、基础、勒脚、台阶、栏杆、渠道、护坡等，石板可用作内、外墙的贴面、地面，页片状的石材可用作屋面材料。建筑的雕刻和花饰常常采用各种天然石材。

（一）岩石的分类

（1）按岩石的形成条件分类。

岩石的性能除决定于所含矿物成分外，还取决于成岩条件。按岩石的形成条件可将岩石分为岩浆岩（火成岩）、沉积岩、变质岩三大类。

① 岩浆岩类：地球内部的温度和压力都很高，所有组成物质（指矿物质）都呈现熔融状态的流体，名为岩浆。火成岩即由于岩浆侵入地壳内部或流出地表面造成熔岩，在经冷却凝固而造成的岩石，如花岗岩、正长岩、辉长岩、辉绿岩、闪长岩、橄榄岩、玄武岩、安山岩、流纹岩等。火成岩是所有岩石中最原始的岩石。其特性是：密度大，抗压强度高，吸水性小，抗冻性好。

② 沉积岩类：沉积岩占地表的 66%，由原来已形成的岩石，受到风化作用后变为碎屑，或由生物的遗迹等，再经过侵蚀、沉积及石化等作用而形成的岩石，如石灰岩、页岩、砂岩、砾岩、石膏等。沉积岩与岩浆岩比，其密度小，孔隙率和吸水率大，强度低，耐久性略差。

③ 变质岩类：原来的岩浆岩或沉积岩，再经过地壳运动或岩浆侵入作用所发生的高温和高压与热液的影响，可以改变其原来岩石的结构或组织，或使部分矿物消失，而产生其他新的矿物，因而成为另外一种与原岩不同的岩石，称为变质岩，如大理岩变自石灰岩，板岩变自页岩，石英岩变自砂岩等。

（2）根据坚固性即未风化岩石的饱和单轴极限抗压强度 q 分为硬质岩石（$q \geqslant 30\,\text{MPa}$）和软质岩石（$q < 30\,\text{MPa}$）。

（3）根据风化程度分为微风化、中等风化和强风化。

（4）按软化系数 K_R 分为软化岩石和不软化岩石。K_R 为饱和状态与风干状态的岩石单轴极限抗压强度之比，$K_R < 0.75$ 的，为软化岩石；$K_R > 0.75$ 的，为不软化岩石。

（二）桥梁建筑用主要石料制品

桥梁建筑所用石料主要制品有片石、块石、粗料石、拱石等。

（1）片石：一般指用爆破或楔劈法开采的石块，厚度不应小于 150 mm（卵形和薄片者不得采用）。用做镶面的片石，应选择表面较平整、尺寸较大者，并应稍加修整。

（2）块石：形状应大致方正，上、下面大致平整，厚度 200～300 mm，宽度为厚度的 1.0～0.5 倍，长度为厚度的 1.5～3.0 倍（如有锋棱锐角，应敲除）。块石用作镶面时，应由外露面四，后部可不修凿，但应略小于修凿部。其加工形状如图 2-3-22 所示。

（3）粗料石：由岩层或大块石料开劈并经粗略修凿而成，外形应方正，成六面体，厚度为 200～300 mm，宽度为厚度的 1～1.5 倍，长度为厚度的 2.5～4 倍，表面凹陷深度不大于 20 mm。加工镶面粗料石时，丁石长度应比相邻顺石宽度至少大 150 mm，修凿面每 100 mm 长须有錾路 4～5 条，侧面修凿面应与外露面垂直，正面凹陷深度不应超过 15.0 mm，加工精度应如图 2-3-23 所示。

镶面粗料石的外露面如带细凿边缘时，细凿边缘的宽度应为 30～50 mm。

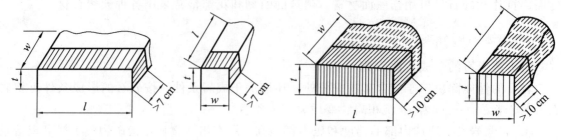

图 2-3-22　镶面块石

w—宽度；t—厚度；l—长度

图 2-3-23　镶面粗料石

w—宽度；t—厚度；l—长度

（4）拱石：可根据设计采用粗料石、块石或片石。拱石应立纹破料，岩层面应与拱轴垂直，各排拱石沿拱圈内弧的厚度应一致。用粗料石砌筑曲线半径较小的拱圈，辐射缝上下宽度相差超过30% 时，宜将粗料石加工成如图 2-3-24 所示的楔形，其具体尺寸可根据设计及施工条件确定，但应符合下列规定：

① 厚度 t_1 不应小于 200 mm，t_2 按设计或施工放样确定；

② 高度 h 应为最小厚度 t_1 的 1.2 ~ 2.0 倍；

③ 长度 l 应为最小厚度 t_1 的 2.5 ~ 4.0 倍。

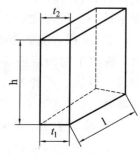

图 2-3-24　拱　石

（三）岩石的技术性质

岩石的技术性质主要从物理性质、力学性质和化学性质三方面进行评价。

1．物理性质

岩石的物理性质包括物理常数（如密度、毛体积密度和孔隙率等）、吸水性（如吸水率、饱水率）和抗冻性。

（1）物理常数。

岩石的物理常数是岩石矿物组成结构状态的反映，它与岩石的技术性质有着密切的关系。岩石的内部组成结构主要是矿物实体和孔隙（包括与处界连通的开口孔隙和不与处界连通的闭口孔隙）所组成，如图 2-3-25 所示。各部分质量与体积的关系如图 2-3-26 所示。在路桥工程用块状石料中，常用的物理常数主要是密度、毛体积密度和孔隙率。通过这些指标可以间接预测石料的有关物理性质和力学性质。

① 密度：在规定条件下，烘干岩石矿质单位体积（不包括开口与闭口孔隙）的质量。

② 毛体积密度：在规定条件下，烘干石料包括孔隙在内的单位体积固体材料的质量。

③ 孔隙率：岩石孔隙体积占石料总体积（包括孔隙体积在内）的百分率。

（2）吸水性。

石料的吸水性是石料在规定条件下吸水的能力。石料与水作用后，水很快湿润石料的表层并填充石料的孔隙，因此水对石料破坏作用的大小，主要取决于石料造岩矿物性质及其组成结构状态（即孔隙分布情况和孔隙率大小）。为此，我国现行《公路工程石料试验规程》规定，采用吸水率和饱水率两项指标来表征石料的吸水性。

① 吸水率：规定条件下，岩石试样最大的吸水质量占烘干石料试件质量之比，以百分率表示。

② 饱水率：强制条件下，岩石试样最大的吸水质量占烘干石料试件质量之比，以百分率表示。

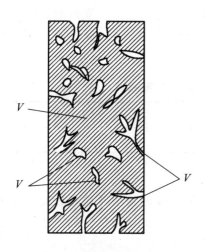

图 2-3-25　石料组成结构示意图

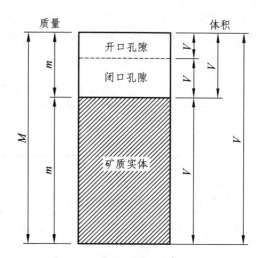

图 2-3-26　石料质量与体积关系示意图

（3）抗冻性。

道路与桥梁都是暴露于大自然中无遮盖的建筑物，经常受到各种自然因素的影响，用于道路与桥梁建筑的石料抵抗大气自然因素作用的性能称为耐候性。

天然石料在道路和桥梁结构物中，在各种自然因素的长期综合作用下，力学强度逐渐衰降。在工程使用中导致石料力学强度降低的因素，首先是温度的升降（由于温度应力的作用，引起石料内部的破坏）；其次是石料在潮湿条件下，受到正、负气温的交替冻融作用，引起石料内部组织结构的破坏。这两种因素究竟以何者为主，需根据当地气候条件确定。在大多数地区后者占有主导地位。

目前已列入我国试验规程 JTG E41—2005 的方法有抗冻性和坚固性。

① 抗冻性。

a. 定义：石料在饱和状态下，抵抗反复冻结和融化的性能。

b. 破坏机理。

岩石在潮湿状态受正负温度交替循环而产生破坏的机理是由材料孔隙内水结冰所引起的。水在结冰时体积增大约 9%，对孔壁产生的压力可达 100 MPa，在压力的反复作用下，使孔壁开裂。经过多次冻融循环后，岩石逐渐产生裂缝、掉边、缺角或表面松散等破坏现象。

c. 试验方法。

我国现行抗冻性的试验方法是采用直接冻融法。该方法是将烘干岩石制备成标准尺寸的试件，石料在自由吸水饱水状态下，能经受冻融循环的次数（在温度下降至 −15 ℃ 冻结 4 h 后，放入 20 ℃ ± 5 ℃ 水中融解 4 h 为冻融循环一次）来表示。

岩石抗冻性能要求：要求冻融后石料的质量损失不超过 5%；一般要求抗压强度降低不超过 25%。

d. 要求。

我国现行标准《公路桥涵施工技术规范》（JTG/T F50—2011）规定：桥梁建筑用岩石，对一月份平均气温低于 − 10 ℃ 的地区，除干旱地区的不受冰冻部位或根据以往实践经验证明材料确有足够抗冻性者外，所用石料及混凝土材料须通过冻融试验证明符合表 2-3-17 的抗冻性指标时，方可使用。

表 2-3-17　石料及混凝土材料抗冻性指标

结构物类别	大、中桥	小桥及涵洞
镶面或表层	50	25

② 坚固性。

岩石的坚固性是确定岩石试样以饱和硫酸钠溶液多次浸泡与烘干循环后而不发生显著破坏或强度降低的性能，是测定岩石抗冻性的一种简易方法。该方法一般适用于质地坚硬的岩石。

2. 力学性质

公路与桥梁工程结构物中用石料，除受上述物理性质影响外，还受到外力的作用，所以石料还应具备一定的力学性质，如抗压、抗拉、抗剪、抗弯、弹性模量等。在石料力学性质中，主要讨论确定石料的单轴抗压强度。

石料的单轴抗压强度是将桥梁工程用的石料制备成 70 mm ± 2 mm 的正立方体（路面工程用石料为直径与高均为 50 mm ± 2 mm 的圆柱体，建筑地基用石料为直径为 50 mm ± 2 mm、高径比为 2∶1 的圆柱体）的试件，经吸水饱和后，在单轴受压及规定的加载条件下达到极限破坏时，单位承压面积的强度。

石料的抗压强度是石料力学性质中最重要的一项指标，是划分石料等级的主要依据。石料抗压强度值，取决于石料的组成结构（如矿物组成，岩石的结构和构造、裂隙的分布等），同时也取决于试验的条件（如试件尺寸和形状、加载速度、试验状态等）。

3. 化学性质

在道路与桥梁的建筑中，各种矿质集料是与结合料（水泥或沥青）组成混合料而使用于结构物中的。早年的研究认为矿质集料是一种惰性材料，它在混合料中起着物理作用，随着科学发展，科学家们根据理化-力学的研究，认为矿质集料在混合料中与结合料起着物理-化学作用。石料的化学性质将影响混合料的物理-力学性质。

根据试验研究的结果，按 SiO_2 的含量多少将石料划分为酸性、碱性及中性。按克罗斯的分类法，岩石化学组成中 SiO_2 含量大于 65% 的石料称为酸性材料；SiO_2 含量在 52% ~ 65% 的石料称为中性石料；SiO_2 含量小于 52% 的石料称为碱性石料。所以在选择与沥青结合的石料时，应考虑石料的酸碱性对沥青与石料黏结的影响。

（四）石料的技术要求

1. 路用石料的技术分级

（1）石料分级方法首先根据造岩矿物成分含量以及组织结构来确定岩石名称：

① 岩浆岩类：花岗岩、正长岩、辉长岩、辉绿岩、闪长岩、橄榄岩、玄武岩、安山岩、流纹岩等。

② 石灰岩类：石灰岩、白云岩、泥灰岩、凝灰岩等。

③ 砂岩与片岩类：石英岩、砂岩、片麻岩、石英片麻岩等。

④ 砾岩类。

（2）以上各岩组按其物理-力学性质（主要为饱水状态的抗压强度和磨耗率）各分为下列 4 个等级：

1 级——最坚强的岩石。

2 级——坚强的岩石。

3 级——中等坚强的岩石。

4 级——较软的岩石。

2. 路用石料的技术标准

路用天然石料根据上述分级方法，技术指标要求列于表 2-3-18。

表 2-3-18　道路建筑用天然石料等级和技术标准

岩石类别	主要岩石名称	石料等级	技术标准		
			极限抗压强度（饱水状态）/MPa	磨耗率（%）	
				洛杉矶式耗试验法	狄法尔式磨耗试验法
Ⅰ 岩浆岩类	花岗岩 玄武岩 安山岩 辉绿岩等	1	> 120	< 25	< 4
		2	100 ~ 200	25 ~ 30	4 ~ 5
		3	80 ~ 100	30 ~ 45	5 ~ 7
		4	—	45 ~ 60	7 ~ 10
Ⅱ 石灰岩类	石灰岩 白云岩等	1	> 100	< 30	< 5
		2	80 ~ 100	30 ~ 50	5 ~ 6
		3	60 ~ 80	35 ~ 50	6 ~ 12
		4	30 ~ 60	50 ~ 60	12 ~ 20
Ⅲ 砂岩与片岩类	石英岩 片麻岩 石英片麻岩 砂岩等	1	> 100	< 30	< 5
		2	80 ~ 100	30 ~ 35	5 ~ 7
		3	50 ~ 80	35 ~ 45	7 ~ 10
		4	30 ~ 50	45 ~ 60	10 ~ 15
Ⅳ 砾岩类	—	1	—	< 20	< 5
		2	—	20 ~ 30	5 ~ 7
		3	—	30 ~ 50	7 ~ 12
		4	—	50 ~ 60	12 ~ 20

试验九　石料的单轴抗压强度试验

一、目的和适用范围

单轴抗压强度试验是测定规则形状岩石试件单轴抗压强度的方法，主要用于岩石的强度分级和岩性描述。

本法采用饱和状态下的岩石立方体（或圆柱体）试件的抗压强度来评定岩石强度（包括碎石或卵石的原始岩石强度）。

在某些情况下，试件含水状态还可根据需要选择天然状态、烘干状态或冻融循环后状态。试件的含水状态要在试验报告中注明。

二、仪器设备

（1）压力试验机或万能试验机。

（2）钻石机、切石机、磨石机等岩石试件加工设备。

（3）烘箱、干燥器、游标卡尺、角尺及水池等。

三、试件制备

（1）建筑地基的岩石试验，采用圆柱体作为标准试件，直径为 50 mm ± 2 mm、高径比为 2 : 1。每组试件共 6 个。

（2）桥梁工程用的石料试验，采用立方体试件，边长为 70 mm ± 2 mm。每组试件共 6 个。

（3）路面工程用的石料试验，采用圆柱体或立方体试件，其直径或边长和高均为 50 mm ± 2 mm。每组试件共 6 个。

有显著层理的岩石，分别沿平行和垂直层理方向各取试件 6 个。试件上、下端面应平行和磨平，试件端面的平面度公差应小于 0.05 mm，端面对于试件轴线垂直度偏差不应超过 0.25°。对于非标准圆柱体试件，试验后抗压强度试验值按相关条文说明中的公式进行换算。

四、试验步骤

（1）用游标卡尺量取试件尺寸（精确至 0.1 mm），对立方体试件，在顶面和底面上各量取其边长，以各个面上相互平行的两个边长的算术平均值计算其承压面积；对于圆柱体试件，在顶面和底面分别测量两个相互正交的直径，并以其各自的算术平均值分别计算底面和顶面的面积，取其顶面和底面面积和算术平均值作为计算抗压强度所用的截面面积。

（2）试件的含水状态可根据需要选择烘干状态、天然状态、饱和状态、冻融循环后状态。试件烘干和饱和状态应符合相关条款的规定，试件冻融循环后状态应符合相关条款的规定。

（3）按岩石强度性质，选定合适的压力机。将试件置于压力机的承压板中央，对正上、下承压板，不得偏心。

（4）以 0.5 ~ 1.0 MPa/s 的速率进行加荷直至破坏，记录破坏荷载及加载过程中出现的现象。抗压试件试验的破坏荷载记录以牛（N）为单位，精度 1%。

五、结果整理

（1）岩石的抗压强度和软化系数分别按公式（2-3-41）及公式（2-3-42）计算：

$$R = \frac{P}{A} \qquad (2\text{-}3\text{-}41)$$

式中　　R——岩石的抗压强度，MPa；

P——试件破坏时的荷载，N；

A——试件的截面面积，mm^2。

$$K_P = \frac{R_w}{R_d} \qquad (2\text{-}3\text{-}42)$$

式中　　K_P——软化系数；

R_w——岩石饱和状态下的单轴抗压强度，MPa；

R_d——岩石烘干状态下的单轴抗压强度，MPa。

（2）单轴抗压强度试验结果应同时列出每个试件的试验值及同组岩石单轴抗压强度的平均值；有显著层理的岩石，分别报告垂直与平行层理方向的试件强度的平均值。计算值精确至 0.1 MPa。

软化系数计算值精确为 0.01，3 个试件平行测定，取算术平均值；3 个值中最大与最小之差不应超过平均值的 20%，否则，应另取第 4 个试件，并在 4 个试件中取最接近的 3 个值的平均值作为试验结果，同时在报告中将 4 个值全部给出。

（3）试验记录。

单轴抗压强度试验记录应包括岩石名称、试验编号、试件编号、试件描述、试件尺寸、破坏荷载、破坏状态。

课题四　矿质混合料的组成设计

知识点：
◎ 矿质混合料组成设计的要求
◎ 级配类型
◎ 矿质混合料组成设计方法

技能点：
◎ 能够运用图解法确定矿质混合料的比例

道路与桥梁用砂石材料，大多数是以矿质混合料的形式与各种结合料（如水泥或沥青等）组成混合料使用。欲使水泥混凝土和沥青混合料具备优良的路用性能，除各种矿质集料的技术性质应符合技术要求外，矿质混合料还必须满足最小空隙率和最大摩擦力的基本要求。

1．最小空隙率

不同粒径的各级矿质集料按一定比例搭配，使其组成一种具有最大密实度（即最小空隙率）的矿质混合料。

2．最大摩擦力

各级矿质集料在进行比例搭配时，应使各级集料排列紧密，形成多级空间骨架结构且具有最大的摩擦力。

为达到上述要求，必须对矿质混合料进行组成设计，其内容包括：

（1）级配理论和级配范围的确定。

（2）基本组成的设计方法。

一、级配类型

各种不同粒径的集料，按照一定比例搭配起来，以达到最大密实度和最大摩擦力的要求，可以采用以下几种不同级配形式。

1．连续级配

连续级配是指采用标准套筛对某一混合料进行筛分析，所得到的级配曲线平顺圆滑，具有连续性。这种由大到小，各粒级颗粒均有，并按比例搭配组成的矿质混合料，称为连续级配混合料。

连续级配粗集料配置的混凝土拌和物具有良好的工作性，不易产生离析，经适当振捣，可获得密实的混凝土体，适合任何流动性的混凝土，尤其是大流动性的混凝土。

2．间断级配

间断级配是在矿质混合料中剔除一个或几个粒级，形成一种级配不连续的矿质混合料，这种矿质混合料所具有的级配称为间断级配。

3．连续开级配

整个矿料颗粒分布范围较窄，从最大粒径到最小粒径仅在数个粒级上以连续的形式出现，形成所谓的连续开级配。

为了直观形象地表示矿料各粒径的颗粒分布状况，常常采用级配曲线的方式来描述矿料级配，如图 2-4-1 所示。

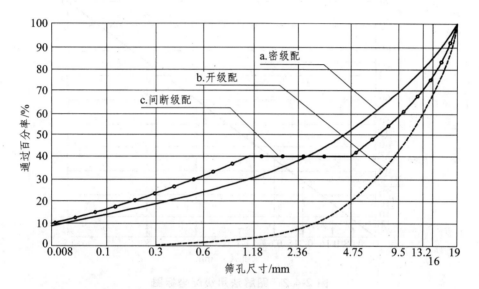

图 2-4-1　不同级配类型的级配曲线

二、矿料的组成设计方法

天然或人工轧制的一种集料的级配往往很难完全符合某一级配范围的要求，因此，必须采用两种或两种以上的集料配合起来才能符合级配范围的要求。矿质混合料组成设计的任务就是确定组成混合料各种集料的比例。确定混合料配合比的方法主要分为数解法和图解法两种。

目前，试验室采用的方法是图解法。图解法较为简便，它是交通运输部推荐使用的混合料矿料组成设计的一种方法。但是，用它确定的各种集料的比例数量不准确，还需要人工进行校核、调整，如要调整到设计级配中值附近很困难。

数解法中的正规方程法（线性规划法）所得到的混合料各个集料的比例结果准确，但计算过程较为繁杂，在工程中很少采用。随着计算机的普及，采用正规方程法（线性规划法）计算混合料各种集料的比例更能发挥计算机的优势，所得到的混合料配合比更加快捷、准确。

现将图解法进行级配设计的具体操作过程介绍如下：

（一）准备工作

（1）各种集料的筛分结果。

（2）按技术规范（或理论级配）要求矿质混合料的级配范围。

（3）计算出该级配范围的中值。

（二）绘制框图

（1）按比例绘制矩形图框，通常纵边 10 cm，横边 15 cm，从左下向右上引对角线 OO' 作为合成级配的中值，见图 2-4-2。

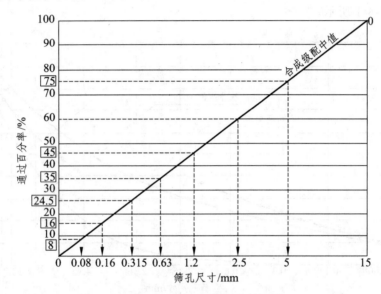

图 2-4-2　图解法用级配坐标图

（2）绘制纵坐标。

纵坐标表示通过率，按常数标尺在纵坐标上标出通过百分率刻度。

横坐标则表示筛孔尺寸，而各个筛孔的具体位置则根据合成级配要求的某筛孔通过百分率中值，在纵坐标上找出该中值的位置，然后从纵坐标引水平线与对角线相交，再从交点处向下作垂线，垂线与横坐标的相交点即为该筛孔相应位置。依此类推，找出全部筛孔在横坐标上具体的位置。

（3）确定各种集料用量。

将参与级配合成的各集料的通过率绘制在框图中，用折线的形式连成级配曲线。根据框图中相邻两条级配曲线的关系，确定各集料在混合料中的掺配比例，如图 2-4-3 所示。

① 两相邻级配曲线重叠。如图 2-4-3 中集料 A 级配曲线下部与集料 B 级配曲线上部搭接，针对这种相邻关系，在两条级配曲线之间引一垂线 AA'，要求该垂线与集料 A 的级配曲线和集料 B 的级配曲线所截取的截距相等，即 $a=a'$。此时垂线 AA' 与对角线 OO' 的交于点 M，再通过点 M 引水平线与纵坐标交于 P 点，OP 线段的几何长度就是集料 A 的用量比例（%）。

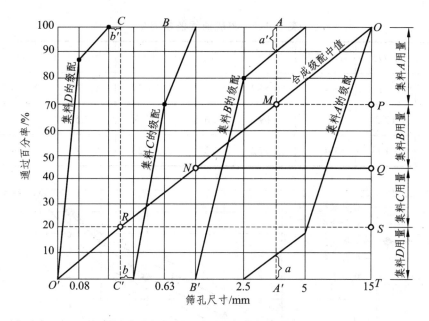

图 2-4-3　组成集料级配曲线和要求

② 两相邻级配曲线相接。如图 2-4-3 中集料 B 的级配曲线末端与集料 C 的级配曲线首端正好相接。针对这种相邻关系，此时只需从 C 集料的首端向 B 集料的末端引垂线 BB′，该垂线与对角线 OO′ 的相交于点 N，过点 N 引水平线与纵坐标交于点 Q，则 PQ 线段的几何长度就是集料 B 的用量比例（%）。

③ 两相邻级配曲线相离。如图 2-4-3 中集料 C 级配曲线与集料 D 级配曲线在水平方向彼此分离。此时作一条垂线 CC′ 平分这段水平距离，要求 b = b′。垂线 CC′ 与对角线交于点 R，通过该点引水平线与纵坐标交于点 S，则 QS 线段的几何长度就代表集料 C 的用量比例（%）。剩余的 ST 即为集料 D 的用量。

框图中相邻集料级配曲线的关系只可能是这三种情况，但实际操作过程中以第一种关系即重叠关系为最常见。

（4）合成级配的计算与校核。

根据图解过程求得的各集料用量比例，计算出合成级配的结果。

当合成级配超出级配范围时，说明图解法得到的比例不是很合适，需要进行各集料的用量调整，直到满足设计级配要求为止。如经数次调整仍不能达到要求，可掺加单粒级集料或调换其他集料，改变原材料颗粒组成后再继续进行级配设计。

（5）级配要求。

① 级配曲线为圆滑的曲线。

② 2.36 mm、4.75 mm 的级配应接近级配范围中值。

③ 曲线成 S 形，粒径大的偏上限，粒径小的偏下限。（以 2.36 和 4.75 为界限）

（6）绘制级配范围曲线图。

根据表 2-4-1 绘制的级配范围曲线图如图 2-4-4 所示。

表 2-4-1　泰勒曲线的横坐标

d_i	0.075	0.15	0.3	0.6	1.18	2.36	4.75	9.5
$x = d_i^{0.45}$	0.312	0.426	0.582	0.795	1.077	1.472	2.016	2.754
d_i	13.2	16	19	26.5	31.5	37.5	53	63
$x = d_i^{0.45}$	3.193	3.482	3.762	4.370	4.723	5.109	5.969	6.452

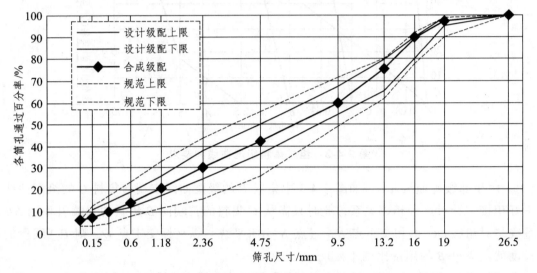

图 2-4-4　矿质混合料合成级配曲线

例：现有碎石、砂和矿粉三种集料，筛分结果如表 2-4-2 所示。

表 2-4-2　组成集料筛析结果

材料名称	筛孔尺寸									
	16	13.2	9.5	4.75	2.36	1.18	0.6	0.3	0.15	0.075
	通过百分率									
碎石	100	98.7	69.4	35.6	12.0	2.2	0.6	0	0	0
砂	100	100	100	100	100	80.6	55.7	30.2	9.8	0.7
矿粉	100	100	100	100	100	100	100	100	97.3	88.6
级配范围	100	95~100	70~88	48~68	36~53	24~41	18~30	12~22	8~16	4~8
级配中值	100	97.5	79	58	44.5	32.5	24	17	12	6

解：（1）绘制：在纵坐标上按算术坐标绘出通过百分率，如图 2-4-5 所示。

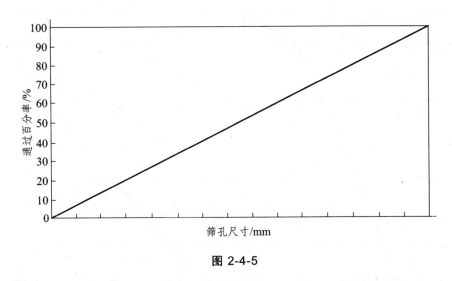

图 2-4-5

（2）连对角线 OO'，在纵坐标上标出各筛孔的要求通过百分率，作水平线与对角线 OO' 相交，再从各交点作垂线交于横坐标上，确定各筛孔在横坐标上的位置，如图 2-4-6 所示。

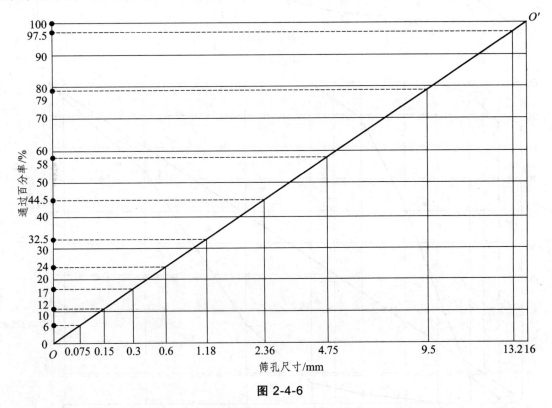

图 2-4-6

（3）将碎石、砂和矿粉的级配曲线绘于图上，如图 2-4-7 所示。

（4）在碎石和砂级配曲线相重叠部分作垂线 AA'（即使得 $a=a'$），自 AA' 与对角线 OO' 得交点 M 引一水平线交纵坐标于 P 点。OP 的长度 $X=59\%$ 即为碎石的用量比例。

同理，求出砂的用量比例 $Y=32\%$。剩余部分 $Z=9\%$，即为矿粉的用量比例。

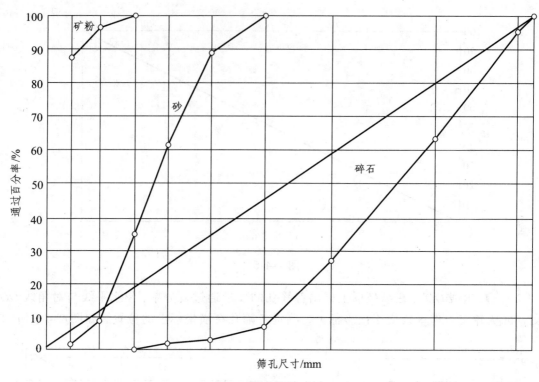

图 2-4-7

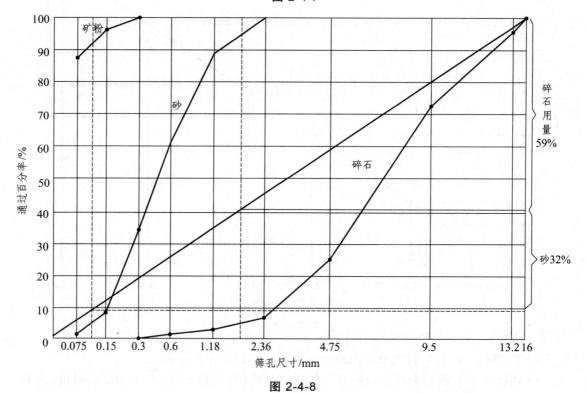

图 2-4-8

（5）按图解所得各集料的用量比例进行校核。按碎石：砂：矿粉 = 59%：32%：9% 计算结果，合成级配中 $P_{0.075} = 9.1\%$，超出了规范级配要求（4% ~ 8%），为此，必需进行调整。

（6）调整。通过 0.075 的颗粒太多，而 0.075mm 的颗粒主要分布于矿粉中，故减少矿粉，增加碎石和砂的用量。经调试，采用碎石：砂：矿粉 = 62：32：6 的比例时，合成级配曲线正好在规范要求级配范围的中值附近。

（7）将调整后的合成级配绘于规范要求的级配范围曲线中，从图 2-4-8 中可明显看出合成级配曲线完全在规范要求的级配范围中，表明所确定的矿料组成符合要求。整理数据如表 2-4-3 所列。

表 2-4-3　整理数据

材料组成		筛孔尺寸									
		16	13.2	9.5	4.75	2.36	1.18	0.6	0.3	0.15	0.075
		通过百分率									
原材料级配	碎石 100%	100	98.7	69.4	35.6	12.0	2.2	0.6	0	0	0
	砂 100%	100	100	100	100	100	80.6	55.7	30.2	9.8	0.7
	矿粉 100%	100	100	100	100	100	100	100	100	97.3	88.6
各种矿质材料在混合料中的级配	碎石 62% 59%	62.0 (59.0)	61.2 (58.2)	43.0 (40.9)	22.1 (21.0)	7.4 (7.1)	1.4 (1.3)	0.4 (0.4)	0 (0)	0 (0)	0 (0)
	砂 32% 32%	32.0 (32.0)	32.0 (32.0)	32.0 (32.0)	32.0 (32.0)	32.0 (32.0)	25.8 (25.8)	17.8 (17.8)	9.7 (9.7)	3.1 (3.1)	0.2 (0.2)
	矿粉 6% 9%	6.0 (9.0)	6.0 (9.0)	6.0 (9.0)	6.0 (9.0)	6.0 (9.0)	6.0 (9.0)	6.0 (9.0)	6.0 (9.0)	5.8 (8.8)	5.3 (8.0)
合成级配		100 (100)	99.2 (99.2)	80.0 (81.9)	60.1 (62)	45.4 (48.1)	33.2 (36.1)	24.2 (27.2)	15.7 (18.7)	8.9 (11.9)	5.5 (8.2)
级配范围		100	95 ~ 100	70 ~ 88	48 ~ 68	36 ~ 53	24 ~ 41	18 ~ 30	12 ~ 22	8 ~ 16	4 ~ 8
级配中值		100	97.5	79	58	44.5	32.5	24	17	12	6

课题五 混凝土拌和水

依据混凝土拌和用水标准，检验水质能否用于拌制混凝土，是保证混凝土质量的措施之一。

一、术　语

（1）混凝土用水：混凝土拌和用水和混凝土养护用水的总称，包括饮用水、地表水、地下水、再生水、混凝土企业设备洗刷水和海水等。

（2）地表水：存在于江、河、湖、塘、沼泽和冰川等中的水。

（3）地下水：存在于岩石缝隙或土壤孔隙中可以流动的水。

（4）再生水：污水经适当再生工艺处理后具有使用功能的水。

（5）不溶物：在规定的条件下，水样经过滤，未通过滤膜部分干燥后留下的物质。

（6）可溶物：在规定的条件下，水样经过滤，通过滤膜部分干燥蒸发后留下的物质。

二、技术要求

（一）混凝土拌和用水

（1）符合国家标准的饮用水可直接作为混凝土的拌制和养护用水；当采用其他水源或对水质有疑问时，应对水质进行检验。水的品质指标应符合表 2-5-1 的规定。

表 2-5-1　混凝土用水的品质指标

项　目	预应力混凝土	钢筋混凝土	素混凝土
pH	≥5.0	≥4.5	≥4.5
不溶物/（mg/L）	≤2 000	≤2 000	≤5 000
可溶物/（mg/L）	≤2 000	≤5 000	≤10 000
Cl^-/(mg/L)	≤500	≤1 000	≤3 500
SO_4^{2-}/(mg/L)	≤600	≤2 000	≤2 700
碱含量/（rag/L）	≤1500	≤1 500	≤1 500

注：1. 对设计使用年限为 100 年的结构混凝土，氯离子含量不得超过 500 mg/L；对使用钢丝或热处理钢筋的预应力混凝土，氯离子含量不得超过 350 mg/L。

2. 碱含量按 $Na_2O + 0.658K_2O$ 计算值来表示。采用非碱活性集料时，可不检验碱含量。

（2）地表水、地下水、再生水的放射性应符合现行国家标准《生活饮用水卫生标准》（GB 5749）的规定。

（3）被检验水样应与饮用水样进行水泥凝结时间对比试验。对比试验的水泥初凝时间差及终凝时间差均不应大于 30 min；同时，初凝和终凝时间应符合现行国家标准《通用硅酸盐水泥》（GB 175）的规定。

（4）被检验水样应与饮用水样进行水泥胶砂强度对比试验，被检验水样配制的水泥胶砂 3 d 和 28 d 强度不应低于饮用水配制的水泥胶砂 3 d 和 28 d 强度的 90%。

（5）混凝土拌和用水不应有漂浮明显的油脂和泡沫，不应有明显的颜色和异味。

（6）混凝土企业设备洗刷水不宜用于预应力混凝土、装饰混凝土、加气混凝土和暴露于腐蚀环境的混凝土；不得用于使用碱活性或潜在碱活性集料的混凝土。

（7）未经处理的海水严禁用于钢筋混凝土和预应力混凝土。

（8）在无法获得水源的情况下，海水可用于素混凝土，但不宜用于装饰混凝土。

（二）混凝土养护用水

（1）混凝土养护用水可不检验不溶物和可溶物，其他检验项目应符合表 2-5-1 的规定。

（2）混凝土养护用水可不检验水泥凝结时间和水泥胶砂强度。

三、检验方法

（1）pH 值的检验应符合现行国家标准《水质 pH 值的测定　玻璃电极法》（GB/T 6920）的要求，并宜在现场测定。

（2）不溶物的检验应符合现行国家标准《水质悬浮物的测定　重量法》（GB/T 11901）的要求。

（3）可溶物的检验应符合现行国家标准《生活饮用水标准检验法》（GB 5750）中溶解性总固体检验法的要求。

（4）氯化物的检验应符合现行国家标准《水质氯化物的测定　硝酸银滴定法》（GB/T 11896）的要求。

（5）硫酸盐的检验应符合现行国家标准《水质硫酸盐的测定　重量法》（GB/T 11899）的要求。

（6）碱含量的检验应符合现行国家标准《水泥化学分析方法》（GB/T 176）中关于氧化钾、氧化钠测定的火焰光度计法的要求。

（7）水泥凝结时间试验应符合现行国家标准《水泥标准稠度用水量、凝结时间、安定性检验方法》（GB/T 1346）的要求。试验应采用 42.5 级硅酸盐水泥，也可采用 42.5 级普通硅酸盐水泥；出现争议时，应以 42.5 级硅酸盐水泥为准。

（8）水泥胶砂强度试验应符合现行国家标准《水泥胶砂强度检验方法（ISO 法）》（GB/T 17671）的要求。试验应采用 42.5 级硅酸盐水泥，也可采用 42.5 级普通硅酸盐水泥；出现争议时，应以 42.5 级硅酸盐水泥为准。

四、检验规则

（一）取 样

（1）水质检验水样不应少于 5 L；用于测定水泥凝结时间和胶砂强度的水样不应少于 3 L。

（2）采集水样的容器应无污染；容器应用待采集水样冲洗三次再灌装，并应密封待用。

（3）地表水宜在水域中心部位、距水面 100 mm 以下采集，并应记载季节、气候、雨量和周边环境的情况。

（4）地下水应在放水冲洗管道后接取，或直接用容器采集；不得将地下水积存于地表后再从中采集。

（5）再生水应在取水管道终端接取。

（6）混凝土企业设备洗刷水应沉淀后，在池中距水面 100 mm 以下采集。

（二）检验期限和频率

（1）水样检验期限应符合下列要求：

① 水质全部项目检验宜在取样后 7 d 内完成；

② 放射性检验、水泥凝结时间检验和水泥胶砂强度成型宜在取样后 10 d 内完成。

（2）地表水、地下水和再生水的放射性应在使用前检验；当有可靠资料证明无放射性污染时，可不检验。

（3）地表水、地下水、再生水和混凝土企业设备洗刷水在使用前应进行检验；在使用期间，检验频率宜符合下列要求：

① 地表水每 6 个月检验一次。

② 地下水每年检验一次。

③ 再生水每 3 个月检验一次；在质量稳定一年后，可每 6 个月检验一次。

④ 混凝土企业设备洗刷水每 3 个月检验一次；在质量稳定一年后，可一年检验一次。

⑤ 当发现水受到污染和对混凝土性能有影响时，应立即检验。

五、结果评定

（1）符合现行国家标准《生活饮用水卫生标准》（GB 5749）要求的饮用水，可不经检验作为混凝土用水。

（2）符合拌和用水要求的水，可作为混凝土用水；符合养护用水要求的水，可作为混凝土养护水。

（3）当水泥凝结时间和水泥胶砂强度的检验不满足要求时，应重新加倍抽样复检一次。

课题六　外加剂

知识点：
◎ 外加剂的定义与分类
◎ 外加剂的掺量
◎ 外加剂的技术指标

技能点：
◎ 能够正确对外加剂进行质量控制
◎ 能够正确取样及填写委托试验项目

　　混凝土是土木、建筑、水利以及许多工程中使用十分广泛的材料，随着科学技术的不断发展，对混凝土的各方面性能就会不断地提出各种新的要求。为满足这些要求，可以采用多种途径，而使用混凝土的外加剂则是其中一种效果显著、使用方便、经济合理的手段。目前，混凝土外加剂已逐渐成为混凝土中除砂、石、水泥和水之外必不可少的第五种材料。

一、定　义

　　混凝土外加剂是一种在混凝土搅拌之前或拌制过程中加入的，用以改善新拌混凝土和（或）硬化混凝土性能的材料，简称外加剂。

二、分　类

　　混凝土外加剂按其主要使用功能分为四类：
　　（1）改善混凝土拌和物流变性能的外加剂，包括各种减水剂和泵送剂等。
　　（2）调节混凝土凝结时间、硬化性能的外加剂，包括缓凝剂、促凝剂和速凝剂等。
　　（3）改善混凝土耐久性的外加剂，包括引气剂、防水剂、阻锈剂和矿物外加剂等。
　　（4）改善混凝土其他性能的外加剂，包括膨胀剂、防冻剂、着色剂等。

三、外加剂的选择

　　（1）外加剂的品种应根据工程设计和施工要求选择，通过试验及技术经济比较确定。
　　（2）严禁使用对人体产生危害、对环境产生污染的外加剂。
　　（3）掺外加剂混凝土所用水泥，宜采用硅酸盐水泥、普通硅酸盐水泥、矿渣硅酸盐水泥、火山灰质硅酸盐水泥、粉煤灰硅酸盐水泥和复合硅酸盐水泥，并应检验外加剂与水泥的适应性，符合要求方可使用。
　　（4）掺外加剂混凝土所用材料如水泥、砂、石、掺合料、外加剂均应符合国家现行有关标准的规定。试配掺外加剂的混凝土时，应采用工程使用的原材料，检测项目应根据设计及施工要求确定，检测条件应与施工条件相同，当工程所用原材料或混凝土性能要求发生变化时，应再进行试配试验。

（5）不同品种的外加剂复合使用时，应注意其相容性及对混凝土性能的影响，使用前应进行试验，满足要求方可使用。

四、外加剂掺量

（1）外加剂掺量应以胶凝材料总量的百分比表示或以 mL/kg 胶凝材料表示。

（2）外加剂的掺量应按供货单位推荐掺量、使用要求、施工条件、混凝土原材料等因素通过试验确定。

（3）对含有氯离子、硫酸根等离子的外加剂，应符合规范及有关标准的规定。

（4）处于与水相接触或潮湿环境中的混凝土，当使用碱活性集料时，由外加剂带入的碱含量（以当量氧化钠计）不宜超过 $1 kg/m^3$ 混凝土，混凝土总碱含量尚应符合有关标准的规定。

五、外加剂的质量控制

（1）选用的外加剂应有供货单位提供的下列技术文件：

① 产品说明书，并应标明产品的主要成分。

② 出厂检验报告及合格证。

③ 掺外加剂混凝土性能检验报告。

（2）外加剂运到工地（或混凝土搅拌站）应立即取具有代表性的样品进行检验，进货与工程试配时一致，方可入库、使用。若发现不一致，应停止使用。

（3）外加剂应按不同供货单位、不同品种、不同牌号分别存放，标识应清楚。

（4）粉状外加剂应防止受潮结块，如有结块，经性能检验合格后应粉碎至全部通过0.63 mm 筛后方可使用。液体外加剂应放置于阴凉干燥处，防止日晒、受冻、污染、进水或蒸发，如有沉淀等现象，经性能检验合格后方可使用。

（5）外加剂配料控制系统标识应清楚、计量应准确，计量误差不应大于外加剂用量的2%。

六、外加剂技术指标

混凝土用外加剂的技术指标分为匀质性指标和掺外加剂混凝土性能指标两大类。

1. 匀质性指标

外加剂的匀质性是表示外加剂自身质量稳定均匀的性能，用来控制产品生产质量的稳定、统一、均匀，用来检验产品质量和质量仲裁。

匀质性指标应符合表 2-6-1 的要求。

2. 掺外加剂混凝土性能指标

掺外加剂混凝土性能指标是检验评定外加剂质量的依据，是在统一的检验条件下用掺外加剂的混凝土与不掺外加剂的混凝土（基准混凝土）性能的比值或差值来表示。其主要性能指标可见表 2-6-2，其主要指标意义如下：

表 2-6-1 外加剂匀质性指标

试验项目	指标
氯离子含量/%	不超过生产厂控制值
总碱含量/%	不超过生产厂控制值
含固量/%	$S > 25\%$ 时，应控制在 $0.95S \sim 1.05S$； $S \leqslant 25\%$ 时，应控制在 $0.90S \sim 1.10S$
含水率/%	$W > 5\%$ 时，应控制在 $0.90W \sim 1.10W$； $W \leqslant 5\%$ 时，应控制在 $0.80W \sim 1.20W$
密度/(g/cm³)	$D > 1.1$ 时，应控制在 $D \pm 0.03$； $D \leqslant 1.1$ 时，应控制在 $D \pm 0.02$
细　度	应在生产厂控制范围内
pH 值	应在生产厂控制范围内
硫酸钠含量/%	不超过生产厂控制值

注：1. 生产厂应在相关的技术资料中明示产品匀质指标的控制值。
　　2. 对相同和不同批次之间的匀质性和等效性的其他要求，可由供需双方商定。
　　3. 表中的 S、W 和 D 分别为含固量、含水率和密度的生产厂控制值。

（1）减水率：在混凝土坍落度基本相同时，基准混凝土和受检混凝土单位用水量之差与基准混凝土单位用水量之比。

（2）泌水率：单位质量混凝土泌出水量与其用水量之比。

泌水率比：受检混凝土和基准混凝土的泌水率之比。

常压泌水率比：受检混凝土与基准混凝土在常压条件下的泌水率之比。

压力泌水率比：受检泵送混凝土与基准混凝土在压力条件下的泌水率之比。

（3）凝结时间：混凝土由塑性状态过渡到硬化状态所需的时间。

初凝时间：混凝土从加水开始到贯入阻力达到 3.5 MPa 所需要的时间。

终凝时间：混凝土从加水开始到贯入阻力达到 28 MPa 所需要的时间。

凝结时间差：受检混凝土与基准混凝土凝结时间的差值。

（4）抗压强度比：受检混凝土与基准混凝土同龄期抗压强度之比。

（5）收缩率比：受检混凝土与基准混凝土同龄期收缩率之比。

（6）坍落度损失：混凝土初始坍落度与某一特定时间的坍落度保留值的差值。

坍落度保留值：混凝土拌和物按规定条件存放一定时间后的坍落度值。

（7）相对耐久性指标：受检混凝土经快速冻融 200 次后动弹性模量的保留值，用百分数来表示。

（8）总碱量：外加剂中以氧化钠当量百分数表示的氧化钠和氧化钾的总和。

（9）pH 值：液体外加剂酸碱程度的数值。

（10）固体含量：液体外加剂中固体物质的含量。

（11）含水率：固体外加剂在规定温度下烘干失去水的质量占外加剂质量之比。

表 2-6-2 受检混凝土性能指标

项 目	高性能减水剂 HPWR 早强型 HPWR-A	高性能减水剂 HPWR 标准型 HPWR-S	高性能减水剂 HPWR 缓凝型 HPWR-R	高效减水剂 HWR 标准型 HWR-S	高效减水剂 HWR 缓凝型 HWR-R	普通减水剂 WR 早强型 WR-A	普通减水剂 WR 标准型 WR-S	普通减水剂 WR 缓凝型 WR-R	引气减水剂 AEWR	泵送剂 PA	早强剂 Ac	缓凝剂 Re	引气剂 AE
减水率（%），不小于	25	25	25	14	14	8	8	8	10	12	—	—	6
泌水率比（%），不大于	50	60	70	90	100	95	100	100	70	70	100	100	70
含气量（%）	≤6.0	≤6.0	≤6.0	≤3.0	≤4.5	≤4.0	≤4.0	≤5.5	≥3.0	≤5.5	—	—	≥3.0
凝结时间之差/min 初凝	−90~ +90	−90~ +120	> +90	−90~ +120	> +90	−90~ +90	−90~ +120	> +90	−90~ +120	—	−90~ +90	> +90	−90~ +120
凝结时间之差/min 终凝													
1 h 经时变化量 坍落度/mm	—	≤80	≤60	—	—	—	—	—	—	≤80	—	—	—
1 h 经时变化量 含气量（%）	—	—	—	—	—	—	—	—	−1.5~ +1.5	—	—	—	−1.5~ +1.5
抗压强度比（%），不小于 1 d	180	170	—	140	—	135	—	—	—	—	135	—	—
抗压强度比（%），不小于 3 d	170	160	—	130	—	130	115	—	115	—	130	—	95
抗压强度比（%），不小于 7 d	145	150	140	125	125	110	115	110	110	115	110	100	95
抗压强度比（%），不小于 28 d	130	140	130	120	120	100	110	110	100	110	100	100	90
收缩率比（%），不大于 28 d	135	135	135	135	135	135	135	135	135	135	135	135	135
相对耐久性（200 次）（%），不小于	—	—	—	—	—	—	—	—	80	—	—	—	80

注：
1. 表中抗压强度比、相对耐久性为强制性指标，其余为推荐性指标。
2. 除含气量和相对耐久性外，表中所列数据为掺外加剂混凝土与基准混凝土的差值或比值。
3. 凝结时间之差性能指标中的"−"号表示提前，"+"号表示延续。
4. 相对耐久性（200次）性能指标中的"≥80"表示将 28 d 龄期的受检混凝土试件快速冻融循环 200 次后，动弹性模量保留值≥80%。
5. 1 h 含气量经时变化量指标中的"−"号表示含气量增加，"+"号表示含气量减少。
6. 其他品种的外加剂是否受测定相对耐久性指标，由供、需双方协商确定。
7. 当用户对泵送剂等产品有特殊要求时，需要进行补充试验项目，试验方法及指标，由供需双方协商决定。

课题七　用于水泥和混凝土中的掺和料

知识点：
◎ 粉煤灰的分类、技术指标
◎ 矿渣粉的分类、技术指标
◎ 微硅粉的来源、作用机理及对混凝土性能的影响

技能点：
◎ 粉煤灰的试验方法
◎ 矿渣粉的试验方法

一、粉煤灰

（一）概　述

1. 来　源

粉煤灰是电厂煤粉炉烟道气体中收集的粉末。它是发电厂的工业废料。火力发电厂为了提高煤的燃烧程度，一般将块状煤磨细成煤粉，在温度为 $1\,100 \sim 1\,400\,^\circ\!C$ 的炉内燃烧，从烟道内用机械装置或静电聚灰装置收集起来的一种非常细小的轻质粉末状灰尘即为粉煤灰。

粉煤灰颗粒是实心或空心的球状颗粒，粒径大小为 $0.01 \sim 0.25\,mm$，小于 $0.075\,mm$ 的颗粒含量为 $60\% \sim 98\%$，比表面积一般为 $0.2 \sim 0.35\,m^2/kg$。

2. 成　分

粉煤灰化学成分以二氧化硅和三氧化二铝为主（氧化硅含量在 48% 左右，氧化铝含量在 27% 左右），其他成分为氧化钙、氧化镁、氧化钾、氧化钠、三氧化硫、三氧化二铁及未燃尽的有机质（烧失量）。不同来源的煤和不同燃烧条件下产生的粉煤灰，其化学成分差别很大。

3. 用　途

粉煤灰不仅可用作制造粉煤灰水泥的原料，而且在公路与桥梁工程中，除了用作水泥混凝土的组成材料外，更大量的用于无机结合料稳定土中。

在混凝土中使用粉煤灰，可大大减少水泥剂量，降低成本。并且粉煤灰颗粒的"滚珠"效应，可提高混凝土的工作性能。同时，粉煤灰的"火山灰"反应比较慢，减少了混凝土的水化热，有效地减少了裂缝的产生。粉煤灰在水泥水化后期（一般超过 28 d）的次级水化反应可以提高混凝土的密实度，降低渗透性。

4. 胶结作用的形成

粉煤灰是一种火山灰质材料，是一种硅质或硅铝质材料。因其内含有少量的氧化钙，

本身很少或几乎没有黏结性。粉煤灰与石灰（或水泥）拌和后，在常温下经氧化钙或氢氧化钙的激活，活性氧化硅和氧化铝具有一定的火山灰作用，形成水化硅酸钙和水化铝酸钙，使其具有一定的黏结性。因而，活性氧化硅和氧化铝的含量是评定粉煤灰应用的重要指标，通常要求其含量不低于 70%。

粉煤灰有湿排灰法和干排灰法两种。干排灰法排出的粉煤灰常在露天堆放，为了防止干灰在空气中飞扬，往往向干灰堆浇水。由于其内含有一定数量的 CaO，含水多的粉煤灰可能产生黏结性并结成块体，在使用前要将其粉碎过筛。

5. 分　类

按煤种分为 F 类和 C 类。

F 类粉煤灰——由无烟煤或烟煤煅烧收集的粉煤灰。

C 类粉煤灰——由褐煤或次烟煤煅烧收集的粉煤灰，其氧化钙含量一般大于 10%。

（二）粉煤灰的技术指标

1. 细　度

（1）定义：粉煤灰颗粒的粗细程度。

（2）指标与品质的关系：粉煤灰的颗粒越细，比表面积越大，粉煤灰的活性越强。所以细度是粉煤灰分级的一项指标。

（3）表示方法：

① 在水泥混凝土中：以 0.045 mm 方孔筛的筛余百分率表示。

② 在基层底基层中：以比表面积或 0.3 mm 筛孔和 0.075 mm 筛孔筛余百分率来表示。

（4）测定方法。

筛析方法同水泥细度试验。不同点：粉煤灰试样 10 g（精确到 0.01 g），筛析时间为 3 min。

2. 烧失量

（1）定义：粉煤灰在高温灼烧下损失的质量占总质量的百分率。

（2）指标与品质的关系：粉煤灰中含有一定数量未烧尽的固态碳，这些碳成分的增加，即意味着活性氧化硅和三氧化二铝成分降低，同时会导致粉煤灰需水量的增加，使混合料的强度降低，因此要加以限制。

3. 氧化物含量（ $SiO_2 + Al_2O_3 + Fe_2O_3$ ）

粉煤灰的氧化物是决定粉煤灰活性的主要成分，因而氧化物的含量对混合料的强度有明显的影响。一般规定，粉煤灰中的氧化物含量应大于 70%。

4. 需水量比

（1）定义：在相同流动度下，粉煤灰的需水量与硅酸盐水泥的需水量的比值。

（2）指标与品质的关系：需水量比小的粉煤灰掺进水泥混凝土中，可增加其流动性，改善和易性，提高强度，必须加以限制。

（3）试验方法：按表 2-7-1 中材料进行胶砂搅拌，使其达到要求的胶砂流动度，试验胶砂的加水量与 125 mL 的比值为所测粉煤灰的需水量比。

表 2-7-1　胶砂配比表

胶砂种类	水泥/g	粉煤灰/g	标准砂/g	加水量/mL
对比胶砂	250	—	750	125
试验胶砂	175	75	750	按流动度达到 130 mm ~ 140 mm 调整

5. 活性指数

（1）定义：试验胶砂抗压强度与对比胶砂抗压强度之比，以百分数表示。

（2）活性指数实际上是混合材料活性效应和填充效应的综合反映。

有研究证实，粉煤灰要在 14 d 以后才能发生火山灰反应，即使在 60 d 龄期，火山灰反应率也只有 7% ~ 12%。粉煤灰的火山灰由于反应速度很慢，随着比表面积增加，其活性指数的增加主要依赖于其填充效应的增强。

6. 粉煤灰中有害杂质含量

（1）指标与品质的关系：粉煤灰中 SO_3 含量超过一定限量时，可使其制作混合料（如水泥混凝土、稳定土）后期生成有害的钙矾石，导致结构物产生危害，因此对其含量必须加以限制。

（2）表示方法：粉煤灰中 SO_3 含量是先测定硫酸盐含量，折算成 SO_3 含量。

（三）粉煤灰的技术标准

我国现行国标《用于水泥和混凝土中的粉煤灰》（GB/T 1596—2005），如表 2-7-2 所列。

表 2-7-2　拌制混凝土和砂浆用粉煤灰技术要求

项　　目		技术要求（不大于/%）		
		Ⅰ 级	Ⅱ 级	Ⅲ 级
细度（45um 方孔筛筛余），不大于/%	F 类粉煤灰	12.0	25.0	45.0
	C 类粉煤灰			
需水量比，不大于/ %	F 类粉煤灰	95	105	115
	C 类粉煤灰			
烧失量，不大于/%	F 类粉煤灰	5.0	8.0	15.0
	C 类粉煤灰			
含水量，不大于/%	F 类粉煤灰	1.0		
	C 类粉煤灰			
三氧化硫，不大于/%	F 类粉煤灰	3.0		
	C 类粉煤灰			
游离氧化钙，不大于/%	F 类粉煤灰	1.0		
	C 类粉煤灰	4.0		
安定性（雷氏夹沸煮后增加距离），不大于/mm	F 类粉煤灰	5.0		

试验一　粉煤灰的烧失量测定方法

一、适用范围

本方法适用于粉煤灰烧失量的测定。本方法将试样在（950±25）℃ 的马福炉中灼烧，驱除二氧化碳和水分，同时将存在的易氧化的元素氧化。通常由硫化物的氧化引起的烧失量的误差进行校正，而其他元素存在的误差一般可忽略不计。

二、仪器设备

（1）马福炉：隔焰加热炉，在炉膛外围进行电阻加热。应使用温度控制器，准确控制炉温，并定期进行校验。

（2）瓷坩埚：带盖，容量为 15～30 mL。

（3）分析天平：量程不小于 50 g，感量为 0.000 1 g。

三、试验步骤

（1）将粉煤灰样品用四分法缩减至 10 g 左右，如有大颗粒存在，须在研钵中磨细至无不均匀颗粒存在为止，置于小烧杯中在 105～110 ℃ 烘干至恒量，储于干燥器中，供试验用。

（2）将瓷坩埚灼烧至恒量，供试验用。

（3）称取约 1 g 试样（m_1），精确至 0.000 1 g，放进已灼烧至恒量的瓷坩埚中，将盖斜置于坩埚上，放在马福炉内，从低温开始逐渐升高温度，在（950±25）℃ 下灼烧 15～20 min，取出坩埚置于干燥器中，冷却至室温，称量。反复灼烧，直至恒量。

四、计　算

烧失量按公式（2-7-1）计算：

$$w = \frac{m_1 - m_2}{m_1} \times 100 \qquad\qquad (2\text{-}7\text{-}1)$$

式中　w——粉煤灰烧失量的质量百分数，%；

　　　m_1——试料的质量，g；

　　　m_2——灼烧后试料的质量，g。

五、结果整理

（1）试验结果精确至 0.01%。

（2）平行试验两次，允许重复性误差为 0.15%。

试验二　粉煤灰细度试验方法

一、适用范围

本方法适用于粉煤灰细度的检验。本方法利用气流作为筛分的动力和介质，通过旋转的喷嘴喷出的气流作用使筛网里的待测粉状物料呈流态化，并在整个系统负压的作用下，将细颗粒通过筛网抽走，从而达到筛分的目的。

二、仪器设备

（1）负压筛析仪：负压筛析仪主要由 45 μm 方孔筛、筛座、真空源和收尘器等组成，其中 45 μm 方孔筛内径为 $\phi150$ mm、高度为 25 mm，45 μm 方孔筛及负压筛析仪筛座结构示意图如图 2-7-1 所示。

（2）电子天平：量程不小于 50 g，最小分度值不大于 0.01 g。

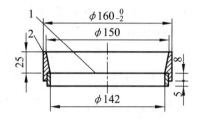

图 2-7-1　45 μm 方孔筛示意图（单位：mm）

1—筛网；2—筛框

三、试验步骤

（1）将测试用粉煤灰样品置于温度为 105～110 ℃ 烘干箱内烘至恒重，取出放在干燥器中冷却至室温。

（2）称取试样约 10 g，准确至 0.01 g，倒在 45 μm 方孔筛筛网上，将筛子置于筛座上，盖上筛盖。

（3）接通电源，将定时开关固定在 3 min，开始筛析。

（4）开始工作后，观察负压表，使负压稳定在 4 000～6 000 Pa。若负压小于 4 000 Pa，则应停机，清理收尘器中的积灰后再进行筛析。

（5）在筛析过程中，可用轻质木棒或硬橡胶棒轻轻敲打筛盖，以防吸附。

（6）3 min 后筛析自动停止，停机后观察筛余物，如出现颗粒成球、黏筛或有细颗粒沉积在筛框边缘，用毛刷将细颗粒轻轻刷开，将定时开关固定在手动位置，再筛析 1～3 min 直至筛分彻底为止，将筛网内的筛余物收集并称量，准确至 0.01 g。

四、计　算

45 μm 方孔筛筛余按公式（2-7-2）计算：

$$F = \frac{G_1}{G} \times 100\% \qquad\qquad (2\text{-}7\text{-}2)$$

式中　F——45 μm 方孔筛筛余，%；

　　　G_1——筛余物的质量，g；

　　　G——称取试样的质量，g。

计算精确至 0.1%。

五、筛网的校正

筛网的校正采用粉煤灰细度标准样品或其他同等级标准样品，按本方法"三"试验步骤测定标准样品的细度，筛网校正系数按公式（2-7-3）计算：

$$K = \frac{m_0}{m}$$

（2-7-3）

式中　　K——筛网校正系数；

m_0——标准样品筛余标准值，%；

m——标准样品筛余实测值，%。

计算精确至 0.1。

注：① 筛网校正系数范围为 0.8～1.2。

② 筛析 150 个样品后进行筛网的校正。

二、矿渣粉

（一）概　述

1．来　源

以粒化高炉矿渣为主要原料，可掺加少量石膏磨制成一定细度的粉体，称作粒化高炉矿渣粉，简称矿渣粉。

随着我国对环保的重视及对工业的开发利用，钢铁冶炼中副产品——粒化水淬高炉矿渣的高效利用逐渐为人们所重视，由于矿渣超细粉在我国经过大量的研究、试验和应用已取得了明显的成效，国家为此也颁布了相应的标准《用于水泥和混凝土中的粒化高炉矿渣粉》（GB/T 18046—2008）。因而矿渣超细粉的进一步推广应用，可以提高企业处理工业废渣的能力，变废为宝，保护环境，改变商品混凝土的诸多性能，并延长其使用寿命。随着新技术、新工艺的不断发展，矿渣可以磨制得越来越细，其应用前景也日益看好。

2．用　途

（1）水泥生产中按一定比例直接掺入水泥，是生产矿渣硅酸盐水泥的组分材料。

（2）在预拌混凝土和水泥制品中等量替代或超量替代部分水泥，作为胶凝材料直接用于拌制混凝土和砂浆，改善其工作性能。

目前，矿渣粉作为掺合料已广泛应用于高性能混凝土中。高性能混凝土掺加了高效减水剂和大掺量超细掺合料并采用低水胶比配制混凝土，使得这种混凝土中水泥石的孔隙减少，而且缩小了孔径；同时大掺量超细掺合料可以大大减少水泥石内的不稳定成分，从而使高性能混凝土抗侵蚀性能得以提高。

3．矿渣粉在水泥混凝土中的作用

（1）改善混凝土拌合物的和易性，减少坍落度损失；（2）降低混凝土的空隙率，提高混凝土的密实度，提高混凝土的耐久性；（3）对混凝土有显著增强作用；（4）优良的碱集

料抑制剂；（5）增强混凝土的抗腐蚀性；（6）提高混凝土的可泵性；（7）减少混凝土泌水；（8）改善混凝土的微观结构，使水泥浆体的空隙率明显下降，强化集料界面的黏结力，使得混凝土的物理力学性能大大提高；（9）减少水泥用量，节约成本。

4. 分 类

共分为 S105、S95、S75 三个级别，具体的意义是：例如，S105——28 天活性指数不小于 105%。也就是说，50% 矿粉和 50% 水泥拌合制作试件测试的强度大于 100% 水泥制作试件测试强度的 105% 以上的矿粉才符合 S105 级的要求。其他依此类推。

（二）矿渣粉的技术指标

1. 比表面积

（1）定义：以每千克矿渣粉颗粒所具有的总表面积（m²）。

（2）指标与品质的关系：用比表面积来表示矿渣粉的细度，矿渣粉的颗粒越细，比表面积越大，矿渣粉的活性越强。矿渣粉的细度（比表面积）对混凝土强度影响也较大，随着矿渣粉比表面积的增大，强度均呈现出规律性提高。不同级别的矿渣粉比表面积技术要求不同。

（3）测定方法。

同水泥的比表面积，采用勃氏法。

2. 烧失量

（1）定义：矿渣粉在高温灼烧下损失的质量占总质量的百分率。

（2）指标与品质的关系：粉煤灰中含有一定数量未烧尽的固态碳，这些碳成分的增加，即意味着活性氧化硅和三氧化二铝成分的降低，同时会导致粉煤灰需水量的增加，使混合料的强度降低，因此要加以限制。用于水泥和混凝土中的矿渣粉烧失量一般要求小于 3.0%。

3. 活性指数

（1）定义：试验胶砂抗压强度与对比胶砂抗压强度之比，以百分数表示。

（2）活性指数是衡量高炉矿渣粉质量的关键指标。活性指数实际上是混合材料活性效应和填充效应的综合反映。矿渣粉的等级越高，活性指数越大，质量也就越好。

（3）试验方法：同本课题试验一。

4. 流动度比

（1）定义：试验胶砂流动度与对比胶砂流动度之比，以百分数表示。

（2）指标与品质的关系：流动度比大的矿渣粉掺入水泥和混凝土中，能够减少水泥和混凝土的用水量，增强其流动性，改善和易性，减少坍落度损失，提高强度。

（3）试验方法：同本课题试验二。

5. 矿渣粉中有害杂质含量

（1）指标与品质的关系：矿渣粉中 SO_3 含量超过一定限量时，可使其制作混合料（如水泥混凝土、稳定土）后期生成有害的钙矾石，导致结构物产生危害，因此必须对其含量加以限制。氯离子对钢筋有腐蚀作用，因此越小越好。

（2）表示方法：矿渣粉中 SO_3 含量是先测定硫酸盐含量，折算成 SO_3 含量。矿渣粉中的氯离子含量一般要小于 0.06%。

（三）矿渣粉的技术标准

我国现行国标《用于水泥和混凝土中的粒化高炉矿渣粉》（GB/T 18046—2008），如表 2-7-3 所示。

表 2-7-3　用于水泥和混凝土中的粒化高炉矿渣粉表

项　目		级　别		
		S105	S95	S75
密度/（g/cm^3）≥		2.8		
比表面积/（m^2/kg）≥		500	400	300
活性指数（%）≥	7 d	95	75	55
	28 d	105	95	75
流动度比（%）≥		95		
含水量（质量分数）（%）≤		1.0		
三氧化硫（质量分数）（%）≤		4.0		
氯离子（质量分数）（%）≤		0.06		
烧失量（质量分数）（%）≤		3.0		
玻璃体含量（质量分数）（%）≥		85		
放射性		合　格		

试验三　矿渣粉活性指数的测定方法

一、适用范围

本方法规定了粒化高炉矿渣粉活性指数的检验方法。测定试验样品和对比样品的抗压强度，采用两种样品同龄期的抗压强度之比评价矿渣粉活性指数。

二、仪器材料

（1）仪器设备：同（课题二）试验五 "水泥胶砂强度检验方法（ISO 法）"。

（2）对比水泥：符合 GB175 规定的强度等级为 42.5 的硅酸盐水泥或普通硅酸盐水泥，且 7 d 抗压强度为 35 ~ 45 MPa，28d 抗压强度为 50 ~ 60 MPa，比表面积为 300 ~ 400 m^2/kg，SO_3 含量（质量分数）为 2.3% ~ 2.8%，碱含量（$Na_2O + 0.658K_2O$）（质量分数）为 0.5% ~ 0.9%。

（3）试验样品：由对比水泥和矿渣粉按质量比 1：1 组成。

三、试验方法

（1）砂浆配比。

对比胶砂和试验胶砂配比如表 2-7-4 所示。

表 2-7-4　胶砂配比

胶砂种类	对比水泥/g	矿渣粉/g	中国 ISO 标准砂/g	水/mL
对比胶砂	450	—	1 350	225
试验胶砂	225	225	1 350	225

（2）砂浆搅拌程序。

同（课题二）试验五　"水泥胶砂强度检验方法（ISO 法）"。

（3）分别测定对比胶砂和试验胶砂的 7d、28d 抗压强度。

四、计　算

矿渣粉 7 d 活性指数按公式（2-7-4）计算，计算结果保留至整数：

$$A_7 = \frac{R_7 \times 100}{R_{07}}$$

（2-7-4）

式中　A_7——矿渣粉 7 d 活性指数，%；

R_{07}——对比胶砂 7 d 抗压强度，MPa；

R_7——试验胶砂 7 d 抗压强度，MPa。

矿渣粉 28 d 活性指数按公式（2-7-5）计算，计算结果保留至整数：

$$A_{28} = \frac{R_{28} \times 100}{R_{028}}$$

（2-7-5）

式中　A_{28}——矿渣粉 28 d 活性指数，%；

R_{028}——对比胶砂 28 d 抗压强度，MPa；

R_{28}——试验胶砂 28 d 抗压强度，MPa。

试验四　矿渣粉流动度比的测定方法

一、适用范围

本方法规定了粒化高炉矿渣粉流动度比的检验方法。测定试验样品和对比样品的流动度，通过两者流动度之比评价矿渣粉流动度比。

二、仪器和设备

（1）水泥胶砂流动度测定仪（简称跳桌）。

（2）水泥胶砂搅拌机：应符合 JC/T681 的要求。

（3）试模：由截锥圆模和模套组成。金属材料制成，内表面加工圆滑。圆模尺寸为：

高度 60 mm ± 0.5 mm；上口内径 70 mm ± 0.5 mm；下口内径 100 mm ± 0.5 mm；下口外径 120 mm，模壁厚度大于 5 mm。

（4）捣棒：金属材料制成，直径为 20 mm ± 0.5 mm，长度约为 200 mm，捣棒底面与侧面成直角，其下部光滑，上部手柄滚花。

（5）卡尺：量程不小于 300 mm，分度值不大于 0.5 mm。

（6）小刀：刀口平直，长度大于 80 mm。

（7）天平：量程不小于 1000 g，分度值不大于 1 g。

（8）对比水泥：符合 GB175 规定的强度等级为 42.5 的硅酸盐水泥或普通硅酸盐水泥，且 7 d 抗压强度为 35 ～ 45 MPa，28 d 抗压强度为 50 ～ 60 MPa，比表面积为 300 ～ 400 m^2/kg，SO_3 含量（质量分数）为 2.3% ～ 2.8%，碱含量（$Na_2O + 0.658K_2O$）（质量分数）为 0.5% ～ 0.9%。

（9）试验样品：由对比水泥和矿渣粉按质量比 1∶1 组成。

三、试验方法

（1）砂浆配比：对比胶砂和试验胶砂配比如表 2-7-4 所示。

（2）砂浆搅拌程序：同（课题二）试验五 "水泥胶砂强度检验方法（ISO 法）"。

（3）流动度测试步骤：

① 如跳桌在 24 h 内未被使用，先空跳一个周期 25 次。

② 在制备胶砂的同时，用潮湿的棉布擦拭跳桌台面、试模内壁、捣棒以及胶砂接触的用具，将试模放在跳桌台面中央并用潮湿的棉布覆盖。

③ 将拌好的胶砂分两层迅速装入流动试模，第一层装至截锥圆模高度约 2/3 处，用小刀在相互垂直的两个方向上各划 5 次，用捣棒由边缘至中心均匀捣压 15 次。之后对第二层胶砂，装至高出截锥圆模约 20 mm，用小刀在相互垂直的两个方向上各划 5 次，再用捣棒由边缘中心均匀捣压 10 次。捣压后应使胶砂略高于截锥圆模。捣压深度，第一层捣至胶砂高度的 1/2，第二层捣实不超过已捣实底层表面。捣压顺序如图 2-7-2、图 2-7-3 所示。装胶砂和捣压时，用手扶稳试模，不要使其移动。

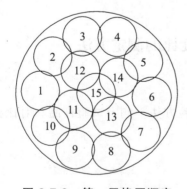
图 2-7-2　第一层捣压顺序

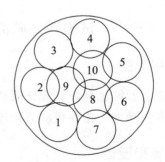
图 2-7-3　第二层捣压顺序

④ 捣压完毕，取下模套，用小刀由中间向边缘分两次以近水平的角度将高出截锥圆模的胶砂刮去并抹平，擦去落在桌面上的胶砂。将截锥圆模垂直向上轻轻提起，立刻开动跳

桌，每秒钟一次，在 25 s±1 s 内完成 25 次跳动。

⑤ 跳动完毕，用卡尺测量胶砂底面最大扩散直径及与其垂直方向的直径，计算平均值，精确至 1 mm，即得该水量下的水泥胶砂流动度。

做流动度试验时，从胶砂拌合开始到测量扩散直径结束，须在 6 min 内完成。

⑥ 电动跳桌与手动跳桌测定的试验结果发生争议时，以电动跳桌为准。

（4）分别测定对比胶砂和试验胶砂的流动度。

四、计　算

矿渣粉的流动度比按公式（2-7-6）计算，计算结果保留至整数：

$$F = \frac{L \times 100}{L_{\mathrm{m}}} \qquad\qquad (2\text{-}7\text{-}6)$$

式中　F——矿渣粉流动度比，%；

L_{m}——对比样品胶砂流动度，mm；

L——试验样品胶砂流动度，mm。

三、微硅粉

（一）概　述

1. 来　源

微硅粉也叫硅灰或凝聚硅灰，又称硅粉，是铁合金在冶炼硅铁和工业硅（金属硅）时，矿热电炉内产生出大量挥发性很强的 SiO_2 和 Si 气体，气体排放后与空气迅速氧化冷凝沉淀而成。它是大工业冶炼中的副产物，整个过程需要用除尘环保设备进行回收，由于质量比较小，还需要用加密设备进行加密。

微硅粉主要由非常微小、表面光滑的玻璃态球形颗粒组成，一般比表面积为 15 000 ~ 25 000 m^2/kg，主要化学成分二氧化硅含量在 90% 以上。

2. 用　途

微硅粉现在广泛应用在各个领域，如水泥或混凝土掺合剂、耐火材料添加剂、冶金球团黏合剂、化工产品分散剂等。

在混凝土中掺加少量微硅粉或以微硅粉取代部分水泥，结合应用减水剂，使混凝土各方面的物理性能都得到显著改善。因此，微硅粉在混凝土工程中的应用相当广泛，已成为配制高性能混凝土不可缺少的组分。

（二）作用机理

微硅粉能够填充水泥颗粒间的孔隙，同时与水化产物生成凝胶体，与碱性材料氧化镁反应生成凝胶体。在水泥基的砼、砂浆与耐火材料浇筑料中，掺入适量的硅灰，可起到如下作用。

1. 填充效应

微硅粉的粒径比水泥颗粒小 99%，按最大密实理论，当微硅粉良好地分散于混凝土中时，它填充于水泥颗粒之间的空隙，其效果如同水泥颗粒填充细集料空隙之间和细集料填充在粗集料空隙之间一样，可提高混凝土的密实度。

混凝土中，水泥净浆与集料之间过渡区的强度一般低于净浆体强度。这因为混凝土内部泌水受到集料颗粒的阻挡而聚集在集料下面，形成多孔界面。其中在集料界面过渡区形成的 $Ca(OH)_2$ 要多于其他区域，且 $Ca(OH)_2$ 晶体取向性较强，故过渡区易于开裂。掺入硅粉后，降低泌水，防止水分在集料下表面聚集，从而提高界面过渡区的密实度和减小界面过渡区的厚度；同时微小的微硅粉颗粒成为氢氧化钙的晶体，使氢氧化钙晶体的尺寸更小，取向更随机，从而提高水泥净浆与集料之间的黏结强度。

2. 火山灰效应

在硅酸盐水泥水化过程中，水泥水化反应生成水化硅钙凝胶（C-S-H）、氢氧化钙 $[Ca(OH)_2]$ 和钙矾石等水化产物。其中 $Ca(OH)_2$ 的结晶度和取向性对混凝土强度有不利影响。但掺入微硅粉后，微硅粉中含有大量活性玻璃态二氧化硅和水反应首先生成富硅的凝胶，接着氢氧化钙与该富硅凝胶发生如下反应，生成 C-S-H 凝胶，即所谓火山灰效应：

$$Ca(OH)_2 + SiO_2 + H_2O \longrightarrow C\text{-}S\text{-}H$$

凝胶研究表明：这些凝胶填充于水泥水化的 C-S-H 凝胶孔隙之中，大大提高了结构的密实度。也就是说，微硅粉的火山灰效应能将对强度不利的 $Ca(OH)_2$ 转化成水化硅酸钙凝胶，并填充在水泥水化产物之间，有力地促进了混凝土强度的增长和密实度（抗渗性）的提高。同时，微硅粉与 $Ca(OH)_2$ 反应，$Ca(OH)_2$ 不断被消耗又加快水泥的水化速率，因此能提高混凝土的早期强度。同时，因降低了混凝土孔隙内溶液的 pH，能有效地削弱甚至消除发生碱-硅酸反应的危害。

3. 孔隙溶液化学效应

在水泥-硅灰水化体系中，硅灰与水泥的比率增加则水化产物的 Ca/Si 比降低。Ca/Si 比低，相应的 C-S-H 凝胶就会结合较多的其他离子，如铝和碱金属离子等。这样就会使孔隙溶液的碱金属离子浓度大幅度降低。这就是所谓的孔隙溶液化学效应。增加硅灰取代水泥的比率，则孔隙溶液的 pH 降低。这是由于碱金属离子和 $Ca(OH)_2$ 与硅灰反应而消耗引起的。对于含有碱活性集料的 HPC，硅灰这种降低孔隙碱金属离子（Ka^+、Na^+）浓度的作用非常重要，能够有效地削弱甚至消除发生碱-硅酸反应（ASR）的危害。硅灰还可提高 HPC 的电阻率和大幅度降低 Cl^- 的渗透速率，防止钢筋锈蚀，提高 HPC 的强度和耐久性。

（三）对混凝土性能的影响

1. 对新拌混凝土性能的影响

微硅粉的比表面积非常大，颗粒表面湿润需要大量水分，使得混凝土内部没有多余的水分可供泌出；同时，微硅粉微小颗粒堵塞了新拌混凝土的毛细孔，从而会大幅度降低混凝土的泌水，提高混凝土的黏聚性。这方面应用较为成功的例子是对喷射混凝土性能的改善。

2. 对硬化混凝土性能的影响

（1）对力学性能的影响。

微硅粉由于具有填充效应和火山灰效应，可有效地改善水泥净浆与集料的黏结强度和水泥浆体中孔径分布。微硅粉能在总空隙率基本保持不变的前提下，使水泥净浆大尺寸孔数量明显减少，匀质性提高。

研究发现，普通砂浆中，集料颗粒（砂）被大量有裂隙的氢氧化钙层所包裹；而加入微硅粉的砂浆中，集料界面过渡区与净浆结构相似，密实均质，不存在氢氧化钙层和裂隙，从而提高净浆与集料的黏结强度，消除混凝土中不同复合组分的"弱连接"问题，使得混凝土的强度和回弹模量都得到极大的提高。

据研究，微硅粉对混凝土强度的贡献主要在 28 d 前。有实验表明，微硅粉能将混凝土 18h 强度提高 30%，而后期强度没有出现倒缩现象。

（2）对耐久性的影响。

混凝土的耐久性包括混凝土的抗冻性、抗渗性、抗化学侵蚀性、抗钢筋锈蚀能力和抗冲磨性能。

① 抗冻性。当硅粉掺量少时，硅粉混凝土的抗冻性与普通混凝土基本相同，当硅粉掺量超过 15% 时，它的抗冻性较差。通过大量的试验，这种观点基本上被证实了，主要原因是当硅粉超过 15% 时，混凝土膨胀量增大，相对动弹性模数降低，抗压强度急剧下降，从混凝土内部方面特征看，比表面积小，间距系数大。

② 抗渗性。混凝土是一种透水材料，其渗透性与它的孔隙率、孔隙分布及孔隙连通性有关。振捣密实的混凝土水灰比越小，养护龄期越长，则渗透性越小。在混凝土中掺入引气剂也可降低渗透性。一般地，水灰比小于 0.50 的混凝土，它的渗透系数可以达到 1×10^{-11} m/s。在海水中的混凝土，其渗透性是决定混凝土工程耐久性的最重要的因素，渗透性高的混凝土在海水中很易遭到破坏。硅粉由于颗粒小，比水泥颗粒小 95% ~ 99%，可以填充到水泥颗粒中间的空隙中，使混凝土密实；同时由于硅粉的二次水化作用，新的生成物堵塞混凝土中的渗透通道，故硅粉混凝土的抗渗能力很强，混凝土的渗透性随水胶比的增加而增大。这是因为水灰比混凝土的密实性相对差些。

③ 抗化学侵蚀性。一般硅粉减少渗透性的效果要大于强度的增加，特别在硅粉以小掺量掺入低强混凝土时更是如此。对于掺入一定量的硅粉的高性能混凝土，水胶比通常小于 0.4，且有超细微粒填充，因此掺入硅粉的高性能混凝土具有非常好的抗渗能力。因为加入硅粉可以明显地降低混凝土渗透性及减少游离的 $Ca(OH)_2$，从而提高混凝土抗化学侵蚀能力。在混凝土中掺入硅粉，能减少 $Ca(OH)_2$ 的含量，增强混凝土的密实性，有效提高弱酸腐蚀能力。但在强酸或高深度的弱酸中不行，因混凝土中的 C-S-H 在酸中分解；另外，它

还能抗盐类腐蚀，尤其是对氯盐及硫酸盐类。它之所以能抗酸盐侵蚀，是因为硅粉混凝土较密实，孔结构得到改善，从而减少了有害离子传递速度及减少可溶性的 $Ca(OH)_2$ 和钙矾石的生成，而增加了水化硅酸钙晶体的形成。

④ 抗碱集料反应。碱集料反应必须具备 3 个条件：混凝土中的集料具有活性；混凝土中含有一定量可溶性碱；有一定的湿度。排除这三个条件中的任何一个都不可达到控制碱集料反应的目的。混凝土中加入硅粉，硅粉粒子可提高水泥胶结材料的密实性，减少水分通过浆体的运动速度，使得碱集料膨胀反应所需的水分减少；同时，由于减少了水泥浆孔隙液中碱离子的浓度，因此可降低碱集料反应的危险。

⑤ 抗钢筋锈蚀的能力。混凝土高碱性给普通钢筋混凝土中的钢筋提供了形成钝化膜的条件，一旦钝化膜破坏，钢筋就会发生电化学腐蚀，腐蚀速度取决于水分以及氧气进入混凝土的速度。加入硅粉可以改善密实性增加电阻率，从而抵抗钢筋锈蚀的性能得到很大改善，硅粉改善电阻率是随着硅粉含量的增加而增加的。

⑥ 抗磨蚀性。水工结构中的高速水流泄水建筑物护面材料具有高抗冲磨与抗空蚀的要求。在混凝土中加入硅粉可以改善混凝土的抗磨蚀性。加入硅粉改善了混凝土的抗磨蚀性是由于改善了浆体自身的抗磨性和硬度以及水泥浆骨料界面的黏结，从而使粗集料在受到磨损作用时难以被冲蚀。

（四）在混凝土中的使用方法

1. 掺 量

一般为胶凝材料量的 5% ~ 10%。微硅粉的掺加方法分为内掺和外掺。

（1）内掺：在加水量不变的前提下，1 份硅粉可取代 3 ~ 5 份水泥（重量）并保持混凝土抗压强度不变而提高混凝土的其他性能。

（2）外掺：水泥用量不变，掺加微硅粉则显著提高混凝土的强度和其他性能。混凝土掺入微硅粉时有一定坍落度损失，这需在配合比试验时加以注意。

微硅粉须与减水剂配合使用，建议复掺粉煤灰和磨细矿渣以改善其施工性。

用微硅粉配制混凝土时，一般与胶凝材料的重量比为：高性能混凝土：5% ~ 10%；水工混凝土：5% ~ 10%；喷射混凝土：5% ~ 10%；助泵剂：2% ~ 3%；耐磨工业地坪：6% ~ 8%；聚合物砂浆、保温砂浆：10% ~ 15%；不定形耐火浇筑料：6% ~ 8%。使用前请根据实际需要通过实验选定合理、经济的掺量。

2. 掺加方法

微硅粉混凝土及浇筑料应由试验室作出施工配合比。严格按照配合比施工。在集料投料之后立即将微硅粉加入搅拌机。有两种加入流程：

（1）投入集料，随后投入微硅粉、水泥干拌后，再加入水和其他外加剂。

（2）投入粗集料 + 75% 水 + 微硅粉 + 50% 细集料，搅拌 15 ~ 30 s，然后投入水泥 + 外加剂 + 50% 细集料 + 25% 水，搅拌至均匀。搅拌时间比普通混凝土长 20% ~ 25% 或 50 ~ 60 s。

3. 施工方法

微硅粉混凝土与普通混凝土的施工方法并无重大区别，但施工中良好地组织与振捣密实很有必要。微硅粉混凝土早强的性能会使终凝时间提前，在抹面时应加以注意；同时掺加微硅粉会提高混凝土的黏滞性和大幅度减少泌水，使抹面稍显困难。

4. 施工安全

微硅粉混凝土施工安全应严格按照混凝土工程的有关国家施工规范进行，但因微硅粉较轻，严禁高空抛洒微硅粉，防止微硅粉飞扬。

课题八 钢 材

建筑钢材是指用于建筑工程方面的各种钢材，包括各种型材、棒材和异型钢材。钢材具有以下优点：组织均匀密实，强度很高，且具有相当高的塑性和韧性，不仅能铸成各种形状的铸件，而且也能承受各种形式的压力加工，能够进行焊接、铆接和切割，便于装配。但建筑钢材也有一定的缺点，主要是容易锈蚀，维修费用高。

一、建筑钢材的技术性质

钢材的主要技术性质包括：强度、塑性、冷弯性能、冲击韧性、硬度、耐疲劳性能与良好的焊接性等。

1. 强 度

钢材的强度主要表现为抗拉强度。图 2-8-1 为低碳钢在拉伸试验中的应力-应变曲线，曲线特征、屈服点、极限抗拉强度和伸长率等指标反映了钢材的力学性能。

（1）弹性阶段（O—A）。OA 是一直线，在 OA 范围内如卸去荷载试件可恢复原状，称弹性变形。A 点所对应的应力称为弹性极限，用 σ_p 表示。

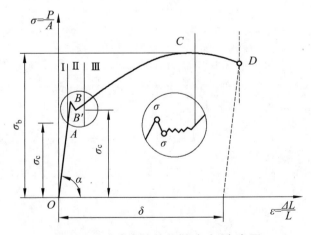

图 2-8-1 碳素结构钢的应力-应变图

（2）屈服阶段（$B_上$—$B_下$）。由 A 点，当荷载增大时应力与应变不再成比例变化，这时如卸去外力，试件变形不能完全消失，即表明为塑性变形。图中 $B_上$ 点是这一阶段的应力最高点，称为屈服上限，$B_下$ 点称为屈服下限。上屈服点与试验过程中的许多因素有关，而下屈服点较为稳定，故规范以 $B_下$ 点对应的应力为屈服点。屈服点以 R_{eL} 表示，按公式（2-8-1）计算：

$$R_{eL} = \frac{F_S}{S_0} \qquad\qquad (2\text{-}8\text{-}1)$$

式中　F_S——相当于所求应力的荷载，kN；

　　　S_0——试件的原截面积，mm^2。

中碳钢与高碳钢没有明显的屈服点（见图 2-8-2），通常以残余变形 0.2% 的应力作为屈服强度，表示为 $R_{eL0.2}$。

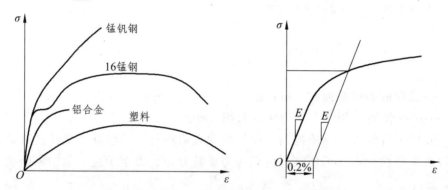

图 2-8-2　中、高碳素结构钢应力-应变图

屈服点对钢材使用有重要意义，当构件的实际应力超过屈服点时，将产生不可恢复的永久变形。另外，当应力超过屈服点时，受力高的部分应力不再提高，即自动将荷载重新分配给某些应力较小的部分。因此，屈服强度是确定钢结构容许应力的主要依据。

（3）强化阶段（B—C）。试件在 B 点后变形速度较快，随应力的提高而增加。对应于最高点 C 的应力称为极限抗拉强度，用 R_m 表示。

抗拉强度是试样在拉断以前所承受的最大负荷所对应的应力，它表示材料在拉力作用于下抵抗破坏的最大能力。抗拉强度虽然不能直接作为计算依据，但钢材的屈服强度和抗拉强度的比值，即"屈强比"，反映了钢材的可靠性和利用率。屈强比小时，钢材的可靠性大，结构安全。但屈强比过小，则钢材有效利用率太低，可能造成浪费。所以应合理选用屈强比，在保证安全可靠的前提下，尽量提高钢材的利用率。

（4）颈缩阶段（C—D）。试件伸长到一定程度后，荷载逐渐降低，试件在某一薄弱处断面开始缩小，产生"颈缩"现象，至 D 点断裂。

2. 塑　性

钢材在受力破坏前可以经受永久变形的性能，称为塑性。在工程中钢材的塑性指标通常用断后伸长率和断面收缩率表示。

（1）断后伸长率：试样拉断后，其标距部分所增加的长与原标距长的百分比。伸长率按公式（2-8-2）计算：

$$\delta_n = \frac{L_1 - L_0}{L_0} \times 100 \qquad (2\text{-}8\text{-}2)$$

式中　L_1——试样拉断后标距部分的长，mm；

　　　L_0——试样的原标距长，mm；

　　　n——标距的长度与原始直径关系标志［当试样直径较小（一般不大于 4 mm）时，试样 $L_0 = 11.3\sqrt{A_0} \approx 10d_0$，伸长率用 δ_{10} 表示；当试样直径较大时，试样 $L_0 = 5.65\sqrt{A_0} \approx 5d_0$，伸长率用 δ_5 表示（d_0 为试样直径）］。

（2）断面收缩率：试件拉断后缩颈处横断面积的最大缩减量占原横断面积的百分比。断面收缩率（φ）按公式（2-8-3）计算：

$$\varphi = \frac{A_0 - A_1}{A_0} \times 100\% \qquad (2\text{-}8\text{-}3)$$

式中　A_0——试样的原横截面积，mm^2；

　　　A_1——试样拉断（颈缩）处的横截面积，mm^2。

钢筋一般只进行伸长率单项检测。伸长率大表明钢材的塑性好。塑性良好的钢材，当偶尔超载时产生塑性变形，可使钢材内部应力重新分布，不至于应力集中而断裂。

3．弯曲性能

（1）定义：钢材在常温条件下承受规定弯曲程度的弯曲变形性能。

（2）弯曲性能检测的意义：钢材在使用之前，有时需要进行一定形式的加工，如钢筋常需弯起一定的角度。冷弯性能良好的钢材，可以保证钢材进行冷加工后无损于制成品的质量。冷弯与伸长率一样，都可反映钢材在静荷载作用下的塑性能力。冷弯试验能揭示钢材是否存在内部组织不均匀、内应力与夹杂物等缺陷，如图 2-8-3 所示。这些缺陷常因塑性变形导致应力重分布而得不到充分反映。

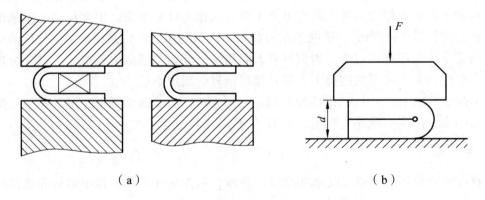

（a）　　　　　　　　　　　　　　（b）

图 2-8-3　冷弯试验

（3）冷弯类型：① 弯曲到规定的弯曲角度；② 弯曲至两臂相互平行；③ 弯曲至两臂直接接触。

（4）判断：弯曲试验后不使用放大仪器观察，试样弯曲处表面无可见裂纹，评定为合格。

4. 硬　度

（1）定义：钢材表面局部体积内抵抗更硬物体压入的能力称为硬度。钢材硬度值越高，表示它抵抗局部塑性变形的能力越大。硬度值与强度指标和塑性指标有一定的相关性。

（2）测定方法：布氏硬度（HB）、洛氏硬度（HR）和维氏硬度（HV）等 3 种。最常用的为布氏硬度（见图 2-8-4）和洛氏硬度。

（3）钢材硬度值越高，表示它抵抗局部塑性变形的能力越大。

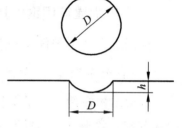

图 2-8-4　布氏硬度试验原理

5. 冲击韧性

冲击韧性是钢材在瞬间动荷载作用下，抵抗破坏的能力。钢材在温度降低至负温度后，其冲击韧性将显著降低。因此，对于在负温度下承受重复冲击荷载作用的结构，必须对钢材的冲击韧性予以鉴定。

冲击韧性的测定是以摆冲法、横梁式为标准方法，即按规定制成有槽口的标准试件，以横梁式安放在摆冲式冲击试验机上（见图 2-8-5），当摆锤冲击试件，试件破坏时单位面积所消耗的能为冲击韧度指标。

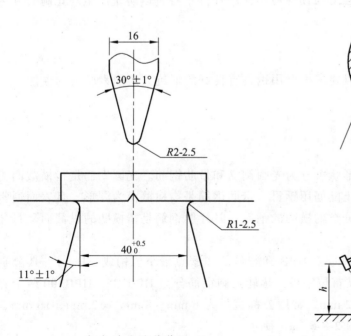

（a）冲击试件装置

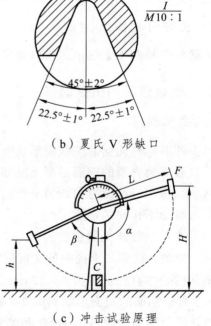

（b）夏氏 V 形缺口

（c）冲击试验原理

图 2-8-5　钢材韧度试验

6. 耐疲劳性

钢筋若在交变应力（随时间作周期性交替变更的应力）的反复作用下，往往在工作应力远小于抗拉强度时发生骤然断裂，这种现象称为"疲劳破坏"。钢材抵抗疲劳破坏的能力称为耐疲劳性。

7. 焊接性

焊接性是指钢材的连接部分焊接后力学性能不低于焊件本身，以防止产生硬化脆裂和内应力过大等现象。

二、桥梁建筑用钢的技术要求

根据工程使用条件和特点，用于桥梁建筑的钢材，应满足下列技术要求：

1. 良好的综合力学性能

桥梁结构在使用中承受复杂的交通荷载，同时在无遮盖的条件下经受大气条件的严酷环境考验，必须具有良好的综合机械性能。除具有较高的屈服点与抗拉强度外，还应具有良好的塑性、冷弯、冲击韧性和抵抗振动应力和疲劳强度以及低温（ – 40 °C）的冲击韧性。

2. 良好的焊接性

由于近代焊接技术的发展，桥梁钢结构趋向于采用焊接结构代替铆接结构，以加快施工速度和节约钢材。桥梁在焊接后不易整体热处理，因此要求钢材具有良好的焊接性，亦即焊接的连接部分应强而韧，其强度与韧性应不低于焊件本身，以防止产生硬化脆裂和内应力过大等现象。

3. 良好的抗蚀性

桥梁长期暴露于大气中，所以要求桥梁用钢具有良好的抵抗大气因素腐蚀的性能。

三、桥梁建筑用主要钢材

1. 热轧钢筋

（1）外形。热轧钢筋按截面形状可分为光圆钢筋和带肋钢筋。光圆钢筋是指横截面为圆形，且表面为光滑的钢筋混凝土配筋用钢材。带肋钢筋是指横截面为圆形，且表面通常带有两条纵肋和沿长度方向均匀分布的横肋的钢筋。月牙肋钢筋是指横肋的纵截面呈月牙形，且与纵肋不相交的钢筋。

（2）牌号。热轧光圆钢筋的牌号由 HPB 和牌号的屈服点最小值构成。H、P、B 分别为热轧、光圆、钢筋三个词的英文首位字母。热轧光圆钢筋分为 HPB235、HPB300 两个牌号。钢筋的公称直径范围为 6 ~ 22 mm，常用公称直径为 6 mm、8 mm、12 mm、16 mm、20 mm。光圆钢筋的截面形状如图 2-8-6（a）所示。

热轧带肋钢筋的牌号由 HRB 和牌号的屈服点最小值构成。H、R、B 分别为热轧、带肋、钢筋三个词的英文首位字母。热轧带肋钢筋分为 HRB335、HRB400、HRB500 三个牌号。钢筋的公称直径范围为 6~50 mm，常用的公称直径为 6 mm、8 mm、10 mm、12 mm、16 mm、20 mm、25 mm、32 mm、40 mm、50 mm。热轧带肋钢筋的截面形状如图 2-8-6（b）所示。

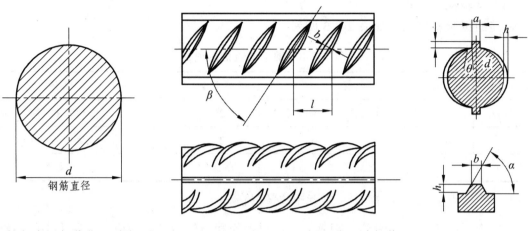

（a）光圆钢筋截面形状　　　　　　　　　　（b）月牙肋钢筋

图 2-8-6　钢材韧度试验

（3）技术性能。

热轧光圆钢筋、热轧带肋钢筋的力学性能分别见表 2-8-1 和表 2-8-2。

表 2-8-1　钢筋混凝土用热轧光圆钢筋力学性能（GB1499.1—2008）

牌　号	屈服点/MPa	抗拉强度（R_m）/MPa	伸长率（δ）/%	冷弯 d—弯芯直径 a—钢筋公称直径
		不小于		
HPB235	235	370	25	$180°d=a$
HPB300	300	420		

表 2-8-2　钢筋混凝土用热轧带肋钢筋力学性能（GB/T1499.2—2007）

牌　号	屈服点（R_{eL}）/MPa	抗拉强度（R_m）/MPa	伸长率（δ）/%	冷弯性能（弯曲180°）	
		不小于		公称直径 d/mm	弯芯直径
HRB335	335	455	17	6~25	$3d$
				28~40	$4d$
				>40~50	$5d$
HRB400	400	570	16	6~25	$4d$
				28~40	$5d$
				>40~50	$6d$
HRB500	500	630	15	6~25	$6d$
				28~40	$7d$
				>40~50	$8d$

注：直径为 28 mm~40 mm 的各牌号钢筋的伸长度可降低1%。

表面质量要求：钢筋外表有严重锈蚀、麻坑、结疤、折叠、夹砂和夹层等缺陷时，应予剔除，不得使用。热轧带肋钢筋表面允许有凸块，但不得超过横肋的高度，钢筋表面上其他缺陷的深度和高度不得大于所在部位尺寸的允许偏差。

（4）试验检测项目。

钢筋的试验检测项目如表 2-8-3 所列。

表 2-8-3　钢筋试验检测项目

检验项目	检测指标	取样数量	检测频率	取样方法
拉　伸	屈服强度、抗拉强度、伸长率	2	60 t	任选两根钢筋切取
冷　弯		2		任选两根钢筋切取
尺　寸		逐支		

2. 预应力混凝土用钢筋、钢丝和钢绞线

预应力混凝土用钢筋有热处理钢筋、冷拉钢筋和精轧钢筋。预应力混凝土用的钢丝有冷拔钢丝、冷拉或消除应力的光圆钢丝、螺旋肋钢丝和刻痕钢丝。

（1）热处理钢筋。

热处理钢筋由热轧螺纹钢筋经淬火和回火的调质处理而成，热处理后改变了钢筋的内部组织结构，其性能得到改善，抗拉强度提高到预应力钢筋所需要的强度等级。

（2）冷拉钢筋。

冷拉是将钢筋在常温下拉伸超过屈服点，以提高钢筋的屈服极限、强度极限和疲劳极限的一种加工工艺。但经冷拉后会降低钢筋的延伸率、断面收缩率、冷弯性能和冲击韧性。预应力混凝土结构所用的钢筋，主要要求具有高的屈服极限、变形极限等强度性能，而延伸率、冲击韧性和冷弯性能要求不高，因此这就为采用冷拉加工工艺提供了可能性。

（3）精轧螺纹钢筋。

精轧螺纹钢筋是用热轧方法直接生产的一种无纵肋的钢筋，钢筋的连接是在端部用螺纹套筒进行连接接长。

（4）冷拔钢丝。

冷拔钢丝是直径为 6 mm ~ 8 mm 的普通碳素钢筋条用强力拉过比它本身直径还小的硬质合金拉丝模，这时钢筋同时受到纵向拉力和横向拉力的作用，截面变小，长度拉长，经过几次拉丝，其弹性比原来有极大的提高。

（5）高强钢丝。

高强钢丝有冷拉钢丝、消除应力钢丝和消除应力刻痕钢丝。冷拉钢丝是用盘条通过拔丝模或轧辊经冷拉加工而成，以盘卷供货的钢丝。消除应力钢丝是按一次性连续处理方法生产的钢丝。刻痕钢丝是钢丝表面沿着长度方向上具有规则间隔的压痕。

（6）钢绞线。

钢绞线是钢厂用优质碳素结构钢经过冷加工、再经回火和绞捻等加工而成的，塑性好、无接头、使用方便，专供于预应力混凝土结构。

3. 预应力混凝土用钢绞线

（1）定义：由冷拉光圆钢丝捻制而成或由刻痕钢丝捻制而成的钢绞线。

（2）分类与代号：按结构分为以下8类，结构代号如下：

① 用两根钢丝捻制的钢绞线   1×2

② 用三根钢丝捻制的钢绞线   1×3

③ 用三根刻痕钢丝捻制的钢绞线   1×3Ⅰ

④ 用七根钢丝捻制的标准型钢绞线   1×7

⑤ 用六根刻痕钢丝和一根光圆中心钢丝捻制的钢绞线   1×7Ⅰ

⑥ 用七根钢丝捻制又经模拔的钢绞线   （1×7）C

⑦ 用十九根钢丝捻制的1+9+9西鲁式钢绞线   1×19S

⑧ 用十九根钢丝捻制的1+6+6/6瓦林吞式钢绞线   1×19W

（3）制作：钢绞线由7根圆形截面钢丝捻成。以一根钢丝为中心，其余6根钢丝围绕着进行螺旋状结合，再经低温回火制成。钢绞线的断面形状如图2-8-7所示。

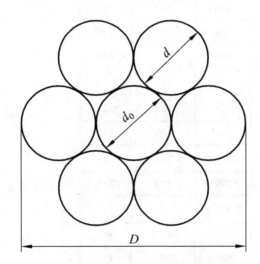

图 2-8-7 钢绞线断面形状

D—钢绞线直径；d_0—中心钢丝直径；d—外层钢丝

（4）常用的直径：9 mm、12 mm、15 mm。

（5）技术性能：桥涵工程常用的为1×7结构钢绞线，其力学性能的规定见表2-8-4。

（6）应用：预应力钢绞线具有强度高、与混凝土黏结性能好、断面积大、使用根数少、在结构中排列布置方便、易于锚固等优点，故多使用于大跨度、重荷载的混凝土结构。

表 2-8-4 1×7 结构钢绞线力学性能

钢绞线结构	钢绞线公称直径 D_n/mm	公称抗拉强度 R_m/MPa	整根钢绞线最大力 F_m/kN, ≥	整根钢绞线最大力的最大值 $F_{m,max}$/kN, ≤	0.2%屈服力 $F_{p0.2}$/kN ≥	最大力总伸长率 ($L_0 \geqslant 500$ mm) A_{gt}(%), ≥	应力松弛性能 初始负荷相当于公称最大力的百分数(%)	1000h应力松弛率 γ(%), ≤
1×7	15.20 (15.24)	1470	206	234	181	对所有规格	对所有规格	对所有规格
	15.20 (15.24)	1570	220	248	194	3.5		
	15.20 (15.24)	1670	234	262	206			
	9.50 (9.53)	1720	94.3	105	83.0		70	2.5
	11.10 (11.11)	1720	128	142	113			
	12.70	1720	170	190	150			
	15.20 (15.24)	1720	241	269	212			
	17.80 (17.78)	1720	327	365	288			
	18.90	1820	400	444	352		80	4.5
	15.70	1770	266	296	234			
	21.60	1770	504	561	444			
	9.50 (9.53)	1860	102	113	89.8			
	11.10 (11.11)	1860	138	153	121			
	12.70	1860	184	203	162			
	15.20 (15.24)	1860	260	288	229			
	15.70	1860	279	309	246			
	17.80 (17.78)	1860	355	391	311			
	18.90	1860	409	453	360			
	21.60	1860	530	587	466			
	9.50 (9.53)	1960	107	118	94.2			
	11.10 (11.11)	1960	145	160	128			
1×7	12.70	1960	193	213	170			
	15.20 (15.24)	1960	274	302	241			
1×7 I	12.70	1860	184	203	162			
	15.20 (15.24)	1860	260	288	229			
(1×7)C	12.70	1860	208	231	183			
	15.20 (15.24)	1820	300	333	264			
	18.00	1720	384	428	338			

试验一　钢筋拉伸试验

一、范　围

本试验适用于金属材料室温拉伸性能的测定。

二、仪器设备

（1）各种类型拉力试验机均可使用，但应按照 GB/T 16825.1 进行检验，并应为 1 级或优于 2 级准确度。

引伸计的准确度级别应符合 GB/T 12160 的要求。测定上屈服强度、测定下屈服强度、测定屈服点延伸率、规定塑性延伸强度、规定总延伸强度、规定残余延伸强度以及规定残余延伸强度的验证试验，应使用不劣于 1 级准确度的引伸计；测定其他具有较大延伸率的性能，例如抗拉强度、最大力总延伸率和最大力塑性延伸率、断裂总延伸率以及断后伸长率，应使用不劣于 2 级准确度的引伸计。

（2）根据试样尺寸测量精度的要求，选用相应精度的任两种量具或仪器，如游标卡尺、螺旋千分尺或精度更高的测微仪、钢板尺、钢卷尺等。

三、试　样

（1）取样长度：直径大于 4 mm 的钢筋，要求试验机两夹头间的自由长度应足够，以使试样原始标距的标记与最近夹头间近的距离不小于 $\sqrt{S_0}$。

（2）原始横截面积的测定。

宜在试样平行长度中心区域以足够的点数测量试样的相关尺寸。原始横截面积 S_0 为平均横截面积。

对于圆形横截面试样，如果试样的尺寸公差和形状均满足要求，可以用名义尺寸计算原始横截面积。对于所有其他类型的试样，应根据测量的原始试样尺寸计算原始横截面积 S_0，测量每个尺寸应准确至 ± 0.5%。

（3）标距：比例试样的原始标距与横截面积有 $L_0 = k\sqrt{S_0}$ 的关系。

注：国际上使用的比例系数 K 值为 5.65。原始标距应不小于 15 mm。当试样横截面积太小，以致采用比例系数 K 为 5.65 的值时不能符合这一最小标距要求时，可以采用较高的值（优先采用 11.3 的值），例如 $A_{11.3}$ 表示原始标距（L_0）为 $11.3\sqrt{S_0}$ 的断后伸长率；或采用非比例试样。

（4）原始标距的标记。

应用小标记、细划线或细墨线标记原始标距，但不得用引起过早断裂的缺口作标记。

对于比例试样，如果原始标距的计算值与其标记值之差小于 $10\%L_0$，可将原始标距的计算值按修约至最接近 5 mm 的倍数。原始标距的标记应准确至 ± 1%。如果试件长度比原始标距长许多，可以标记一系列套叠的原始标距。有时，可以在试样表面画一条平等于试样纵轴的线，并在此线上标记原始标距。

四、试验条件

（一）设定试验力零点

在试验加载链装配完成后，试样两端被夹持之前，应设定力测量系统的零点。一旦设定了力值零点，在试验期间力测量系统不能再发生变化。

（二）夹持方法

应使用楔形夹头、螺纹夹头、平推夹头、套环夹头等合适的夹具夹持试样。

应尽最大努力确保夹持的试样受轴向拉力的作用，尽量减小弯曲，做脆性材料试验或测定屈服强度时尤为重要。

（三）应变速率控制的试验速率（方法 A）

试验规程中提供了两种试验速率的控制方法。方法 A 为应变速率(包括横梁位移速率)，方法 B 为应力速率。方法 A 旨在减小测定应变速率敏感参数时试验速率的变化和减小试验结果的测量不确定度。因此，推荐使用应变速率的控制模式进行拉伸试验。

1. 上屈服强度 R_{eH} 的测定

在测定上屈服强度时，应变速率应尽可能保持恒定。在测定时，应变速率应选用下面两个范围之一（见图 2-8-8）：

（1）范围 1：应变速率 = 0.000 07 s^{-1}，相对误差 ±20%。

（2）范围 2：应变速率 = 0.000 25 s^{-1}，相对误差 ±20%（如果没有其他规定，推荐选取该速率）。

如果试验机不能直接进行应变速率控制，应该采用平行长度估计的应变速率即恒定的横梁位移速率，该速率应用公式（2-8-4）进行计算：

$$v_c = L_c \times e_{Lc} \tag{2-8-4}$$

式中　　v_c——恒定的横梁位移速率；

L_c——平行长度；

e_{Lc}——平行长度估计的应变速率。

2. 下屈服强度 R_{eL} 的测定

在测定上屈服强度之后，测定下屈服强度时，应保持下列两种范围之一的平行长度估计的应变速率（见图 2-8-8），直到不连续屈服结束：

（1）范围 2：应变速率 = 0.000 25 s^{-1}，相对误差 ±20%（测定下屈服强度时推荐该速率）。

（2）范围 3：应变速率 = 0.002 5 s^{-1}，相对误差 ±20%。

注：平行长度是指试样平等缩减部分的长度。对于未经机加工的试样，平行长度的概念被两夹头之间的距离取代。

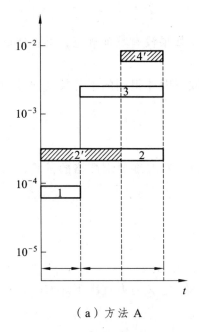 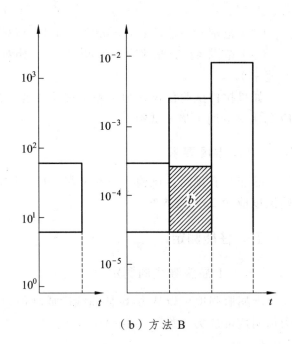

（a）方法 A　　　　　　　　　（b）方法 B

图 2-8-8　拉伸试验中测定 R_{eH}、R_{eL}、A_e、R_p、R_t、R_m、A_g、A_{gt}、A、A_t 和 Z 时应选用的应变速率范围

说明：

$\dot{e}$——应变速率；

R——应力速率；

t——拉伸试验时间进程；

t_e——横梁控制时间；

t_{ec}——引伸计控制时间或横梁控制时间；

t_{eL}——测定表 1 列举的弹性性能参数的时间范围；

t_f——测定表 1 列举的通常到断裂的性能参数的时间范围；

t_{pl}——测定表 1 列举的塑性性能参数的时间范围；

1——范围 1：$\dot{e} = 0.000\,07\ \text{s}^{-1}$，相对误差 ±20%；

2——范围 2：$\dot{e} = 0.000\,25\ \text{s}^{-1}$，相对误差 ±20%；

3——范围 3：$\dot{e} = 0.002\,5\ \text{s}^{-1}$，相对误差 ±20%；

4——范围 4：$\dot{e} = 0.006\,7\ \text{s}^{-1}$，相对误差 ±20%（0.4 min^{-1}，相对误差 ±20%）；

5——引伸计控制或横梁控制；

6——横梁控制。

[a] 推荐的。

[b] 如果试验机不能测量或控制应变速率，可扩展至较低速率的范围。

3. 测定抗拉强度 R_m、断后伸长率 A 的测定

在屈服强度测定后，根据试样平行长度估计的应变速率应转换成下述规定范围之一的应变速率（见图 2-8-8）：

（1）范围 2：应变速率 = 0.000\,25 s^{-1}，相对误差 ± 20%。

（2）范围3：应变速率 = 0.0025 s^{-1}，相对误差 ±20%。

（3）范围4：应变速率 = 0.0067 s^{-1}，相对误差 ±20%（如果没有其他规定，推荐选取该速率）。

如果拉伸试验仅仅是为了测定抗拉强度，根据范围3或范围4得到的平等长度估计的应变速率适用于整个试验。

（四）温度要求

除非另有规定，试验一般在室温 10～35 ℃ 范围内进行。对温度要求严格的试验，试验温度应为 23 ℃±5 ℃。

五、性能测定

（一）上屈服强度的测定

上屈服强度可以从力-延伸曲线图或峰值力显示器上测得，定义为力首次下降前的最大力值对应的应力（见图 2-8-9）。

（二）下屈服强度的测定

下屈服强度可以从力-延伸曲线上测得，定义为不计初始瞬时效应时屈服阶段中的最小力所对应的应力（见图 2-8-9）。

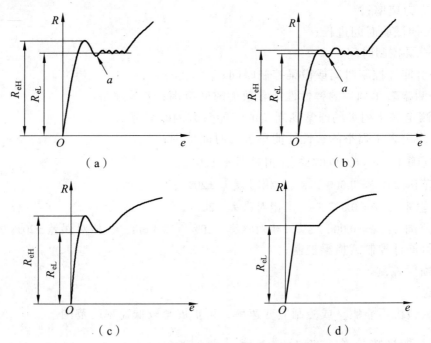

（a）　　　　　　　　　　（b）

（c）　　　　　　　　　　（d）

图 2-8-9　不同类型曲线的上屈服强度和下屈服强度

说明：

e——延伸率；

R——应力；

R_{eH}——上屈服强度；

R_{eL}——下屈服强度；

a——初始瞬时效应。

对于上、下屈服强度位置判定的基本原则如下：

（1）屈服前的第一个峰值应力（第 1 个极大值应力）判为上屈服强度，不管其后峰值应力比它大或比它小。

（2）屈服阶段中如呈现两个或两个以上的谷值应力，舍去第 1 个谷值应力（第 1 个极小值应力）不计，取其余谷值应力中最小者判为下屈服强度。如只呈现 1 个下降谷，此谷值应力判为下屈服强度。

（3）屈服阶段中呈现屈服平台，平台应力判为下屈服强度；如呈现多个而且后者高于前者的屈服平台，判第 1 个平台应力为下屈服强度。

（4）正确的判定结果应是下屈服强度一定低于上屈服强度。

（三）抗拉强度

1. 测　定

对于呈现明显屈服（不连续屈服）现象的金属材料，从力-延伸或力-位移曲线图读取过了屈服阶段以后的最大力（见图 2-8-10）；对于呈现无明显屈服（连续屈服）现象的金属材料，从力-位移曲线图读取试验过程中的最大力。最大力除以试样原始横截面积（S_0）得到抗拉强度。

2. 计　算

$$R_m = \frac{F_m}{S_0}$$
（2-8-5）

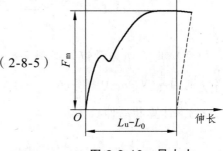

图 2-8-10　最大力

式中　F_m——试样拉断后最大荷载值，N；

S_0——试样原横截面积，mm^2；

R_m——极限强度，MPa。

（四）断后伸长率的测定

为了测定断后伸长率，应将试样断裂的部分仔细地配接在一起，使其轴线处于同一直线上，并采取特别措施确保试样断裂部分适当接触后测量试样断后标距。这对小横截面试样和低伸长率试样尤为重要。

按公式（2-8-6）计算断后伸长率：

$$A = \frac{L_u - L_0}{L_0} \times 100$$
（2-8-6）

式中　L_0——原始标距，mm；

L_u——断后标距，mm。

应使用分辨率力足够的量具或测量装置测定断后伸长量（$L_u - L_0$），并准确到 ± 0.25 mm。

如规定的最小断后伸长率小于 5%，建议采用特殊方法进行测定。原则上只有断裂处与最接近的标距标记的距离不小于原始标距三分之一的情况方为有效。但断后伸长率大于或等于规定值，不管断裂位置处于何处测量均为有效。如断裂处与最接近的标距标记的距离小于原始标距的三分之一时，可采用移位法测定断后伸长率。

六、试验结果数值的修约

试验测定的性能结果数值应按照相关产品标准的要求进行修约。如未规定具体要求，应按照下述要求进行修约：① 强度性能值修约至 1 MPa；② 断后伸长率修约至 0.5%。

七、移位法测定断后伸长率

为了避免由于试样断裂位置不符规定条件而必须报废试样，可以使用如下方法：

（1）试验前将原始标距细分为 5 mm（推荐）到 10 mm 的 N 等份。

（2）试验后，以符号 X 表示断裂后试样短段的标记，以符号 Y 表示断裂试样长段的等分标记，此标记与断裂处的距离最接近于断裂处至标距标记 X 的距离。

如 X 与 Y 之间的分格数为 n，按如下测定断后伸长率：

（1）如 $N - n$ 为偶数，如图 2-8-11（a）所示，测量 X 与 Y 之间的距离 l_{XY} 和测量从 Y 至距离为 $\dfrac{N-n}{2}$ 个分格的 Z 标记之间的距离 l_{YZ}。按照公式（2-8-7）计算断后伸长率：

$$A = \frac{l_{XY} + 2l_{YZ} - L_0}{L_0} \times 100 \tag{2-8-7}$$

（2）如 $N - n$ 为奇数，如图 2-8-11（b）所示，测量 X 与 Y 之间的距离，以及从 Y 至距离分别为 $\dfrac{1}{2}(N-n-1)$ 和 $\dfrac{1}{2}(N-n+1)$ 个分格的 Z' 和 Z'' 标记之间的距离 $l_{YZ'}$ 和 $l_{YZ''}$。按照公式（2-8-8）计算断后伸长率：

$$A = \frac{l_{XY} + l_{YZ'} + l_{YZ''} - L_0}{L_0} \times 100 \tag{2-8-8}$$

（a）$N - n$ 为偶数

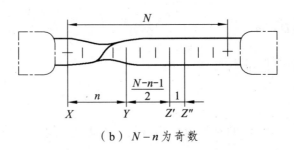

（b）$N-n$ 为奇数

图 2-8-11　移位方法的图示说明

说明：

n ——X 与 Y 之间的分格数；　　　　　Y ——试样较长部分的标距标记；

N ——等分的份数；　　　　　　　　　Z, Z', Z'' ——分度标记；

X ——试样较短部分的标距标记。　　　注：试样头部形状仅为示意性。

试验二　钢筋弯曲试验

一、目的和适用范围

本标准规定了测定金属材料承受弯曲变形能力的试验方法。

本标准适用于金属材料相关产品标准规定试样的弯曲试验；但不适用于金属管材和金属焊接接头的弯曲试验，金属管材和金属焊接接头的弯曲试验由其他标准规定。

二、仪器设备

弯曲试验应在配备支辊式弯曲装置（见图 2-8-12）、V 形模具式弯曲装置、虎钳式弯曲装置、翻板式弯曲装置之一的试验机或压力机上完成。

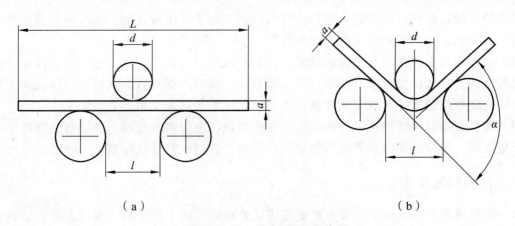

（a）　　　　　　　　　　　　　　　　（b）

图 2-8-12　支辊式弯曲装置

支辊长度和弯曲压头的宽度应大于试样宽度或直径（见图 2-8-12）。弯曲压头的直径由产品标准规定。支辊和弯曲压头应具有足够的硬度。

除非另有规定，支辊间距离应按照公式（2-8-9）确定：

$$l = (D + 3a) \pm \frac{a}{2} \qquad\qquad (2\text{-}8\text{-}9)$$

此距离在试验期间应保持不变。

三、试验条件

试验一般在 10 ℃ ~ 35 ℃ 的室温范围内进行。对温度要求严格的试验，试验温度应为 23 ℃ ± 5 ℃。

四、试验准备

（1）试样应除去由于剪切或火焰切割或类似的操作而影响材料性能的部分。如果试验结果不受影响，允许不去除试样受影响的部分。

（2）选择适当的弯心直径 d，按图 2-8-12 装置，对于不同种类的钢材其弯心直径取值不同，可参考《钢筋混凝土用热轧光圆钢筋》（GB 1499.1—2008）和《钢筋混凝土用热轧带肋钢筋》（GB1499.1—2007）等规范。

（3）试样长度应根据试样直径和所使用的试验设备确定。

五、试验程序

特别提示：试验过程中应采取足够的安全措施和防护装置。

（1）试样弯曲至规定弯曲角度的试验，应将试样放于两支辊上，试样轴线应与弯曲压头轴线垂直，弯曲压头在两支座之间的中点处对试样连续施加力使其弯曲，直到达到规定的弯曲角度。

进行弯曲试验时，应当缓缓地施加弯曲力，以使材料能够自由地进行塑性变形。当出现争议时，试验速率应为（1 ± 0.2）mm/s。

如不能直接达到规定的弯曲角度，应将试样置于两平行压板之间，连续施加力压其两端使进一步弯曲，直到达到规定的弯曲角度。

（2）试样弯曲至两臂相互平行的试验：首先对试样进行初步弯曲，然后将试样置于两平行压板之间，连续施加力压其两端使进一步弯曲，直到两臂平行。试验时可以加或不加内置垫块。垫块的厚度等于规定的弯曲压头直径，除非产品标准中另有规定。

（3）试样弯曲至两臂相互平行的试验：首先对试样进行初步弯曲，然后将试样置于两平行压板之间，连续施加力压其两端使进一步弯曲，直到两臂直接接触。

六、试验结果评定

（1）应按照相关产品标准的要求评定弯曲试验结果。如未规定具体要求，弯曲试验后不使用放大仪器观察，试样弯曲外表面无可见裂纹应评定为合格。

（2）以相关产品标准规定的弯曲角度作为最小值；若规定有弯曲压头直径，以规定的弯曲半径作为最大值。

课题九　水泥混凝土对组成材料的技术要求

知识点：

◎ 水泥混凝土对各组成材料的技术要求

技能点：

◎ 能够正确地选择各种原材料

一、对水泥的要求

（1）公路桥涵工程采用的水泥应符合国家标准《通用硅酸盐水泥》（GB175）的规定，水泥的品种和强度等级应通过混凝土配合比试验选定，且其特性应不会对混凝土的强度、耐久性和工作性能产生不利影响。当混凝土中采用碱活性集料时，宜选用含碱量不大于0.6%的低碱水泥。

（2）水泥进场时，应附有生产厂的品质试验检验报告等合格证明文件，并应按批次对同一生产厂、同一品种、同一强度等级及同一出厂日期的水泥进行强度、细度、安定性和凝结时间等性能的检验，散装水泥应以每500 t为一批，袋装水泥应以每200 t为一批，不足500 t或200 t时，亦按一批计。当对水泥质量有怀疑或受潮或存放时间超过3个月时，应重新取样复验，并应按其复验结果使用。水泥的检验试验方法应符合现行行业标准《公路工程水泥及水泥混凝土试验规程》（JTG E30）的规定。

（3）公路桥涵混凝土工程宜采用散装水泥，散装水泥在工地上应采用专用水泥罐储存；采用袋装水泥时，在运输和储存过程中应防止受潮，且不得长时间露天堆放，临时露天堆放时应设支垫并覆盖。不同品种、强度等级和出厂日期的水泥应分别按批存放。

二、对细集料的要求

（1）桥涵混凝土的细集料宜采用级配良好、质地坚硬、颗粒洁净且粒径小于5 mm的河砂；当河砂不易得到时，可采用符合规定的其他天然砂或人工砂；细集料不宜采用海砂，不得不采用时，应经冲洗处理。

（2）细集料的技术指标应符合表2-9-1的规定。

表 2-9-1　细集料技术指标

项　目		技术要求		
		Ⅰ类	Ⅱ类	Ⅲ类
有害物质含量	云母（按质量计，%）	≤1.0	≤2.0	≤2.0
	轻物质（按质量计，%）	≤1.0	≤1.0	≤1.0
	有机物（比色法）	合格	合格	合格
	硫化物及硫酸盐（按 SO_3 质量计，%）	≤1.0	≤1.0	≤1.0
	氯化物（按氯离子质量计，%）	< 0.01	< 0.02	< 0.06

项 目			技术要求		
			Ⅰ类	Ⅱ类	Ⅲ类
天然砂含泥量（按质量计，%）			≤2.0	≤3.0	≤5.0
人工砂的石粉含量（按质量计，%）	亚甲蓝试验	MB 值 < 1.4 或合格	≤5.0	≤7.0	≤10.0
		MB 值 ≥ 1.4 或不合格	≤2.0	≤3.0	≤5.0
坚固性	天然砂（硫酸钠溶液法经 5 次循环后的质量损失，%）		≤8	≤8	≤10
	人工砂单级最大压碎指标（%）		< 20	< 25	< 30
表观密度/（kg/m³）			> 2500		
松散堆积密度/（kg/m³）			> 1350		
空隙率（%）			< 47		
碱集料反应			经碱集料反应试验后，由砂配制的试件无裂缝、酥裂、胶体外溢现象，在规定试验龄期的膨胀率应小于 0.10%		

注：1. 砂按技术要求分为Ⅰ类、Ⅱ类、Ⅲ类。Ⅰ类宜用于强度等级大于 C60 的混凝土；Ⅱ类宜用于强度等级 C30~C60 及有抗冻、抗渗或其他要求的混凝土；Ⅲ类宜用于强度等级小于 C30 的混凝土和砌筑砂浆。

2. 天然砂包括河砂、湖砂、山砂、淡化海砂，人工砂包括机制砂和混合砂。

3. 石粉含量系指粒径小于 0.075 mm 的颗粒含量。

4. 砂中不应混有草根、树叶、树枝、塑料、煤块、炉渣等杂物。

5. 当对砂的坚固性有怀疑时，应做坚固性试验。

6. 当碱集料反应不符合表中要求时，应采取抑制碱集料反应的技术措施。

（3）细集料的颗粒级配应处于表 2-9-2 中的任一级配以内。

表 2-9-2 细集料的分区及级配范围

级配区	筛孔尺寸/mm					
	4.75	2.36	1.18	0.6	0.3	0.15
	累计筛余（%）					
Ⅰ区	10~0	35~5	65~35	85~71	95~80	100~90
Ⅱ区	10~0	25~0	50~10	70~41	92~70	100~90
Ⅲ区	10~0	15~0	25~0	40~16	85~55	100~90

注：1. 表中除 4.75 mm 和 600 μm 筛孔外，其余各筛孔的累计筛余允许超出分界线，但其超出量不得大于 5%。

2. 人工砂中 150 μm 筛孔的累计筛余：Ⅰ区可放宽到 100%~85%，Ⅱ区可放宽到 100%~80%，Ⅲ区可放宽到 100%~75%。

3. Ⅰ区砂宜提高砂率配低流动性混凝土；Ⅱ区砂宜优先选用配不同强度等级的混凝土；Ⅲ区砂宜适当降低砂率保证混凝土的强度。

4. 对高性能、高强度、泵送混凝土宜选用细度模数为 2.9~2.6 的中砂。2.36 mm 筛孔的累计筛余量不得大于 15%，300 μm 筛孔的累计筛余量宜在 85%~92% 范围内。

（4）砂的分类应符合表 2-9-3 的规定。

表 2-9-3　砂的分类

分　类	粗　砂	中　砂	细　砂
细度模数 M_x	3.7～3.1	3.0～2.3	2.2～1.6

注：细度模数主要反映全部颗粒的粗细程度，不完全反映颗粒的级配情况，混凝土配制时间应同时考虑砂的细度模数和级配情况。

（5）细集料宜按同产地、同规格、连续进场数量不超过 400 m^3 或 600 t 为一验收批，小批量进场的宜以不超过 200 m^3 或 300 t 为一验收批进行检验；当质量稳定且进料量较大时，可以 1 000 t 为一验收批。检验内容应包括外观、筛分、细度模数、有机物含量、含泥量、泥块含量及人工砂的石粉含量等；必要时应对坚固性、有害物质含量、氯离子含量及碱活性等指标进行检验。检验试验方法应符合现行行业标准《公路工程集料试验规程》（JTG E42）的规定。

三、对粗集料的要求

（1）粗集料宜采用质地坚硬、洁净、级配合理、粒形良好、吸水率小的碎石或卵石。

（2）颗粒形态及表面特征。

粗集料的颗粒形状以近立方体或近球状体为最佳，不宜含有较多针、片状颗粒。

碎石表面比卵石粗糙，且多棱角，因此拌制的混凝土拌合物流动性较差，但与水泥的黏结强度较高，配合比相同时，混凝土强度相对较高。卵石表面较光滑，少棱角，因此拌合物的流动性较好，但黏结性能较差，强度相对较低。但若保持流动性相同，由于卵石可比碎石少用适量水，因此卵石混凝土强度并不一定低。

（3）最大粒径的选择。

集料粒径越大，比表面积越小，空隙率也减小，因此所需的水泥浆或砂浆数量也可相应减少，有利于节约水泥、降低成本，并改善混凝土的性能。所以在条件许可的情况下，应尽量选用较大粒径的集料。

粗集料最大粒径宜按混凝土结构情况及施工方法选取，但最大粒径不得超过结构最小边尺寸的 1/4 和钢筋最小净距的 3/4；在两层或多层密布钢筋结构中，最大粒径不得超过钢筋最小净距的 1/2，同时不得超过 75.0 mm。混凝土实心板的粗集料最大粒径不宜超过板厚的 1/3 且不得超过 37.5 mm。泵送混凝土中粗集料的最大粒径，除应符合上述规定外，对碎石，不宜超过输送管径的 1/3；对卵石，不宜超过输送管径的 1/2.5。

（4）颗粒级配。

粗集料宜根据混凝土的最大粒径采用连续两级配或连续多级配，不宜采用单粒级或间断级配配制；必须使用时，应通过试验验证。粗集料的级配范围应符合表 2-9-4 的规定。

表 2-9-4 粗集料级配范围

级配情况	公称粒级/mm	累计筛余（按质量百分率计）											
		方孔筛筛孔尺寸/mm											
		2.36	4.75	9.5	16.0	19.0	26.5	31.5	37.5	53.0	63.0	75.0	90.0
连续级配	5~10	95~100	80~100	0~15	0								
	5~16	95~100	85~100	30~60	0~10	0							
	5~20	95~100	90~100	40~80		0~10	0						
	5~25	95~100	90~100		30~70		0~5	0					
	5~31.5	95~100	90~100	70~90		15~45		0~5	0				
	5~40		95~100	70~90	30~65				0~5	0			
单粒级	10~20		95~100	85~100	0~15	0							
	16~31.5		95~100	85~100				0~10	0				
	20~40			95~100	80~100				0~10	0			
	31.5~63			95~100				75~100	45~75		0~10	0	
	40~80				95~100				70~100		30~60	0~10	0

（5）粗集料的技术指标应符合表 2-9-5 的规定。

表 2-9-5 粗集料技术指标

项　目	技术要求		
	I 类	II 类	III 类
碎石压碎指标（%）	< 10	< 20	< 30
卵石压碎指标（%）	< 12	< 16	< 16
坚固性（硫酸钠溶液法经 5 次循环后质量损失值，%）	< 5	< 8	< 12
吸水率（%）	< 1.0	< 2.0	< 2.5
针片状颗粒含量（按质量计，%）	< 5	< 15	< 25

项　目		技术要求		
		Ⅰ 类	Ⅱ 类	Ⅲ 类
有害物质含量	含泥量（按质量计，%）	< 0.5	< 1.0	< 1.5
	泥块含量（按质量计，%）	0	< 0.5	< 0.7
	有机物含量（比色法）	合格	合格	合格
	硫化物及硫酸盐（按 S0₃ 质量计，%）	< 0.5	< 1.0	< 1.0
岩石抗压强度（水饱和状态，MPa）		火成岩 > 80；变质岩 > 60；水成岩 > 30		
表观密度/（kg/m³）		> 2 500		
松散堆积密度/（kg/m³）		> 1 350		
空隙率（%）		< 47		
碱集料反应		经碱集料反应试验后，试件无裂缝、酥裂、胶体外溢现象，在规定试验龄期的膨胀率应小于 0.10%		

注：1. Ⅰ类宜用于强度等级大于 C60 的混凝土；Ⅱ类宜用于强度等级为 C30～C60 及有抗冻、抗渗或其他要求的混凝土；Ⅲ类宜用于强度等级小于 C30 的混凝土。
2. 粗集料中不应混有草根、树叶、树枝、塑料、煤块、炉渣等杂物。
3. 岩石的抗压强度除应满足表中要求外，其抗压强度与混凝土强度等级之比应不小于 1.5。岩石强度首先应由生产单位提供，工程中可采用压碎值指标进行质量控制。
4. 当粗集料中含有颗粒状硫酸盐或硫化物杂质时，应进行专门检验，确认能满足混凝土耐久性要求后，方可采用。
5. 采用卵石破碎成砾石时，应具有两个及以上的破碎面，且其破碎面应不小于 70%。

（6）当混凝土结构物处于不同的环境条件下时，粗集料坚固性试验的结果除应符合表 2-9-5 的规定外，尚应符合表 2-9-6 的规定。

表 2-9-6　粗集料的坚固性试验

混凝土所处环境条件	在硫酸钠溶液中循环 5 次后的质量损失（%）
寒冷地区，经常处于干湿交替状态	< 5
严寒地区，经常处于干湿交替状态	< 3
混凝土处于干燥条件，但粗集料风化或软弱颗粒过多时	< 12
混凝土处于干燥条件，但有抗疲劳、耐磨、抗冲击要求或强度等级大于 C40	< 5

（7）试验检测。

粗集料宜按同产地、同规格、连续进场数量不超过 400 m³ 或 600 t 为一验收批，小批量进场的宜以不超过 200 m³ 或 300 t 为一验收批进行检验；当质量稳定且进料量较大时，可以 1000 t 为一验收批。检验内容应包括外观、颗粒级配、针片状颗粒含量、含泥量、泥块含量、压碎值指标等，检验试验方法应符合现行行业标准《公路工程集料试验规程》(JTG E42)的规定。

（8）粗集料在生产、运输与储存过程中，不得混入影响混凝土性能的有害物质。粗集料应按品种、规格分别堆放，不得混杂。在装卸及存储时，应采取措施使集料颗粒级配均匀，并保持洁净。

四、对拌和用水的要求

（1）符合国家标准的饮用水可直接作为混凝土的拌制和养护用水；当采用其他水源或对水质有疑问时，应对水质进行检验。水的品质指标应符合表 2-5-1 的规定。

（2）混凝土用水尚应符合下列规定：① 水中不应有漂浮明显的油脂和泡沫，及有明显的颜色和异味。② 严禁将未经处理的海水用于结构混凝土的拌制。

五、对外加剂的要求

（1）公路桥涵工程使用的外加剂，与水泥、矿物掺合料之间应具有良好的相容性。

（2）所采用的外加剂，应是经过具备相关资质的检测机构检验并附有检验合格证明的产品，且其质量应符合现行国家标准《混凝土外加剂》(GB 8076)的规定。外加剂使用前应进行复验，复验结果满足要求后方可用于工程中。外加剂的品种和掺量应根据使用要求、施工条件、混凝土原材料的变化等通过试验确定。

（3）外加剂的技术要求见表 2-6-1 及表 2-6-2。

（4）采用膨胀剂时应符合下列规定：① 在公路桥涵混凝土工程中采用的膨胀剂，其性能应符合现行国家标准《混凝土膨胀剂》(GB 23439)的规定。② 膨胀剂的品种和掺量应通过试验确定。③ 掺入膨胀剂的混凝土宜采取有效的持续保湿养护措施，且宜按不同结构和温度适当延长养护时间。

六、对掺合料的要求

（1）掺合料应保证其产品品质稳定，来料均匀；掺合料应由生产单位专门加工，进行产品检验并出具产品合格证书。掺合料的技术要求见表 2-6-2、表 2-6-3。

（2）混凝土中需要掺用粉煤灰、磨细矿渣、硅灰等掺合料时，其掺入量应在使用前通过试验确定。

（3）掺合料在运输与存储过程中，应有明显标识，严禁与水泥等其他粉状材料混淆。

课题十　水泥混凝土的技术性质

知识点：

◎ 新拌水泥混凝土和易性的含义及测定方法

◎ 新拌水泥混凝土和易性的影响因素及改善措施

◎ 硬化后水泥混凝土的力学性质及指标

◎ 硬化后水泥混凝土力学性质的影响因素及改善措施

◎ 水泥混凝土的耐久性

技能点：

◎ 水泥混凝土的试验操作及报告处理

◎ 能够正确判断水泥混凝土的质量

水泥混凝土的主要技术性质包括：新拌混凝土的工作性，硬化后混凝土的力学性质与耐久性。

一、新拌混凝土的工作性（和易性）

（一）含　义

新拌混凝土的工作性，又称和易性，是指混凝土拌合物易于施工操作（拌和、运输、浇筑、振捣）且成型后质量均匀、密实的性能。

注：1. 水泥混凝土的离析现象：粗集料下沉，砂浆上浮，以致造成混凝土出现蜂窝、麻面、薄弱夹层等质量不均匀的缺陷。

2. 水泥混凝土的泌水现象：在圆体颗粒下沉过程中，部分水分析出表面，致使上层含水多而水灰比加大，影响混凝土质量。

（二）测定方法

通常通过测定流动性，再辅以其他直观观察或经验综合评定混凝土的和易性。流动性的测定方法有坍落度法、维勃稠度法等。

1. 坍落度法

（1）测试方法。

将搅拌好的混凝土分三层装入坍落度筒（见图 2-10-1），每层插捣 25 次，抹平后垂直提起坍落度筒，混凝土则在自重作用下坍落，以坍落高度（单位：mm）代表混凝土的流动性。

黏聚性是通过观察坍落度测试后混凝土所保持的形状，或侧面用捣棒敲击后的形状判定。当坍落度筒一提起即出现图 2-10-1（c）或图 2-10-1（d）所示形状时，表示黏聚性不良；敲击后出现图 2-10-1（b）所示形状时，则黏聚性好；敲击后出现图 2-10-1（c）所示形状时，则黏聚性欠佳；敲击后出现图 2-10-1（d）所示形状时，则黏聚性不良。

保水性是以水或稀浆从底部析出的量大小评定。析出量大，保水性差，严重时粗集料表面稀浆流失而裸露。析出量小则保水性好。

（2）指标与性质的关系：坍落度越大，流动性越好。

（3）适用条件：粗集料最大粒径≤40 mm，坍落度≥10 mm。

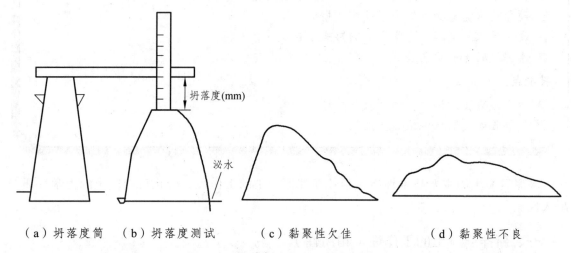

（a）坍落度筒　　（b）坍落度测试　　　　（c）黏聚性欠佳　　　　　（d）黏聚性不良

图 2-10-1　混凝土拌合物和易性测定

2. 维勃稠度法

（1）测试原理。

在坍落度筒提起后，施加一个振动外力，测试混凝土在外力作用下完全填满面板所需的时间（单位：秒），以代表混凝土的流动性。如图 2-10-2 所示。

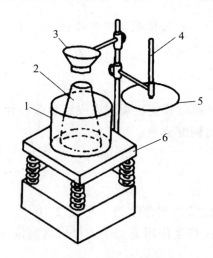

图 2-10-2　维勃稠度仪

1—圆柱形容器；2—坍落度筒；3—漏斗；4—测杆；5—透明圆盘；6—振动台

（2）指标与性质的关系：时间越短，流动性越好；时间越长，流动性越差。

（3）适用条件：粗集料最大粒径≤40 mm，维勃稠度在 5~30 s 的干硬性混凝土。

（三）工作性的选择

新拌混凝土的坍落度，应根据结构物的断面尺寸、钢筋疏密和振捣方式来确定。当构件断面尺寸较小、钢筋较密或人工振捣时，应选择坍落度大一些，易于浇捣密实，以保证施工质量；反之，对于构件断面尺寸较大、钢筋配置稀疏、采用机械振捣时，尽可能选用较小的坍落度，以节约水泥。公路桥涵用混凝土坍落度参考表 2-10-1 选用。

表 2-10-1　公路桥涵用混凝土坍落度参考表

项次	结构种类	坍落度/mm	
		机械振捣	人工振捣
1	桥涵基础、墩台、仰拱、挡土墙及大型预制块，便于灌筑捣实混凝土的结构	0~20	20~40
2	上列桥涵、墩台等工程中较不便施工处	10~30	30~50
3	普通配筋的钢筋混凝土结构，如钢筋混凝土板、梁、柱等	30~50	50~70
4	钢筋较密、断面较小的钢筋混凝土结构（梁、柱、墙等）	50~70	70~90
5	钢筋配制特密、断面高而狭小，极不便灌筑捣实的特殊结构部位	70~90	100~140

（四）影响工作性的因素

1. 单位用水量

增加用水量，流动性增强，但用水量大带来的不利影响是保水性和黏聚性变差，易产生泌水分层离析，从而影响混凝土的匀质性；硬化后混凝土会产生较大的孔隙，从而降低了混凝土的强度和耐久性。

2. 水胶比

（1）水胶比：水的质量与胶凝材料质量之比。

（2）水胶比越大，胶凝材料浆体越稀，拌合物流动性也越大，但黏聚性和保水性却随之变差。水胶比过小，则因流动性过低而影响混凝土振捣密实，易产生麻面和孔洞。

3. 砂率

（1）砂率：混凝土中砂的质量占砂、石总量的百分率。

（2）砂率过大，集料的空隙率和总表面积增大，在水泥浆用量一定的条件下，拌合物流动性小。砂率过小，虽集料总表面积减小，但砂浆量不足，不能起到润滑作用，流动性降低，更严重的是影响拌合物的黏聚性和保水性。砂率与坍落度的关系如图 2-10-3 所示。

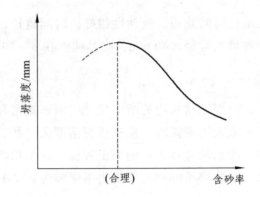

图 2-10-3　砂率与坍落度的关系

4. 水泥特性

水泥品种、细度与矿物组成不同，达到相同流动性的需水量往往不同，从而影响混凝土的流动性。

5. 集料特性

（1）卵石表面光滑、形状较圆、少棱角，所配制的混凝土流动性较好，但强度较表面粗糙、有棱角的碎石混凝土低。

（2）河砂与山砂的差异与上述相似。

（3）具有优良级配，最大粒径较大的混凝土拌合物工作性较好。

6. 温度和时间

温度升高会导致坍落度减小，混合料随时间延长而变得干稠，造成坍落度损失。

7. 外加剂

在混凝土拌合物中加入少量的外加剂，可在不增加用水量和水泥用量的情况下，有效地改善其工作性，同时可提高混凝土的强度和耐久性。

（五）改善工作性的措施

1. 调节混凝土的材料组成

（1）当坍落度小于设计要求时，为了保证混凝土的强度和耐久性，保持水胶比不变，增加胶凝材料浆体用量。

（2）当坍落度大于设计要求时，可在保持砂率不变的前提下，增加砂石用量。

（3）改善集料级配，既可增强混凝土的流动性，也能改善其黏聚性和保水性。

（4）尽可能选用最优砂率。当黏聚性不足时，可适当增大砂率。

2. 掺加外加剂

如减水剂、引气剂等均能提高新拌混凝土的工作性，同时提高强度和耐久性且节约水泥。

3．提高振捣机械的效能

可降低施工条件对混凝土工作性能的要求，因而保持原有工作性能达到振实性能。

二、新拌混凝土的凝结时间

（1）定义：混凝土的凝结时间分初凝和终凝。

① 初凝指混凝土加水至失去塑性所经历的时间，亦即表示施工操作的时间极限。

② 终凝指混凝土加水到产生强度所经历的时间。

（2）工程要求：初凝时间应适当长，以便于施工操作；终凝与初凝的时间差则越短越好。

（3）测定方法：贯入阻力法，如图 2-10-4 所示。

（4）影响因素：水胶比、水泥品种、水泥细度、外加剂、掺合料和气候条件等。

水灰比增大，凝结时间延长；早强剂、速凝剂使凝结时间缩短；缓凝剂则使凝结时间大大延长。

三、硬化后混凝土的力学性质

混凝土强度有：抗压强度、轴心抗压强度、劈裂抗拉强度和抗折强度等，其中常用指标有抗压强度和抗折强度。

（一）抗压强度

1．立方体抗压强度标准值和强度等级

图 2-10-4　贯入阻力仪

（1）立方体抗压强度。

按照标准的制作方法制成边长为 150 mm 的立方体试件，在标准养护条件（温度 20 ± 2 ℃，相对湿度 95% 以上）下，养护至 28 d 龄期，按标准的测定方法测其抗压强度值，即为混凝土立方体试件抗压强度（简称立方体抗压强度）。

（2）立方体抗压强度标准值。

按照标准方法制作和养护的边长为 150 mm 的立方体试件，在标准养护条件下，养护至 28 d 龄期，用标准试验方法测定的抗压强度总体分布中的一个值，强度低于该值的百分率不超过 5%（即具有 95% 的保证率），以 MPa 计。

（3）强度等级。

混凝土的"强度等级"是根据"立方体抗压强度标准值"来确定的。

强度等级的表示方法：用符号"C"和"立方体抗压强度标准值"两项内容表示。例如：C30 表示混凝土立方体抗压强度标准值 $f_{cu,k} = 30$ MPa。

我国现行行业标准《公路钢筋混凝土及预应力混凝土桥涵设计规范》（JTG D62—2004）规定，普通混凝土按立方体抗压强度标准值划分强度等级为：C15、C20、C25、C30、C35、C40、C45、C50、C55、C60、C65、C70、C75、C80 等 14 个强度等级。

2. 轴心抗压强度

混凝土的抗压强度是采用立方体试件测定的，但在实际工程中，大部分钢筋混凝土结构形式为棱柱体或圆柱体。为了较真实地反映混凝土的实际受力情况，在钢筋混凝土结构计算中，计算轴心受压构件时，都是采用混凝土的轴心抗压强度作为设计指标。

我国现行标准《公路工程水泥及水泥混凝土试验规程》（JTG E30）规定，采用 150 mm × 150 mm × 300 mm 的棱柱体作为标准试件，测定其轴心抗压强度。

关于轴心抗压强度与立方体抗压强度间的关系，通过许多棱柱体和立方体试件的强度试验表明：在立方体抗压强度为 10 ~ 55 MPa 的范围内，轴心抗压强度与立方体抗压强度之比为 0.7 ~ 0.8。

（二）抗折强度

道路路面或机场路面用水泥混凝土，以抗折强度（或称抗弯拉强度）为主要强度指标，抗压强度为参考强度指标。

道路水泥混凝土抗折强度是以标准制作方法制成 150 mm × 150 mm × 550 mm 的棱柱体试件，在标准养护条件（温度 20 ℃ ± 2 ℃，相对湿度 95% 以上）下，养护 28 d 龄期，按三分点加荷方式测定其抗折强度值。

（三）影响强度的因素

原材料的质量（主要是水泥强度和集料品种）、材料的组成（水胶比、集浆比、集料级配）、施工方法（拌和、运输、浇筑、振捣、养护）和试验条件（龄期、试件形状与尺寸、试验方法、温度和湿度）等。

1. 水泥强度和水胶比

（1）在配合比相同的条件下，水泥强度越高，制成的混凝土强度也越高。

（2）水泥强度等级相同的情况下，水胶比越小，水泥混凝土强度越高。

若水胶比较大，混凝土硬化后，多余的水分就残留在混凝土中形成水泡，水分蒸发后形成气孔，使混凝土的密实度和强度降低。

2. 集料的品种、质量与数量

（1）用碎石拌制的混凝土比卵石混凝土的强度高。

（2）集料强度过低、有害杂质含量过多时会降低混凝土的强度。

（3）在水胶比相同的条件下，达到最优集浆比后，混凝土的强度随集浆比的减小而降低。

3. 养护条件——温度、湿度

（1）混凝土在潮湿条件下养护强度高，在干燥条件下强度低。混凝土在干燥条件下经过几个月后放在水中养护，强度仍会继续增长，时间越长强度越高。

（2）在湿度相同的养护条件下，低温养护强度发展较慢，当温度降至零度时，混凝土强度不仅停止增长，遭遇严寒时还会引起混凝土崩溃。高温养护可以提高混凝土的早期强度。

4. 龄　期

混凝土在标准养护条件下，其强度与龄期的对数成正比。

5. 试验条件

相同材料组成、制备和养护条件相同的混凝土试件，其力学强度还取决于试验条件。影响混凝土力学强度的试验条件主要有：试件形状和尺寸、试件温度和湿度、支承条件和加载方式等。

（四）提高强度的措施

（1）选用高强度水泥和早强型水泥。
（2）降低水灰比和浆集比以提高混凝土的密实度。
（3）采用蒸汽养护和蒸压养护以提高混凝土的早期强度。
（4）掺加外加剂和掺合料，采用机械搅拌和振捣。

四、混凝土的耐久性

混凝土耐久性是指在正常设计、施工、使用和维护条件下，混凝土在设计使用期内具有抗冻、防止钢筋腐蚀和抗渗的能力。

道路与桥梁用混凝土长期遭受风霜雨雪的侵蚀，对耐久性要求首要为抗冻性；其次，路面混凝土还要求具有一定的耐磨性；桥梁墩台混凝土要求具有对海水、污水的耐蚀性；隧道混凝土要求具有对气体的耐蚀性。此外，近年来碱-集料反应，导致高速公路及桥梁结构的破坏，亦引起人们的关注。

1. 抗冻性

混凝土抗冻性是指混凝土在饱水状态下，能经受多次冻融循环而不破坏的性能。为评价混凝土的抗冻性，采用的抗冻性试验方法，可分为慢冻法和快冻法两种。我国现行交通行业标准采用"快冻法"，测定混凝土的相对动弹模量和耐久性指数。当混凝土相对动弹模量降低至小于或等于60%，或质量缺失达5%时的循环次数，即为混凝土的抗冻标号。一般以抗冻标号表示。我国现行行业标准《混凝土耐久性检验评定标准》（JGJ/T 193—2009）规定，抗冻等级按快冻法分为F50、F100、F150、F200、F250、F300、F350、F400、＞F400，抗冻标号按慢冻法分为D60、D100、D150、D200、＞D200等。

2. 耐磨性

耐磨性是路面和桥梁用混凝土的重要性能之一。作为高级路面的水泥混凝土，必须具有抵抗车辆轮胎磨耗和磨光的性能，大型桥梁的墩台混凝土要具有抵抗湍流空蚀的能力。

3. 碱-集料反应

水泥混凝土中水泥的碱与某些碱活性集料发生化学反应，可引起混凝土膨胀、开裂，甚至破坏,这种化学反应称为碱-集料反应。含有这种碱活性矿物的集料称为碱活性集料（简称碱集料）。碱-集料反应会导致高速公路路面或大型桥梁墩台的开裂和破坏，并且会不断发展，难以补救。因此，引起世界各国的普遍关注。近年来，我国水泥含碱量的增加、水泥用量的提高以及含碱外加剂的普遍应用，增加了碱-集料反应破坏的潜在危险，因此，对混凝土用砂石料的碱活性问题，必须引起重视。

我国现行《公路桥涵施工技术规范》（JTG/T F50—2011）中规定每立方米混凝土的总含碱量，对一般桥涵不宜大于 3.0 kg/m³，对特大桥、大桥和重要桥梁不宜大于 1.8 kg/m³；当混凝土结构处于受严重侵蚀的环境中时，不得使用有碱活性反应的集料。

碱-集料反应有两种类型：碱-硅反应是指碱与集料中活性二氧化硅反应；碱-碳酸盐反应是指碱与集料中活性碳酸盐反应。

碱-集料反应必须具备三个条件：① 混凝土中的集料具有活性；② 混凝土中含有一定量可溶性碱；③ 有一定湿度。

提高混凝土耐久性的措施有：合理选用水泥品种；合理选用水胶比和胶凝材料用量，对"最大水胶比"和"最小胶凝材料用量"加以限制；选用良好的砂石材料，改善集料的级配；采用减水剂或加气剂；施工中加强搅拌、振捣、养护，严格控制施工质量。

试验一　水泥混凝土拌合物的拌和与现场取样方法

一、目的和适用范围

本方法规定了在常温环境中室内水泥混凝土拌合物的拌和与现场取样方法。

轻质水泥混凝土、防水水泥混凝土、碾压水泥混凝土等其他特种水泥混凝土的拌和与现场取样方法，可以参照本方法进行；但因其特殊性所引起的对试验设备及方法的特殊要求，均应遵照对这些水泥混凝土的有关技术规定进行。

二、仪器设备

（1）搅拌机：自由式或强制式，如图 2-10-5 所示。

（2）振动台：标准振动台，如图 2-10-6 所示，符合《混凝土试验用振动台》的要求。

图 2-10-5　水泥混凝土搅拌机

图 2-10-6　水泥混凝土振动台

（3）磅秤：感量满足称量总量 1% 的磅秤。

（4）天平：感量满足称量总量 0.5% 的天平。

（5）其他：铁板、铁铲等。

三、材　料

（1）所有材料均应符合有关要求，拌和前材料应放置在温度为 20 ℃±5 ℃ 的室内。

（2）为防止粗集料的离析，可将集料按不同粒径分开，使用时再按一定比例混合。试样从抽取至试验完毕的过程中，不要风吹日晒，必要时应采取保护措施。

四、拌和步骤

（1）拌和时保持室温 20 ℃±5 ℃。

（2）拌合物的总量至少应比所需量高 20% 以上。拌制混凝土的材料用量应以质量计，称量的精确度：集料为 ±1%，水、水泥、掺合料和外加剂为 ±0.5%。

（3）粗集料、细集料均以干燥状态[注]为基准，计算用水量时应扣除粗集料、细集料的含水量。

注：干燥状态是指含水率小于 0.5% 的细集料和含水率小于 0.2% 的粗集料。

（4）外加剂的加入：

① 对于不溶于水或难溶于水且不含潮解型盐类，应先和一部分水泥拌和，以保证充分分散。

② 对于不溶于水或难溶于水但含潮解型盐类，应先和细集料拌和。

③ 对于水溶性或液体，应先和水拌和。

④ 其他特殊外加剂，应遵守有关规定。

（5）拌制混凝土所用各种用具，如铁板、铁铲、抹刀，应预先用水润湿，使用完后必须清洗干净。

（6）使用搅拌机前，应先用少量砂浆进行涮膛，再刮出涮膛砂浆，以避免正式拌和混凝土时水泥砂浆黏附筒壁的损失。涮膛砂浆的水灰比及砂灰比，应与正式的混凝土配合比相同。

（7）用搅拌机拌和时，拌合量宜为搅拌机公称容量的 1/4～3/4。

（8）搅拌机搅拌。

按规定称好原材料，往搅拌机内顺序加入粗集料、细集料、水泥。开动搅拌机，将材料拌和均匀，在拌和过程中徐徐加水，全部加料时间不宜超过 2 min。水全部加入后，继续拌和约 2 min，而后将拌合物倾出在铁板上，再经人工翻拌 1～2 min，务必使拌合物均匀一致。

（9）人工拌和。

采用人工拌和时，先用湿布将铁板、铁铲润湿，再将称好的砂和水泥在铁板上拌匀，加入粗集料，再混和搅拌均匀。而后将此拌合物堆成长堆，中心扒成长槽，将称好的水倒入约一半，将其与拌合物仔细拌匀，再将材料堆成长堆，扒成长槽，倒入剩余的水，继续进行拌和，来回翻拌至少 6 遍。

（10）从试样制备完毕到开始做各项性能试验不宜超过 5 min（不包括成型试件）。

五、现场取样

（1）新混凝土现场取样：凡由搅拌机、料斗、运输小车以及浇制的构件中采取新拌混凝土代表性样品时，均须从三处以上的不同部位抽取大致相同份量的代表性样品（不要抽取已经离析的混凝土），集中用铁铲翻拌均匀，而后立即进行拌合物的试验。拌合物取样量应多于试验所需数量的 1.5 倍，其体积不小于 20 L。

（2）为使取样具有代表性，宜采用多次采样的方法，最后集中用铁铲翻拌均匀。

（3）从第一次取样到最后一次取样不宜超过 15 min。取回的混凝土拌合物应经过人工再次翻拌均匀，而后进行试验。

试验二　水泥混凝土拌合物稠度试验方法
（坍落度仪法）

一、目的和适用范围

本方法规定了采用坍落度仪测定水泥混凝土拌合物稠度的方法和步骤。

本方法适用于坍落度大于 10 mm、集料公称最大粒径不大于 31.5 mm 的水泥混凝土的坍落度测定。

二、仪器设备

（1）坍落筒：如图 2-10-7 所示，符合《水泥混凝土坍落度仪》中有关技术要求。坍落度筒为铁板制成的截头圆锥筒，厚度不小于 1.5 mm，内侧平滑，没有铆钉头之类的突出物，在筒上方约 2/3 高度处有两个把手，近下端两侧焊有两个踏脚板，保证坍落筒可以稳定操作，坍落筒尺寸如表 2-10-2 所示。

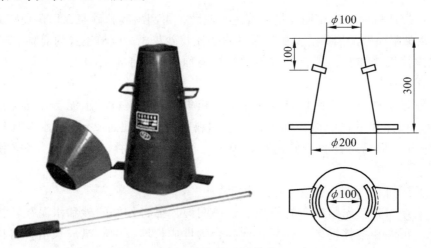

图 2-10-7　坍落筒（单位：mm）

表 2-10-2　坍落筒尺寸

集料公称最大粒径/mm	筒的名称	筒的内部尺寸/mm		
		底面直径	顶面直径	高度
< 31.5	标准坍落筒	200±2	100±2	300±2

（2）捣棒：符合《水泥混凝土坍落度仪》（JG 3021）中的有关技术要求，为直径 16 mm、长约 600 mm 并具有半球形端头的钢质圆棒。

（3）其他：小铲、木尺、小钢尺、镘刀和钢平板等。

三、试验步骤

（1）试验前将坍落筒内外洗净，放在经水润湿过的平板上（平板吸水时应垫以塑料布），踏紧脚踏板。

（2）将代表样分三层装到筒内，每层装入高度稍大于筒高的 1/3，用捣棒在每一层的横截面上均匀插捣 25 次。插捣在全部面积上进行，沿螺旋线由边缘至中心，插捣底层时插至底部，插捣其他两层时，应插透本层并插入下层 20～30 mm，插捣须垂直压下（边缘部分除外），不得冲击。在插捣顶层时，装入的混凝土应高出坍落筒口，随插捣过程随时添加拌合物。当顶层插捣完毕，将捣棒用锯和滚的动作清除掉多余的混凝土，用镘刀抹平筒口，刮净筒底周围的拌合物。而后立即垂直地提起坍落筒，提筒在 5～10 s 内完成，并使混凝土不受横向及扭力作用。从开始装料到提出坍落度筒整个过程应在 150 s 内完成。

（3）将坍落筒放在锥体混凝土试样一旁，筒顶平放木尺，用小钢尺量出木尺底面至试样顶面最高点的垂直距离，即为该混凝土拌合物的坍落度，精确至 1 mm。

（4）当混凝土试件的一侧发生崩坍或一边剪切破坏，则应重新取样另测。如果第二次仍发生上述情况，则表示该混凝土和易性不好，应作记录。

（5）当混凝土拌合物的坍落度大于 220 mm 时，用钢尺测量混凝土扩展后最终的最大直径和最小直径，在这两个直径之差小于 50 mm 的条件下，用其算术平均值作为坍落扩展度值；否则，此次试验无效。

（6）坍落度试验的同时，可用目测方法评定混凝土拌合物的下列性质，并予记录。

① 棍度：按插捣混凝土拌合物时难易程度评定，分"上""中""下"三级。

"上"表示插捣容易；

"中"表示插捣时稍有石子阻滞的感觉；

"下"表示很难插捣。

② 含砂情况：按拌合物外观含砂多少而评定，分"多""中""少"三级。

"多"表示用镘刀抹拌合物表面时，一两次即可使拌合物表面平整无蜂窝；

"中"表示抹五、六次才可使表面平整无蜂窝；

"少"表示抹面困难，不易抹平，有空隙及石子外露等现象。

③ 黏聚性：观测拌合物各组分相互黏聚的情况。评定方法是用捣棒在已坍落的混凝土锥体侧面轻打，如锥体在轻打后逐渐下沉，表示黏聚性良好；如锥体突然倒坍、部分崩裂或发生石子离析现象，即表示黏聚性不好。

④ 保水性：水分从拌合物中析出情况，分"多量""少量""无"三级评定。

"多量"表示提起坍落筒后，有较多水分从底部析出；

"少量"表示提起坍落筒后，有少量水分从底部析出；

"无"表示提起坍落筒后，没有水分从底部析出。

四、试验结果

混凝土拌合物坍落度和坍落扩展度值以毫米（mm）为单位，测量精确至 1 mm，结果修约至最接近的 5 mm。

试验三　水泥混凝土拌合物表观密度试验

一、目的和适用范围

适用于测定水泥混凝土拌合物捣实后的密度，以备修正、核实混凝土配合比计算中的材料用量。

二、仪器设备

（1）试样筒。

试样筒为刚性金属圆筒，两侧装有把手，筒壁坚固且不漏水。对于集料公称最大粒径不大于 31.5 mm 的拌合物，采用 5 L 的试样筒，其内径与内高均为 186 mm ± 2 mm，壁厚为 3 mm。对于集料公称最大粒径大于 31.5 mm 的拌合物所采用试样筒，其内径与内高均应大于集料公称最大粒径的 4 倍。

（2）捣棒：符合《水泥混凝土坍落度仪》（JG 3021）中有关技术要求，为直径 16 mm、长约 600 mm 并具有半球形端头的钢质圆棒。

（3）磅秤：称量 100 kg，感量 50 g。

（4）其他：振动台、金属直尺、镘刀、玻璃板等。

三、试验步骤

（1）试验前用湿布将试样筒内外擦试干净，称出质量（m_1），精确至 50 g。

（2）当坍落度不小于 70 mm 时，宜采用人工捣固；

对于 5 L 试样筒，可将混凝土拌合物分两层装入，每层插捣次数为 25 次。

对于大于 5 L 的试样筒，每层混凝土高度不应大于 100 mm，每层插捣次数按每 10 000 mm^2 截面不小于 12 次计算。用捣棒从边缘到中心沿螺旋线均匀插捣。捣棒应垂直压下，不得冲击，捣底层时应至筒底，捣上两层时，须插入其下一层 20 ~ 30 mm。每捣毕一层，应在量筒外壁拍打 5 ~ 10 次，直至拌合物表面不出现气泡为止。

（3）当坍落度小于 70 mm 时，宜用振动台振实，应将试样筒在振动台上夹紧，一次将拌合物装满试样筒，立即开始振动，振动过程中如混凝土低于筒口，应随时添加混凝土，振动直至拌合物表面出现水泥浆为止。

（4）用金属直尺齐筒口刮去多余的混凝土，用镘刀抹平表面，并用玻璃板检验，而后擦净试样筒外部并称其质量（m_2），精确至 50 g。

四、计　算

按公式（2-10-1）计算拌合物表观密度：

$$\rho_{\mathrm{h}} = \frac{m_2 - m_1}{V} \times 1000 \qquad\qquad (2\text{-}10\text{-}1)$$

式中　ρ_{h}——拌合物表观密度，kg/m^3；

m_1——试样筒质量，kg；

m_2——捣实或振实后混凝土和试样筒总质量，kg。

试验结果计算精确到 $10\ kg/m^3$。

注：应经常校正试样筒容积：将干净的试样筒和玻璃板合并称其质量，再将试样筒加满水，盖上玻璃板，勿使筒内存有气泡，擦干外部水分，称出水的质量，即得试样筒容积。

以两次试验结果的算术平均值作为测定值，精确到 $10\ kg/m^3$，试样不得重复使用。

试验四　水泥混凝土试件制作方法

一、目的和适用范围

本方法规定了在常温环境中室内试验时水泥混凝土试件的制作方法。

轻质水泥混凝土、防水水泥混凝土、碾压混凝土等其他特种水泥混凝土的制作，可以参照本方法进行，但因其特殊性所引起的对试验设备及方法的特殊要求，均应遵照对这些水泥混凝土试件制作的有关技术规定进行。

二、仪器设备

（1）搅拌机：自由式或强制式。

（2）振动台：标准振动台，符合《混凝土试验用振动台》的要求。

（3）混凝土试模：为了防止接缝处出现渗漏，要使用合适的密封剂，如黄油，并采用紧固方法使底板固定在模具上。

常用的几种试件尺寸（试件内部尺寸）规定如表 2-10-3 所示。

表 2-10-3　试件尺寸

试件名称	标准尺寸/mm	非标准尺寸/mm
立方体抗压强度试件	$150 \times 150 \times 150(31.5)$	$100 \times 100 \times 100(26.5)$ $200 \times 200 \times 200(53)$
圆柱抗压强度试件	$\phi 150 \times 300(31.5)$	$\phi 100 \times 200(26.5)$ $\phi 200 \times 400(53)$
芯样抗压强度试件	$\phi 150 \times L_{\mathrm{m}}(31.5)$	$\phi 100 \times L_{\mathrm{m}}(26.5)$
立方体劈裂抗拉强度试件	$150 \times 150 \times 150(31.5)$	$100 \times 100 \times 100(26.5)$
圆柱劈裂抗拉强度试件	$\phi 150 \times 300(31.5)$	$\phi 100 \times 200(26.5)$ $\phi 200 \times 400(53)$
芯样劈裂强度试件	$\phi 150 \times L_{\mathrm{m}}(31.5)$	$\phi 100 \times L_{\mathrm{m}}(26.5)$

试件名称	标准尺寸/mm	非标准尺寸/mm
轴心抗压强度试件	150×150×350(31.5)	100×100×300(26.5) 200×2 00×400(53)
抗压弹性模量试件	150×150×350(31.5)	100×100×300(26.5) 200×200×400(53)
圆柱抗压弹性模量试件	ϕ150×300(31.5)	ϕ100×200(26.5) ϕ200×400(53)
抗弯拉强度试件	150×1 50×600(31.5) 150×150×550(31.5)	100×100×400(26.5)
抗弯拉弹性模量试件	150×150×600(31.5) 150×150×550(31.5)	100×100×400(26.5)
水泥混凝土干缩试件	100×100×515(19)	150×150×515(31.5) 200×200×515(50)
抗渗试件	上口直径 175 mm、下口直径 185 mm、高 150 mm 的锥台	上、下直径与高度均为 150 mm 的圆柱体

注：括号中的数字为试件中集料公称最大粒径，单位为 mm。标准试件的最短尺寸大于公称最大粒径的 4 倍。

（4）捣棒：直径 16 mm、长约 600 mm 并具有半球形端头的钢质圆棒。

（5）橡皮锤：应带有质量约 250 g 的橡皮锤头。

（6）其他：铁锹、抹刀等。

三、非圆柱体试件成型

（1）水泥混凝土的拌合参照《水泥混凝土拌合物的拌和与现场取样方法》。成型前，在试模内壁涂一薄层矿物油。

（2）取拌合物的总量至少应比所需量高 20%，并取出少量混凝土拌合物代表样，在 5 min 内进行坍落度或维勃试验。确认品质合格后，应在 15 min 内开始制作或作其他试验。

（3）对于坍落度小于 25 mm 时[注]，可采用 ϕ25 mm 的插入式振捣棒成型。将混凝土拌合物一次装入试模，装料时应用抹刀沿各试模壁插捣，并使混凝土拌合物高出试模口；振捣时振捣棒距底板 10～20 mm，且不要接触底板。振捣直到表面出浆为止，且应避免过振，以防止混凝土离析，一般振捣时间为 20 s。振捣棒拔出时要缓慢，拔出后不得留有孔洞。用刮刀刮去多余的混凝土，在临近初凝时，用抹刀抹平。试件抹面与试模边缘高低差不得超过 0.5 mm。

注：这里不适于用水量非常低的水泥混凝土；同时不适于直径或高度不大于 100 mm 的试件。

（4）当坍落度大于 25 mm 且小于 70 mm 时，用标准振动台成型。将试模放在振动台上夹牢，防止试模自由跳动，将拌合物一次装满试模并稍有富余，开动振动台至混凝土表面出现乳状水泥浆为止，振动过程中随时添加混凝土使试模常满，记录振动时间（为维勃秒数的 2~3 倍，一般不超过 90 s）。振动结束后，用金属直尺沿试模边缘刮去多余的混凝土，用镘刀将表面初次抹平，待试件收浆后，再次用镘刀将试件仔细抹平，试件抹面与试模边缘的高低差不得超过 0.5 mm。

（5）当坍落度大于 70 mm 时，采用人工成型。拌合物分厚度大致相等的两层装入试模。捣固时按螺旋方向从边缘到中心均匀地进行。插捣底层混凝土时，捣棒应达到模底；插捣上层时，捣棒应贯穿上层后插入下层 20~30 mm 处。插捣时应用力将捣棒压下，保持捣棒垂直，不得冲击，捣完一层后，用橡皮锤轻轻击打试模外端面 10~15 下，以填平插捣过程中留下的孔洞。

每层插捣次数：100 cm^2 的截面面积内不得少于 12 次。试件抹面与试模边缘高低差不得超过 0.5 mm。

四、圆柱体试件制作

（1）水泥混凝土的拌和参照《水泥混凝土拌合物的拌和与现场取样方法》。成型前试模内壁涂一薄层矿物油。

（2）取拌合物的总量至少应比所需量高 20%，并取出少量混凝土拌合物代表样，在 5 min 内进行坍落度或维勃试验。确认为品质合格，应在 15 min 内开始制作或作其他试验。

（3）对于坍落度小于 25 mm 时[注]，可采用 ϕ25 mm 的插入式振捣棒成型。拌合物分厚度大致相等的两层装入试模。以试模的纵轴为对称轴，呈对称方式填料。插入密度以每层分三次插入。振捣底层时，振捣棒距底板 10~20 mm 且不要接触底板；振捣上层时，振捣棒插入该层底面下 15 mm 深。振捣直到表面出浆为止，且应避免过振，以防止混凝土离析。一般时间为 20 s。捣完一层后，如有棒坑留下，可用橡皮锤敲击试模侧面 10~15 下。振捣棒拔出时要缓慢。用刮刀刮去多余的混凝土，在临近初凝时，用抹刀抹平，使表面略低于试模边缘 1~2 mm。

注：这里不适合于水量非常低的水泥混凝土；同时不适于直径或高度不大于 100 mm 的试件。

（4）当坍落度大于 25 mm 且小于 70 mm 时，用标准振动台成型。将试模放在振动台上夹牢，防止试模自由跳动，将拌合物一次装满试模并稍有富余，开动振动台至混凝土表面出现乳状水泥浆时为止。振动过程中随时添加混凝土使试模常满，记录振动时间（为维勃秒数的 2~3 倍，一般不超过 90 s）。振动结束后，用金属直尺沿试模边缘刮去多余的混凝土，用镘刀将表面初次抹平，待试件收浆后，再次用镘刀将试件仔细抹平，使表面略低于试模边缘 1~2 mm。

（5）当坍落度大于 70 mm 时，用人工成型。

对于试件直径为 200 mm 时，拌合物分厚度大致相等的三层装入试模。以试模的纵轴为对称轴，呈对称方式填料。每层插捣 25 下，捣固时按螺旋方向从边缘到中心均匀地进行。插捣底层时，捣棒应到达模底；插捣上层时，捣棒插入该层底面下 20~30 mm 处。插捣时应用力将捣棒压下，不得冲击，捣完一层后，如有棒坑留下，可用橡皮锤轻轻敲击试模侧面 10~15 下。用镘刀将试件仔细抹平，使表面略低于试模边缘 1~2 mm。

而对于试件直径为 100 mm 或 150 mm 时，分两层装料，各层厚度大致相等。试件直径为 150 mm 时，每层插捣 15 下；试件直径为 100 mm 时，每层插捣 8 下。捣固时按螺旋方向从边缘到中心均匀地进行。插捣底层时，捣棒应到达模底，插捣上层时，捣棒插入该层底面下 15 mm 深。用镘刀将试件仔细抹平，使表面略低于试模边缘 1~2 mm。

当所确定的插捣次数使混凝土拌合物产生离析现象时，可酌情减少插捣次数至拌合物不产生离析的程度。

（6）对试件端面应进行整平处理，但加盖层的厚度应尽量薄。

① 拆模前，当混凝土具有一定强度后，用水洗去上表面的浮浆，并用干抹布吸去表面水之后，抹上干硬性水泥净浆，用压板均匀地盖在试模顶部。加盖层应与试件的纵轴垂直。为防止压板和水泥浆之间的黏性，应在压板下垫一层薄纸。

② 对于硬化试件的端面处理，可采用硬石膏或硬石膏和水泥的混合物，加水后平铺在端面，并用压板进行整平。在材料硬化之前，应用湿布覆盖试件。

③ 对不采用端部整平处理的试件，可采用切割的方法达到端面和纵轴垂直。整平后的端面应与试件的纵轴相垂直，端面的平整度公差在 ±0.1 mm 以内。

五、养 护

（1）试件成型后，用湿布覆盖表面（或其他保持湿度办法），在室温 20 ℃±5 ℃，相对湿度大于 50% 的环境下，静放一个到两个昼夜，然后拆模并作第一次外观检查、编号。对有缺陷的试件，应除去或加工补平。

（2）将完好试件放入标准养护室进行养护，标准养护室温度为 20 ℃±2 ℃，相对湿度在 95% 以上，试件宜放在铁架或木架上，间距 10~20 mm，试件表面应保持一层水膜，并避免用水直接冲淋。当无标准养护室时，将试件放入温度 20 ℃±2 ℃ 的不流动的 $Ca(OH)_2$ 饱和溶液中养护。

（3）标准养护龄期为 28 d（从搅拌加水开始）。非标准的龄期为 1 d、3 d、7 d、60 d、90 d、180 d。

试验五　水泥混凝土立方体抗压强度试验

一、目的和适用范围

本方法规定了测定水泥混凝土抗压极限强度的方法和步骤。本方法可用于确定水泥混凝土的强度等级，作为评定水泥混凝土品质的主要指标。

本方法适用于各类水泥混凝土立方体试件的极限抗压强度试验。

二、仪器设备

（1）压力机或万能试验机：测量精度为 ±1%，试件破坏荷载应大于压力机全量程的

20% 且小于压力机全量程的 80%。同时应具有加荷速度指示装置或加荷速度控制装置。上、下压板平整并有足够刚度，可以均匀地连续加荷卸荷，可以保持固定荷载，开机停机均灵活自如，能够满足试件破型吨位要求。

（2）球座：钢质坚硬，面部平整度要求在 100 mm 距离内的高低差值不超过 0.05 mm，球面及球窝粗糙度 $R_a = 0.32$ μm，研磨、转动灵活。不应在大球座上作小试件破型，球座最好放置在试件顶面（特别是棱柱试件），并凸面朝上，当试件均匀受力后，一般不宜再敲动球座。

（3）混凝土强度等级大于等于 C60 时，试验机上、下压板之间应各垫一钢垫板，平面尺寸应不小于试件的承压面，其厚度至少为 25 mm。钢垫板应机械加工，其平面度允许偏差 ±0.04 mm；表面硬度大于等于 55HRC；硬化层厚度约 5 mm。试件周围应设置防崩裂网罩。

三、试验步骤

（1）混凝土抗压强度试件应同龄期者为一组，每组为 3 个同条件制作和养护的混凝土试块。

（2）至试验龄期时，自养护室取出试件，应尽快进行试验，避免其湿度变化。

（3）取出试件，检查其尺寸及形状，相对两面应平行。量出棱边长度，精确至 1 mm。试件受力截面积按其与压力机上下接触面的平均值计算。在破型前，保持试件原有湿度，在进行试验时擦干试件。

（4）以成型时的侧面为上、下受压面，试件中心应与压力机是几何对中。

（5）强度等级小于 C30 的混凝土取 0.3 ~ 0.5 MPa/s 的加荷速度；强度等级大于 C30 小于 C60 时，则取 0.5 ~ 0.8 MPa/s 的加荷速度；强度等级大于 C60 的混凝土取 0.8 ~ 1.0 MPa/s 的加荷速度。当试件接近破坏而开始迅速变形时，应停止调整试验机油门，直至试件破坏，记录破坏极限荷载 F（N）。

四、试验结果

（1）混凝土立方体抗压强度应按公式（2-10-2）计算：

$$f_{cu} = \frac{F}{A} \tag{2-10-2}$$

式中　　f_{cu}——混凝土立方体试件抗压强度，MPa；

F——极限荷载，N；

A——受压面积，mm^2。

（2）以 3 个试件测值的算术平均值作为测定值，计算精确至 0.1 MPa。3 个测值中的最大值或最小值中如有一个与中间值之差超过中间值的 15%，则取中间值为测定值；如最大值和最小值与中间值之差均超过中间值的 15%，则该组试件的试验结果无效。

（3）混凝土强度等级小于 C60 时，非标准试件的抗压强度应乘以尺寸换算系数（见表 2-10-4），并应在报告中注明。当混凝土强度等级大于等于 C60 时，宜用标准试件，使用非标准试件时，换算系数由试验确定。

表 2-10-4 立方体抗压强度尺寸换算系数

试件尺寸/mm	尺寸换算系数	试件尺寸/mm	尺寸换算系数
100×100×100	0.95	200×200×200	1.05

试验六 水泥混凝土抗弯拉强度试验方法

一、目的和适用范围

本方法规定了测定水泥混凝土抗弯拉极限强度的方法，以提供设计参数，检查水泥混凝土施工品质和确定抗弯拉弹性模量试验加荷标准。

本方法适用于各类水泥混凝土棱柱体试件。

二、仪器设备

（1）压力机或万能试验机：测量精度为±1%，试件破坏荷载应大于压力机全量程的20%且小于压力机全量程的80%；同时应具有加荷速度指示装置或加荷速度控制装置。上、下压板平整并有足够刚度，可以均匀地连续加荷卸荷，可以保持固定荷载，开机停机均灵活自如，能够满足试件破型吨位要求。

（2）抗弯拉试验装置（即三分点处双点加荷和三点自由支承式混凝土抗弯拉强度与抗弯拉弹性模量试验装置）：如图 2-10-8 所示。

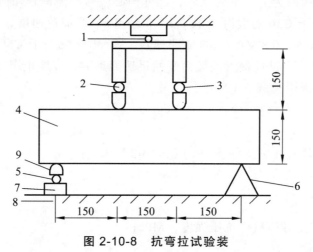

图 2-10-8 抗弯拉试验装

1，2——一个钢球；3，5——两个钢球；4——试件；6——固定支座；7——活动支座；8——机台；9——活动船形垫块

三、试件制备和养护

（1）试件尺寸应符合规定，同时在试件长向中部 1/3 区段内表面不得有直径超过 5 mm、深度超过 2 mm 的孔洞。

（2）混凝土抗弯拉强度试件应取同龄期者为一组，每组 3 根同条件制作和养护的试件。

四、试验步骤

（1）试件取出后，用湿毛巾覆盖并及时进行试验，保持试件干湿状态不变。在试件中部量出其宽度和高度，精确至 1 mm。

（2）调整两个可移动支座，将试件安装在支座上，试件成型时的侧面朝上，几何对中后，务必使支座及承压面与活动船形垫块的接触面平稳、均匀，否则应垫平。

（3）加荷时，应保持均匀、连续。当混凝土的强度等级小于 C30 时，加荷速度为 0.02～0.05 MPa/s；当混凝土的强度等级大于等于 C30 且小于 C60 时，加荷速度为 0.05～0.08 MPa/s；当混凝土的强度等级大于等于 C60 时，加荷速度为 0.08～0.10 MPa/s。当试件接近破坏而开始迅速变形时，不得调整试验机油门，直至试件破坏，记下破坏极限荷载 F（N）。

（4）记录下最大荷载和试件下边缘断裂的位置。

五、试验结果

（1）当断面发生在两个加荷点之间时，抗弯拉强度 f_f 按公式（2-10-3）计算：

$$f_f = \frac{FL}{bh^2} \qquad\qquad (2\text{-}10\text{-}3)$$

式中　f_f——抗弯拉强度，MPa；

　　　F——极限荷载，N；

　　　L——支座间距离，mm；

　　　b——试件宽度，mm；

　　　h——试件高度，mm。

（2）以 3 个试件测值的算术平均值为测定值。3 个试件中最大值或最小值中如有一个与中间值之差超过中间值的 15%，则把最大值和最小值舍去，以中间值作为试件的抗弯拉强度；如最大值和最小值与中间值之差均超过中间值的 15%，则该组试验结果无效。

3 个试件中如有一个断裂面位于加荷点外侧，则混凝土抗弯拉强度按另外两个试件的试验结果计算。如果这两个测值的差值不大于这两个测值中较小值的 15%，则以两个测值的平均值为测试结果，否则结果无效。

如果有两根试件均出现断裂面位于加荷点外侧，则该组结果无效。

注：断面位置在试件断块短边一侧的底面中轴线上量得。

抗弯拉强度计算应精确至 0.01 MPa。

（3）采用 100 mm×100 mm×400 mm 非标准试件时，在三分点加荷的试验方法同前，但所取得的抗弯拉强度值应乘以尺寸换算系数 0.85。当混凝土强度等级大于等于 C60 时，应采用标准试件。

课题十一　水泥混凝土配合比设计

> **知识点：**
> ◎ 水泥混凝土配合比的表示方法、设计要求、设计步骤
> ◎ 普通水泥混凝土初步配合比的设计方法
> **技能点：**
> ◎ 能够独立完成水泥混凝土的配合比设计

一、概　述

混凝土的配合比是指混凝土中各组成材料用量之比。

（一）混凝土配合比表示方法

（1）单位用量表示法：以每 1 m³ 混凝土中各种材料的用量表示。

例如，水泥：水：细集料：粗集料 = 330 kg：180 kg：720 kg：1250 kg。

（2）相对用量表示法：以水泥质量为 1，并按水泥：细集料：粗集料，水胶比的顺序排列表示。

例如，1：2.18：3.79，$W/B = 0.55$。

（二）配合比设计的基本要求

（1）满足结构物强度的要求（配制强度）。
（2）满足施工工作性的要求（坍落度试验检测）。
（3）满足工程所处环境对混凝土的耐久性要求（应考虑最大水胶比与最小水泥用量）。
（4）满足经济性的要求（抗压强度检测，水泥用量少，成本低）。

（三）混凝土配合比设计中的三个基本参数

（1）水灰比：在满足混凝土强度和耐久性的基础上，选用较大的水灰比，以节约水泥，降低混凝土成本。
（2）单位用水量：在满足施工和易性的基础上，尽量选用较小的单位用水量，以节约水泥。
（3）合理砂率：砂子的用量填满石子的空隙略有富余。

（四）混凝土配合比设计的步骤

（1）根据原始技术资料，计算"初步计算配合比"，即水泥：水：细集料：粗集料 = m_{co}：m_{wo}：m_{so}：m_{go}。

（2）根据初步配合比，经试配调整，提出满足和易性要求的"基准配合比"，即水泥：水：细集料：粗集料 = m_{ca}：m_{wa}：m_{sa}：m_{ga}。

（3）根据基准配合比，经强度和耐久性检验，确定满足设计要求、施工要求和经济合理的"试验室配合比"，即水泥：水：细集料：粗集料 = m_{cb}：m_{wb}：m_{sb}：m_{gb}。

（4）根据施工现场砂、石料的含水率，换算成"施工配合比"，即水泥：水：细集料：粗集料 = m_c：m_w：m_s：m_g 或 1：m_s/m_c：m_g/m_c：m_w/m_c。

二、普通混凝土配合比设计方法（以抗压强度为指标的计算方法）

（一）混凝土配制强度应按下式规定确定

（1）当混凝土的设计强度等级小于 C60 时，配制强度应按公式（2-11-1）确定：

$$f_{cu,0} \geq f_{cu,k} + 1.645\sigma \qquad (2\text{-}11\text{-}1)$$

式中　$f_{cu,0}$——混凝土配制强度，MPa；

　　　$f_{cu,k}$——混凝土立方体抗压强度标准值，这里取混凝土的设计强度等级值，MPa；

　　　σ——混凝土强度标准差，MPa。

当没有近期的同一品种、同一强度等级混凝土强度资料时，其强度标准差 σ 可按表 2-11-1 取值。

表 2-11-1　标准差 σ 值（MPa）

混凝土强度标准值	≤C20	C25 ~ C45	C50 ~ C55
σ	4.0	5.0	6.0

（2）当设计强度等级不小于 C60 时，配制强度应按公式（2-11-2）确定：

$$f_{cu,0} \geq 1.15 f_{cu,k} \qquad (2\text{-}11\text{-}2)$$

当没有近期的同一品种、同一强度等级混凝土强度资料时，其强度标准差 σ 可按表 2-11-2 取值。

表 2-11-2　标准差 σ 值（MPa）

混凝土强度标准值	≤C20	C25 ~ C45	C50 ~ C55
Σ	4.0	5.0	6.0

（二）水胶比

（1）当混凝土强度等级小于 C60 时，混凝土水胶比宜按公式（2-11-3）计算：

$$W/B = \frac{\alpha_a f_b}{f_{cu,0} + \alpha_a \alpha_b f_b} \qquad (2\text{-}11\text{-}3)$$

式中　W/B——混凝土水胶比；

　　　α_a，α_b——回归系数，按以下方法取值；

f_b——胶凝材料 28 d 胶砂抗压强度（MPa），可实测，且试验方法应按现行国家标准《水泥胶砂强度检验方法（ISO 法）》（GB/T 17671）执行，也可按以下方法确定。

（2）回归系数（α_a，α_b）宜按下列规定确定：

① 根据工程所使用的原材料，通过试验建立的水胶比与混凝土强度关系式来确定；

② 当不具备上述试验统计资料时，可按表 2-11-3 选用。

表 2-11-3　回归系数（α_a，α_b）取值表

系　数	粗骨料品种	
	碎　石	卵　石
α_a	0.53	0.49
α_b	0.20	0.13

（3）当胶凝材料 28d 胶砂抗压强度值（f_b）无实测值时，可按公式（2-11-4）计算：

$$f_b = \gamma_f \gamma_s f_{ce} \qquad (2\text{-}11\text{-}4)$$

式中：γ_f，γ_s——粉煤灰影响系数和粒化高炉矿渣影响系数，可按表 2-11-4 选用；

f_{ce}——水泥 28d 胶砂抗压强度（MPa），可实测，也可按第（4）条确定。

表 2-11-4　粉煤灰影响系数（γ_f）和粒化高炉矿渣影响系数（γ_s）

掺量（%）	种　类	
	粉煤灰影响系数（γ_f）	粒化高炉矿渣影响系数（γ_s）
0	1.00	1.00
10	0.85 ~ 0.95	1.00
20	0.75 ~ 0.85	0.95 ~ 1.00
30	0.65 ~ 0.75	0.90 ~ 1.00
40	0.55 ~ 0.65	0.80 ~ 0.90
50	—	0.70 ~ 0.85

注：1. 采用 I 级、II 级粉煤灰宜取上限值。

2. 采用 S75 级粒化高炉矿渣粉宜取下限值，采用 S95 级粒化高炉矿渣粉宜取上限值，采用 S105 级粒化高炉矿渣可取上限值加 0.05。

3. 当超出表中的掺量时，粉煤灰和粒化高炉矿渣粉影响系数应经试验确定。

（4）当水泥 28d 胶砂抗压强度（f_{ce}）无实测值时，可按公式（2-11-5）计算：

$$f_{ce} = \gamma_c f_{ce,g} \qquad (2\text{-}11\text{-}5)$$

式中　γ_c——水泥强度等级值的富余系数（可按实际统计资料确定；当缺乏实际统计资料时，也可按表 2-11-5 选用）；

$f_{ce,g}$——水泥强度等级值，MPa。

表 2-11-5　水泥强度等级值的富余系数（γ_c）

水泥强度等级值	32.5	42.5	52.5
富余系数	1.12	1.16	1.10

（5）耐久性校核：根据混凝土所处环境条件，查表 2-11-6 确定最大水胶比。取按强度计算的水胶比与按耐久性确定的最大水胶比的较小值。

表 2-11-6　混凝土的最大水胶比、最小水泥用量及最大氯离子含量

环境类别	环境条件	最大水胶比	最小水泥用量/（kg/m³）	最低混凝土强度等级	最大氯离子含量（%）
Ⅰ	温暖或寒冷地区的大气环境、与无侵蚀的水或土接触的环境	0.55	275	C25	0.30
Ⅱ	严寒地区的大气环境、使用除冰盐环境、滨海环境	0.50	300	C30	0.15
Ⅲ	海水环境	0.45	300	C35	0.10
Ⅳ	受侵蚀性物质影响的环境	0.40	325	C35	0.10

注：1. 水胶比、氯离子含量系指其与胶凝材料用量的百分比。
　　2. 最小水泥用量，包括掺合料。当掺用外加剂能有效地改善混凝土的和易性时，水泥用量可减少 25 kg/m³。
　　3. 严寒地区系指最冷月份平均气温低于或等于 – 10 ℃，且日平均温度低于或等于 5 ℃ 的天数在 145d 以上的地区。
　　4. 预应力混凝土结构中的最大氯离子含量为 0.06%，最小水泥用量为 350 kg/m³。
　　5. 封底、垫层及其他临时工程的混凝土，可不受本表的限制。
　　6. 配制 C15 及其以下强度等级的混凝土，可不受本表的限制。

（三）用水量和外加剂用量

（1）每立方米干硬性或塑性混凝土的用水量（m_{w0}）应符合下列规定：

① 混凝土水胶比在 0.40～0.80 时，可按表 2-11-7 和表 2-11-8 选取。

② 混凝土水胶比小于 0.40 时，可通过试验确定。

表 2-11-7　干硬性混凝土的用水量（kg/m³）

拌合物稠度		卵石最大公称粒径/mm			碎石最大公称粒径/mm		
项目	指标	10.0	20.0	40.0	16.0	20.0	40.0
维勃稠度/s	16～20	175	160	145	180	170	155
	11～15	180	165	150	185	175	160
	5～10	185	170	155	190	180	165

表 2-11-8　塑性混凝土的用水量（kg/m³）

拌合物稠度		卵石最大公称粒径/mm				碎石最大公称粒径/mm			
项目	指标	10.0	20.0	31.5	40.0	16.0	20.0	31.5	40.0
坍落度/mm	10～30	190	170	160	150	200	185	175	165
	35～50	200	180	170	160	210	195	185	175
	55～70	210	190	180	170	220	205	195	185
	75～90	215	195	185	175	230	215	205	195

注：1. 本表用水量系采用中砂时的取值。采用细砂时，每立方米混凝土用水量可增加 5 kg～10 kg；采用粗砂时，可减少 5 kg～10 kg。

2. 掺用矿物掺合料和外加剂时，用水量应相应调整。

（2）掺外加剂时，每立方米流动性或大流动性混凝土的用水量（m_{w0}）可按公式（2-11-6）计算：

$$m_{w0} = m'_{w0}(1 - \beta) \tag{2-11-6}$$

式中　m_{w0}——计算配合比每立方米混凝土的用水量，kg/m³；

m'_{w0}——未掺外加剂时推定的满足实际坍落度要求的每立方米混凝土用水量（以表 2-11-8 中 90 mm 坍落度的用水量为基础，按每增大 20 mm 坍落度相应增加 5 kg/m³ 用水量来计算，当坍落度增大到 180 mm 以上时，随坍落度相应增加的用水量可减少），kg/m³；

β——外加剂的减水率（%），应经混凝土试验确定。

（3）每立方米混凝土中外加剂用量（m_{a0}）应按公式（2-11-7）计算：

$$m_{a0} = m_{b0}\beta_a \tag{2-11-7}$$

式中　m_{a0}——计算配合比每立方米混凝土中的外加剂用量，kg/m³；

m_{b0}——计算配合比每立方米混凝土中的胶凝材料用量，kg/m³；

β_a——外加剂掺量（%）。

（四）胶凝材料、矿物掺合料和水泥用量

（1）每立方米混凝土的胶凝材料用量（m_{b0}）应按公式（2-11-8）计算，并应进行试拌调整，在拌合物性能满足的情况下，取经济合理的胶凝材料用量。

$$m_{b0} = \frac{m_{w0}}{W/B} \tag{2-11-8}$$

式中　m_{b0}——计算配合比每立方米混凝土中的胶凝材料用量，kg/m³；

m_{w0}——计算配合比每立方米混凝土的用水量，kg/m³；

W/B——混凝土水胶比。

（2）耐久性要求校核：根据混凝土所处环境条件，查表 2-11-6 确定最小胶凝材料用量。根据混凝土所处的环境条件与满足耐久性要求所规定的最小胶凝材料用量值进行比较，取两者中的较大值。

（3）每立方米混凝土的矿物掺合料用量（m_{f0}）应按公式（2-11-9）计算：

$$m_{f0} = m_{b0}\beta_f \qquad\qquad (2\text{-}11\text{-}9)$$

式中　m_{f0}——计算配合比每立方米混凝土中的矿物掺合料用量，kg/m³；

　　　β_f——矿物掺合料掺量（%）。

（4）每立方米混凝土的水泥用量（m_{c0}），按公式 2-11-10 计算：

$$m_{c0} = m_{b0} - m_{f0} \qquad\qquad (2\text{-}11\text{-}10)$$

式中　m_{c0}——计算配合比每立方米混凝土中的水泥用量，kg/m³。

注： 我国现行《公路桥涵施工技术规范》（JTG/T F50）中规定，混凝土的最大水泥用量（包括代替部分水泥的混合材料）不宜超过 500 kg/m³，大体积混凝土不宜超过 350 kg/m³。

（五）砂　率

（1）砂率（β_s）应根据集料的技术指标、混凝土拌合物性能和施工要求，参考既有历史资料确定。

（2）当缺乏砂率的历史资料时，混凝土砂率的确定应符合下列规定：

① 坍落度小于 10 mm 的混凝土，其砂率应经试验确定。

② 坍落度为 10～60 mm 的混凝土，其砂率可根据粗集料品种、最大公称粒径及水胶比按表 2-11-9 选取。

③ 坍落度大于 60 mm 的混凝土，其砂率可经试验确定；也可在表 2-11-9 的基础上，按坍落度每增大 20 mm、砂率增大 1% 的幅度予以调整。

表 2-11-9　混凝土的砂率（%）

水胶比	卵石最大公称粒径/mm			碎石最大公称粒径/mm		
	10.0	20.0	40.0	16.0	20.0	40.0
0.40	26～32	25～31	24～30	30～35	29～34	27～32
0.50	30～35	29～34	28～33	33～38	32～37	30～35
0.60	33～38	32～37	31～36	36～41	35～40	33～38
0.70	36～41	35～40	34～39	39～44	38～43	36～41

注：1. 本表数值系中砂的选用砂率，对细砂或粗砂，可相应地减少或增大砂率；

　　2. 采用人工砂配制混凝土时，砂率可适当增大；

　　3. 只用一个单粒级粗集料配制混凝土时，砂率应适当增大。

（六）粗、细集料用量

（1）当采用质量法计算混凝土配合比时，粗、细集料用量及砂率应按公式（2-11-11）和公式（2-11-12）计算：

$$m_{f0} + m_{c0} + m_{g0} + m_{s0} + m_{w0} = m_{cp} \qquad\qquad (2\text{-}11\text{-}11)$$

$$\beta_s = \frac{m_{s0}}{m_{s0} + m_{g0}} \times 100\% \qquad (2\text{-}11\text{-}12)$$

式中 m_{g0}——计算配合比每立方米混凝土的粗集料用量，kg/m^3；

       m_{s0}——计算配合比每立方米混凝土的细集料用量，kg/m^3；

       β_s——砂率（%）；

       m_{cp}——每立方米混凝土的假定质量（kg），可取 2 350 ~ 2 450 kg/m^3。

（2）当采用体积法计算混凝土配合比时，砂率应按公式（2-11-12）计算，粗、细骨料用量应按公式（2-11-13）计算：

$$\frac{m_{c0}}{\rho_c} + \frac{m_{f0}}{\rho_f} + \frac{m_{g0}}{\rho_g} + \frac{m_{s0}}{\rho_s} + \frac{m_{w0}}{\rho_w} + 0.01\alpha = 1 \qquad (2\text{-}11\text{-}13)$$

式中 ρ_c——水泥密度（kg/m^3），可按现行国家标准《水泥密度测定方法》（GB/T 208）测定，也可取 2 900 ~ 3 100 kg/m^3；

       ρ_f——矿物掺合料密度（kg/m^3），可按现行国家标准《水泥密度测定方法》（GB/T 208）测定；

       ρ_g——粗集料的表观密度（kg/m^3），应按现行行业标准《普通混凝土用砂、石质量及检验方法标准》（JGJ 52）测定；

       ρ_s——细集料的表观密度（kg/m^3），应按现行行业标准《普通混凝土用砂、石质量及检验方法标准》（JGJ 52）测定；

       ρ_w——水的密度（kg/m^3），可取 1000 kg/m^3；

       α——混凝土的含气量百分数，在不使用引气剂或引气型外加剂时，可取 1。

在实际工程中，混凝土配合比设计通常采用质量法。混凝土配合比设计也允许采用体积法，可视具体技术需要选用。与质量法比较，体积法需要测定水泥和矿物掺合料的密度以及集料的表观密度等，对技术条件要求较高。

三、混凝土配合比的试配、调整与确定

（一）试 配

（1）混凝土试配应采用强制式搅拌机进行搅拌，并应符合现行行业标准《混凝土试验用搅拌机》（JG 244）的规定，搅拌方法宜与施工时用的方法相同。

（2）混凝土配合比设计应采用工程实际使用的原材料：配合比设计所采用的细集料含水率应小于 0.5%，粗集料含水率应 0.2%。

（3）每盘混凝土试配的最小搅拌量应符合表 2-11-10 的规定，并不应小于搅拌机公称容量的 1/4 且不应大于搅拌机公称容量。

表 2-11-10   混凝土试配的最小搅拌量

粗骨料最大公称粒径/mm	拌合物数量/L
≤31.5	20
40.0	25

（4）在计算配合比的基础上应进行试拌。计算水胶比宜保持不变，并应通过调整配合比的其他参数使混凝土拌合物性能符合设计和施工要求，然后修正计算配合比，提出试拌配合比。

注：在试配的过程中，首先是试拌，调整混凝土拌合物。试拌调整过程中，在计算配合比的基础上，保持水胶比不变，尽量采用较少的胶凝材料用量，以节约胶凝材料为原则，通过调整外加剂用量和砂率，使混凝土拌合物坍落度及和易性等性能满足施工要求，提出试拌配合比。

（5）在试拌配合比的基础上应进行混凝土强度试验，并应符合下列规定：

① 应采用三个不同的配合比，其中一个应为初步配合比，另外两个配合比的水胶比宜较初步配合比分别增加和减少 0.05，用水量应与试拌配合比相同，砂率可分别增加和减少 1%。

② 进行混凝土强度试验时，拌合物的性能应符合设计和施工要求。

③ 进行混凝土强度试验时，每个配合比应至少制作一组试件，并应标准养护到 28d 或设计规定龄期时试压。

（二）配合比的调整与确定

（1）配合比调整应符合下列规定：

① 根据上述混凝土强度试验结果，宜绘制强度和胶水比的线性关系图（见图 2-11-1）或采用插值法确定略大于配制强度对应的胶水比。

② 在试拌配合比的基础上，用水量（m_w）和外加剂用量（m_a）应根据确定的水胶比作调整。

③ 胶凝材料用量（m_b）应以用水量乘以确定的胶水比计算得出。

④ 粗集料和细集料用量（m_g 和 m_s）应根据用水量和胶凝材料用量进行调整。

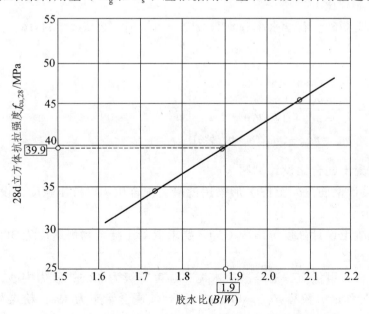

图 2-11-1　混凝土 28d 抗压强度与胶水比关系曲线

（2）混凝土拌合物表观密度和配合比校正系数的计算应符合下列规定：

① 配合比调整后的混凝土拌合物的表观密度应按公式（2-11-14）计算：

$$\rho_{c,c} = m_c + m_f + m_g + m_s + m_w \qquad (2\text{-}11\text{-}14)$$

式中　$\rho_{c,c}$——混凝土拌合物的表观密度计算值，kg/m^3；

　　　m_c——每立方米混凝土的水泥用量，kg/m^3；

　　　m_f——每立方米混凝土的矿物掺合料用量，kg/m^3；

　　　m_g——每立方米混凝土的粗集料用量，kg/m^3；

　　　m_s——每立方米混凝土的细集料用量，kg/m^3；

　　　m_w——每立方米混凝土的用水量，kg/m^3。

② 混凝土配合比校正系数应按公式（2-11-15）计算：

$$\delta = \frac{\rho_{c,t}}{\rho_{c,c}} \qquad (2\text{-}11\text{-}15)$$

式中　δ——混凝土配合比校正系数；

　　　$\rho_{c,t}$——混凝土拌合物表观密度实测值，kg/m^3。

（3）当混凝土拌合物表观密度实测值与计算值之差的绝对值不超过计算值的 2% 时，按第（1）条调整的配合比可维持不变；当两者之差超过 2% 时，应将配合比中每项材料用量均乘以校正系数（δ）。

四、换算施工配合比

试验室最后确定的配合比，是以集料为干燥（或饱和面干）状态计算的。而施工现场砂、石材料均含一定水分。因此，施工配料前必须测定现场砂、石的含水率，将试验室配合比换算成施工配合比。

设施工现场实测砂、石含水率分别为 $a\%$、$b\%$，则按公式（2-11-16）计算施工配合比的各种材料单位用量。

$$\left.\begin{array}{l} m_c = m'_{cb} \\ m_s = m'_{sb} + (1 + a\%) \\ m_g = m'_{gb} + (1 + b\%) \\ m_w = m'_{wb} - (m'_{sb}a\% + m'_{gb}b\%) \end{array}\right\} \qquad (2\text{-}11\text{-}16)$$

例：水泥混凝土配合比设计例题

【题目】试设计钢筋混凝土桥 T 形梁用混凝土配合比（以抗压强度为设计指标）。

【原始资料】

（1）已知混凝土设计强度等级为 C30，要求混凝土拌合物坍落度为 30～50 mm，桥梁所在地区属寒冷地区。

（2）组成材料：可供应普通硅酸盐水泥，强度等级为 42.5；砂为中砂，工地实测含水率为 3%；碎石公称最大粒径 d_{max} = 40 mm，工地实测含水率为 1%；粉煤灰为 Ⅱ 级，掺量为 20%；外加剂为减水剂，掺量为 0.5%，减水率为 8%。

【设计要求】

（1）按题中所给资料计算出初步配合比。

（2）按初步配合比在试验室进行试拌调整得出试验室配合比。

（3）根据工地实测含水率，计算施工配合比。

【设计步骤】

1. 计算初步配合比

（1）确定混凝土配制强度。

按题意已知：$f_{cu,k} = 30 \text{ MPa}$，查表 2-11-1，混凝土强度标准差 $\sigma = 5.0 \text{ MPa}$，代入公式（2-11-1）计算混凝土配制强度为

$$f_{cu,0} = f_{cu,k} + 1.645\sigma = 30 + 1.645 \times 5.0 = 38.225 \text{ (MPa)}$$

（2）计算水胶比。

① 按强度要求计算水胶比。

a. 计算水泥 28d 胶砂抗压强度。已知水泥为 $42.5^{\#}$ 普通硅酸盐水泥，查表 2-11-5 可得水泥强度等级值的富余系数 $\gamma_c = 1.16$，代入公式（2-11-5）计算：

$$f_{ce} = \gamma_c f_{ce,g} = 1.16 \times 42.5 = 49.3 \text{ (MPa)}$$

b. 计算胶凝材料 28d 胶砂抗压强度值。已知粉煤灰为 II 级，掺量为 20%，查表 2-11-4 可得粉煤灰影响系数 $\gamma_f = 0.85$，粒化高炉矿渣影响系数 $\gamma_s = 1.00$，代入公式（2-11-4）计算：

$$f_g = \gamma_f \gamma_s f_{ce} = 0.85 \times 1.00 \times 49.3 = 41.9 \text{ (MPa)}$$

c. 计算水胶比。已知混凝土配制强度 $f_{cu,0} = 38.225 \text{ MPa}$，胶凝材料强度 $f_b = 41.9 \text{ MPa}$。粗集料采用碎石，查表 2-11-3 可得回归系数 $\alpha_a = 0.53$，$\alpha_b = 0.20$，代入公式（2-11-3）计算：

$$W / B = \frac{\alpha_a f_b}{f_{cu,0} + \alpha_a \alpha_b f_b} = \frac{0.53 \times 41.9}{38.225 + 0.53 \times 0.20 \times 41.9} = 0.52$$

② 按耐久性要求校核水胶比。

根据混凝土所处的环境条件属于寒冷地区，查表 2-11-6，最大水胶比为 0.55。故采用计算水胶比 0.52。

（3）确定用水量。

① 确定用水量。已知混凝土水胶比为 0.52，坍落度要求为 30～50 mm，碎石最大粒径 $d_{max} = 40 \text{ mm}$，查表 2-11-8 可得未掺外加剂时用水量 $m'_{w0} = 175 \text{ kg} / \text{m}^3$。

② 计算掺外加剂时的用水量。已知外加剂减水率为 8%，代入公式（2-11-6）计算：

$$m_{w0} = m'_{w0}(1 - \beta) = 175 \times (1 - 8\%) = 161 \text{ (kg} / \text{m}^3\text{)}$$

（4）计算胶凝材料、矿物掺合料和水泥用量。

① 计算胶凝材料用量。已知用水量 $m_{w0} = 161 \text{ kg} / \text{m}^3$，水胶比 $W / B = 0.52$，代入公式（2-11-8）计算：

$$m_{b0} = \frac{m_{w0}}{W/B} = \frac{161}{0.52} = 310 \ (\text{kg/m}^3)$$

② 按耐久性要求校核。已知混凝土所处环境条件为寒冷地区，查表 2-11-6，确定最小胶凝材料用量为 275 kg/m³。故采用胶凝材料用量为 310 kg/m³。

③ 计算粉煤灰用量。已知粉煤灰掺量为 20%，代入公式（2-11-9）计算：

$$m_{f0} = m_{b0}\beta_f = 310 \times 20\% = 62 \ (\text{kg/m}^3)$$

④ 计算水泥用量。代入公式（2-11-10）计算：

$$m_{c0} = m_{b0} - m_{f0} = 310 - 62 = 248 \ (\text{kg/m}^3)$$

（5）计算外加剂用量。已知外加剂掺量为 0.5%，代入公式（2-11-7）计算：

$$m_{a0} = m_{b0}\beta_a = 310 \times 0.5\% = 1.6 \ (\text{kg/m}^3)$$

（6）确定砂率。根据水胶比为 0.52、碎石公称最大粒径为 $d_{max} = 40$ mm，查表 2-11-6，采用内插法确定砂率 $\beta_s = 33\%$。

（7）计算砂石用量，采用质量法计算：

$$\begin{cases} m_{f0} + m_{c0} + m_{g0} + m_{s0} + m_{w0} = m_{cp} \\ \beta_s = \dfrac{m_{s0}}{m_{s0} + m_{g0}} \times 100\% \end{cases}$$

代入相应数据，得

$$\begin{cases} 62 + 310 + m_{g0} + m_{s0} + 161 = 2400 \\ \dfrac{m_{s0}}{m_{s0} + m_{g0}} \times 100\% = 33\% \end{cases}$$

解方程组得

$$m_{s0} = 616 \ (\text{kg/m}^3), \quad m_{g0} = 1251 \ (\text{kg/m}^3)$$

初步配合比：$m_{c0} : m_{f0} : m_{w0} : m_{s0} : m_{g0} = 248 : 62 : 161 : 616 : 1251$，每立方米混凝土中外加剂掺量为 1.6 kg/m³。

2. 调整工作性，提出基准配合比

（1）计算试拌材料用量。

按初步配合比试拌 25 L 混凝土拌合物，各种材料用量：

水泥　　　　$248 \times 0.025 = 6.20$ (kg)

粉煤灰　　　$62 \times 0.025 = 1.55$ (kg)

水　　　　　$161 \times 0.025 = 4.02$ (kg)

砂　　　　　$616 \times 0.025 = 15.40$ (kg)

碎石　　　　$1251 \times 0.025 = 31.28$ (kg)

外加剂　　　$1.6 \times 0.025 = 0.04$ (kg)

（2）调整工作性。

将上述材料均匀拌和，测得坍落度为 10 mm，小于 30～50 mm 的设计要求，为此，保持水胶比不变，增加 5% 的水和胶凝材料用量。再经拌和测得坍落度为 40 mm，黏聚性和保水性亦良好，满足工作性要求，此时混凝土拌合物各种材料的实际用量：

水泥　　　　$6.20 \times (1 + 5\%) = 6.51$ (kg)

粉煤灰　　　$1.55 \times (1 + 5\%) = 1.63$ (kg)

水　　　　　$4.02 \times (1 + 5\%) = 4.22$ (kg)

砂　　　　　15.40 (kg)

碎石　　　　31.28 (kg)

外加剂　　　$0.04 \times (1 + 5\%) = 0.04$ (kg)

（3）提出基准配合比。

调整工作性后，混凝土拌合物的基准配合比：$m_{c0} : m_{f0} : m_{w0} : m_{s0} : m_{g0} = 260 : 65 : 169 : 616 : 1251$，每立方米混凝土中外加剂掺量为 1.6 kg/m^3。

3. 检验强度，确定试验室配合比

（1）检验强度。

采用水灰比分别为 $(W/B)_A = 0.47$，$(W/B)_B = 0.52$ 和 $(W/B)_B = 0.57$ 拌制三组混凝土拌合物，试件成型后标准养护 28d，按规定方法测其立方体抗压强度值，列于表 2-11-11。

根据表 2-11-11 试验结果，绘制混凝土 28d 立方体抗压强度 $(f_{cu,28})$ 与灰水比（B/W）关系图，如图 2-11-2 所示。

表 2-11-11　不同水灰比的混凝土强度值

组别	水胶比 (W/C)	胶水比 (C/W)	28d 立方体抗压强度 $f_{cu,28}$/MPa
A	0.47	2.13	45.3
B	0.52	1.92	39.5
C	0.57	1.75	34.2

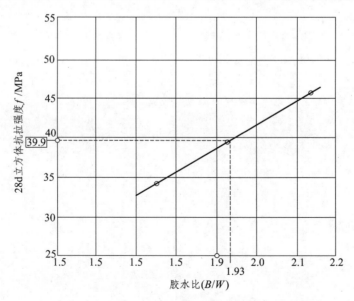

图 2-11-2　混凝土 28d 抗压强度与胶水比关系曲线

由图 2-11-2 可知，相应混凝土配制强度 $f_{cu,0} = 39.9\,\mathrm{MPa}$ 的胶水比 $B/W = 1.93$，即水胶比 $W/B = 0.52$。

（2）确定试验室配合比。

按强度试验结果修正配合比，因水灰比与基准配合比中水灰比相同，所以各材料用量仍为基准配合比中的用量。

因此，试验室配合比为 $m_{c0} : m_{f0} : m_{w0} : m_{s0} : m_{g0} = 260 : 65 : 169 : 616 : 1251$，每立方米混凝土中外加剂掺量为 $1.6\,\mathrm{kg/m^3}$。

4. 换算施工配合比

根据工地实测，砂的含水率 $w_s = 3\%$；碎石的含水率 $w_g = 1\%$，计算各种材料的用量：

水泥用量 $m_c = 260\,(\mathrm{kg})$

粉煤灰用量 $m_f = 65\,(\mathrm{kg})$

砂用量 $m_{s0} = 616 \times (1+3\%) = 634\,(\mathrm{kg})$

碎石用量 $m_{g0} = 1\,251 \times (1+1\%) = 1264\,(\mathrm{kg})$

水用量 $m_w = 169 - (616 \times 3\% + 1\,251 \times 1\%) = 138\,(\mathrm{kg})$

施工配合比为：$m_{c0} : m_{f0} : m_{w0} : m_{s0} : m_{g0} = 260 : 65 : 138 : 634 : 1264$，每立方米混凝土中外加剂掺量为 $1.6\,\mathrm{kg/m^3}$。

课题十二　砂　浆

知识点：

◎　砌筑砂浆的基本知识

◎　砌筑砂浆对组成材料的要求及技术性质

◎　砌筑砂浆的配合比设计方法

技能点：

◎　砂浆的试验操作及报告处理

◎　能够独立完成砌筑砂浆配合比设计

砂浆是由胶凝材料、细集料和水配制而成的建筑工程材料，在工程起黏结、衬垫和传递应力的作用。在道路和桥隧工程中，砂浆主要用于砌筑挡土墙、桥涵或隧道等圬工砌体表面的抹面。因此，按其用途可分为砌筑砂浆和抹面砂浆。

一、基本知识

砌筑砂浆是指将砖、石、砌块等块材经砌筑成为砌体，起黏结、衬垫和传力作用的砂浆。

砌筑砂浆一般分为现场配制砂浆和预拌砌筑砂浆。现场配制砂浆是由水泥、细集料和水，以及根据需要加入的石灰、活性掺合料或外加剂在现场配制成的砂浆，分为水泥砂浆和水泥混合砂浆。预拌砌筑砂浆（商品砂浆）是由专业生产厂生产的湿拌砂浆和干混砂浆，它的工作性、耐久性优良，生产时不分水泥砂浆和水泥混合砂浆。

目前现场配制水泥砂浆时，有单纯用水泥作为胶凝进行拌制的，也有掺入粉煤灰等活性掺合料与水泥一起作为胶凝材料拌制的。因此，水泥砂浆包括单纯用水泥为胶凝材料拌制的砂浆，也包括掺入活性掺合料与水泥共同拌制的砂浆。

二、对组成材料的技术要求

砂浆中所用水泥、砂、水等材料的质量应符合混凝土各种材料的相应规定。

1. 水　泥

砌筑砂浆宜采用通用硅酸盐水泥或砌筑水泥，且应符合现行国家标准《通用硅酸盐水泥》（GB 175）和《砌筑水泥》（GB/T 3183）的规定。水泥强度等级应根据砂浆品种及强度等级的要求进行选择。M15 及以下强度等级的砌筑砂浆宜选用 32.5 级的通用硅酸盐水泥或砌筑水泥；M15 以上强度等级的砌筑砂浆宜选用 42.5 级通用硅酸盐水泥。

2. 细集料

根据《砌筑砂浆配合比设计规程》（JGJ 98—2010）要求，砂宜选用中砂或粗砂，并应符合现行行业标准《普通混凝土用砂、石质量及检验方法标准》(JGJ 52)的规定,且应全部通过 4.75 mm 的筛孔。当缺乏天然中砂或粗砂时,可采用满足质量要求的机制砂代替;在保证砂浆强度的基础上,也可采用细砂,但应适当增加水泥用量。砂的最大粒径,当用于砌筑片石时,不宜超过 5 mm;当用于砌筑块石、粗料石时,不宜超过 2.5 mm。

3. 掺合料

为提高砂浆的和易性,除水泥外还掺加各种掺合料,如粉煤灰、粒化高炉矿渣粉、硅灰、天然沸石粉等,其品质指标应符合国家现行标准的要求。其中,对于粉煤灰,不宜采用Ⅲ级粉煤灰;对于高钙粉煤灰,使用时,必须检验其安定性指标是否合格,合格后方可使用。

4. 水

拌制砂浆用水与混凝土用水相同,符合现行标准的规定。

三、技术性质

新拌砂浆应保证有较好的和易性,硬化后有足够的强度。

(一)新拌砂浆的和易性

新拌砂浆的和易性是指新拌砂浆是否便于施工并保证质量的综合性质,其概念与混凝土拌合物和易性的相同。和易性好的新拌砂浆便于施工操作,能比较容易地在砖、石等表面上铺砌成均匀、连续的薄层,且与底面紧密地黏结。新拌砂浆的和易性可以根据其流动性和保水性来综合评定。

1. 流动性

流动性是指新拌砂浆在自重或外力作用下,易于产生流动的性质。砂浆的流动性是用稠度表示的。稠度越大,说明流动性越高。

稠度是将新拌砂浆均匀装入砂浆筒,置于砂浆稠度仪台座上,标准圆锥体锥尖由试样表面下沉,经 10 s 的沉入深度(以 mm 计)即为稠度。其稠度应按表 2-12-1 的规定选用。

表 2-12-1　砌筑砂浆的施工稠度(mm)

砌体种类	施工稠度
烧结普通砖砌体、粉煤灰砖砌体	70~90
混凝土砖砌体、普通混凝土小型空心砌块砌体、灰砂砖砌体	50~70
烧结多孔砖砌体、烧结空心砖砌体、轻集料混凝土小型空心砌块砌体、蒸压加混凝土砌块砌体	60~80
石砌体	30~50

砂浆的流动性主要取决于用水量,胶凝材料的种类和用量,细集料的种类、颗粒形状、粗糙程度和级配等。

2. 保水性

保水性指新拌砂浆在运输和施工过程中保持水分不流失和各组分不分离的能力。保水性差的砂浆不仅易引起泌水、流浆现象，而且会影响砂浆和砌筑材料的黏结和砂浆的硬化，降低砌体的强度。

砂浆保水性的指标是保水率，它是吸水处理后砂浆中保留水的质量，用原始水量百分数表示。砌筑砂浆的保水率要求具体见表 2-12-2。

影响保水性的主要因素是胶结材料的种类、用量和用水量，以及砂的品种、细度和用量等。

表 2-12-2　砌筑砂浆的保水率（%）

砂浆种类	保水率
水泥砂浆	≥80
水泥混合砂浆	≥84
预拌砌筑砂浆	≥88

（二）硬化后砂浆的强度

砂浆硬化后应具有足够的强度。砂浆在圬工砌体中，主要是传递压力，所以要求砌筑砂浆应具有一定的抗压强度。砂浆立方体抗压强度是确定其强度等级的重要依据。

我国现行标准《建筑砂浆基本性能试验方法》（JGJ 70）规定，砂浆立方体抗压强度是以 70.7 mm × 70.7 mm × 70.7 mm 的立方体试件，在标准条件（温度 20 ℃±2 ℃，相对湿度 90% 以上）下，养护 28d 龄期的单位承压面积上的破坏荷载。

我国现行标准《砌筑砂浆配合比设计规程》（JGJ 98）规定，水泥砂浆及预拌砌筑砂浆的强度等级可分为：M5、M7.5、M10、M15、M20、M25、M30；水泥混合砂浆的强度等级可分为 M5、M7.5、M10、M15。

注：砌体勾缝砂浆的强度不应低于砌体的砂浆强度，主体工程不应低于 M10，附属工程不应低于 M7.5，流冰和严重冲刷部位应采用高强度水泥砂浆。

（三）黏结力

为保证砌体的整体性，砂浆要有一定的黏结力。黏结强度主要与砂浆的抗压强度以及砌体材料的表面粗糙程度、清洁程度、湿润程度和施工养护等因素有关。一般，砂浆的抗压强度越高，其黏结性越好。

（四）耐久性

圬工砂浆经常受环境水的作用，故除强度外，还应考虑抗渗、抗冻、抗侵蚀等性能。提高砂浆的耐久性，主要是提高其密实度。

有抗冻性要求的砌体工程，砌筑砂浆应进行冻融试验。砌筑砂浆的抗冻性应符合表 2-12-3 的规定，且当设计对抗冻性有明确要求时，尚应符合设计规定。

表 2-12-3　砌筑砂浆的抗冻性

使用条件	抗冻指标	质量损失率/%	强度损失率/%
夏热冬暖地区	F15		
夏热冬冷地区	F25	≤5	≤25
寒冷地区	F35		
严寒地区	F50		

四、水泥砂浆的配合比设计

（一）现场配制水泥混合砂浆的试配

1. 计算配合比

（1）计算砂浆试配强度（$f_{m,0}$）；

（2）计算每立方米砂浆中的水泥用量（Q_c）；

（3）计算每立方米砂浆中的石灰膏用量（Q_d）；

（4）确定每立方米砂浆中的砂用量（Q_s）；

（5）按砂浆稠度选每立方米砂浆的用水量（Q_w）。

2. 计算试配强度

$$f_{m,0} = kf_2 \tag{2-12-1}$$

式中　$f_{m,0}$——砂浆的试配强度，精确至 0.1 MPa；

　　　f_2——砂浆强度等级值，精确至 0.1 MPa；

　　　k——系数，按表 2-12-4 取值。

表 2-12-4　砂浆强度标准差 σ 及 k 值

施工水平	强度标准差							k
	M5	M7.5	M10	M15	M20	M25	M30	
优　良	1.00	1.50	2.00	3.00	4.00	5.00	6.00	1.15
一　般	1.25	1.88	2.50	3.75	5.00	6.25	7.50	1.20
较　差	1.50	2.25	3.00	4.50	6.00	7.50	9.00	1.25

3. 确定砂浆强度标准差

（1）当有统计资料时，砂浆强度标准差应按公式（2-12-2）计算：

$$\sigma = \sqrt{\frac{\sum_{i=1}^{n} f_{m,i}^2 - n\mu_{fm}^2}{n-1}} \tag{2-12-2}$$

式中　$f_{m,i}$——统计周期内同一品种砂浆第 i 组试件的强度，MPa；

μ_{fm}——统计周期内同一品种砂浆第 n 组试件强度的平均值，MPa；

n——统计周期内同一品种砂浆试件的总组数，$n \geqslant 25$。

（2）当无统计资料时，砂浆强度标准差可按表 2-12-4 取值。

4. 计算水泥用量

（1）每立方米砂浆中的水泥用量，应按公式（2-12-3）计算：

$$Q_{\mathrm{c}} = 1000(f_{\mathrm{m},0} - \beta)/(\alpha \cdot f_{\mathrm{ce}}) \qquad (2\text{-}12\text{-}3)$$

式中　Q_{c}——每立方米砂浆的水泥用量（kg），应精确至 1 kg；

　　　f_{ce}——水泥的实测强度（MPa），应精确至 0.1 MPa；

　　　α, β——砂浆的特征系数，其中 α 取 3.03，β 取 –15.09。

注：各地区也可用本地区试验资料确定 α, β 值，统计用的试验组数不得少于 30 组。

（2）在无法取得水泥的实测强度值时，可按公式（2-12-4）计算：

$$f_{\mathrm{ce}} = \gamma_{\mathrm{c}} \cdot f_{\mathrm{ce,k}} \qquad (2\text{-}12\text{-}4)$$

式中　$f_{\mathrm{ce,k}}$——水泥强度等级值（MPa）；

　　　γ_{c}——水泥强度等级值的富余系数，宜按实际统计资料确定，无统计资料时可取 1.0。

5. 计算石灰膏用量

$$Q_{\mathrm{D}} = Q_{\mathrm{A}} - Q_{\mathrm{C}} \qquad (2\text{-}12\text{-}5)$$

式中　Q_{D}——每立方米砂浆的石灰膏用量（kg），应精确至 1 kg，石灰膏使用时的稠度宜为 120 mm ± 5 mm；

　　　Q_{C}——每立方米砂浆的水泥用量（kg），应精确至 1 kg；

　　　Q_{A}——每立方米砂浆中水泥和石灰膏总量，应精确至 1 kg，可为 350 kg。

6. 每立方米砂浆中的砂用量

应取干燥状态（含水率小于 0.5%）的堆积密度值作为计算值（kg）。

7. 每立方米砂浆中的用水量

可根据砂浆稠度等要求选用 210 ~ 310 kg。

注：（1）混合砂浆中的用水量，不包括石灰膏中的水。

（2）当采用细砂或粗砂时，用水量分别取上限或下限。

（3）稠度小于 70 mm 时，用水量可小于下限。

（4）施工现场气候炎热或干燥季节，可酌量增加用水量。

（二）现场配制水泥砂浆的试配

（1）水泥砂浆的材料用量可按表 2-11-5 选用。

表 2-11-5　每立方米水泥砂浆材料用量（kg/m³）

强度等级	水泥用量/kg	砂子用量/kg	用水量/kg
M5	200～230		
M7.5	230～260		
M10	260～290		
M15	290～330	砂子的堆积密度值	270～330
M20	340～400		
M25	360～410		
M30	430～480		

注：1. M15 及 M15 以下强度等级水泥砂浆，水泥强度等级为 32.5 级；M15 以上强度等级的水泥砂浆，水泥强度等级为 42.5 级。

2. 当采用细砂或粗砂时，用水量分别取上限或下限。

3. 稠度小于 70 mm 时，用水量可小于下限。

4. 施工现场气候炎热或干燥季节，可酌量增加用水量。

5. 试配强度应按公式（2-12-1）计算。

（2）水泥粉煤灰砂浆材料用量可按表 2-12-6 选用。

表 2-12-6　每立方米水泥粉煤灰砂浆材料用量（kg/m³）

强度等级	水泥和粉煤灰总量	粉煤灰	砂	用水量
M5	210～240			
M7.5	240～270	粉煤灰掺量可占胶凝材料总量的 15%～25%	砂的堆积密度值	270～330
M10	270～300			
M15	300～330			

注：1. 表中水泥强度等级为 32.5 级。

2. 当采用细砂或粗砂时，用水量分别取上限或下限。

3. 稠度小于 70 mm 时，用水量可小于下限。

4. 施工现场气候炎热或干燥季节，可酌量增加用水量。

5. 试配强度应按公式（2-12-1）计算。

（三）配合比试配、调整与确定

（1）砌筑砂浆试配时应采用机械搅拌。搅拌时间应自开始加水算起，对水泥砂浆和水泥混合砂浆，搅拌时间不得少于 120 s；对预拌砌筑砂浆和掺有粉煤灰、外加剂、保水增稠材料等的砂浆，搅拌时间不得少于 180 s。

（2）按计算或查表所得配合比进行试拌时，应按现行行业标准《建筑砂浆基本性能试验方法标准》（JGJ/T70）测定砌筑砂浆拌合物的稠度和保水率。当稠度和保水率不能满足要求时，应调整材料用量，直到符合要求为止，然后确定为试配时的砂浆基准配合比。

（3）试配时至少采用三个不同的配合比，其中一个配合比应为基准配合比，其余两个配合比的水泥用量应按基准配合比分别增加及减少 10%。在保证稠度、保水率合格的条件下，可将用水量、石灰膏、保水增稠材料或粉煤灰等活性掺合料用量作相应调整。

（4）砌筑砂浆试配时稠度应满足施工要求，并应按现行行业标准《建筑砂浆基本性能试验方法》（JGJ/T70）分别测定不同配合比砂浆的表观密度及强度；并应选定符合试配强度及和易性要求、水泥用量最低的配合比作为砂浆的试配配合比。

（5）试配配合比的校正。

① 按公式（2-12-6）计算砂浆的理论表观密度值：

$$\rho_t = Q_c + Q_d + Q_s + Q_w \tag{2-12-6}$$

式中　ρ_t——砂浆的理论表观密度值（kg/m³），精确至 10 kg/m³。

② 按公式（2-12-7）计算砂浆配合比校正系数：

$$\delta = \rho_c / \rho_t \tag{2-12-7}$$

式中　ρ_c——砂浆的实测表观密度值（kg/m³），精确至 10 kg/m³。

③ 当砂浆的实测表观密度值与理论表观密度值之差的绝对值不超过理论值的 2% 时，可按试配配合比确定为砂浆设计配合比；当超过 2% 时，应将试配配合比中每项材料用量均乘以校正系数后，确定为砂浆设计配合比。

试验一　砂浆取样及试样的制备

一、取　样

（1）建筑砂浆试验用料应从同一盘砂浆或同一车砂浆中取样。取样量应不少于试验所需量的 4 倍。

（2）当施工过程中进行砂浆试验时，砂浆取样方法应按相应的施工验收规范执行，并宜在现场搅拌点或预拌砂浆卸料点的至少 3 个不同部位及时取样。对于现场取得的试样，试验前应人工搅拌均匀。

（3）从取样完毕到开始进行各项性能试验，不宜超过 15 min。

二、试样的制备

（1）在试验室制备砂浆试样时，所用材料应提前 24h 运到室内。拌合时，试验室的温度应保持在 20 ℃ ± 5 ℃。当需要模拟施工条件下所用的砂浆时，所用原材料的温度宜与施工现场保持一致。

（2）试验所用原材料应与现场使用材料一致。砂应通过 4.75 mm 筛。

（3）试验室拌制砂浆时，材料用量应以质量计。水泥、外加剂、掺合料等的称量精度应为 ±0.5%；细集料的称量精度应为 ±1%。

（4）在试验室搅拌砂浆时应采用机械搅拌，搅拌机应符合现行行业标准《试验用砂浆搅拌机》（JG/T 3033）的规定，搅拌的用量宜为搅拌机容量的 30% ~ 70%，搅拌时间不应少于 120 s。掺有掺合料和外加剂的砂浆，其搅拌时间不应少于 180 s。

试验二 砂浆稠度试验

一、目的和适用范围

本方法适用于确定砂浆的配合比或施工过程中控制砂浆的稠度。

二、仪器设备

（1）砂浆稠度仪：应由试锥、容器和支座三部分组成。试锥应由钢材或铜材制成，试锥高度应为 145 mm，锥底直径应为 75 mm，试锥连同滑杆的质量应 300 g ± 2 g；盛浆容器应由钢板制成，筒高应为 180 mm，锥底内径应为 150 mm；支座应包括底座、支架及刻度显示三部分，应由铸铁、钢或其他金属制成，如图 2-12-1 所示。

（2）钢制捣棒：直径为 10 mm，长度为 350 mm，端部磨圆。

（3）秒表等。

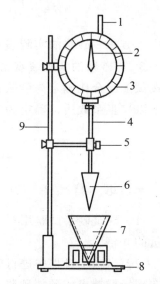

图 2-12-1 砂浆稠度测定仪

1—齿条测杆；2—摆针；3—刻度盘；
4—滑杆；5—制动螺丝；6—试锥；
7—盛装容器；8—底座；
9—支架

三、试验步骤

（1）用先采用少量润滑油轻擦滑杆，再将滑杆上多余的油用吸油纸擦净，使滑杆能自由滑动。

（2）应先采用湿布擦净盛浆容器和试锥表面，再将砂浆拌合物一次装入容器；砂浆表面宜低于容器口约 10 mm，用捣棒自容器中心向边缘均匀地插捣 25 次，然后轻轻地将容器摇动或敲击 5~6 下，使砂浆表面平整，然后将容器置于稠度测定仪的底座上。

（3）拧开制动螺丝，向下移动滑杆，当试锥尖端与砂浆表面刚接触时，应拧紧制动螺丝，使齿条测杆下端刚接触滑杆上端，并将指针对准零点。

（4）拧开制动螺丝，同时计时间，10 s 时立即拧紧螺丝，将齿条测杆下端接触滑杆上端，从刻度盘上读出下沉深度（精确至 1 mm），即为砂浆的稠度值。

（5）盛装容器内的砂浆，只允许测定一次稠度；重复测定时，应重新取样测定。

四、结果的确定

（1）同盘砂浆应取两次试验结果的算术平均值作为测定值，并应精确至 1 mm。

（2）当两次试验值之差大于 10 mm，应重新取样测定。

试验三　砂浆保水性试验

一、适用范围

本方法适用于测定大部分的预拌砂浆的保水性能，以衡量砂浆各组分的稳定性或保持水分的能力。

二、仪器设备

（1）金属或硬塑料圆环试模：内径应为 100 mm，内部高度应为 25 mm。

（2）可密封的取样容器：应清洁、干燥。

（3）2 kg 的重物。

（4）金属滤网：网格尺寸 45 μm，圆形，直径为 110 mm ± 1 mm。

（5）超白滤纸：应采用现行国家标准《化学分析滤纸》（GB/T1914）规定的中速定性滤纸，直径应为 110 mm，单位面积质量应为 200 g/m²。

（6）2 片金属或玻璃的方形或圆形不透水片，边长或直径应大于 110 mm。

（7）天平：量程 200 g，感量 0.1 g；量程 2 000 g，感量 1 g。

（8）烘箱。

三、试验步骤

（1）称量底部不透水片与干燥试模的质量 m_1 和 15 片中速定性滤纸质量 m_2。

（2）将砂浆拌合物一次性装入试模，并用抹刀插捣数次，当装入的砂浆略高于试模边缘时，用抹刀以 45° 角一次性将试模表面多余的砂浆刮去，然后再用抹刀以较平的角度在试模表面反方向将砂浆刮平。

（3）抹掉试模边的砂浆，称量试模、底部不透水片与砂浆的总质量 m_3。

（4）用金属滤网覆盖在砂浆表面上，再在滤网表面放上 15 片滤纸，用上部不透水片盖在滤纸表面上，以 2 kg 的重物把上部不透水片压住。

（5）静置 2 min 后移走重物及上部不透水片，取出滤纸（不包括滤网），迅速称量滤纸的质量 m_4。

（6）按照砂浆的配比及加水量计算砂浆的含水率，若无法计算时，可按第（7）条的规定测定砂浆的含水率。

（7）测定砂浆含水率时，应称取 100 g ± 10 g 砂浆拌合物试样，置于一干燥并已称重的盘中，在 105 ℃ ± 5 ℃ 的烘箱中烘干至恒重，砂浆含水率应公式（2-12-8）计算，精确至 0.1%。

$$\alpha = \frac{m_6 - m_5}{m_6} \times 100 \qquad (2\text{-}12\text{-}8)$$

式中　α——砂浆含水率，%；

m_5——烘干后砂浆样本的质量，g，精确到 1 g；

m_6——砂浆样本的总质量，g，精确到 1 g。

取两次试验结果的算术平均值作为砂浆的含水率，精确至 0.1%。当两个测定值之差超过 2% 时，此组试验结果应为无效。

四、计算砂浆保水性

$$W = \left[1 - \frac{m_4 - m_2}{\alpha \times (m_3 - m_1)}\right] \times 100\% \qquad (2\text{-}12\text{-}9)$$

式中　W——砂浆保水率，%；

m_1——底部不透水片与干燥试模质量，g，精确至 1 g；

m_2——15 片滤纸吸水前的质，g，精确至 0.1 g；

m_3——试模、底部不透水片与砂浆总质量，g，精确至 1 g；

m_4——15 片滤纸吸水后的质量，g，精确至 0.1 g；

α——砂浆含水率，%。

取两次试验结果的算术平均值作为砂浆的保水率，精确至 0.1%，且第二次试验应重新取样测定。当两个测定值之差超过 2% 时，此组试验结果应为无效。

试验四　砂浆立方体抗压强度试验

一、目的与适用范围

本方法适用于测定砂浆立方体的抗压强度。

二、仪器设备

（1）试模：应为 70.7 mm × 70.7 mm × 70.7 mm 的带底试模，具有足够的刚度并拆装方便。试模的内表面应采用机械加工，其不平度应为每 100 mm 不超过 0.05 mm，组装后各相邻面的不垂直度不应超过 ± 0.5°。

（2）钢制捣棒：直径为 10 mm，长度为 350 mm，端部磨圆。

（3）压力试验机：精度应为 1%，试件破坏荷载应不小于压力机量程的 20%，且不应大于全量程的 80%。

（4）垫板：试验机上、下压板及试件之间可垫以钢垫板，垫板的尺寸应大于试件的承压面，其不平度应为每 100 mm 不超过 0.02 mm。

（5）振动台：空载中台面的垂直振幅应为 0.5 mm ± 0.05 mm，空载频率应为 50 Hz ± 3 Hz，空载台面振幅均匀度不应大于 10%，一次试验至少能固定 3 个试模。

三、立方体抗压强度试件的制作及养护

（1）应采用立方体试件，每组试件应为 3 个。

（2）应用黄油等密封材料涂抹试模的外接缝，试模内应涂刷薄层机油或隔离剂。应将拌制好的砂浆一次性装满砂浆试模，成型方法根据稠度而定。当稠度大于 50 mm 时，宜采用人工插捣成型；当稠度不大于 50 mm 时，宜采用振动台振实成型。

① 人工振捣：应采用捣棒均匀地由边缘向中心按螺旋方式插捣 25 次，插捣过程中当砂浆沉落低于试模口时，应随时添加砂浆，可用油灰刀插捣数次，并用手将试模一边抬高 5 ~ 10 mm 各振动 5 次，砂浆应高出试模顶面 6 ~ 8 mm。

② 机械振动：将砂浆一次装满试模，放置到振动台上，振动时试模不得跳动，振动 5 ~ 10 s 或持续到表面泛浆为止，不得过振。

（3）应待表面水分稍干后，再将高出试模部分的砂浆沿试模顶面刮去并抹平。

（4）试件制作后应在温度为 20 ℃ ± 5 ℃ 的环境下静置 24 h ± 2 h，对试件进行编号、拆模。当气温较低时，或者凝结时间大于 24 h 的砂浆，可适当延长时间，但不应超过 2 d。试件拆模后应立即放入温度为 20 ℃ ± 2 ℃，相对湿度为 90% 以上的标准养护室中养护。养护期间，试件彼此间隔不得小于 10 mm，混合砂浆、湿拌砂浆试件上面应覆盖，防止有水滴在试件上。

（5）从搅拌加水开始计时，标准养护龄期应为 28 d，也可根据相关标准要求增加 7 d 或 14 d。

四、立方体抗压强度试验

（1）试件从养护地点取出后应及时进行试验。试验前应将试件表面擦试干净，测量尺寸，并检查其外观，并应计算试件的承压面积。当实测尺寸与公称尺寸之差不超过 1 mm 时，可按照公称尺寸进行计算。

（2）将试件安放在试验机的下压板或下垫板上，试件的承压面应与成型时的顶面垂直，试件中心应与试验机下压板或下垫板中心对准。开动试验机，当上压板与试件或上垫板接近时，调整球座，使接触面均衡受压。承压试验应连续而均匀地加荷，加荷速度应为 0.25 ~ 1.5 kN/s；砂浆强度不大于 2.5 MPa 时，宜取下限。当试件接近破坏而开始迅速变形时，停止调整试验机油门，直至试件破坏，然后记录破坏荷载。

五、计　算

$$f_{m,cu} = K\frac{N_u}{A}$$

(2-12-10)

式中　$f_{m,cu}$——砂浆立方体试件抗压强度，MPa，应精确至 0.1 MPa；

　　　N_u——试件破坏荷载，N；

　　　A——试件承压面积，mm²；

　　　K——换算系数，取 1.35。

六、确定立方体抗压强度试验的试验结果

（1）应以三个试件测值的算术平均值作为该组试件的砂浆立方体抗压强度平均值 f_2，精确至 0.1 MPa。

（2）当三个测值的最大值或最小值中有一个与中间值的差值超过中间值的 15% 时，应把最大值及最小值一并舍去，取中间值作为该组试件的抗压强度值。

（3）当两个测值与中间值的差值均超过中间值的 15% 时，该组试件的试验结果应为无效。

课题十三　桥涵工程质量检测

> **知识点：**
> ◎ 混凝土质量的检验内容
> ◎ 混凝土试件制取组数
> ◎ 混凝土抗压强度质量评定计算
>
> **技能点：**
> ◎ 正确应用混凝土抗压强度质量评定方法

混凝土的质量宜分为施工前、施工过程和施工后三个阶段进行检验。施工前检验的项目应全部合格方可进行施工；施工过程中的检验项目不合格时，应分析原因，采取措施调整，待合格后方可继续施工；施工后的检验应与施工前、施工过程的检验共同作为混凝土质量评定和验收的依据。

一、混凝土施工前的检验项目

（1）施工设备和场地。

（2）混凝土的原材料和各种组成材料的质量。

（3）混凝土配合比及其拌合物的工作性、力学性能及抗裂性能等，对耐久性混凝土，尚应包括耐久性的性能。

（4）基础、钢筋、预埋件等隐蔽工程及支架、模板。

（5）混凝土的运输、浇筑和养护方法及设施、安全设施。

二、混凝土施工过程中的检验项目

（1）混凝土组成材料的外观及配料、拌制，每一工作班应不少于 2 次，必要时应随时抽样试验。

（2）混凝土的和易性、坍落度及扩展度等工作性能，每工作班应检验不少于 2 次。

（3）砂石材料的含水率，每日开工前应检测 1 次，天气有较大变化时应随时检测；当含水率变化较大并将使配料偏差超过规定时，应及时调整。

（4）钢筋、预应力管道、模板、支架等的安装位置和稳固性。

（5）混凝土的浇筑质量。

（6）外加剂使用效果。

三、混凝土拆模且养护结束后的检验项目

（1）养护情况。

（2）混凝土强度，拆模时间。

（3）混凝土外露面质量。

（4）结构的外形尺寸、位置、裂缝、变形和沉降等。

四、混凝土 28 d 抗压强度检验

对混凝土，应制取试件，检验其在标准养护条件下 28 d 龄期的抗压强度。不同强度等级及不同配合比的混凝土应分别制取试件，试件应在浇筑地点从同一盘混凝土或同一车运送的混凝土中随机制取。试件制取组数应符合下列规定：

（1）浇筑一般体积的结构物（如基础、墩台等）时，每一单元结构物应制取不少于 2 组。

（2）连续浇筑大体积结构物时，每 200 m³ 或每一工作班应制取不少于 2 组。

（3）每片梁（板），长 16 m 以下的应制取 1 组，16～30 m 应制取 2 组，31～50 m 应制取 3 组，50 m 以上者应不少于 5 组。

（4）就地浇筑混凝土的小桥涵，每一座或每一工作班应制取不少于 2 组；当原材料和配合比相同，并由同一拌和站拌制时，可几座合并制取不少于 2 组。

（5）应根据施工需要，制取与结构物同条件养护的试件，作为判断结构混凝土在拆模、出池、吊装、预施应力、承受载荷等阶段强度的依据。

五、混凝土抗压强度的评定

除另有规定外，混凝土应以标准养护条件下 28d 龄期试件的抗压强度进行评定，其合格条件应符合下列规定：

（1）应以强度等级相同、龄期相同以及生产工艺条件和配合比相同的混凝土组成同一验收批，同一验收批的混凝土强度应以同批内各组标准尺寸试件的强度测定值（当为非标准尺寸试件时，应进行强度换算）作为代表值。

（2）大桥等重要工程及中小桥、涵洞工程的试件大于或等于 10 组时，应以数理统计方法按下述条件评定：

$$m_{f_{cu}} \geqslant f_{cu,k} + \lambda_1 \cdot S_{f_{cu}} \tag{2-13-1}$$

$$f_{cu,min} \geqslant \lambda_2 \cdot f_{cu,k} \tag{2-13-2}$$

式中　$m_{f_{cu}}$——同一检验批 n 组混凝土立方体抗压强度的平均值，MPa；

$f_{cu,k}$——混凝土立方体抗压强度标准值，MPa；

$S_{f_{cu}}$——同一检验批混凝土立方体抗压强度的标准差，MPa，精确到 0.01（当计算值小于 2.5 MPa 时，应取 2.5 MPa）；

$f_{cu,min}$——同一检验批 n 组混凝土立方体抗压强度的最小值，MPa；

λ_1，λ_2——合格判定系数，见表 2-13-1。

表 2-13-1　混凝土强度的合格判定系数

试件组数	10 ~ 14	15 ~ 19	≥20
λ_1	1.15	1.05	0.95
λ_2	0.90	0.85	

（3）中小桥及涵洞等工程，同批混凝土试件少于 10 组时，可采用非统计方法按下述条件进行评定：

$$m_{f_{cu}} \geqslant \lambda_3 \cdot f_{cu,k} \qquad (2\text{-}13\text{-}3)$$

$$f_{cu,min} \geqslant \lambda_4 \cdot f_{cu,k} \qquad (2\text{-}13\text{-}4)$$

式中　λ_3，λ_4——混凝土强度的合格判定系数，见表 2-13-2。

表 2-13-2　混凝土强度的非统计方法合格判定系数

混凝土强度等级	< C60	≥ C60
λ_3	1.15	1.10
λ_4	0.95	

（4）当混凝土强度按试件强度进行评定达不到合格条件时，可采用无损检测法或钻取试样确定结构混凝土的实际强度和浇筑质量。如仍有不合格的，应采取措施进行处理。

单元三　路基材料试验检测方法

课题一　概　述

> **知识点：**
> ◎ 路基的定义、分类、基本要求
> **技能点：**
> ◎ 路基的定义、分类、基本要求

一、概　述

1. 路　基

公路路基是按照路线位置和一定技术要求修建的带状构造物，是公路与自然地面接触的最基本的部分，是路面的基础，公路的主体。路基工程质量的好坏，直接影响到结构物的排水稳定、公路的使用品质、旅客的舒适和正常的行车交通。

2. 分　类

按建筑材料可以把路基分为土方路基、石方路基、土石路基。

（1）土方路基。

用土质材料填筑的路基称为填土路基。

（2）石方路基。

用粒径大于 40 mm 且含量超过总质量 70% 的石料填筑的路堤。

（3）土石路基。

用石料含量占总质量 30%～70% 的土石混合材料修筑的路堤。

3. 作　用

路基的主要作用是承受路面结构自重及由路面传递下来的行车荷载，并承受自然因素的作用。

二、对路基的基本要求

路基的特点是线长，通过的地带类型多，技术条件复杂，受地形、地物、气候和水文地质条件影响很大。如公路可能通过平原、丘陵或山岭，还有河川、沼泽、岩石、冰雪（或永冻土），沙漠或盐渍土等，除一般的施工技术外，土基强度、边坡稳定、挡土墙和其他人工结构物等。此外，路基的土石方数量大，劳力和机械用量多，施工期长。

路基必须满足如下基本要求：

1. 具有足够的强度

路基和路面的自重以及由路面传下的行车荷载会对路基产生压力，路基会产生一定变形。因此，路基要有一定的抵抗变形的能力，在荷载作用下不致发生超过允许的变形，即路基必须具有足够的强度。

2. 具有足够的水温稳定性

路基的水温稳定性是指路基在水和温度的作用下保持其强度的能力。路基在地面水和地下水的作用下，其强度将会显著降低。特别是在季节性冰冻地区，由于水温状况的变化，路基将发生周期性冻融，形成冻胀和翻浆，使路基强度急剧下降。因此，对于路基不仅要求有足够的强度，而且保证在最不利的水温状况下强度不致显著降低，这要求路基具有一定的水温稳定性。

3. 具有足够的整体稳定性

路基是直接在地面上填筑或挖去一部分地面建成的。路基施工改变了地面的天然平衡状态。在某些地形、地质条件下，挖方边坡可能坍塌，陡坡路堤可能沿地表整体下滑，软土路基可能整体滑坍等。为使路基具有抵抗自然因素侵蚀的能力，进行路基设计时必须采取技术措施，如排水、边坡加固或设置挡土墙等，以确保路基的整体稳定性。

课题二　土

一、土的组成与结构

（一）土和土体

1. 土

地壳表层母岩经强烈风化作用而形成的大小不等、未经胶结的一切松散物质，包括土壤、黏土、砂、石屑、岩屑、岩块与砾石等。

广泛分布在地壳表面的土，主要特征是分散性、复杂性和易变性。因其组成是由固体颗粒和孔隙及存在于孔隙中的水和气体的分散体系，土颗粒之间没有或只有很弱的联结，因而土的强度低且易变形。由于受不同自然力作用且于不同的环境下沉积，构成土的分布和性质方面的复杂性。又因为土具有分散性，它的性质极易受到外界温度和湿度的变化而发生变化，表现出多变性。土的这些特征无疑都将反映到它的物理、化学和力学性质中。

2. 土 体

土体是指建筑场地范围内主要由不同土层组成的单元体。土体涉及对建筑物有影响的整个面积与深度。土体按照成因可分为残积土、坡积土、洪积土、冲积土、淤积土、冰积土和风积土等类型。它们由于是在漫长的地质岁月中，一次又一次的由不同的地质作用、不同时代的物质堆积而成，因此组成物质不可能是均匀的，而是由不同层次、不同性质的土层所组成。各层次的土粒粒度不同、土的类型不同，其物理力学性质也不一致。即使是同一土层，也不是完全均匀的，还会出现透镜体、尖灭、变薄等构造现象，其构造延伸的范围也很不相同。

土不是由单一且均匀的土所组成，那么对待土体就不能用局部、孤立的土块去代表它，同时又不能用某单一的土去代表土体，实质上土与土体是整体与局部的关系。总之，土与土体是有关联而又不能混为一谈的两个概念。在工程地质工作中，为了掌握土体的结构，必须鉴定具体的各个单一的土层，即研究各层土的特性是研究土体的基础。

（二）土的三相组成

土的三相组成是指土由固体颗粒、液体水和气体三部分组成，即固相、液相和气相。土中固体颗粒构成土的骨架，骨架之间贯穿着大量孔隙，孔隙中充填着液体水和气体。

自然界土体的三相比例不是一成不变的，而是随着周围环境条件改变而变化。土的三相比例不同，土的状态和工程性质也各不相同。当土中孔隙只有气体填充时为干土；当土中孔隙由液态水和气体填充时为湿土；当土中孔隙只有液态水填充时为饱和土。所以饱和土和干土都是两相土，湿土为三相土。

1. 土中固相

土的固相物质包括无机矿物颗粒和有机质，为土的骨架。矿物颗粒由原生矿物和次生矿物组成。

原生矿物是指岩浆在冷凝过程中形成的矿物，如石英、长石、云母等。原生矿物经化学风化作用后发生化学变化而形成新的次生矿物，如三氧化二铁、三氧化二铝、黏土矿物、碳酸盐等。次生矿物按其与水的作用可分为可溶的或不可溶的。可溶的按其溶解难易程度又可分为易溶的、中溶的和难溶的。次生矿物的成分和性质均较复杂，对土的工程性质影响也较大。

在风化过程中，往往有微生物的参与，在土中产生有机质成分，如多种复杂的腐殖质矿物。此外，在土中还会有动植物残骸体等有机残余物，如泥炭等。有机质对土的工程性质影响很大。

2. 土的液相

土的液相是指土孔隙中存在的水。一般把土中的水看成是中性的、无色、无味、无嗅，其密度为 1 g/cm^3，容重为 9.8 kN/m^3，在 $0 \text{ }^\circ\text{C}$ 时冻结，在 $100 \text{ }^\circ\text{C}$ 时沸腾。但实质上，土中水是成分复杂的电解质水溶液，它与土粒间有着复杂的相互作用。

（1）结合水。

当土粒与水相互作用时，土粒会吸附一部分水分子，在土粒表面形成一定厚度的水膜，称为表面结合水。它受土粒表面引力的控制而不服从静水力学规律。按吸附力的强弱，结合水可分为强结合水（也称为吸着水）和弱结合水（也称为薄膜水）。

强结合水紧靠土粒表面，厚度只有几个水分子厚，受到很高的静电引力，使水分子紧密而整齐的排列在土粒表面不能自由移动。其密度为 $1.2 \sim 1.4 \text{ g/cm}^3$，性质接近固体，不传递静水压力，$100 \text{ }^\circ\text{C}$ 不蒸发，$-78 \text{ }^\circ\text{C}$ 低温才冻结成冰，只有在 $105 \sim 110 \text{ }^\circ\text{C}$ 的高温下才能被烘去。黏性土只含强结合水时呈固态坚硬状态；砂性土含强结合水时呈散粒状态。土颗粒间的吸着水具有抵抗土体变形的能力，这是黏土区别于砂土的显著标志之一。

弱结合水在强结合水外侧，呈薄膜状，密度为 $1.3 \sim 1.7 \text{ g/cm}^3$，也不传递静水压力。此部分水对黏性土的影响最大。

（2）自由水。

在结合水膜以外的水，为正常的液态水溶液，它受重力的控制而流动，能传递静水压力，称为自由水。

自由水包括重力水和毛细水。

毛细水是受毛细作用控制的水，它除了受重力作用外，还受到表面张力引起的毛细作用的支配。可以把土的孔隙看作是连续的变截面的毛细管。毛细管中毛细水的上升高度取决于毛细管的直径，毛细管直径越小，上升高度越高。如一般孔隙大的砂土，毛细水上升高度小，甚至没有；孔隙太小的黏土，土粒间的孔隙全部被结合水所占据，毛细水没有移动的通路或移动受到很大阻力，所以上升非常缓慢；在极细砂和粉土中孔隙小，毛细水上升快，而且高。毛细水对公路路基的干湿状态及冻害有重要的影响，对砂类土的强度也有一定的影响。

重力水是只受重力控制的自由水，它不受表面张力的影响，在重力压力差作用下于土中渗流。重力水对土中的应力状态和开挖基槽、基坑以及修筑地下构筑物时所应采取的排水、防水措施有重要的影响。

（3）气态水。

气态水是以水气状态存在于孔隙中。在大气压力、温度、湿度变化的影响下，气态水能从气压高的空间向气压低的空间运动，并可在土粒表面凝聚转化为其他各种类型的水。气态水的迁移和聚集使土中水和气体的分布状态发生变化，形成过程经常伴随着原先存在于水溶液中的物质在蒸发层中积累可使土的性质改变。在干旱和半干旱地区，由于这种积累发生盐胀，往往会使公路路面遭到破坏。

（4）固态冰。

固态冰是当气温降至 0 ℃ 以下时，由液态自由水冻结而成。由于水的密度在 4 ℃ 时为最大，低于 0 ℃ 的冰，不是冷缩，反而膨胀，使基础发生冻胀，因此，寒冷地区基础的埋深要考虑冻胀问题。

3. 土的气相

土中气体是指土的固体矿物之间的孔隙中，没有被水充填的部分。土的含气量与含水量有密切关系。土的孔隙中占优势的是气体还是水，对土的工程性质有很大的影响。

土中的气体可分为与大气连通的和不连通的两类。与大气连通的气体在受外力作用时，这种气体很快地从孔隙中被挤出来，所以它对土的工程性质影响不大。而与大气不连通的密封气体，在受到外力作用时，随着压力的增大，这种气体可被压缩或溶解于水中，压力减少时，气体会恢复原状或游离出来。若土中封闭气体很多时，将使土的压缩性增高，渗透性降低。所以它对土的工程性质影响较大。

（三）土的粒度成分

自然界的土，作为组成土体骨架的土粒，大小悬殊，性质各异。工程上常把组成土的各种大小颗粒的相互比例关系，称为土的粒度成分。土的粒度成分如何，对土的一系列工程性质有决定性的影响，它是工程地质研究的重要内容之一。

1. 粒组及其划分方案

（1）粒组：按土粒的直径［"粒径"以"毫米（mm）"为单位］来划分几个粒径区段，

每一粒径区段中所包括大小比较相似，且工程地质基本性质相同的颗粒，称为"粒组"。

（2）粒组的划分：见表 3-2-1。

表 3-2-1　粒组划分表

200		60	20		5	2		0.5	0.25		0.075	0.002（mm）
巨粒组			粗粒组								细粒组	
漂石（块石）		卵石（小块石）	砾（角砾）			砂					粉粒	黏粒
			粗	中	细	粗	中		细			

2. 粒度成分及粒度分析

（1）粒度成分：各个粒组在土全部质量中各自占有的比例。它可以用来描述土中各种不同粒径土粒含量的配合情况。

（2）粒度分析（颗粒分析）：用指定方法测定土中各个粒组占总质量百分数的试验。目前所采用的方法可归纳为两大类：一是利用各种方法把各个粒组按粒径分离开来，直接测出各粒组的百分含量，称为直接测定法，如筛分法、移液管法等；二是根据各粒组的某些不同特性，间接地判定土中各粒组的含量，称为间接测定方法，如肉眼鉴定法、比重计法等。

目前，我国常用的粒度分析方法如下：

　　筛分法：对于粒径大于 0.075 mm 的粗粒土。
　　原理：将所称取的一定质量风干土样放在筛网孔逐级减小的一套标准筛上摇振，然后分层测定各筛中土粒的质量，并计算出各级配参数。
　　静水沉降法：对于粒径小于 0.075 mm 的细粒土。
　　原理：0.002 ~ 0.2 mm 粒径的土在水或液体中靠自动下沉时应做等速运动，运动的规律符合司笃克斯定律，定律认为土粒越大，在静水中沉降的速度越快；反之土粒越小，沉降速度越慢。

3. 粒度成分的表示方法

常用粒度成分的表示方法有表格法、累积曲线法和三角坐标法。

（1）表格法。

将颗粒分析后，按粒径由大到小划分的各粒组及其测定的质量百分数，用表格的形式（见表 3-2-2）直接表达其颗粒级配情况。同一表格中可以表示多种土样的粒度成分的分析结果。

表 3-2-2　粒度成分的累计百分含量表示法

粒径 d_i/mm	粒径小于等于 d_i 的累计百分含量 p_i/%		
	土样 a	土样 b	土样 c
10	—	100	—
5	100	73	—

粒径 d_i（mm）	粒径小于等于 d_i 的累计百分含量 p_i /%		
	土样 a	土样 b	土样 c
2	95	55	—
1	91	40	—
0.5	77	36	—
0.25	32	25	100
0.10	7	21	94
0.75	—	18	76
0.01	—	11	40
0.005	—	6	26
0.001	—	1	9

（2）累计曲线法。

通常用半对数坐标纸绘制。横坐标表示粒径 d_i，纵坐标表示小于某一粒径的累积百分数 p_i 的含量。如图 3-2-1 所示是根据表 3-2-2 提供的数据，在半对数坐标纸上绘制得该土样的累计曲线。

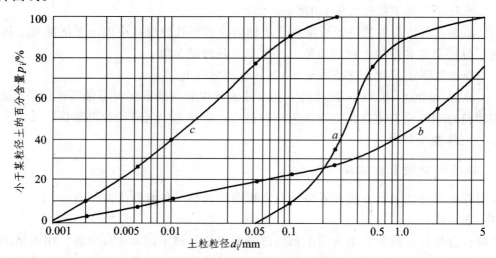

图 3-2-1　粒度成分累计曲线

从累计曲线图上可以看出：曲线平缓，表明土的粒度成分混杂，大小粒组都有，各粒组的相对含量都差不多；曲线坡度较陡，表明土粒比较均匀，斜率最大限段所包括的粒组，在土样中的含量最多，成为具有代表性的粒组。

累计曲线的用途主要有以下两个方面：

第一，由累计曲线可以直观地判断土中各粒组的分布情况，曲线 a 表示该土绝大部分是由比较均匀的砂粒组成；而曲线 b 表示该土是由各种粒组的土粒组成，土粒极不均匀；曲线 c 表示该土中砂粒极少，主要由粉粒和黏粒组成。

第二，由累计曲线可确定两个土粒的级配指标：

不均匀系数：$C_U = d_{60}/d_{10}$ （3-2-1）

曲率系数（级配系数）：$C_c = d_{30}^2/d_{10}d_{60}$ （3-2-2）

式中 d_{10}——有粒效径（mm），既土中小于该粒径的颗粒质量为10%的粒径；

d_{60}——限制粒径（mm），既土中小于该粒径的颗粒质量为60%的粒径；

d_{30}——平均粒径（mm），既土中小于该粒径的颗粒质量为30%的粒径。

不均匀系数 C_U 反映大小不同粒组的分布情况。C_U 值越大，表示土颗粒大小分布范围大，土的级配良好；C_U 值越小，表明土粒大小相近似，土的级配不良。一般认为不均匀系数 $C_U < 5$ 时，称为匀粒土，其级配不好；$C_U \geqslant 5$ 时的土为非匀粒土，其级配良好。实际上，仅单靠不均匀系数 C_U 来确定土的级配情况是不够的，还必须同时考虑曲率系数 C_c 的值。

曲率系数 C_c 则是描述累计曲线的分布范围，反映累计曲线的整体形状。一般认为 $C_c = 1 \sim 3$ 土的级配较好；$C_c < 1$ 或 $C_c > 3$，累计曲线呈明显弯曲。当累计曲线呈阶梯状时，说明粒度不连续，即主要由大颗粒和小颗粒组成，缺少中间颗粒，表明土的级配不好，其工程地质性质较差。

在工程上，常利用累计曲线确定的土粒的两个级配指标值来判定土的级配情况。当同时满足不均匀系数 $C_U \geqslant 5$ 和曲率系数 $C_c = 1 \sim 3$ 这两个条件时，土为级配良好的土；若不能同时满足，土为级配不良的土。

例如，图 3-2-1 中曲线 a，$d_{10} = 0.11$ mm，$d_{30} = 0.22$ mm；$d_{60} = 0.39$ mm，则 $C_U = 3.9$，$C_c = 1.24$，表明土样 a 为级配不良的土。

二、土的物理性质

如前所述，土是由固体颗粒、水和气体三相组成的集合体。从物理的角度，可利用土的三相在体积上和质量上的比例关系来反映土的干湿程度和紧密程度，也可间接地评定土的工程性质。如土中孔隙体积大，土就松，土中水分多，则土就软。

为了导出三相比例指标，可以把土体中实际上是分散的三个相抽象地分别集合在一起，构成理想的三相图，如图 3-2-2 所示。

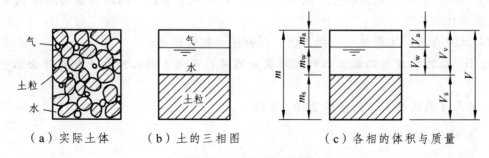

（a）实际土体 （b）土的三相图 （c）各相的体积与质量

图 3-2-2 土的三相图

（一）土的含水率

（1）土的含水率是指土的孔隙中所含水分的质量，能反映出土的含水情况与土的状态。

（2）指标：天然含水率、饱和含水率、饱和度。

（3）天然含水率

① 定义：天然状态下土中所含水分的质量，简称含水率。即指在 105～110 ℃ 下烘至恒量时所失去的水分质量和达恒量后干土质量的比值，一般用百分数表示。

② 公式：$w = \dfrac{m_w}{m_s} \times 100$ （3-2-3）

③ 试验方法：烘干法、酒精燃烧法、比重法。

注：① 土的天然含水率要求直接采用原状土测定，应采集天然土样，保护土中水分不被蒸发损失。

② 土的含水率只能表明土中固相与液相之间的数量关系，不能描述有关土中水的性质；只能反映孔隙中水的绝对值，不能说明其充满程度。当 $w = 0$ 时，砂土呈松散状态，黏土呈坚硬状态。黏性土的含水率很大时其压缩性高，强度低。

（4）饱和含水率：土的孔隙全部被水充满，达到饱和状态时的含水率。即土的孔隙中充满水分的质量与土粒质量的比值。

（5）饱和度（饱和系数）：土中天然含水率的体积（V_w）与土中的全部孔隙（V_n）的比值。表示孔隙被水充满的程度。

注：① 它是反映砂性土干湿状态的物理指标，不适用于黏性土。

② 当 $V_w = 0$，$S_r = 0$ 时为干燥土。

当 $V_w = V_n$，$S_r = 1$ 时为饱水。

当 $S_r = 0 \sim 1$ 时

$0 \leqslant S_r \leqslant 0.5$	稍湿
$0.5 < S_r \leqslant 0.8$	很湿
$S_r > 0.8$	饱和

（二）土的质量

土的质量包括土粒与孔隙中水与气的质量，通常测试的指标为密度与相对密度。

1. 土的比重

（1）定义：土的比重指的是土在 105～110 ℃ 下烘干至恒重时的质量与同体积 4 ℃ 蒸馏水质量的比值。

（2）试验方法：比重瓶法、浮力法、浮称法、虹吸筒法。

注：① 土的比重与组成土粒的矿物成分有关，而与土的孔隙大小及其所含水分多少无关。

② 测定时用扰动土，数值取 2.60～2.75。

2. 土的密度

（1）定义：土的总质量与土的总体积的比值。

（2）指标：天然密度、干密度、饱和密度和水下密度。

（3）天然密度（湿密度）：

① 定义：天然状态下，土的单位体积的质量。

② 试验方法：环刀法、灌水法、灌砂法、蜡封法。

注：① 与土的结构，所含水分的多少，矿物成分有关；

② 测定时用原状土样；

③ 其数值在 1.60～2.20 g/cm³ 变化。

（4）干密度：干燥状态下单位体积土的质量，即土中固体颗粒的质量与土的体积的比值。

注：① 土的干密度实际上是土中完全没有天然水分的密度，它是土的密度的最小值。

② 某一土样的干密度值大小取决于土的结构，即土的干密度值越大，土越密实，孔隙越小。

③ 工程上常用此来作为人工填土压实的控制指标。

④ 公式：$\rho_d = \dfrac{\rho}{1+w}$

（5）饱和密度：土的孔隙中全部被水充满的情况下，单位体积土的质量。

（6）水下密度：在地下水面以下，单位体积的质量。

（三）土的孔隙性

（1）定义：土的孔隙的大小、形状、数量及连通关系等特征。土的透水性、压缩性等物理特性，都与土的孔隙性有密切的关系。

（2）指标：孔隙度、孔隙比。

（3）孔隙度（n）：在天然状态下，土的单位体积中孔隙的总体积，称为孔隙度或孔隙率。即某一土样中孔隙的体积（V_n）与该土样的总体积（V）的比值。在工程计算中，n 是常用指标，计算时可将百分数化为小数。

（4）孔隙比（e）：土中孔隙的体积（V_n）与土粒的体积（V_s）的比值。

孔隙率与孔隙比的相互关系：$n = \dfrac{e}{1+e}$ 或 $e = \dfrac{n}{1-n}$。

注：① 常用小数表示；

② e 可直接反映土的密实程度，e 越大，土越疏松；

③ $e < 0.6$ 是可作为良好地基，$e > 1$ 是工程性质不良的土。

（5）砂类土的密实度（D_r）：

① 指标：相对密度。

② 公式：砂类土在最松散状况下的孔隙比值为最大孔隙比 e_{max}；经振动或捣实后，砂砾间相互靠拢压密，其孔隙比为最小孔隙比 e_{min}；在天然状态下的孔隙比为 e。由此，砂类土在天然状态下的紧密程度可用密实度来求得。

相对密度就是指最大孔隙比和天然孔隙比之差与最大孔隙比和最小孔隙比之差的比值。D_r 一般用小数或百分数表示。

$$D_r = \frac{e_{max} - e}{e_{max} - e_{min}} \qquad (3\text{-}2\text{-}4)$$

（3）可知：当 $D_r = 0$，即 $e = e_{max}$ 时，表示砂类土处于最疏松状态；

当 $D_r = 1$ 时，即 $e = e_{\min}$，表示砂类土处于最紧密状态。

例：某天然砂层，密度为 1.47 g/cm³，含水量为 13%，由试验求得该砂土的最小干密度为 1.20 g/cm³，最大干密度为 1.66 g/cm³。该砂层处于哪种状态？

解：已知：$\rho = 1.47$，$w = 13\%$，$\rho_{\text{dmin}} = 1.20$ g/cm³ $\rho_{\text{dmax}} = 1.66$ g/cm³

由公式：$\rho = \dfrac{\rho}{1+w}$，得 $\rho_d = 1.30$ g/cm³

$$D_r = \frac{(\rho_d - \rho_{\text{dmin}})\rho_{\text{dmax}}}{(\rho_{\text{dmax}} - \rho_{\text{dmin}})\rho_d} = \frac{(1.30 - 1.20) \times 1.66}{(1.66 - 1.20) \times 1.30} = 0.28$$

$$D_r = 0.28 < 0.33$$

该砂层处于疏松状态。

土的比重 G_s、天然密度 ρ 和天然含水量 w 为基本物理性质指标，必须通过试验直接测定得，称为三项实测指标，其余指标可由三个试验指标计算导出，其换算关系见表 3-2-3。

表 3-2-3　土的物理性质主要指标一览表

指标名称	表达式	参考数值	指标来源	实际应用
比重 G_s	$G_s = \dfrac{m_s}{V_s \cdot \rho_w}$	2.65 ~ 2.75	由试验测定	换算 n、e、ρ_d；工程计算
密度 ρ /（g/cm³）	$\rho = \dfrac{m}{V}$	1.60 ~ 2.20	由试验测定	换算 n、e；说明土的密度
干密度 ρ_d /（g/cm³）	$\rho_d = \dfrac{m_s}{V}$	1.30 ~ 2.00	$\rho_d = \dfrac{\rho}{1+w}$	换算 n、e、s_r；粒度分析，压缩试验资料整理
饱和密度 ρ_f /（g/cm³）	$\rho_f = \dfrac{m_s + V_n\rho_w}{V}$	1.80 ~ 2.30	$\rho_f = \dfrac{\rho(G_s-1)}{G_s(1+w)}+1$ 或 $\rho_f = \rho_d + n\rho_w$	
水下密度 ρ' /（g/cm³）	$\rho' = \dfrac{m_s - V_s\rho_w}{V}$	0.80 ~ 1.30	$\rho' = \dfrac{\rho(G_s-1)}{G_s(1+w)}$ 或 $\rho' = \rho_f - \rho_w$	计算潜水面以下地基土自重应力；分析人工边坡稳定
天然含水量 w /%	$w = \dfrac{m_w}{m_s} \times 100$	$0 < w < 100\%$	由试验测定	换算 s_r、ρ_d、n 及 e；计算土的稠度指标
饱和含水量 w_g /%	$w_g = \dfrac{v_n\rho_w}{m_s} \times 100$	0 ~ 100%	$w_g = \dfrac{G_s(1+w) - \rho}{G_s \cdot \rho} \times 100$	
饱和度 s_r /%	$s_r = \dfrac{v_w}{v_n} \times 100$		$s_r = \dfrac{G_s\rho_w}{G_s(1+w) - \rho} \times 100$	说明土的饱水状态；计算砂土、黄土地基承载力
天然孔隙度 n /%	$n = \dfrac{v_n}{v} \times 100$		$n = \left[1 - \dfrac{\rho}{G_s(1+w)}\right] \times 100$	计算地基承载力；估计砂土密度和渗透系数；压缩试验调整资料
天然孔隙比 e	$e = \dfrac{v_n}{v_s}$		$e = \dfrac{G_s(1+w)}{\rho} - 1$	说明土中孔隙体积；换算 e 和 ρ'

三、土的水理性质

（一）黏性土的界限含水率

含水率对黏性土的工程性质（如强度、压缩性等）有极大影响。当土中含水率较低时，土呈固体状态，强度较大，随着含水率的增高，土从固体状态变为半固体状态到可塑状态转变为流动状态，土的强度相应地降低。

（1）稠度：土的软硬程度特性称为稠度。

（2）稠度状态：当土从很湿逐渐变干时，会表现出几个不同的物理状态，如液态、塑态、半固态、固态等，称为土的稠度状态。

（3）稠度界限：黏性土随含水率的变化从一种稠度状态变为另一种稠度状态的界限含水率，称为稠度界限。

（4）界限含水率

黏性土由一种稠度状态转变到另一种稠度状态的分界含水率称为界限含水率。工程上常用的分界含水率有缩限、塑限、液限，它对黏性土的分类和工程性质的评价有重要意义。

① 液限 w_L：黏性土由可塑状态转到流动状态的界限含水率。

② 塑限 w_P：黏性土由半固态转到可塑状态的界限含水率。

③ 缩限 w_s：黏性土呈半固态不断蒸发水分，则体积不断缩小，直到体积不再变化时的界限含水率。

液限和塑限是黏性土的重要物理性质指标。

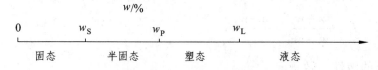

图 3-2-3　土的稠度及界限含水率

（二）黏性土的塑性

（1）土的塑性。

土在一定外力作用下可以塑造成任何形状而不改变其整体性，当外力取消后在一定时间内仍保持其已变形后的形态而不恢复原状的性能，称土的可塑性。

（2）指标：塑性指数 I_P，即土的液限与塑限之差。

$$I_P = w_L - w_P \tag{3-2-4}$$

塑性指数一般在习惯上用不带百分数符号的数值表示。塑性指数越大，表示土越具有高塑性。

（3）试验方法：液塑限联合测定法。

（4）黏性土的分类和命名

在工程中常用 I_P 值根据塑性图对黏性土进分类和命名。

塑性图是在颗粒级配和塑性的基础上，以塑性指数为纵坐标，以液限为横坐标的直角式坐标图，如图 3-2-4 所示。

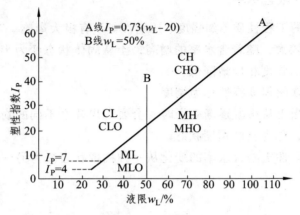

图 3-2-4　塑性图

（三）黏性土的稠度状态

土的天然含水率在一定程度上反映了土中水量的多少。但仅仅天然含水率并不能说明土处于什么物理状态，因此还需要一个能够表示天然含水率与界限含水率关系的指标，即液性指数 I_L。

1. 液性指数

土的天然含水率与塑限的差值和塑性指数的之比，即公式（3-2-5）。

$$I_L = \frac{w - w_P}{w_L - w_P} = \frac{w - w_P}{I_P} \tag{3-2-5}$$

式中　I_L——土的液性指数；

　　　w_L——土的液限；

　　　w_P——土的塑限；

　　　w——土的天然含水率。

对于某种黏性土，其液限 w_L 和塑限 w_P 都是一定值，土的天然含水量越大，液性指数越大，土越稀软。

2. 应　用

按 I_L 可区分土的各种状态，在《公路桥涵地基与基础设计规范》（JTG D63—2007）与《岩土工程勘察规范》（GB 50021—2001）中规定如表 3-2-4 所列。

表 3-2-4　黏性土相对稠度状态

液性指数值	$I_L \leq 0$	$0 < I_L \leq 0.25$	$0.25 < I_L \leq 0.75$	$0.75 < I_L \leq 1$	$I_L > 1$
稠度状态	坚硬状态	硬塑状态	可塑状态	软塑状态	流塑状态
	半固体状态	塑性状态			液流状态

例：从某地基取原状土样,测的土的液限为 37.4%,塑限为 23.0%,天然含水率为 26.0%。问：地基土处于何种状态？

解：已知： $w_c = 37.4\%$, $w_P = 23.0\%$, $w = 16.0\%$

$$I_L = \frac{w - w_P}{w_L - w_P} = \frac{0.26 - 0.23}{0.374 - 0.23} = 0.21$$

因 $0 < I_L \leqslant 0.25$

故该地基土处于硬塑状态。

四、土的力学性质

土的力学性质是土在外力作用下所表现的特性,主要包括在静荷载压力作用下的压缩性和抗剪性以及在动荷载作用下的压实性。

（一）在动载荷作用下的压实性

1. 土的压实性对工程的意义

在工程建设中,经常遇到填土或软弱地基,填土不同于天然土层,因为经过挖掘、搬运之后,原状结构已被破坏,含水率也已变化,堆填时必然在土团之间留下许多大孔隙。未经压实的填土强度低,压缩性大而且不均匀,遇水也易发生陷坍、崩解等。特别是像道路路堤这样的土工构筑物,在车辆的频繁运行和反复动荷载作用下,可能出现不均匀或过大的沉陷或坍落,甚至失稳滑动,从而恶化运营条件以及增加维修工作量。

为了改善这些土的工程性质,常采用压实的方法使土变得密实,这往往是一种经济合理的改善土的工程性质的方法。这里所说的使土变密实的方法是指采用人工或机械对土施以夯压能量（如夯、碾、振动等）,使土在短时间内颗粒重新排列变密,获得最佳结构以改善和提高土的力学性能,或者称为土的击实性。

2. 击实试验

击实试验是研究土的压实性能的室内基本试验方法。击实是指对土瞬时地重复施加一定的机械功能使土体变密的过程。研究土的击实性的目的在于揭示击实作用下土的干密度、含水率和击实功三者之间的关系和基本规律,从而选定适合工程需要和最小击实功。

3. 压实特性

击实试验是把某一含水率的土料填入击实筒,用击锤按规定落距对土打击一定的次数,即用一定的击实功击实土,测其含水率和干密度的关系曲线,即为击实曲线,如图 3-2-5 所示。

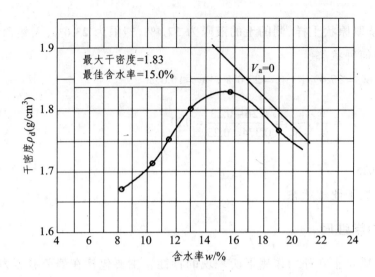

图 3-2-5 含水率与干密度的关系曲线

由图可知，随着含水率的增加，土的干密度也逐渐增大，表明压实效果逐步提高，当含水率超过某一限量时，干密度则随着含水率增大而减小，即压密效果下降。这说明土的压实效果随着含水率变化而变化，并在击实曲线上出现一个峰值，称为最大干密度 ρ_{dmax}，相应于这个峰值的含水率就是最佳含水率 w_{op}。

4. 影响土的击实性的主要因素

影响土压实性的因素除含水率的影响外，还与击实功能、土质情况（矿物成分和粒度成分），所处状态、击实条件以及土的种类和级配等有关。

（1）压实功能的影响。

压实功能是指压实每单位体积土所消耗的能量，击实试验中的压实功能用公式（3-2-6）表示。

$$N = \frac{W \cdot d \cdot n \cdot m}{V} \qquad (3-2-6)$$

式中 W ——击锤质量，kg，在标准击实试验中击锤质量为 4.5 kg；

   d ——落距，m，击实试验中定为 0.45 m；

   n ——每层土的击实次数，标准试验为 27 击；

   m ——铺土层数，试验中分五层；

   V ——击实筒的体积，m^3。

同一种土，用不同的功能击实，得到的击实曲线有一定的差异。

（2）当含水率较低时，击数的影响较明显；当含水率较高时，含水率与干密度关系曲线趋近于饱和线，也就是说，这时提高击实功能是无效的。

（3）经试验证明，填土中所含的细粒越多（即黏土矿物越多），则最佳含水率越大，最大干密度越小。

（4）有机质对土的击实效果有不好的影响。因为有机质亲水性强，不易将土击实到较大的干密度，且能使土质恶化。

（5）在同类土中，土的颗粒级配对土的压实效果影响很大，颗粒级配不均匀的容易压实，均匀的不易压实。这是因为级配均匀的土中较粗颗粒形成的孔隙很少有细颗粒去充填。

（二）土的压缩性

1. 压缩性

土的压缩性是指土在压力作用下体积压缩变小的性能。在荷载作用下，土发生压缩变形的过程就是土体积缩小的过程。

2. 压缩变形

土是由固、液、气三相物质组成的，土体积的缩小必然是土的三相组成部分中各部分体积缩小的结果。

土的压缩变形可能是：

（1）土粒本身的压缩变形。

（2）孔隙中不同形态的水和气体的压缩变形。

（3）孔隙中水和气体有一部分被挤出，土的颗粒相互靠拢使孔隙体积减小。

大量试验资料表明，在一般建筑物荷重（100～600 kPa）作用下，土中固体颗粒的压缩量极小，不到土体总压缩量的 1/400。水通常被认为是不可压缩的（水的弹模 $E = 2 \times 10^3$ MPa）。气体的压缩性较强，压缩量与压力的增量成正比，在密闭系统中，土的压缩是气体压缩的结果，但压力消失后，土的体积基本恢复，即土呈弹性。自然界中土一般处于开启系统，孔隙中的水和气体在压力作用下不可能被压缩而是被挤出。

因此，目前研究土的压缩变形都假定：土粒与水本身的微小变形可忽略不计，土的压缩变形主要是由于孔隙中的水和气体被排出，土粒相互移动靠拢，致使土的孔隙体积减小而引起的，因此土体的压缩变形实际上是孔隙体积压缩，孔隙比减小所致。这种变形过程与水和气体的排出速度有关，开始时变形量较大，然后随着颗粒间接触点的增大而土粒移动阻力增大，变形逐渐减弱。

3. 压缩试验

室内压缩试验是取原状土样放入压缩仪进行试验，压缩仪的构造如图 3-2-6 和图 3-2-7 所示。土样由于受到环刀和护环等刚性护壁的约束，在压缩过程中只能发生垂向压缩，不可能发生侧向膨胀，所以又叫侧限压缩试验。

试验时，通过加荷装置和加压板将压力均匀地施加到土样上（见图 3-2-8）。荷载逐级加上，每加一级荷载，要等土样压缩相对稳定后，才施加下一级荷载。土样的压缩量可通过位移传感器测量。并根据每一级压力下的稳定变形量，计算出与各级压力下相应的稳定孔隙比。

图 3-2-6　压缩仪

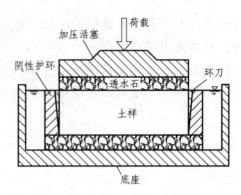

图 3-2-7　压缩容器的示意图

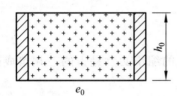

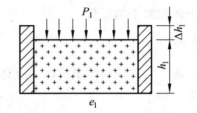

图 3-2-8　有侧限条件下的压缩

（1）压缩曲线。

若以纵坐标表示在各级压力下试样压缩稳定后的孔隙比 e，以横坐标表示压力 p，根据压缩试验的成果，可以绘制出孔隙比与压力的关系曲线，称压缩曲线，如图 3-2-9 所示。

压缩曲线的形状与土样的成分、结构、状态以及受力历史等有关。若压缩曲线较陡，说明压力增加时孔隙比减小得多，则土的压缩性高；若曲线是平缓的，则土的压缩性低。

（2）压缩系数。

在压缩曲线上，当压力的变化范围不大时，可将压缩曲线上相应一小段 M_1M_2 近似地用直线来代替。若 M_1 点的压力为 p_1 相应孔隙比为 e_1；M_2 点的压力为 p_2 相应孔隙比为 e_2。则 M_1M_2 段的斜率可用公式（3-2-7）表示，即

$$a = \tan\alpha = \frac{e_1 - e_2}{P_2 - P_1} \quad \text{或} \quad a = -\frac{\Delta e}{\Delta p} = \frac{e_i - e_{i+1}}{P_{i+1} - P_i} \tag{3-2-7}$$

此式为土的力学性质的基本定律之一，称为压缩定律。其比例系数称为压缩系数，用 α 表示，单位是 MPa^{-1}。

压缩系数是表示土的压缩性大小的主要指标，其值越大，表明在某压力变化范围内孔隙比减少得越多，压缩性就越高。但由图 3-2-9 中可以看出，同一种土的压缩系数并不是常数，而是随所取压力变化范围的不同而改变。因此，评价不同类型和状态土的压缩性大小时，必须以同一压力变化范围来比较。在《建筑地基基础设计规范》（GBJ 7—89）中规定，以 $P_1 = 0.1\,MPa$，$P_2 = 0.2\,MPa$ 时相应的压缩系数 $a_{1\text{-}2}$ 作为判断土的压缩性的标准。

低压缩性土：$a_{1\text{-}2} < 0.1\,MPa^{-1}$

中等压缩性土：$0.1\,MPa^{-1} \leqslant a_{1\text{-}2} < 0.5\,MPa^{-1}$

高压缩性土：$a_{1\text{-}2} \geqslant 0.5\,MPa^{-1}$

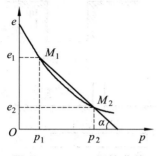
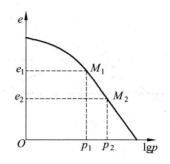

图 3-2-9　e-p 压缩曲线　　　图 3-2-10　e-lgp 曲线

（3）压缩指数。

土的压缩曲线也可用 e-lgp 曲线表示，如图 3-2-10 所示。从 e-lgp 曲线可见，当压力强度超过某一数值后，曲线近似成线性关系，该直线段的斜率 C_c 称为压缩指数。它也是表征土的压缩性的重要指标。

$$C_c = \frac{a(p_2 - p_1)}{\lg p_2 - \lg p_1} \qquad (3\text{-}2\text{-}8)$$

（4）压缩模量。

土的压缩模量是指在侧限条件下竖向应力与竖向应变之比值，可用公式（3-2-9）表示。

$$E_s = \frac{1+e_1}{\alpha} \qquad (3\text{-}2\text{-}9)$$

式中　e_1——相应于压力 p_1 时土的孔隙比；

　　　α——相应于压力从 p_1 增至 p_2 时的压缩系数。

（三）土的抗剪性

1. 抗剪性

研究土的抗剪强度特性，简称抗剪性。土的抗剪强度是指土体抵抗剪切破坏的能力，其数值等于土体产生剪切破坏时滑动面上的剪应力。抗剪强度是土的主要力学性质之一，也是土力学的重要组成部分。

2. 剪切破坏

土体的破坏通常都是剪切破坏。一般而言，在外部荷载作用下，土体中的应力将发生变化。当土体中的剪应力超过土体本身的抗剪强度时，土体将产生沿着其中某一滑裂面的滑动，而使土体丧失整体稳定性。例如：道路的边坡、路基、土石坝、建筑物的地基等丧失稳定性的例子是很多的（见图 3-2-11）。

3. 剪切试验

土的抗剪强度试验有多种，在试验室内常用的有直接剪切试验、三轴压缩试验和无侧限抗压强度试验，在原位测试的有十字板剪切试验、大型直接剪切试验等。最常用的是直剪切试验方法。

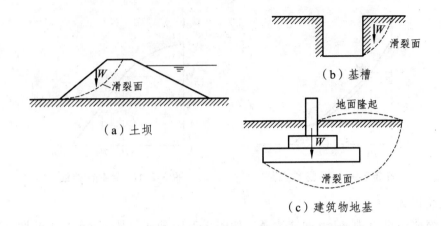

图 3-2-11 土坝、基槽和建筑物地基失稳示意图

直接剪切仪分为应变控制式和应力控制式两种，前者是等速推动试样产生位移，测定相应的剪应力；后者则是对试件分级施加水平剪应力测定相应的位移。我国普遍采用的是应变控制式直剪仪。

如图 3-2-12 所示，应变控制式直剪仪的主要部件由固定的上盒和活动的下盒组成，试样放在上、下盒内上、下两块透水石之间。试验时，由杠杆系统通过加压活塞和上透水石对试件施加某一垂直压力 σ，然后等速转动手轮对下盒施加水平推力，使试样在上、下盒之间的水平接触面上产生剪切变形，直至破坏，剪应力的大小可借助于上盒接触的量力环的变形值计算确定。在剪切过程中，随着上、下盒相对剪切变形的发展，土样中的抗剪强度逐渐发挥出来，直到剪应力等于土的抗剪强度时，土样剪切破坏，所以土样的抗剪强度可用剪切破坏时的剪应力来量度。

图 3-2-13（a）表示剪切过程中剪应力 τ 与剪切位移 δ 之间关系，通常可取峰值或稳定值作为破坏点，如图中箭头所示。对同一种土至少取 4 个重度和含水量相同的试样，分别在不同垂直压力 σ 下剪切破坏，一般可取垂直压力为 100 kPa、200 kPa、300 kPa、400 kPa，将试验结果绘制成图 3-2-13（b）所示的抗剪强度 τ_f 和垂直压力 σ 之间关系。

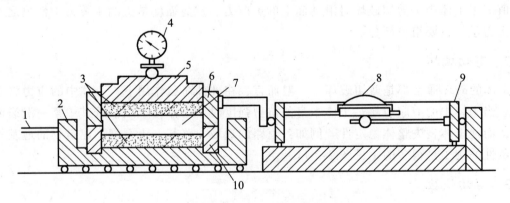

图 3-2-12 应变控制式直剪仪

1—轮轴；2—底座；3—透水石；4—垂直变形量表；5—活塞；6—上盒；
7—土样；8—水平位移量表；9—量力环；10—下盒

试验结果表明，对于黏性土 τ_f-σ 关系曲线基本上成直线关系，该直线与横轴的夹角为内摩擦角，在纵轴上的截距为黏聚力 c，直线方程可用库仑公式，即公式（3-2-10）表示。

$$\tau_f = c + \sigma \tan\varphi \qquad (3\text{-}2\text{-}10)$$

式中　c——土的黏聚力（内聚力），kPa；

　　　φ——土的内摩擦角，度；

　　　σ——作用在剪切面上的法向应力。

对于无黏性土，τ_f-σ 关系线则是通过原点的一条直线，可用公式（3-2-11）表示。

$$\tau_f = \sigma \tan\varphi \qquad (3\text{-}2\text{-}11)$$

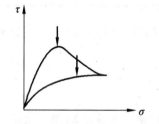
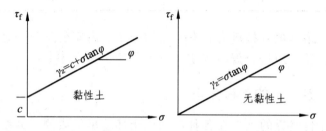

（a）剪应力与剪切位移之间关系　　　　　（b）抗剪强度与法向应力之间的关系

图 3-2-13　直接剪切试验结果

为了近似模拟土体在现场受剪的排水条件，直接剪切试验可分为快剪、固结快剪和慢剪三种方法。

（1）快剪试验是在试样施加竖向压力 σ 后，立即快速施加水平剪应力使试样剪切破坏。

（2）固结快剪是允许试样在竖向压力下排水，待固结稳定后，再快速施加水平剪应力使试样剪切破坏。

（3）慢剪试验则是允许试样在竖向压力下排水，待固结稳定后，以缓慢的速率施加水平剪应力使试样剪切破坏。

（四）土基的承载能力

在车轮荷载作用下，路基路面结构的强度与刚度除了与材料的品质有关之外，路基的支承起着决定性的作用。路基作为公路路面结构的基础，它抵抗荷载变形能力的大小，主要取决于路基顶面在一定应力级位下抵抗变形的能力。

1. 指　标

回弹模量、地基反应模量和加州承载比等，为表征土基承载力的参数指标。

2. 加州承载比

（1）来源：早年由美国加利福尼亚州（California）提出的一种评定土基及路面材料承载能力的主要指标，简称 CBR。

（2）CBR 值：试件抵抗局部荷载压入变形达 2.5 mm 时的强度与标准碎石压入相同贯

入量时，标准荷载强度的比值。标准碎石强度是用高质量碎石材料由试验求得，其与贯入量之间的关系如表 3-2-5 所列。

表 3-2-5　不同贯入量时的标准荷载强度和标准荷载

贯入量/mm	标准荷载强度/kPa	标准荷载/kN
2.5	7 000	13.7
5.0	10 500	20.3
7.5	13 400	26.3
10.0	16 200	31.8
12.5	18 300	36.0

路基填方材料应具有一定的强度。高速公路及一级公路的路基填方材料，应经野外取土试验，应符合规范规定，方可使用，见表 3-4-1。

五、土的工程分类

自然界的土是在各种不同成土环境里形成的，其结构、组成、成分及物理、水理、力学性质千差万别，即便是组成结构和成分很相近的土，由于沉积深度或所经历的年代不同，土的工程性质也可能差别很大。为了正确评价土的工程特性，并从中测得其指标数据，以便采取合理的施工方案，必须对其进行工程分类。

（一）分类原则和分类方法

1. 分类依据

（1）土颗粒组成特征：以土的级配指标不均匀系数和曲率系数表示。

（2）土的塑性指标：液限、塑限和塑性指数。

（3）土中有机质存在情况。

2. 土类名称表示方式

土的分类见表 3-2-6。

表 3-2-6　土的分类符号

土类	巨粒土	粗粒土	细粒土		特殊土	
成分代号	漂石　　B 块石　　Ba 卵石　　Cb 小块石　Cba	砾石　G 角砾　Ga 砂　　S	粉土 黏土 细粒土（C 和 M 合称） （混合）土（粗、细粒土合称） 有机质土	M C F Sl O	黄土　　Y 红黏土　R 盐渍土　St 膨胀土　E 冻土　　Ft	
级配或特性		级配良好　W 级配不良　P	高液限　　H 低液限　　L			

（1）土类名称可用一个基本代号表示。

（2）当由两个基本代号构成时，第一个代号表示土的成分，第二个代号表示土的副成分（土的液限或级配）。例如：

GW   良级配砾石

ML   低液限粉土

（3）当由三个基本代号构成时，第一个代号表示土的成分，第二个代号表示液限的高低（或级配的好坏），第三个代号表示土中所含次要成分。例如：

MHG   含砾高液限粉土

CLM   粉质低液限黏土

（二）关于公路系统的土质分类

《公路土工试验规程》（JTG E40—2007）（以下简称"规程"）的分类。本规程根据上述原则，提出了工程土质分类的总体系，如图 3-2-14 所示。

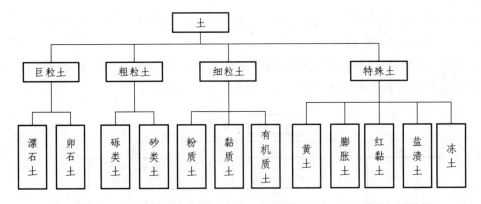

图 3-2-14 土分类总体系

1. 巨粒土分类（见图 3-2-15）

（1）巨粒组质量多于总质量 75% 的土称漂（卵）石。按下述规定定名：漂石粒组质量多于卵石粒组质量的土称为漂石，记为 B；漂石粒组质量少于或等于卵石粒组质量的土称为卵石，记为 Cb。

（2）巨粒组质量为总质量 50%～75%（含 75%）的土称漂（卵）石夹土。按下述规定定名：漂石粒粗质量多于卵石粒组质量的土称为漂石夹土，记为 BSl；漂石粒组质量少于或等于卵石粒组质量的土称为卵石夹土，记为 CbSl。

（3）巨粒组质量为总质量 15%～50%（含 50%）的土称漂（卵）石质土。按下述规定定名：漂石粒组质量多于卵石粒组质量的土称为漂石质土，记为 SlB；漂石粒组质量少于或等于卵石粒组质量的土称为卵石质土，记为 SlCb；如有必要，可按漂（卵）石质土中的砾、砂、细粒土含量定名。

（4）巨粒组质量少于或等于总质量 15% 的土，可扣除巨粒，按粗粒土或细粒土的相应规定分类定名。

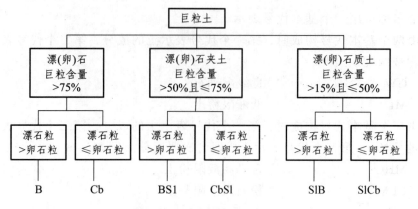

图 3-2-15 巨粒土分类体系

注：1. 巨粒土分类体系中的漂石换成块石，B 换成 B_a，即构成相应的块石分类体系。

2. 巨粒土分类体系中的卵石换成小石块，C_b 换成 Cb_a，即构成相应的小块石分类体系

2. 粗粒土分类

试样中巨粒组土粒质量少于或等于总质量 15%，且巨粒组土粒与粗粒组土粒质量之和多于总土质量 50% 的土称粗粒土。

（1）粗粒土中砾粒组质量多于砂粒组质量的土称为砾类土。砾类土应根据其中细粒含量和类别以及粗粒组的级配进行分类，分类体系见图 3-2-16。

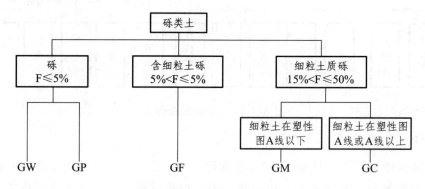

图 3-2-16 砾类土分类体系

注：砾类土分类体系中的砾石换成角砾，G 换成 G_a，即构成相应的角砾土分类体系

① 砾类土中细粒组质量少于或等于总质量 5% 的土称为砾，按下列级配指标定名：

a. 当 $C_U \geqslant 5$，且 $C_c = 1 \sim 3$ 时，称为级配良好砾，记为 GW。

b. 不同时满足条件 a 时，称为级配不良砾，记为 GP。

② 砾类土中细粒组质量为总质量 5%～15%（含 15%）的土称为含细粒土砾，记为 GF。

③ 砾类土中细粒组质量大于总质量 15%，并小于或等于总质量 50% 的土称为细粒土质砾，按细粒土在塑性图中的位置定名：

a. 当细粒土位于塑性图 A 线以下时，称为粉土质砾，记为 GM。

b. 当细粒土位于塑性图 A 线或 A 线以上时，称为黏土质砾，记为 GC。

（2）粗粒土中砾粒组质量少于或等于砂粒组质量的土称为砂类土。砂类土应根据其中的细粒含量和类别以及细粒组的级配进行分类，分类体系见图 3-2-17。

根据粒径分组由大到小，以首先符合者命名。

① 砂类土中细粒组质量少于或等于总质量 5% 的土称为砂，按下列级配指标定名：

a. 当 $C_U \geqslant 5$，且 $C_C = 1 \sim 3$ 时，称为级配良好砂，记为 SW。

b. 不同时满足①条件时，称为级配不良砂，记为 SP。

② 砂类土中细粒组质量为总质量 5% ~ 15%（含 15%）的土称为含细粒土砂，记为 SF。

③ 砂类土中细粒组质量大于总质量的 15%，并小于或等于总质量的 50% 的土称为细粒土质砂，按细粒土在塑性图中的位置定名：

a. 当细粒土位于塑性图 A 线以下时，称为粉土质砂，记为 SM。

b. 当细粒土位于塑性图 A 线或 A 线以上时，称为黏土质砂，记为 SC。

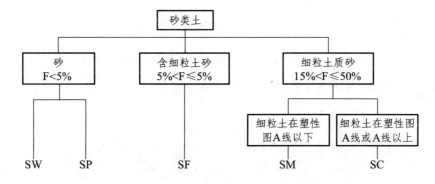

图 3-2-17　砂类土分类体系

注：需要时，砂可进一步细分为粗砂、中砂和细砂。
　　粗砂——粒径小于 0.5 mm 颗粒多于总质量 50%；
　　中砂——粒径小于 0.25 mm 颗粒多于总质量 50%；
　　细砂——粒径大于 0.075 mm 颗粒多于总质量 75%。

3.　细粒土分类

试样中细粒组质量多于或等于总质量 50% 的土称为细粒土。分类体系见图 3-2-18。

（1）细粒土应按下列规定划分：

① 细粒土中粗粒组质量少于或等于总质量 25% 的土称为粉质土或黏质土。

② 细粒土中粗粒组质量为总质量 25% ~ 50%（含 50%）的土称为含粗粒的粉质土或含粗粒的黏质土。

③ 试样中有机质含量多于或等于总质量的 5%，且少于总质量的 10% 的土称为有机质土。试样中有机质含量多于或等于 10% 的土称为有机土。

（2）细粒土应按塑性图分类。塑性图（见图 3-2-19）采用下列液限分区：

低液限　　　$w_L < 50\%$

高液限　　　$w_L \geqslant 50\%$

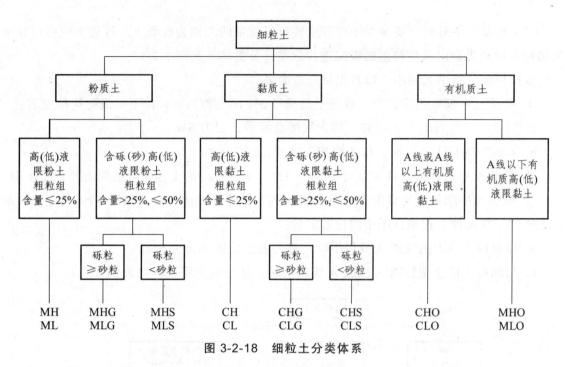

图 3-2-18　细粒土分类体系

（3）细粒土应按其在图 3-2-19 中的位置确定土名称：

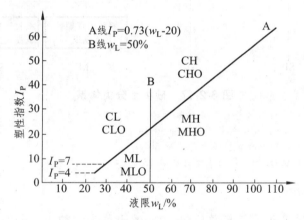

图 3-2-19　塑性图

① 当细粒土位于塑性图 A 线或 A 线以上时，按下列规定定名：

在 B 线或 B 线以右，称为高液限黏土，记为 CH。

在 B 线以左，$I_P = 7$ 线以上，称为低液限黏土，记为 CL。

② 当细粒土位于 A 线以下时，按下列规定定名：

在 B 线或 B 线以右，称为高液限粉土，记为 MH。

在 B 线以左，$I_P = 4$ 线以下，称为低液限粉土，记为 ML。

③ 黏土—粉土过渡区（CL—ML）的土可能按相邻土层的类别考虑细分。

（4）土中有机质包括未完全分解的动植物残骸和完全分解的无定形物质。后者多呈黑色、青黑色或暗色，有臭味、有弹性和海绵感，借目测、手摸及嗅感判别。

当不能判别时，可采用下列方法：将试样在 105～110 ℃ 的烘箱中烘烤，若烘烤 24 小时后试样的液限小于烘干前的 3/4，该试样为有机质土。当需要测有机质含量时，按有机质含量试验进行。

有机质土应根据图 3-2-19 按下列规定定名：

① 位于塑性图 A 线或 A 线以上时：

在 B 线或 B 线以右，称为有机质高液限黏土，记为 CHO。

在 B 线以左，$I_p = 7$ 线以上，称为有机质低液限黏土，记为 CLO。

② 位于塑性图 A 线以下：

在 B 线或 B 线以右，称为有机质高液限粉土，记为 MHO。

在 B 线以左，$I_p = 4$ 线以下，称为有机质低液限粉土，记为 MLO。

③ 黏土—粉土过渡区（CL—ML）的土可按相邻土层的类别考虑细分。

六、土的野外鉴别

在公路路线勘测过程中，除了在沿线按需要采集一些土样带回实验室测试有关指标数值外，常常还要在现场用眼观、手触、借助简易工具和试剂及时直观的对土的性质和状态作出初步鉴定，其目的是为选线、设计和编制工程概预算提供第一手资料。因此，在勘测现场应做到：第一，对取样土层的宏观情况作出较详细的描述和记录，并对其土层作出初步判别；第二，对所取土样应通过肉眼直观地作出描述和鉴别，并定出土名以供室内试验后定名参考。

1. 干强度试验

将一小块土捏成土团，风化后用手指捏碎、掰断及捻碎，根据用力大小区分为：

（1）很难或用力才能捏碎或掰断者为干强度高。

（2）稍用力即可捏碎或掰断者为干强度中等。

（3）易于捏碎和捻成粉末者为干强度低。

2. 手捻试验

将稍湿或硬塑的小土块在手中揉捏，然后用拇指和食指将土捻成片状，根据手感和土片光滑度可分为：

（1）手感滑腻，无砂，捻面光滑者为塑性高。

（2）稍有滑腻感，有砂粒，捻面稍有光泽者为塑性中等。

（3）稍有黏性，砂感强，捻面粗糙者为塑性低。

3. 搓条试验

将含水率略大于塑限的湿土块在手中揉捏均匀，再在手掌上搓成土条，根据土条不断裂而能达到的最小直径可区分为：

（1）能搓成小于 1 mm 土条者为塑性高。

（2）能搓成 1～3 mm 土条而不断者为塑性中等。

（3）能搓成直径大于 3 mm 土条即断裂者为塑性低。

4. 韧性试验

将含水率略大于塑限的土块在手中揉捏均匀，然后在手掌中搓成直径为 3 mm 的土条，再揉成土团，根据再次搓条的可能性可区分为：

（1）能揉成土团，再成条，捏而不碎者为韧性高。

（2）可再成团，捏而不易碎者为韧性中等。

（3）勉强或不能揉成团，稍捏或不捏即碎者为韧性低。

5. 摇振反应试验

将软塑至流动的小块，捏成土球，放在手掌上反复摇晃，并以另一手掌击此手掌，土中自由水渗出，球面呈现光泽；用两手指捏土球，放松后水又被吸入，光泽消失。根据上述渗水和吸水反应快慢可区分为：

（1）立即渗水和吸水者为反应快。

（2）渗水和吸水中等者为反应中等。

（3）渗水吸水慢及不渗不吸者为无反应。

6. 描述土的状态

（1）巨粒土和粗粒土。

通俗名称及当地名称；土颗粒最大粒径；漂石粒、卵石粒、砾粒、砂粒组的含量；土颗粒形状（圆、次圆、棱角或次棱角）；土颗粒的矿物成分；土的颜色和有机质；细粒土（黏土或粉土）；土的代号和名称。

（2）细粒土。

通俗名称及当地名称；土颗粒最大粒径；漂石粒、卵石粒、砾粒、砂粒组的含量；潮湿时土的颜色及有机质；土的湿度（干、湿、很湿或饱和）；土的状态（流动、软塑、可塑或硬塑）；土的塑性（高、中或低）；土的代号和名称。

试验一　颗粒分析试验（筛分法）

一、目的和适用范围

本试验方法适用于分析粒径大于 0.075 mm 的土。对于粒径大于 60 mm 的土样，本试验方法不适用。

二、仪器设备

（1）标准筛：粗筛（圆孔）孔径为 60 mm、40 mm、20 mm、10 mm、5 mm、2 mm；细筛孔径为 2.0 mm、1.0 mm、0.5 mm、0.25 mm、0.075 mm。

（2）天平：称量 5 000 g，感量 5 g；称量 1 000 g，感量 1 g；称量 200 g，感量 0.2 g。

（3）摇筛机。

（4）其他：烘箱、筛刷、烧杯、木碾、研钵及杵等。

三、试 样

从风干、松散的土样中，用四分法按照下列规定取出具有代表性的试样：小于 2 mm 颗粒的土 100～300 g；最大粒径小于 10 mm 的土 300～900 g；最大粒径小于 20 mm 的土 1 000～2 000 g；最大粒径小于 40 mm 的土 2 000～4 000 g；最大粒径大于 40 mm 的土 4 000 g 以上。

四、试验步骤

1. 对于无凝聚性的土

（1）按规定称取试样，将试样分批过 2 mm 筛。

（2）将大于 2 mm 的试样从大到小的次序，通过大于 2 mm 的各级粗筛。将留在筛上的土分别称量。

（3）2 mm 筛下的土如数量过多，可用四分法缩分至 100～800 g。将试样从大到小的次序通过小于 2 mm 的各级细筛。可用摇筛机进行振摇。振摇时间一般为 10 min～15 min。

（4）由最大孔径的筛开始，顺序将各筛取下，在白纸上用手轻扣摇晃，至每分钟筛下数量不大于该级筛余质量的 1% 为止。漏下的土粒应全部放入下一级筛，并将留在各筛上的土样用软毛刷刷净，分别称量。

（5）筛后各级筛上和筛底土总质量与筛前试样质量之差，不应大于 1%。

（6）如 2 mm 筛下的土不超过试样总质量的 10%，可省略细筛分析；如 2 mm 筛上的土不超过试样总质量的 10%，可省略粗筛分析。

2. 对于含有黏土粒的砂砾土

（1）将土样放在橡皮板上，用木碾将黏结的土团充分碾散、拌匀、烘干、称量。如土样过多时，用四分法称取代表性土样。

（2）将试样置于盛有清水的瓷盆中，浸泡并搅拌，使粗细颗粒分散。

（3）将浸润后的混合液过 2 mm 筛，边冲洗边过筛，直至筛上仅留大于 2 mm 以上的土粒为止；然后将筛上洗净的砂砾风干称量。按以上方法进行粗筛分析。

（4）通过 2 mm 筛下的混合液存放在盆中，待稍沉淀，将上部悬液过 0.075 mm 洗筛，用带橡皮头的玻璃棒研磨盆内浆液，再加清水，搅拌、研磨、静置、过筛，反复进行，直至盆内悬液澄清。最后，将全部土粒倒在 0.075 mm 筛上，用水冲洗，直到筛上仅留大于 0.075 mm 净砂为止。

（5）将大于 0.075 mm 的净砂烘干称量，并进行细筛分析。

（6）将大于 2 mm 颗粒及 2～0.075 mm 的颗粒质量从原称量的总质量中减去，即为小于 0.075 mm 颗粒质量。

（7）如果小于 0.075 mm 颗粒质量超过总土质量的 10%，必要时，将这部分土烘干、取样，另做密度计或移液管分析。

五、结果整理

（1）按公式（3-2-12）计算小于某粒径的颗粒质量百分数：

$$X = \frac{A}{B} \times 100 \qquad (3\text{-}2\text{-}12)$$

式中　X——小于某粒径颗粒的质量百分数，%，计算至 0.01；

　　　A——小于某粒径的颗粒质量，g；

　　　B——试样的总质量，g。

（2）当小于 2 mm 的颗粒如用四分法缩分取样时，按公式（3-2-13）计算试样中小于某粒径的颗粒质量占总土质量的百分数：

$$X = \frac{a}{b} \times p \times 100 \qquad (3\text{-}2\text{-}13)$$

式中　a——通过 2 mm 筛的试样中小于某粒径的颗粒质量，g；

　　　b——通过 2 mm 筛的土样中所取试样的质量，g；

　　　p——粒径小于 2 mm 的颗粒质量百分数，%。

（3）在半对数坐标纸上，以小于某粒径的颗粒质量百分数为纵坐标，以粒径（mm）为横坐标，绘制颗粒大小级配曲线，求出各粒组的颗粒质量百分数，以整数（%）表示。

（4）必要时按公式（3-2-14）计算不均匀系数：

$$C_u = \frac{d_{60}}{d_{10}} \qquad (3\text{-}2\text{-}14)$$

式中　C_u——不均匀系数，计算至 0.1 且含两位以上有效数字；

　　　d_{60}——限制粒径，mm，即土中小于该粒径的颗粒质量为 60% 的粒径；

　　　d_{10}——有效粒径，mm，即土中小于该粒径的颗粒质量为 10% 的粒径。

（5）精密度和允许差。

筛后各级筛上和筛底土总质量与筛前试样质量之差，不应大于 1%。

试验二　土的含水率试验

一、烘干法

1. 适用范围

适用于黏质土、粉质土、砂类土、砂砾石、有机质土和冻土土类的含水率。

2. 仪器设备

（1）烘箱：可采用电热烘箱或温度能保持温度 105～110 ℃ 的其他能源烘箱。

（2）天平：称量 200 g，感量 0.01 g；称量 1 000 g，感量 0.1 g。

（3）其他：干燥器、称量盒［为简化计算手续，可将盒质量定期（3～6 个月）调整为恒质量值］等。

3. 试验步骤

（1）预先称取各称量盒的质量。

（2）取具有代表性试样（细粒土 15～30 g，砂类土、有机质土为 50 g，砂砾石为 1～2 kg），放入称量盒，立即盖好盒盖，称质量，准确至 0.01 g。

（3）揭开盒盖，将试样和盒放入烘箱内，在温度 105～110 ℃ 恒温下烘干[①]（烘干时间对细粒土不得少于 8 h，对砂类土不得少于 6 h）。对含有机质超过 5% 的土或含石膏的土，应将温度控制在 60～70 ℃ 的恒温下，干燥 12～15 h 为好。

（4）将烘干后的试样和盒取出，放入干燥器冷却（一般只需 0.5～1 h 即可）[②]。冷却后盖好盒盖，称质量，准确至 0.01 g。

注：① 对于大多数土，通常烘干 16～24 h 就足够。但是，某些土或试样数量过多或试样很潮湿，可能需要烘更长的时间。烘干的时间也与烘箱内试样的总质量、烘箱的尺寸及其通风系统的效率有关。

② 如铝盒的盖密闭，而且试样在称量前放置时间较短，可以不需要放置干燥器中冷却。

4. 结果整理

按公式（3-2-15）计算含水率：

$$w = \frac{m - m_s}{m_s} \times 100 \tag{3-2-15}$$

式中　w——含水率，%，计算至 0.1；

　　　m——湿土质量，g；

　　　m_s——干土质量，g。

5. 精密度与允许差

本试验须进行二次平行测定，取其算术平均值，允许平行差值应符合表 3-2-7 所示。

表 3-2-7　含水率测定的允许平行差值

含水率/%	允许平行差值/%
5 以下	0.3
40 以下	≤1
40 以上	≤2
对层状和网状构造的冻土	<3

二、酒精燃烧法

1. 适用范围

适用于快速简易测定细粒土（含有机质的土除外）的含水率。

2. 仪器设备

（1）称量盒（定期调整为恒质量）。

（2）天平：感量 0.01 g。

（3）酒精：纯度 95%。

（4）其他：滴管、火柴、调土刀等。

3．试验步骤

（1）预先称取各称量盒的质量。

（2）取代表性试样（黏质土 5~10 g，砂类土 20~30 g），放入称量盒，称湿土质量 m，准确至 0.01 g。

（3）用滴管将酒精注进放有试样的称量盒中，直至盒中出现自由液面为止。为使酒精在试样中充分混合均匀，可将盒底在桌面上轻轻敲击；点燃盒中酒精，燃至火焰熄灭；将试样冷却数分钟，按上述步骤重新燃烧两次。

（4）等第三次火熄灭后，盖好盒盖，立即称干土质量 m_s，准确至 0.01 g。

（5）其余同烘干法。

试验三　土的液塑限联合测定试验

一、目的和适用范围

联合测定土的液限与塑限，以划分土的种类，计算天然稠度、塑性指数，供公路工程设计与施工使用。

适用于粒径不大于 0.5 mm、有机质含量不大于试样总质量 5% 的土。

二、仪器设备

（1）圆锥仪：锥质量为 100 g 或 76 g，锥角为 30°，读数显示形式宜采用光电式、数码式、游标式和百分表式，如图 3-2-20 所示。

（a）光电式　　　（b）数显式　　　（c）游标式

图 3-2-20　液塑限测定仪

（2）盛土杯：直径为 50 m，深度为 40~50 mm。

（3）天平：称量为 200g，感量为 0.01 g。

（4）其他：筛（孔径 0.5 mm），调土刀、调土皿、称量盒、研钵（附带橡皮头的研杵或橡皮板、木棒）、干燥器、吸管、凡士林等。

三、试验步骤

（1）土样风干、研碎过 0.5 mm 筛（取筛下部分）。

取代表性土样 600 g 平均放在三个盛土皿中，加不同数量的蒸馏水，使土样的含水率分别控制在液限（a 点）、略大于塑限（c 点）与二者的中间状态（b 点）。用调土刀调匀，盖上湿布，放置 18 h 以上。测定 a 点的锥入深度应为 20 mm ± 0.2 mm（100 g 锥）或 17 mm（76 g 锥）。测定 c 点的锥入深度应控制在 5 mm（100 g 锥）或 2 mm（76 g 锥）以下。对于砂类土，测定 c 点的锥入深度可大于 5 mm（100 g 锥）或 2 mm（76 g 锥）。

（2）经验数值：

粉性土：30%、25%、20%。

黏性土：35%、30%、25%。

（3）将制备的土样充分搅拌均匀，分层装入盛土杯，用力压密，使空气逸出。对于较干的土样，应先充分搓揉，用调土刀反复压实。试杯装满后，刮成与杯边齐平。

（4）用游标式或百分表式联合测定仪的试验方法：

① 调平仪器，提起锥杆，使游标读数或百分表读数为零，锥头上涂少许凡士林。

② 将装好土样的试杯放在联合测定仪的升降座上，转动升降旋钮，待锥尖与土样表面刚好接触时停止升降，扭动锥下降旋钮，同时开动秒表，经过 5 s 后，松开旋钮，锥体停止下落，此时游标读数即为锥入深度 h_1。

③ 改变锥尖与土接触位置（锥尖两次锥入位置距离不小于 1 cm），重复步骤（1）（2），重测得锥入深度 h_2。h_1、h_2 允许平行误差为 0.5 mm，否则重做。取 h_1、h_2 平均值作为该点的锥入深度 h。

④ 去掉锥尖入土处的凡士林，取 10 g 以上的土样两个，分别装入称量盒，称质量（准确至 0.01 g），测定其含水率 w_1、w_2（计算到 0.1%），计算含水率平均值 w。

⑤ 重复上述步骤，对其他两个含水率土样进行试验，测其锥入深度和含水率。

（5）用光电式或数码式液塑限联合测定仪的试验方法：

① 接通电源，调平机身，打开开关，提上锥体（此时刻度或数码显示应为零）。

② 将装好土样的试杯放在升降座上，转动升降旋钮，试杯徐徐上升，土样表面和锥尖刚好接触，指示灯亮，停止转动旋钮，锥体立刻自行下沉，经过 5 s 后，自动停止下落，读数窗上或数码管上显示键入深度。

③ 试验完毕，按动复位按钮，锥体复位，读数显示为零。

④ 其他步骤同游标式液塑限联合测定仪方法。

四、结果整理

（1）在二级双对数坐标上，以含水率 w 为横坐标，锥入深度 h 为纵坐标，点绘 a、b、c 三点含水率的 h-w 图，连此三点应呈一条直线，如图 3-2-21 所示。

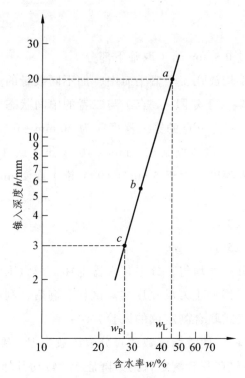

图 3-2-21　锥入深度与含水率（h-w）关系

　　如三点不在一条直线上，要通过 a 点与 b、c 两点连成两条直线，根据液限（a 点含水率）在 h_P-w_L 图上查得 h_P，以此 h_P 再在 h-w 图上的 ab 及 ac 两直线上求出相应的两个含水率。当两个含水率差值小于 2% 时，以该两点含水率的平均值与 a 点连成一直线。当差值不小于 2% 时，应重做试验。

　　（2）液限的确定：

　　① 若为 76 g 锥时，则在 h-w 图上，查得纵坐标入土深度 $h = 17$ mm 所对应的横坐标的含水率 w，即为该土样的液限 w_L。

　　② 若为 100 g 锥时，则在 h-w 图上，查得纵坐标入土深度 $h = 20$ mm 所对应的横坐标的含水率 w，即为该土样的液限 w_L。

　　（3）塑限的确定：

　　① 对于 76 g 锥，根据 h-w 图，查得锥入土深度为 2 mm 所对应的含水率即为该土样的塑限 w_P。

　　② 对于 100 g 锥，根据所求液限 w_L，通过 h_P-w_L 关系曲线（见图 3-2-22）查得 h_P，再由 h-w 图求出入土深度为 h_P 时所对应的含水率，即为该土样的塑限 w_P。

　　查 h_P-w_L 关系图时，须先通过简易鉴别法及筛分法把砂类土与细粒土区别开来，再按这两种土分别采用相应的 h_P-w_L 关系曲线；对于细粒土，用双曲线确定 h_P 值；对于砂类土，则用多项式曲线确定 h_P 值。

　　（4）按公式（3-2-16）计算塑性指数：

$$I_P = w_L - w_P \qquad (3\text{-}2\text{-}16)$$

（5）结论：确定土的种类。

（6）精密度与允许差。

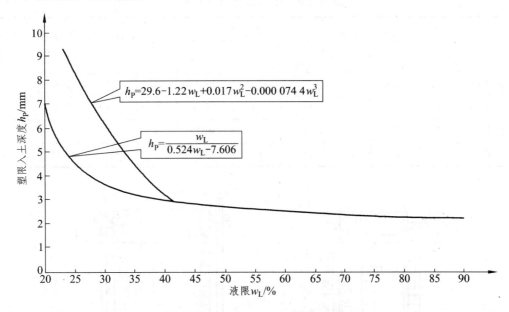

图 3-2-22　w_P-h_p 关系曲线图

公式图中标注：
$$h_P=29.6-1.22w_L+0.017w_L^2-0.000\,074\,4w_L^3$$
$$h_P=\frac{w_L}{0.524w_L-7.606}$$

坐标轴标注：纵轴 塑限入土深度 h_P/mm；横轴 液限 w_L/%

本试验须进行两次平行测定，取其算术平均值，以整数（%）表示。其允许差值为：高液限土小于或等于 2%，低液限土小于或等于 1%。

试验四　土的击实试验

一、目的和适用范围

本试验方法适用于细粒土。

本试验分轻型击实和重型击实。轻型击实试验适用于粒径不大于 20 mm 的土，重型击实试验适用于粒径不大于 40 mm 的土。

当土中最大颗粒粒径大于或等于 40 mm，并且大于或等于 40 mm 颗粒粒径的质量含量大于 5% 时，则应使用大尺寸试筒进行击实试验，或按五、4 条进行最大干密度校正。大尺寸试筒要求其最小尺寸大于土样中最大颗粒粒径的 5 倍以上，并且击实试验的分层厚度应大于土样中最大颗粒粒径的 3 倍以上。单位体积击实功能控制在 2 677.2 ~ 2 687.0 kJ/m³。

当细粒土中的粗粒土总含量大于 40% 或粒径大于 0.005 mm 颗粒的含量大于土总量的 70%（即 $d_{30} \leqslant 0.005$ mm）时，还应做粗粒土最大干密度试验，其结果与重型击实试验结果比较，最大干密度取两种试验结果的最大值。

二、仪器设备

（1）标准击实仪：如图 3-2-23、图 3-2-24 所示，击实试验方法和相应设备的主要参数见表 3-2-8。

表 3-2-8　击实试验方法种类

试验方法	类别	锤底直径/cm	锤质量/kg	落高/cm	试筒尺寸			层数	每层击数	击实功/(kg/m³)	最大粒径/mm
					内径/cm	高/cm	容积/cm³				
轻型 Ⅰ法	Ⅰ-1	5	2.5	30	10	12.7	997	3	27	598.2	20
	Ⅰ-2	5	2.5	30	15.2	17	2177	3	59	598.2	40
重型 Ⅱ法	Ⅱ-1	5	4.5	45	10	12.7	997	5	27	2687.0	20
	Ⅱ-2	5	4.5	45	15.2	17	2177	3	98	2677.2	40

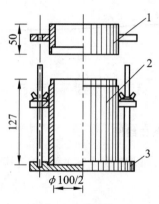

（a）小击实筒　　　　　　　　（b）大击实筒

图 3-2-23　击实筒（单位：mm）

1—套筒；2—击实筒；3—底板；4—垫板

（a）电动击实仪　　　　　（b）手动击实仪

图 3-2-24　击实仪

（2）烘箱及干燥器。

（3）天平：感量 0.01 g。

（4）台秤：称量 10 kg，感量 5 g。

（5）圆孔筛：孔径 40 mm、20 mm 和 5 mm 各 1 个。

（6）拌和工具：400 mm×600 mm、深 70 mm 的金属盘、土铲。

（7）其他：喷水设备、碾土器、盛土盘、量筒、推土器、铝盒、修土刀、平直尺等。

三、试样准备

（1）本试验可分别采用不同的方法准备试样。各方法可按表 3-2-9 准备试样。

表 3-2-9 试样用量

使用方法	类别	试筒内径/cm	最大料径/mm	试样用量/kg
干土法（试样不重复使用）	b	10	20	至少 5 个试样，每个 3
		15.2	40	至少 5 个试样，每个 6
湿土法（试样不重复使用）	c	10	20	至少 5 个试样，每个 3
		15.2	40	至少 5 个试样，每个 6

（2）干土法（土样不重复使用）：按四分法至少准备 5 个试样，分别加入不同水分（按 2%～3% 含水率递增），拌匀后闷料一夜备用。

（3）湿土法（土样不重复使用）：对于高含水率土，可省略过筛步骤，用手拣除大于 40 mm 的粗石子即可。保持天然含水率的第一个土样，可立即用于击实试验。其余几个试样，将土分成小土块，分别风干，使含水率按 2%～3% 递减。

四、试验步骤

（1）根据工程要求，按表 3-2-8 规定选择轻型或重型试验方法。根据土的性质（含易击碎风化石数量多少、含水率高低），按表 3-2-9 规定选用干土法（土不重复使用）或湿土法。

（2）将击实筒放在坚硬的地面上，在筒壁上抹一薄层凡士林，并在筒底（小试筒）或垫块（大试筒）上放置蜡纸或塑料薄膜。取制备好的土样分 3～5 次倒进筒内。小筒按三层法时，每次 800～900 g（其量应使击实后的试样等于或略高于筒高的 1/3）；按五层法时，每次需 400～500 g（其量应使击实后的土样等于或略高于筒高 1/5）。对于大试筒，先将垫块放至筒内底板上，按三层法时，每层需试样 1 700 g 左右。整平表面，并稍加压紧。然后按规定的击数进行第一层土的击实，击实时击锤应自由垂直落下，锤迹必须均匀分布于土样面，第一层击实完后，将试样层面"拉毛"，然后再装入套筒，重复上述方法进行其余各层土的击实。小试筒击实后，试样不应高出筒顶面 5 mm；大试筒击实后，试样不应高出筒顶面 6 mm。

（3）用修土刀沿套筒内壁削刮，使试样与套筒脱离后，扭动并取下套筒，齐筒顶细心削平试样，拆除底板，擦净筒外壁，称量，准确至 1 g。

（4）用推土器推出筒内试样，从试样中心处取样测其含水率，计算至 0.1%。测定含水率用试样的数量按表 3-2-10 规定取样（取出有代表性的土样）。两个试样含水率的精度应符合五.6 条的规定。

表 3-2-10　测定含水率用试样的数量

最大粒径	试样质量/g	个　数
< 5	15 ~ 20	2
约 5	约 50	1
约 20	约 250	1
约 40	约 500	1

两个试样的含水率允许平行差值应符合表 3-2-11 要求。

表 3-2-11　含水率测定的允许平行差值

含水率/%	允许平行差值/%
5 以下	0.3
40 以下	≤1
40 以上	≤2
对层状和网状构造的冻土	<3

（5）对于干土法（土样不重复使用）和湿土法（土样不重复使用），将试样搓散，然后按第 3 条方法进行洒水、拌和，每次增加 2% ~ 3% 的含水率，其中有两个大于和两个小于最佳含水率，所需加水量可按公式（3-2-17）计算：

$$m_{\mathrm{w}} = \frac{m_i}{1 + 0.01 w_i} \times 0.01(w - w_i) \tag{3-2-17}$$

式中　m_{w}——所需的加水量，g；

　　　m_i——含水率 w_0 时土样的质量，g；

　　　w_i——土样原有含水率，%；

　　　w——要求达到的含水率，%。

按上述步骤进行其他含水率试样的击实试验。

五、结果整理

（1）按公式（3-2-18）计算击实后各点的干密度：

$$\rho_{\mathrm{d}} = \frac{\rho}{1 + w} \tag{3-2-18}$$

式中　ρ_{d}——干密度（g/cm³），计算至 0.01；

　　　ρ——湿密度，g/cm³；

　　　w——含水率，%。

（2）以干密度为纵坐标，含水率为横坐标，绘制干密度与含水率的关系曲线（见图 3-2-25），曲线上峰值点的纵、横坐标分别为最大干密度与最佳含水率；如曲线不能绘出明显的峰值点，应进行补点或重做。

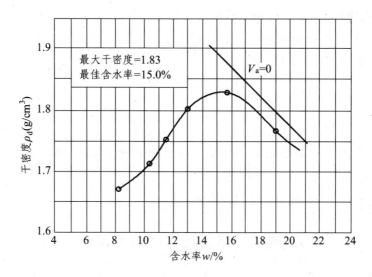

图 3-2-25　含水率与干密度的关系曲线

（3）按公式（3-2-19）或（3-2-20）计算饱和曲线的饱和含水率 $w_{\max}$，并绘制饱和含水率与干密度的关系曲线图。

$$w_{\max} = \left[\frac{G_s \rho_w (1+w) - \rho}{G_s \rho} \right] \times 100 \qquad (3\text{-}2\text{-}19)$$

或

$$w_{\max} = \left(\frac{\rho_w}{\rho_d} - \frac{1}{G_s} \right) \times 100 \qquad (3\text{-}2\text{-}20)$$

式中　$w_{\max}$——饱和含水率，%，计算至 0.01；

　　　ρ——试样的湿密度，g/cm^3；

　　　ρ_w——水在 4 ℃ 时的密度，g/cm^3；

　　　ρ_d——试样的干密度，g/cm^3；

　　　G_s——试样土粒比重，对于粗粒土，则为土中粗细颗粒的混合比重；

　　　w——试样的含水率，%。

（4）当试样中大于 40 mm 的颗粒时，应先取出大于 40 mm 的颗粒，并求得其百分率 p，把小于 40 mm 部分做击实试验，按下面公式分别对试验所得的最大干密度和最佳含水率进行校正（适用于大于 40 mm 颗粒的含量小于 30% 时）。

最大干密度按公式（3-2-21）校正：

$$\rho'_{dm} = \frac{1}{\dfrac{1 - 0.01p}{\rho_{dm}} + \dfrac{0.01p}{\rho_w G'_s}} \qquad (3\text{-}2\text{-}21)$$

式中　ρ'_{dm}——校正后的最大干密度，g/cm^3，计算至 0.01；

ρ_{dm}——用粒径小于 40 mm 的土样试验所得的最大干密度，g/cm^3；

p——试料中粒径大于 40 mm 颗粒的百分率，%；

G'_s——粒径大于 40 mm 颗粒的毛体积比重，计算至 0.01。

最佳含水率按公式（3-2-22）校正：

$$w'_0 = w_0(1-0.01p) + 0.01pw_2 \qquad\qquad (3\text{-}2\text{-}22)$$

式中　w'_0——校正后的最佳含水率，%，计算至 0.01；

w_0——用粒径小于 40 mm 的土样试验所得的最佳含水率，%；

p——同前；

w_2——粒径大于 40 mm 颗粒的吸水量，%。

试验五　承载比（CBR）试验

一、目的和适用范围

（1）本试验方法只适用于在规定的试筒内制件后，对各种土和路面基层、底基层材料进行承载比试验。

（2）试样的最大粒径宜控制在 20 mm 以内，最大不得超过 40 mm 且含量不超过 5%。

二、仪器设备

（1）圆孔筛：孔径 40 mm、20 mm 及 5 mm 筛各 1 个。

（2）试筒：内径 152 mm、高 170 mm 的金属圆筒；套环，高 50 mm；筒内垫块，直径为 151 mm、高 50 mm；夯击底板，同击实仪。试筒的形式和主要尺寸如图 3-2-26（c）所示。

（3）夯锤和导管：夯锤的底面直径为 50 mm，总质量为 4.5 kg。夯锤在导管内的总行程为 450 mm；夯锤的形式和尺寸与重型击实仪试验法所用的相同。

（4）贯入杆：端面直径为 50 mm、长约 100 mm 的金属柱。

（5）路面材料强度仪或其他载荷装置：能量不小于 50 kN，能调节贯入速度至每分钟贯入 1 mm，可采用测力计式，如图 3-2-27 所示。

（6）百分表：3 个。

（7）试件顶面上的多孔板（测试件吸水时的膨胀量），如图 3-2-26（a）所示。

（8）多孔底板（试件放上后浸泡水中）。

（9）测膨胀量时支承百分表的架子，如图 3-2-28 所示。或采用压力传感器测试。

（10）荷载板：直径为 150 mm，中心孔眼直径为 52 mm，每块质量为 1.25 kg，共 4 块，并沿直径分为两个半圆块，如图 3-2-26（b）所示。

（11）水槽：浸泡试件用，槽内水面应高出试件顶面 25 mm。

（12）其他：台秤，感量为试件用量的 0.1%；拌和盘、直尺、滤纸、脱模器等与击实试验相同。

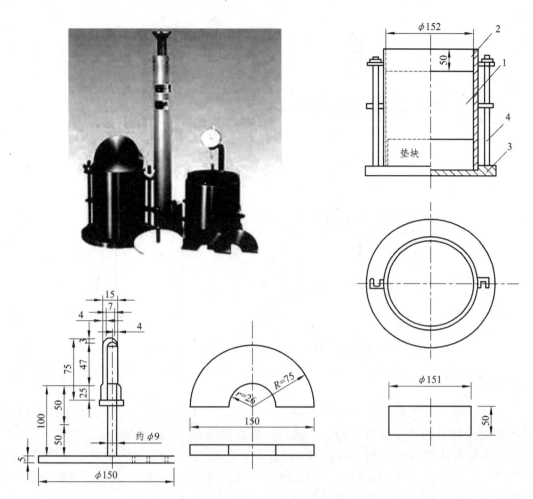

（a）带调节杆的多孔板（单位：mm）；（b）荷载板（单位：mm）
（c）承载比试筒（单位：mm）

图 3-2-26　承载比试验附件

1—试筒；2—套环；3—夯击底板；4—拉杆

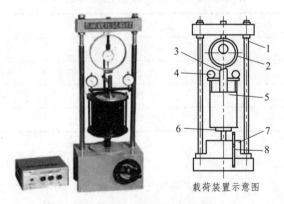

载荷装置示意图

图 3-2-27　承载比试验仪

1—框架；2—量大环；3—贯入杆；4—百分表；5—试件；
6—升降台；7—蜗轮蜗杆箱；8—摇把

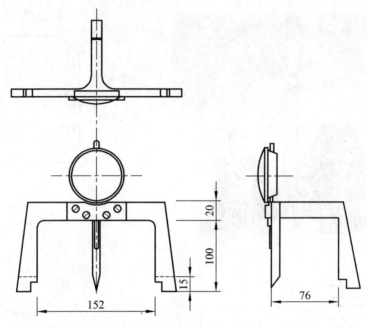

图 3-2-28　膨胀量测定装置（单位：mm）

三、试　样

（1）将具有代表性的风干试料（必要时可在 50 ℃ 烘箱内烘干）用木碾捣碎，应尽量注意不使土或粒料的单个颗粒破碎。土团均应捣碎到通过 5 mm 的筛孔。

（2）采取有代表性的试料 50 kg，用 40 mm 筛筛除大于 40 mm 的颗粒，并记录超尺寸颗粒的百分数。将已过筛的试料按四分法取出 25 kg。再用四分法将取出的试料分成 4 份，每份质量为 6 kg，供击实试验和制试件之用。

（3）在预定做击实试验的前一天，取有代表性的试料测定其风干含水率。测定含水率的试样数量可参照表 3-2-12 采取。

表 3-2-12　测定含水率用试样的数量

最大粒径/mm	试样质量/g	个数
< 5	15 ~ 20	2
约 5	约 50	1
约 20	约 250	1
约 40	约 500	1

四、试验步骤

（1）称试筒本身质量（ m_1 ），将试筒固定在底板上，再将垫块放进筒内，并在垫块上放一张滤纸，安上套环。

（2）将一份试料，按击实试验（重型法 II -2）中规定的层数和每层击数进行击实，求试料的最佳含水率和最大干密度。

（3）将其余 3 份试料，按最佳含水率制备 3 个试件。将一份试料平铺于金属盘内，按事先计算得的该份试料应加的水量[按公式（3-2-23）]均匀地喷洒在试料上。

$$m_w = \frac{m_0}{1 + 0.01 w_0} \times 0.01(w - w_0)$$ （3-2-23）

式中　m_w——所需的加水量，g；

　　　m_0——含水率 w_0 时土样的质量，g；

　　　w_0——土样原有含水率，%；

　　　w——要求达到的含水率，%。

用小铲将试料充分拌和到均匀状态，然后装入密闭容器或塑料口袋内浸润备用。

浸润时间：重黏土不得少于 24 h，轻黏土可缩短到 12 h，砂土可缩短到 1 h，天然砂土可缩短到 2 h 左右。

制每个试件时，都要取样测定试料的含水率。

注：需要时，可制备三种干密度试件。如每种干密度试件制 3 个，则共制 9 个试件。每层击数分别为 30 次、50 次、和 98 次，使试件的干密度从低于 95% 到等于 100% 的最大干密度。这样，9 个试件共需试料约 55 kg。

（4）将试筒放在坚硬的地面上，取备好的试样分 3 次倒入筒内（视最大粒径而定）。每层需试样 1 700 g 左右（其量应使击实后的试样高出 1/3 筒高 1~2 mm）。整平表面，并稍加压紧，然后按规定的击数进行第一层试样的击实，击实时锤应自由垂直落下，锤迹必须均匀分布于试样表面上。第一层击实完后，将试样层面"拉毛"，然后再装入套筒，重复上述方法进行其余每层试样的击实。大试筒击实后，试样不宜高出筒高 10 mm。

（5）卸下套环，用直刮刀沿试筒顶修平击实的试件，表面不平整处用细料修补。取出垫块，称试筒和试件的质量（m_2）。

（6）泡水膨胀量的步骤如下：

① 在试件制成后，取下试件顶面的残破滤纸，放一张好滤纸，并在其上安装附有调解杆的多孔板，在多孔板上加 4 块荷载板。

② 将试筒与多孔板一起放进槽内（先不放水），并用拉杆将模具拉紧，安装百分表，并读取初始读数。

③ 向水槽内放水，使水自由进到试件的顶部和底部。在泡水期间，槽内水面应保持在试件顶面以上大约 25 mm。通常试件要泡水 4 昼夜。

④ 泡水终了时，读取试件上百分表的终读数，并用公式（3-2-24）计算膨胀量：

$$膨胀量 = \frac{泡水后试件高度变化}{原试件高度(=120\ mm)} \times 100$$ （3-2-24）

⑤ 从水槽中取出试件，倒出试件顶面的水，静置 15 min，让其排水，然后卸去附加荷载、底板和滤纸，并称量（m_3），以计算试件的湿度和密度的变化。

（7）贯入试验：

① 将泡水试验终了的试件放到路面材料强度试验仪的升降台上，调整偏球座，对准、

整平并使贯入杆与试件顶面全面接触，在贯入杆周围放入 4 块荷载板。

②　先在贯入杆上施加 45 N 荷载，然后将测力和测变形的百分表指针均调至整数，并记读起始读数。

③　加荷使贯入杆以 1 ~ 1.25 mm/min 的速度压入试件，同时测记三个百分表的读数。记录测力计内百分表某些整读数（如 20、40、60）时的贯入量，并注意使贯入量为 250×10^{-2} mm 时，能有 5 个以上的读数。因此，测力计内的第一个读数应是贯入量为 30×10^{-2} mm 左右。

五、结果整理

（1）以单位压力（P）为横坐标，贯入量为（l）为纵坐标绘制 $P\text{-}l$ 关系曲线，如图 3-2-29 所示。

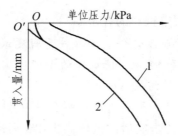

图 3-2-29　单位压力与贯入量曲线

图上曲线 1 是合适的；曲线 2 开始段是凹曲线，需要进行修正。修正时，在变曲率点引一切线，与纵坐标交于 O' 点，O' 即为修正后的原点。

（2）一般采用贯入量为 2.5 mm 时的单位压力与标准压力之比作为材料的承载比（CBR），计算如下：

$$CBR = \frac{P}{7\ 000} \times 100 \qquad (3\text{-}2\text{-}25)$$

式中　CBR——承载比，%，计算至 0.1；

　　　P——单位压力，kPa。

同时按公式（3-2-26）计算贯入量为 5 mm 时的承载比：

$$CBR = \frac{P}{10\ 500} \times 100 \qquad (3\text{-}2\text{-}26)$$

如贯入量为 5 mm 时的承载比大于 2.5 mm 时的承载比，则试验应重做。如结果仍然如此，则采用 5 mm 时的承载比。

（3）试件的湿密度用公式（3-2-27）计算：

$$\rho = \frac{m_2 - m_1}{2\ 177} \qquad (3\text{-}2\text{-}27)$$

式中　ρ——试件的湿密度，g/cm^3，计算至 0.01；

m_2——试筒和试件的合质量，g；

m_1——试筒的质量，g；

2 177——试筒的容积，cm^3。

（4）试件的干密度用公式（3-2-28）计算：

$$\rho_d = \frac{\rho}{1 + 0.01w}$$ （3-2-28）

式中　ρ_d——试件的干密度，g/cm^3，计算至 0.01；

　　　w——试件的含水率。

（5）泡水后试件的吸水量按公式（3-2-29）计算：

$$w_a = m_3 - m_2$$ （3-2-29）

式中　w_a——泡水后试件的吸水量，g；

　　　m_3——泡水后试筒和试件的合质量，g；

　　　m_2——试筒和试件的合质量，g。

六、精度要求

如根据 3 个平行试验结果计算得的承载比变异系数 C_v 大于 12%，则去掉一个偏离大的值，取其余两个结果的平均值；如 C_v 小于 12%，且 3 个平行试验结果计算的干密度偏差小于 0.03 g/cm^3，则取 3 个结果的平均值。如 3 个结果计算的干密度偏差超过 0.03 g/cm^3，则去掉一个偏离大的值，取其两个结果的平均值。

承载比小于 100，相对偏差不大于 5%；承载比大于 100，相对偏差不大于 10%。

课题三 土工合成材料

> **知识点：**
> ◎ 土工合成材料的定义、分类
> ◎ 土工合成材料的技术性质
> **技能点：**
> ◎ 技术性质的简单应用

一、概　述

（一）土工合成材料的概念

土工合成材料是工程建设中应用的以人工合成或天然聚合物为原料制成的工程材料的总称，其主要品种有土工织物、土工膜、土工复合材料、土工特种材料等。它是指以人工合成的聚合物如塑料、化纤、合成橡胶等为原料，制成各种类型的产品，置于土体内部、表面或各层土体之间，能发挥加强或保护土体的作用。

（二）土工合成材料的分类

土工合成材料一般分为四大类：土工织物、土工膜、土工复合材料和土工特种材料。其详细分类情况如表 3-3-1 所示。工程中常用的土工合成材料有土工织物、土工格栅、土工网、土工膜和土工复合材料。

1. 土工织物

土工织物透水性的平面土工合成材料（又称土工布）。主要包括无纺（非织造）土工织物、有纺（织造）土工织物。

无纺土工织物是由短纤维或长丝按定向排列或非定向排列结合在一起的织物。

有纺土工织物是由纤维纱长丝按一定方向交织而成的织物。

2. 土工格栅

土工格栅指具有较高强度，其开孔可容周围土、石或其他土工材料穿入，用于加筋的平面材料。包括塑料拉伸土工格栅、经编土工格栅、黏结或焊接土工格栅等。

3. 土工网

土工网指高分子聚合物经挤出制成的网状材料或其他材料经编织形成的网状材料。包括塑料平面土工网、经编平面土工网、塑料三维土工网、经编三维土工网等。

表 3-3-1 土工合成材料类型

大　类	亚　类		典型品种
土工合成材料	土工织物	有纺（织造 woven）	机织（含编织）、针织等
		无纺（非织造 non-woven）	针刺、热黏、化黏等
	土工膜	聚合物土工膜	
	土工复合材料	复合土工膜	一布一膜、两布一膜等
		复合土工织物	
		复合防排水材料	排水板（带）、长丝热黏排水体、排水管、防水卷材、防水板等
	土工特种材料	土工格栅	塑料土工格栅（单向、双向、三向土工格栅）、经编土工格栅、黏结（焊接）土工格栅等
		土工带	塑料土工加筋带、钢塑土工加筋带等
		土工格室	有孔型、无孔型
		土工网	平面土工网、三维土工网（土工网垫）等
		土工模袋	机织模袋、针织模袋等
		超轻型合成材料	如泡沫聚苯乙烯板块（EPS）
		土工织物膨润土垫（GCL）	
		植生袋	

4. 土工膜

土工膜指由聚合物制成的一种相对不透水的薄膜。

5. 土工复合材料

土工复合材料指由两种或两种以上材料复合成的土工合成材料。

二、土工合成材料的技术性质

土工合成材料的技术性质主要有物理性质、力学性质、水理性质、耐久性质。

（一）物理性质

1. 单位面积质量

单位面积质量是指单位面积的试样在标准大气条件下的质量。

目前测定土工合成材料的单位面积质量通常采用称重法，单位符号为 g/m^2。试验方法如下：土工织物用切刀或剪刀裁取面积为 10 000 mm^2 的试样 10 块，剪裁和测量精度为 1 mm；土工格栅、土工网可放大试样尺寸，剪裁时应从肋间对称剪取，剪裁后应测量试样的实际面积。将剪裁好的试样按编号顺序逐一在天平上称量，读数精确到 0.01 g。

单位面积质量是土工合成材料物理性能指标之一，反映产品的原材料用量以及生产的均匀性和质量的稳定性，与产品性能密切相关。

2. 厚　度

厚度是指土工织物在承受规定的压力下正、反两面之间的距离。

土工织物采用常压厚度，指在 2 kPa 压力下测得的试样厚度。试验方法如下：擦净基准板和 5 N 的压块，压块放在基准板上，调整百分表零点；提起 5 N 的压块，将试样自然平放在基准板与压块之间，轻轻放下压块，使试样受到的压力为 2 kPa±0.01 kPa，放下测量装置的百分表触头，接触后开始计时，30 s 时读数，精确至 0.01 mm。计算在同一压力下所测定的 10 块试样厚度的平均值。

某些土工合成材料在承受压力时，厚度变化很大，厚度变化对其力学性能和水力学特性有很大影响。

目前土工织物及复合土工织物的厚度采用专门的厚度测试仪进行测量，土工膜厚度的测定是采用机械测量方法测定土工薄膜和薄片厚度，厚度用 mm 表示。

3. 幅　宽

幅宽是指整幅样品经调湿，除去张力后，与长度方向垂直的整幅宽度。

幅宽是土工合成材料规格中重要的指标之一，直接影响到产品的有效使用面积。

试验方法如下：

对于长度超过 5 m 的样品：① 先将样品端头 1~2 m 在测定桌上放平，除去张力，在离端头约 1 m 处作第一对临时标记；然后轻拉样品至中段，放平除去张力并作临时标记，最后拉样品到最后的 1~2 m，放平除去张力并作第三对临时标记。② 样品除去张力后，将其充分暴露在标准大气中调湿。③ 将样品的临时标记抹去，放在测定桌上，以大致相等的间距（不超过 10 m）测量样品的幅宽至少 5 处，测点离样品头尾端至少 1 m，精确到 1 mm。

对于长度小于 5 m 的样品：将样品平放在测定桌上，除去张力，以大致相等的间距标出至少 4 个标记，但第一个和最后一个标记不应标在距样品两端小于样品长度五分之一处。测量每一标记处的幅宽，测量精确到 1 mm。

3. 孔　径

土工合成材料孔径从概念上来分，包括当量孔径和有效孔径两种。当量孔径是指土工网、土工格栅等大孔径的土工合成材料，其网孔尺寸通过换算折合成与其面积相当的圆形孔径。有效孔径是指能有效通过土工织物的近似最大颗粒直径，例如 O_{90} 表示土工织物中 90% 的孔径低于该值。

土工合成材料的孔径反映其透水性能和保持土颗粒的能力，是一个重要的特征指标。测定土工合成材料孔径的方法分直接法和间接法两种。直接法包括显微镜直接测读法和千分尺测量法；间接法包括干筛法、湿筛法、水动力法、水银压入法、吸引法和渗透法等。干筛法适用于测定无纺织物的有效孔径，同样适用于孔径较小的有纺织物；对于结构较稀疏的有纺织物和孔径较小的土工格栅，则较适合于用直接法测定。

（二）力学性质

反映土工合成材料力学性质的指标主要有：拉伸强度、撕破强度、顶破强度、刺破强度、穿透强度和握持强度等。

1. 拉伸强度

拉伸强度是指试验中试样被拉伸直至断裂时每单位宽度的最大拉力，以 kN/m 表示。土工合成材料的拉伸强度和最大负荷下伸长率是各项工程设计中最基本的技术指标，拉伸性能的好坏，可以通过拉伸试验进行测试。

目前，测定土工合成材料的拉伸强度的试验方法有宽条法和窄条法，由于宽条试样和较慢的拉伸速率，可以有效地降低横向收缩，使试验结果更加符合实际情况，所以基本上采用宽条拉伸试验测定。

试验方法：按照规范取得相应尺寸的试样，在拉伸试验机上连续加荷直至试样断裂，停机并恢复至初始标距位置。记录最大负荷，精确至满量程的 0.2%；记录最大负荷下的伸长量，精确至小数点后一位。通过计算可以得到试样的拉伸强度、最大负荷下的伸长率、特定伸长率下的拉伸力。

2. 撕破强度

撕破强度是指土工合成材料试样在撕裂过程中抵抗扩大破损裂口的最大拉力。

土工合成材料在运输和现场铺设过程中，可能会受到剪切或刺破作用。此时，土工合成材料的抗破裂强度则可能由撕破强度所控制。目前，土工合成材料的撕破强度采用梯形撕破强力试验测定。试验方法如下：调整拉伸试验机卡具的初始距离为 25 mm，将试样放入卡具，开动拉伸试验机直至试样完全撕破断开，记录最大撕破强力值，以"牛（N）"为单位。

3. 顶破强度

顶破强度是指圆柱形顶压杆垂直顶压试样，直到破裂过程中测得的最大顶压力。它所反映的是土工合成材料抵抗垂直于织物平面的法向压力的能力。目前，土工合成材料的顶破强度采用 CBR 顶破强力试验测定。试验方法如下：首先制备试样，然后将试样放进环形夹具内再放于试验机上，启动试验机，直到试样完全顶破为止，观察和记录顶破情况，记录顶破强力（N）和顶破位移值（mm）。

4. 刺破强度

刺破强度是指一刚性顶杆以规定速率垂直顶向土工合成材料平面，并将试样刺破所需的最大力。它所反映的是土工合成材料抵抗小面积集中荷载，如有棱角的石子或树枝等的能力。目前，土工合成材料的刺破强度采用刺破强力试验测定。试验方法如下：首先制备试样，然后将试样放进环形夹具内再放于试验机上，开机，记录顶杆顶压试样时的最大压力即为刺破强力。

5. 握持强度

握持强度是指土工合成材料在握持拉过程中所能承受的最大拉力。它能够反映土工合成材料承受集中力时，分散集中力的能力。

握持强度试验选用的仪器一般与条带拉伸试验相同，但试验方法不同。握持强度试验是握持试样两端的部分宽度而进行的一种拉伸试验。试样的实际受力宽度取决于材料结构在横向分散荷载的能力。其强度为夹持宽度内纤维强度及相邻纤维所提供的附加强度之和。其强度与材料结构、经纬密度和纤维移动难易程度有关。握持拉伸强度与条带拉伸强度之间没有简单的对比关系。土工织物的握持强度一般不作为设计依据，只用作比较不同土工合成材料的抗拉特性。

6. 穿透孔径

穿透孔径是指规定尺寸的落锥在土工合成材料上方 500 mm 高度处自由落下时，穿透土工合成材料的孔洞直径。它是反映土工合成材料抵御穿透能力的力学特性指标。

穿透孔径的测定采用落锥穿透试验。该试验方法是模拟工程施工中具有尖角的石块或其他锐利物掉落在土工合成材料上时的情况，通过测量穿透孔径的大小来评价土工合成材料抵御穿透的能力。

（三）水力学性质

土工织物常被用作排水和过滤材料。土工织物可以让水和空气自由地通过，并能有效地截留和控制土颗粒的流失。与土工织物密切相关的水力学性质包括：孔隙率、孔径的大小及分布情况和渗透能力等。

1. 孔隙率

土工织物的孔隙率是指其孔隙体积与总体积的比值，用 $n\%$ 表示，它是无纺织物的主要水力学特性之一。

土工织物的孔隙率可直接通过计算来确定，公式如下：

$$n = \left(1 - \frac{G}{\rho \cdot \delta}\right) \times 100\% \tag{3-3-1}$$

式中　G——土工织物的单位面积质量，g/m²；

　　　ρ——原材料密度，g/m²；

　　　δ——织物的厚度，m。

无纺织物的孔隙率随其所承受的压力改变而改变。在一般承压情况下，无纺织物的孔隙率在 90% 以上，承压后孔隙率明显降低。

2. 渗透特性

土工合成材料的渗透特性用其渗透系数和透水率来评价。

渗透系数分垂直渗透系数和水平渗透系数两种。垂直渗透系数是指与土工织物平面垂直方向的渗流的水力梯度等于 1 时的渗透流速；水平渗透系数是指在土工织物内部沿平面方向的渗流的水力梯度等于 1 时的渗透流速。透水率是指水位差等于 1 时垂直于土工织物平面方向的渗透流速。

土工合成材料的渗透特性包括两个方向：对土工织物来讲，渗透特性指的是它的透水性；对于土工膜来讲，则是指它的防渗性。

土工合成材料的厚度会影响水力梯度和渗透系数的精度，因此，在试验过程中要准备测定土工合成材料的厚度。水流状态的改变也会影响试验结果，当水力梯度大于某一数值后，水流将由层流变为紊流，此时测得的渗透系数一般会导致低估土工合成材料的透水性能。

3. 耐久性质

抗氧化性能试验、抗紫外线性能试验以及抗酸、碱液性能试验等。

三、土工合成材料在公路工程中的应用

土工合成材料可应用于公路路基、挡墙、路基防排水、路基防护、路基不均匀沉降防治、路面裂缝防治、特殊土和特殊路基处治、地基处理等工程中，可按表 3-3-2 的规定选择合适的土工合成材料。

表 3-3-2　土工合成材料的工程应用

应用场合	宜采用的土工合成材料
路基加筋	土工格栅、土工织物、土工格室
地基处理	排水带、土工格栅、无纺土工织物、土工格室、泡沫聚苯乙烯板块（EPS）
路基防排水	排水板、排水管、长丝热黏排水体、缠绕式排水管、透水软管、透水硬管、复合土工膜、无纺土工织物、土工织物膨润土垫
路基防护	三维土工网、平面土工网、土工格室、土工模袋、植生袋
路基不均匀沉降防治	土工格栅、土工织物、土工格室、泡沫聚苯乙烯板块（EPS）
防沙固沙	土工格室、土工织物、土工格栅
膨胀土路基处治	土工格栅、无纺土工织物、复合土工膜
盐渍土路基处治与构筑物表面防腐	复合土工膜、土工织物、土工格栅
路面裂缝防治	无纺土工织物、玻璃纤维格栅

四、质量管理及检查验收

（一）材料验收与存储

（1）施工单位所购材料应附有生产厂家质保书。进场的材料应随带对应的合格证、出厂检测报告等产品质量合格证明材料，施工单位应核对材料的产地、品种、规格、批次、外观、生产日期、数量，确保与合格证相符。核对无误后应按表 3-3-3 的规定进行抽样检验。

（2）施工前应对拟采用的土工合成材料，根据设计文件提供的设计指标要求，按表 3-3-4 所列试验项目和频度，委托具有相应资质的单位进行相关试验。施工过程中，当土工合成材料及其连接材料等来源发生变化时，应重新进行试验。

（3）施工单位工地试验室应配备相应的检测仪具，能进行表 3-3-4 所列的土工合成材料基本试验，能满足现场施工质量控制和检验的需要。

表 3-3-3 土工合成材料试验项目

试验项目	加筋 土工织物	加筋 土工格栅/格室	排水 排水材料	过滤 土工织物	防渗/隔离 土工膜	坡面防护 土工网	坡面防护 土工格栅/格室	冲刷防护 土工织物	冲刷防护 土工模袋	防治差异沉降 土工织物	防治差异沉降 土工格栅/格室	路面防裂 土工织物	路面防裂 玻璃纤维格栅	频度
单位面积质量	★	△	★	★	★	★	△	★	★	★	△	★	△	1 次/10 000 m²
厚 度	△	△	★	★	★	★	△	★	★	△	△	△	△	1 次/10 000 m²
孔 径	×	★	△	△	×	★	★	×	×	×	★	×	★	1 次/10 000 m²
几何尺寸	★	★	★	★	★	★	★	★	★	★	★	★	★	1 次/10 000 m²
垂直渗透系数	×	×	★	★	×	×	×	★	×	×	×	×	×	1 次/10 000 m²
水平渗透系数	×	×	★	★	×	×	×	★	×	×	×	×	×	1 次/10 000 m²
有效孔径	×	×	△	★	×	×	×	△	×	×	×	×	×	1 次/10 000 m²
淤 堵	×	×	★	★	×	×	×	△	×	×	×	×	×	1 次/10 000 m²
耐静水压	×	×	×	×	★	×	×	×	×	×	×	×	×	1 次/10 000 m²
拉伸强度	★	★	△	△	★	△	△	△	★	★	★	★	★	1 次/10 000 m²
CBR 顶破强度	★	×	★	★	★	×	×	★	×	★	×	★	×	1 次/10 000 m²
刺 破	★	★	★	★	★	★	★	△	△	★	★	★	×	1 次/10 000 m²
节点/焊点强度	×	★	×	×	×	★	★	×	×	×	★	×	★	1 次/批
直接剪切摩擦	★	★	×	×	×	×	×	×	×	★	★	×	△	1 次/批
拉拔摩擦	★	★	×	×	×	×	×	×	×	★	★	×	△	1 次/批

注：1. ★为必做试验项目；△为选做试验项目；×为不做试验项目。
2. 试验频度亦可根据工程规模、所用材料数量由设计单位或监理单位确定。当材料数量不足 10 000m² 时，抽样频度亦取 1 次。
3. 当土工合成材料兼起两种或多种功能时，应测试各功能所包含的所有试验项目。

表 3-3-4　土工合成材料工地试验项目

试验项目	加筋		排水	过滤	防渗/隔离	坡面防护		冲刷防护		防治差异沉降		路面防裂		频度
	土工织物	土工格栅/格室	排水材料	土工织物	土工膜	土工网	土工格栅/格室	土工织物	土工模袋	土工织物	土工格栅/格室	土工织物	玻璃纤维格栅	
单位面积质量	★	△	★	★	★	★	△	★	★	★	△	★	△	1次/批
厚度	△	△	★	★	★	★	△	★	★	△	△	△	△	1次/批
孔径	×	★	△	△	×	★	★	×	×	×	★	×	★	1次/批
几何尺寸	★	★	★	★	★	★	★	★	★	★	★	★	★	1次/批
拉伸强度	★	★	△	△	×	△	△	△	×	★	★	★	★	1次/批

注：1. ★为必做试验项目；△为选做试验项目；×为不做试验项目。
2. 工地试验频度按所购材料的批次进行，如每批次大于 5 000 m²，为一批。

（4）验收合格的土工合成材料应按要求存储，并做好防火工作。土工合成材料的装卸、转运和堆放应严格执行厂家提供的装卸吊运方式方法。不同土工合成材料应分类堆放，最大堆放高度以厂家提供的数据为准，或根据现场条件在确保安全的前提下具体确定；产品应用黑色包皮包装，运输、储存和堆放均应避免阳光照射，并应保持通风、干燥和远离高温源。

（二）试验路段

（1）对高速公路和一级公路，以及在特殊地区或采用新技术、新工艺、新材料的工程，在应用土工合成材料的工程正式开工前，应结合工程提前修筑试验段。修筑试验段应对材料选择和施工工艺进行检验和完善，重点完成以下几方面的工作：

① 检验土工合成材料的选材与设计方案、试验方案是否合适，能否达到工程预期目的。

② 根据试验路段施工情况提出施工设计图的修改建议。

③ 确定工程项目全线指导性的施工组织方案和工艺，包括施工机械设备组合、施工过程、施工质量控制方法与指标等。

④ 完善项目施工质量保障体系，细化质量管理制度，确定工程质量评价指标、标准等。

（2）试验路段施工前应编制试验研究大纲，制订详尽的试验研究计划，并进行专门的现场观测设计。

（3）试验路段应选在地质条件、断面形式及工程要求均具有代表性的路段，宜选取在主线上施工方便的路段，长度不宜小于 100 m。对选定的场地，应加强勘察及土工试验，保证勘察成果的可靠性和代表性。

（三）检查验收

（1）土工合成材料分项工程以及所在分部和单位工程，其交工及竣工验收的质量检查评定，应在满足基本要求规定，无外观和质量缺陷，保证资料真实并基本齐全的前提下，按照现行《公路工程质量检验评定标准 第一册 土建工程》（JTG F80/1）的有关规定进行。

（2）施工质量验收应遵循"验评分离、强化验收、完善手段、过程控制"的原则。隐蔽工程在工程施工中及隐蔽之前应做好施工过程记录以及相关验收手续，未经验收，不得隐蔽。

（3）检查验收时应随机抽样。现场随机取样位置的确定，应按照部颁有关规范进行；对属于隐蔽工程的部位，应以检查图片、样品和原始资料为主，必要时可开挖检查。

（4）土工合成材料工程质量应符合以下基本要求：

① 土工合成材料质量应符合设计要求，外观破损、无老化、无污染。

② 在平整的下承层上按设计要求铺设、固定土工合成材料。铺设的土工合成材料应无皱折、紧贴下承层，锚固端施工应符合设计要求。

③ 土工合成材料的铺设层数、范围、方向和连接应符合设计要求。上、下层土工合成材料搭接缝应交替错开。

（5）对满足基本要求的土工合成材料应用工程，应按现行《公路土工合成材料应用技术规范》（JTG/T D32—2012）规定的实测项目进行质量检验。下承层的要求和检查频度应满足现行《公路工程质量检验评定标准 第一册 土建工程》（JTG F80/1）的相应条款。

课题四　路基工程质量检测

一、路基施工前的检测内容

（一）试　验

（1）在路基施工前，应按照有关规定和要求，建立试验室。

（2）在路基施工前，应对路基基底土进行相关试验。每千米至少取 2 个点；土质变化大时，视具体情况增加取样点数。

（3）应及时对来源不同、性质不同的拟作为路堤填料的材料进行复查和取样试验。土的试验项目包括天然含水率、液限、塑限、标准击实试验、CBR 试验等，必要时应做颗粒分析、比重、有机质含量、易溶盐含量、冻胀和膨胀量等试验。

（4）使用特殊材料作为填料时，应按相关标准作相应试验，必要时还应进行环境影响评估，经比准后方可使用。

（二）试验路段

（1）在下列情况下，应进行试验路段施工：

① 二级及二级以上公路路堤。

② 填石路堤、土石路堤。

③ 特殊地段路堤。

④ 特殊填料路堤。

⑤ 拟采用新技术、新工艺、新材料的路基。

（2）试验路段应选择在地质条件、断面型式等工程特点具有代表性的地段，路段长度不宜小于 100 m。

（3）路堤试验路段施工应包括以下内容：

① 填料试验、检测报告等。

② 压实工艺主要参数：机械组合；压实机械规格、松铺厚度、碾压遍数、碾压速度；最佳含水量及碾压时含水量允许偏差等。

③ 过程质量控制方法、指标。

④ 质量评价指标、标准。

⑤ 优化后的施工组织方案及工艺。

⑥ 原始记录、过程记录。

⑦ 对施工设计图的修改建议等。

（三）路基填料

路基填料应符合下列规定：

（1）含草皮、生活垃圾、树根、腐殖质的土严禁作为填料。

（2）泥炭、淤泥、冻土、强膨胀土、有机质土及易溶盐超过允许含量的土，不得直接用于填筑路基；确需使用时，必须采取技术措施进行处理，经检验满足设计要求后方可使用。

（3）液限大于50%、塑性指数大于26、含水率不适宜直接压实的细粒土，不得直接作为路堤填料；需要使用时，必须采取技术措施进行处理，经检验满足设计要求后方可使用。

（4）粉质土不宜直接填筑于路床，不得直接填筑于冰冻地区的路床及浸水部分的路堤。

（四）填料强度和粒径

填料强度和粒径应符合表 3-4-1 的规定。

表 3-4-1　路基填料最小强度和最大粒径要求

填料应用部位 （路面底标高以下深度，m）		填料最小强度（CBR）/%			填料最大粒径/mm
		高速公路 一级公路	二级公路	三、四级公路	
路　堤	上路床（0～0.30）	8	6	5	100
	下路床 （0.30～0.80）	5	4	3	100
	上路堤 （0.80～1.50）	4	3	3	150
	下路堤 （>1.50）	3	2	2	150
零填及挖方 路基	（0～0.30）	8	6	5	100
	（0.30～0.80）	5	4	3	100

注：1. 表列强度按《公路土工试验规程》（JTJ E40）规定的浸水 96 h 的 CBR 试验方法测定。
　　2. 三、四级公路铺筑沥青混凝土和水泥混凝土路面时，应采用二级公路的规定。
　　3. 表中上、下路堤填料最大粒径 150 mm 的规定不适用于填石路堤和土石路堤。

二、路基施工中的检测质量要求

路基压实度是路基施工质量检测的关键指标之一，表征现场压实后的密度状况，压实度越高，密度越大，材料整体性能越好。

（一）压实度检测

（1）用灌砂法检测压实度时，取土样的底面位置为每一压实层底部；用环刀法试验时，环刀中部处于压实层厚的 1/2 深度；用核子仪试验时，应根据其类型，按说明书要求办理。

（2）施工过程中，每一压实层均应检验压实度，检测频率为每 1 000 m² 至少检验 2 点，不足 1 000 m² 检验 2 点，必要时可根据需要增加检验点。

（二）土质路基压实度

土质路基压实度应符合表 3-4-2 的规定。

表 3-4-2　土质路基压实度标准

填挖类型		路床顶面以下深度/m	压实度/%		
			高速公路一级公路	二级公路	三、四级公路
路堤	上路床	0~0.30	≥96	≥95	≥94
	下路床	0.30~0.80	≥96	≥95	≥94
	上路堤	0.80~1.50	≥94	≥94	≥93
	下路堤	>1.50	≥93	≥92	≥90
零填及挖方路基		0~0.30	≥96	≥95	≥94
		0.30~0.80	≥96	≥95	—

注：1. 表列压实度以《公路土工试验规程》（JTJ E40）重型击实试验为准。
　　2. 三、四级公路铺筑水泥混凝土路面或沥青混凝土路面时，其压实度应采用二级公路的规定值。
　　3. 路堤采用特殊填料或处于特殊气候地区时，压实度标准根据试验路在保证路基强度要求的前提下可适当降低。
　　4. 特别干旱地区的压实度标准可降低 2%~3%。

三、路基施工结束后的检验质量要求

路堤填筑至设计标高并整修完成后，其施工质量应符合表 3-4-3 的规定。

表 3-4-3　土质路堤施工质量标准

序号	检查项目	允许偏差			检查方法和频率
		高速公路一级公路	二级公路	三、四级公路	
1	路基压实度	符合规定	符合规定	符合规定	施工记录
2	弯沉（0.01 mm）	不大于设计值			—
3	纵断高程/mm	+10，−15	+10，−20		水准仪：每 200 m 测 4 断面
4	中线偏位/mm	50	100		经纬仪：每 200 m 测 4 点，弯道加 HY、YH 两点
5	宽度/mm	不小于设计值			米尺：每 200 m 测 4 处
6	平整度/mm	15	20		3 m 直尺：每 200 m 测 2 处×10 尺
7	横坡/%	±0.3	±0.5		水准仪：每 200 m 测 4 个断面
8	边坡	不陡于设计坡度			尺量：每 200 m 测 4 处

单元四　路面基层材料试验检测方法

课题一　概　述

> **知识点：**
> ◎ 无机结合料稳定材料的定义、分类
> **技能点：**
> ◎ 无机结合料稳定材料的试验方法

一、路面基层

（一）定　义

路面基层可分为基层和底基层。直接位于沥青路面面层下的主要承重层或直接位于水泥混凝土面板下的结构层称为基层。在沥青路面基层下铺筑的次要承重层或水泥混凝土路面基层下铺筑的辅助层称为底基层。

（二）分　类

（1）按力学特性，分为柔性类、半刚性类和刚性类。

① 柔性基层的种类可分为有机结合料稳定类（沥青稳定碎石、沥青贯入式等）和无黏结粒料类（级配碎石、级配砾石、填隙碎石、级配砾碎石等）。

② 半刚性基层的种类包含水泥稳定类、石灰工业废渣类（石灰粉煤灰、石灰钢渣等）、石灰稳定类及综合稳定类（水泥粉煤灰、水泥石灰稳定类等）。

③ 刚性基层类包括贫混凝土基层、水泥混凝土基层以及连续配筋水泥混凝土基层。

（2）按材料组成，分为有结合料稳定类和无黏结粒料类。

（三）一般要求

（1）具有足够的强度和适宜的刚度。

基层是设置在面层之下，主要承受由面层传递来的车辆荷载垂直力，并将其分散到底基层和土基上。因此，它应具有足够的强度、刚度，并具有良好的扩散应力的能力（即应有较好的板体性）。

（2）具有足够的稳定性。

由于基层不直接与车轮接触，故一般对基层材料的耐磨性不予严格要求，但因基层本身不能阻挡地下水和地表水的侵入，所以基层结构应具有足够的水稳性。

（3）干缩变形小。

在高等级公路路面基层、底基层中目前使用得较广泛的是无机结合料稳定类，即半刚性基层材料；世界其他国家及我国部分公路中使用了柔性基层。本单元主要介绍半刚性和无黏结粒料类基层，沥青类有机结合料基层试验检测方法请参考本书单元五的有关内容。

二、无机结合料稳定材料

（一）概　述

（1）定义：无机结合料稳定材料是采用一定的技术措施，在粉碎的或原松散的土中，掺入适量的无机结合料（如水泥、石灰等）与水，经均匀拌和、压实、养生后得到的一种强度或耐久性符合规定要求的复合混合料。无机结合料稳定材料又称为无机结合料稳定土。

（2）通常按照土中单个颗粒（包括碎石、砾石和砂颗粒，不包括土块和土团）的粒径大小和组成不同将工程上用于无机结合料稳定的土分为下列三种：

① 细粒土：颗粒最大粒径不大于 4.75 mm，公称最大粒径不大于 2.36 mm 的土，包括各种黏质土、粉质土、砂和石屑等。

② 中粒土：颗粒最大粒径不大于 26.5 mm，公称最大粒径大于 2.36 mm 且不大于 19 mm 的土或集料，包括砂砾土、碎石土、级配砂砾、级配碎石等。

③ 粗粒土：颗粒最大粒径不大于 53 mm，公称最大粒径大于 19 mm 且不大于 37.5 mm 的土或集料，包括砂砾土、碎石土、级配砂砾、级配碎石等。

（二）分　类

1. 按无机结合料的种类分

（1）石灰稳定类：以石灰为结合料，通过加水与被稳定材料共同拌和形成的混合料，包括石灰碎石土、石灰土等。

（2）水泥稳定类：以水泥为结合料，通过加水与被稳定材料共同拌和形成的混合料，包括水泥稳定级配碎石、水泥稳定级配砾石、水泥稳定石屑、水泥稳定土、水泥稳定砂等。

（3）综合稳定类：以两种或两种以上材料为结合料，通过加水与被稳定材料共同拌和形成的混合料，包括水泥石灰稳定材料、水泥粉煤灰稳定材料、石灰粉煤灰稳定材料等。

（4）石灰工业废渣稳定类：用石灰或水泥为结合料，以煤渣、钢渣、矿渣等工业废渣为稳定材料，通过加水拌和形成的混合料。

2. 按无机结合料中土的粒径大小分

（1）无机结合料稳定土：用无机结合料稳定细粒土而得到的混合料，如石灰土、水泥土、二灰土等。

（2）无机结合料稳定粒料：用无机结合料稳定中、粗粒土而得到的混合料。其中，按粒料种类不同可分为：① 无机结合料稳定砂砾，用无机结合料稳定中粒土或粗粒土，原材料为天然砂砾或级配砂砾（砂砾中无土）所得到的混合料。常见的有石灰砂砾土、石灰土砂砾、水泥砂砾、石灰粉煤灰砂砾（简称二灰砂砾）与石灰煤渣砂砾等。② 无机结合料稳定碎石，用无机结合料稳定中粒土或粗粒土，原材料为天然碎石土或级配碎石（包括未筛分碎石）所得到的混合料。常见的有石灰碎石土、石灰土碎石、水泥碎石、石灰粉煤灰碎石（二灰碎石）与石灰煤渣碎石等。

（三）无机结合料稳定材料的特点

1. 优　　点

（1）无机结合料稳定材料具有良好的力学性能，其抗压强度和抗弯拉强度较高，而且强度与模量随龄期不断增长，结构本身自成板块，在外力作用下变形小。

（2）无机结合料稳定材料具有良好的水稳定性与抗冻性。

（3）无机结合料稳定材料便于就地取材，易于实现机械化施工，养护费用低。

（4）无机结合料稳定材料可以充分利用工矿企业废渣，既解决了筑路材料困难的问题，又解决了工矿企业废渣的堆放问题，变废为宝。

2. 缺　　点

虽然无机结合料稳定材料具有许多优点，但是也存在明显的不足之处，它最大的缺点就是干缩或低温收缩容易产生裂缝，这种裂缝会反射到路面的表面；另外，其耐磨性差，一般不能用于道路表面。

三、无黏结粒料类材料

（一）概　　念

无黏结粒料类主要包括级配碎石、级配砾石、填隙碎石等。

1. 级配碎石

各档粒径的碎石和石屑按一定比例混合，级配满足一定要求且塑性指数和承载比均符合规定要求的混合料称做级配碎石。

2. 级配砾石

各档粒径的砾石和砂按一定比例混合，级配满足一定要求且塑性指数和承载比均符合规定要求的混合料称做级配砾石。

3. 填隙碎石

用单一尺寸的粗碎石做主骨料，形成嵌锁结构，起承受和传递车轮荷载的作用，用石屑做填隙料，填满碎石间的孔隙，增加密实度和稳定性，这种材料称做填隙碎石。

4. 未筛分碎石

粒径大小不一的碎石仅用一个筛孔尺寸与规定最大粒径相符的筛筛去超尺寸颗粒后得到的碎石混合料。

（二）特　点

1. 嵌锁型材料

粒料类中常用的填隙碎石属于嵌锁型基层（底基层），它是用分层撒铺矿料（各层矿料粒径大小基本相同）并经严格碾压而成的路面结构层（或采用尺寸大致均一的开级配矿料进行拌和）。用这种方法修筑的路面，其强度主要依靠矿料之间的相互嵌锁作用而产生较大的摩阻力，黏结力虽然也是需要的，但仅起着辅助作用。这种材料的强度和稳定性取决于石料的强度、形状、尺寸、均匀性、表面粗糙度以及施工时的压实程度等。

用嵌挤型材料修筑的路面的特点是：强度高、温度稳定性好、抗滑耐磨能力强、渗透性大、抗老化能力强。

2. 密实级配型材料

粒料类中常用的级配碎砾石属于级配型基层，它是采用颗粒大小不同的矿料按一定的比例配合，并掺入一定数量的结合料，拌制成混合料，经过摊铺碾压而形成的路面结构层。这种路面混合料符合最佳级配原理，具有较大的密实度。其强度来源有内摩阻力和黏结力，但由于矿料没有较强的嵌挤作用，以及受结合料较多的影响，一般来讲内摩阻力较小，因而黏结力起着主要作用。这种材料的强度和稳定性主要取决于矿料的级配、碎砾石的类型、最大粒径、细料的含量及塑性指数以及密实度等。

这类路面的特点：强度高、耐久性好，密实而不透水，但其温度稳定性和抗滑能力较差。

四、级配碎石

（一）用　途

（1）级配碎石可以用做沥青路面和水泥混凝土路面的基层和底基层，也可用做路基改善层。在排水良好的前提下，级配碎石可在不同气候区用于不同交通等级的道路上。在潮湿多雨的地区使用级配碎石特别有利。

（2）级配碎石可用做较薄沥青面层与半刚性基层之间的中间层。

（3）当级配碎石用做二级和二级以下公路的基层时，其最大粒径应控制在 37.5 mm 以内；当级配碎石用做高速公路和一级公路的基层以及半刚性路面的中间层时，其最大粒径宜控制在 31.5 mm 以下。

（二）配合比技术要求

（1）用于不同公路等级、交通荷载等级和结构层位的级配碎石，CBR 强度标准应满足表 4-1-1 的要求。

（2）应以实际工程使用的材料为对象，根据推荐的级配范围和以往工程经验或规范中的方法，构造 3~4 条试验级配曲线，通过配合比试验，优化级配。

（3）混合料配合比应采用重型击实或振动成型试验方法，确定最佳含水率和最大干密度。

表 4-1-1　级配碎石材料的 *CBR* 强度标准

结构层	公路等级	极重、特重交通	重交通	中、轻交通
基层	高速公路和一级公路	≥200	≥180	≥160
	二级及二级以下公路	≥160	≥140	≥120
底基层	高速公路和一级公路	≥120	≥100	≥80
	二级及二级以下公路	≥100	≥80	≥60

（4）应按试验确定的级配和最佳含水率，以及现场施工的压实标准成型标准试件，进行 *CBR* 强度试验和模量试验。

（5）应选择 *CBR* 强度最高的级配作为工程使用的目标级配，并确定相应的最佳含水率。

（6）选定目标级配曲线后，应针对各档材料进行筛分，确定各档材料的平均筛分曲线以及相应的变异系数，并按 2 倍标准差计算各档材料筛分级配的波动范围。

（7）应按下列步骤合成目标级配曲线并验证性能：

① 按确定的目标级配，根据各档材料的平均筛分曲线，确定其使用比例，得到混合料的合成级配。

② 根据合成级配进行混合料的 *CBR* 或模量试验，验证混合料的性能。

（8）应根据已确定的各档材料使用比例和各档材料级配的波动范围，计算实际生产中混合料的级配波动范围；并应针对这个波动范围的上、下限验证性能。

（9）应根据目标配合比确定的各档材料比例，调试和标定拌和设备，确保生产出的混合料满足目标级配的要求。

（10）拌和设备的调试和标定包括料斗称量精度的标定、设备加水量的控制等内容，并应符合下列规定：

① 按各档材料的比例关系，设定相应的称量装置，调整拌和设备各个料仓的进料速度。

② 按设定的施工参数进行第一阶段试生产，验证生产级配。不满足要求时，应进一步调整施工参数。

（11）应在第一阶段试生产试验的基础上进行第二阶段试验。按不同含水率试拌混合料，并取样和进行试验。试验应符合下列规定：

① 通过混合料中实际含水率的测定，确定施工过程中水流量计的设定范围。

② 通过击实试验，确定含水率变化对混合料最大干密度的影响。

③ 通过 *CBR* 试验，确定材料的实际强度水平和拌和工艺的变异水平。

（12）混合料生产含水率应依据配合比设计结果确定，可根据施工因素和气候条件增加 0.5 ~ 1.5 个百分点。

课题二　石　灰

知识点：
◎ 石灰的分类与应用
◎ 石灰的技术性质

技能点：
◎ 石灰的有效钙镁含量试验方法和结果处理

一、概　述

（1）石灰又称白灰，属于气硬性胶凝材料。

（2）根据其主要化学成分不同，分为生石灰与熟石灰。

① 生石灰：主要成分为 CaO。

按加工方法不同分为：

a. 块状生石灰：由原料煅烧而成的原产品。

b. 生石灰粉：由块状生石灰磨细而得到的细粉。

② 熟石灰：主要成分为 $Ca(OH)_2$。

按物理状态不同分为：

a. 消石灰粉：由生石灰用适量的水消化而得到的粉末，亦称熟石灰。

b. 石灰浆：将生石灰加入多量的水（为石灰体积的 3～4 倍）消化而成的可塑状浆体，称为石灰膏。如果加水更多，则呈白色悬浊液，为石灰乳。

（3）石灰按氧化镁含量不同分为钙质石灰与镁质石灰。

① 钙质石灰。

生石灰中氧化镁含量不大于 5% 的石灰为钙质生石灰。

熟石灰中氧化镁含量不大于 4% 的为钙质熟石灰。

② 镁质石灰。

生石灰中氧化镁含量大于 5% 的石灰为镁质生石灰。

熟石灰中氧化镁含量大于 4% 的为镁质熟石灰。

二、石灰的生产与应用

（一）石灰的制造

将生产石灰的原料（主要为石灰石、白云石等）经高温煅烧（温度高于 900 ℃）放出二氧化碳气体（CO_2）得到的白色或灰白色块状材料称为生石灰。其化学反应式为

$$CaCO_3 \xrightarrow{\text{大于}900\,℃} CaO + CO_2 \uparrow \qquad (4\text{-}2\text{-}1)$$

1. 优质生石灰

颜色呈白或灰白色，质地松软，质量较轻，密度一般为 800 ~ 1 000 kg/m³。

2. 劣质生石灰

（1）欠火石灰。

原因：石灰石原料的尺寸过大或窑中温度不匀等原因，使得石灰中含有未烧透的内核。

现象：颜色发青，质量大。

性质：未消化残渣含量高，有效氧化钙和氧化镁含量低，使用时缺乏黏结力。

（2）过火石灰。

原因：烧制的温度过高或时间过长。

现象：颜色呈灰黑色，表面出现裂缝或玻璃状的外壳，体积收缩明显，密度大。

性质：使用时消化缓慢，甚至用于结构物中仍能继续消解，以致于体积膨胀，导致灰层表面剥落或产生裂缝等破坏现象，危害极大。

在工程使用中，为了保证工程质量，常将块状生石灰磨细为生石灰粉；或对块状生石灰进行消解。为了消除"过火石灰"的危害，可在消化后"陈伏"半月左右再使用。石灰浆在陈伏期间，在其表面应有一层水分，使之与空气隔绝，以防碳化。

（二）石灰的消解

原状生石灰为块状，在使用时必须加水使其消解为粉末状的"消石灰"，这一过程称为石灰的"消解"，也称为石灰的"熟化"。因而，消石灰也称为熟石灰。其化学反应式为

$$CaO + H_2O \longrightarrow Ca(OH)_2 + 64.9J/moL \uparrow \qquad (4\text{-}2\text{-}2)$$

1. 用水量

从这一反应式可以看出，生石灰的消化作用是一个放热反应过程，理论加水量为石灰质量的 32%，实加水量需达 70% 以上才能保证消化质量。

2. 不良现象

（1）过烧现象。

对于消解快的石灰，加水过慢，水量不足，已消解石灰颗粒形成 $Ca(OH)_2$，包裹内部未消解颗粒周围，使内部石灰不易消解。

（2）过冷现象。

对于消解慢的生石灰，加水过快，生石灰消解放热过少，造成水温过低，未消解颗粒增加。

（3）解决方法：生石灰块应在使用前 7 ~ 10 d 充分消解，消解过程中注意加水速度与加水量。

（三）石灰的硬化

石灰的硬化过程包括结晶作用与碳化作用两部分，这是一个物理化学反应过程。

1. 结晶作用

石灰浆在干燥过程中水分逐渐蒸发或被周围砌体吸收，$Ca(OH)_2$ 从饱和溶液中结晶析出，石灰颗粒相互靠拢黏紧，强度也随之增加。

2. 碳化作用

在有水的条件下，$Ca(OH)_2$ 与空气中的二氧化碳作用生成碳酸钙晶体，主要发生在与空气接触的表面，其化学反应如下：

$$Ca(OH)_2 + H_2O + CO_2 \longrightarrow CaCO_3 + 2H_2O \qquad (4\text{-}2\text{-}3)$$

石灰浆经碳化后获得的最终强度，称为"碳化强度"。

石灰浆体的硬化包括上面两个同时进行的过程，即表层以碳化为主，内部则以结晶作用为主。石灰硬化速度随时间而逐渐减慢。

注： 在施工过程中，应随用随消解，消解后不宜长期放置。

三、石灰的技术性质

（一）有效 CaO + MgO 的含量

（1）概念：石灰中活性氧化钙和氧化镁的质量占石灰试样总质量的百分率。这是评价石灰质量的主要指标。

（2）指标与品质的关系：在石灰中起黏结作用的主要成分是活性 CaO + MgO，其含量越高，石灰的黏结性越好，质量也越高。

（3）测定方法：石灰的化学分析。

（二）未消解残渣含量

（1）概念：石灰在标准消解条件下，存留于 5 mm 圆孔筛上的残渣质量占石灰试样总质量的百分率。

（2）指标与品质的关系：未消解残渣多为欠火石灰或过火石灰颗粒，其含量越高，石灰的品质越差，必须加以限制。

（3）测定方法：称取已制备好的生石灰试样 1 kg 倒入装有 2 500 mL（20 ± 5 ℃）清水的筛筒（筛筒置于外筒内）。盖上盖，静置消化 20 min，用圆木棒连续搅动 2 min，继续静置消化 40 min，再搅动 2 min。提起筛筒用清水冲洗筛筒内残渣，至水流不浑浊（冲洗用清水仍倒入筛筒，水总体积控制在 3 000 mL），将渣移入搪瓷盘（或蒸发皿），在 100 ~ 105 ℃ 烘箱中，烘干至恒重，冷却至室温后用 5 mm 圆孔筛筛分。称量筛余物，计算未消化残渣含量。

$$R = \frac{m_1}{m} \times 100 \qquad (4\text{-}2\text{-}4)$$

式中　　R ——未消化残渣含量，%；

　　　　m_1 ——未消化残渣质量，g；

　　　　m ——试样的总质量，g。

（三）细　度

（1）概念：石灰的细度是指消石灰粉或磨细生石灰粉颗粒的粗细程度。

（2）指标与品质的关系：消石灰粉消解是否完全及生石灰磨细程度直接影响石灰的黏结力，细度与石灰的质量有密切关系。

（3）测定方法：称取试样 50 g，倒入 0.6 mm、0.15 mm 方孔套筛进行筛分。筛分时，一只手握住试验筛，并用手轻轻敲打，在有规律的间隔中，水平旋转试验筛，并在固定的基座上轻敲试验筛，用毛刷轻轻地从筛上面刷，直至 2 min 内通过量小于 0.1 g 时为止。分别称量筛余物的质量。

$$X_1 = \frac{m_1}{m} \times 100 \tag{4-2-5}$$

$$X_2 = \frac{m_1 + m_2}{m} \times 100 \tag{4-2-6}$$

式中　X_1——0.6 mm 方孔筛筛余百分含量，%；

　　　X_2——0.6 mm、0.15 mm 方孔筛筛余百分含量，%；

　　　m_1——0.6 mm 方孔筛筛余物质量，g；

　　　m_2——0.15 mm 方孔筛筛余物质量，g；

　　　m——样品质量，g。

四、石灰的技术标准

在公路工程中，石灰技术指标应符合我国行业标准《公路路面基层施工技术细则》（JTG/T F20—2015）的规定，如表 4-2-1、表 4-2-2 所示。

表 4-2-1　生石灰技术要求

指　标	钙质生石灰			镁质生石灰		
	Ⅰ	Ⅱ	Ⅲ	Ⅰ	Ⅱ	Ⅲ
有效氧化钙加氧化镁含量/%	≥85	≥80	≥70	≥80	≥75	≥65
未消化残渣含量/%	≤7	≤11	≤17	≤10	≤14	≤20
钙镁石灰的分类界限，氧化镁含量/%	≤5			>5		

表 4-2-2　消石灰技术要求

指　标		钙质生石灰			镁质生石灰		
		Ⅰ	Ⅱ	Ⅲ	Ⅰ	Ⅱ	Ⅲ
有效氧化钙加氧化镁含量/%		≥65	≥60	≥55	≥60	≥55	≥50
含水率/%		≤4	≤4	≤4	≤4	≤4	≤4
细度	0.60 mm 方孔筛的筛余/%	0	≤1	≤1	0	≤1	≤1
	0.15 mm 方孔筛的筛余/%	≤13	≤20	—	≤13	≤20	—
钙镁石灰的分类界限，氧化镁含量/%		≤4			>4		

五、石灰的储存

（1）石灰应按类别、分等级储存在干燥的仓库内，存期不宜过长，一般以三个月为限。

（2）如需较长时间储存生石灰，最好将其消解成石灰浆，并使表面隔绝空气，以防碳化。

（3）石灰能侵蚀人体的呼吸器官和皮肤，在施工、装卸石灰时，应注意安全防护，配戴必要的防护用品。

试验一　有效氧化钙和氧化镁含量的简易测定方法

一、适用范围

本方法适用于氧化镁含量在 5% 以下的低镁石灰[①]。

注①：氧化镁被水分解的作用缓慢，如果氧化镁含量高，到达滴定终点的时间很长，从而增加了与空气中二氧化碳的作用时间，影响测定结果。

二、仪器设备

（1）方孔筛：0.15 mm，1 个。

（2）烘箱：50 ~ 250 ℃，1 台。

（3）干燥器：ϕ25 cm，1 个。

（4）称量瓶：ϕ30 mm×50 mm，10 个。

（5）瓷研钵：ϕ12~13 cm，1 个。

（6）分析天平：量程不小于 50 g，感量 0.000 1 g，1 台。

（7）电子天平：量程不小于 500 g，感量 0.01 g，1 台。

（8）电炉：1 500 W，1 个。

（9）石棉网：20 cm×20 cm，1 块。

（10）玻璃珠：ϕ3 mm，1 袋（0.25 kg）。

（11）具塞三角瓶：250 mL，20 个。

（12）漏斗：短颈，3 个。

（13）塑料洗瓶：1 个。

（14）塑料桶：20 L，1 个。

（15）下口蒸馏水瓶：5 000 mL，1 个。

（16）三角瓶：300 mL，10 个。

（17）容量瓶：250 mL、1 000 mL，各 1 个。

（18）量筒：200 mL、100 mL、50 mL、5 mL，各 1 个。

（19）试剂瓶：250 mL、1000 mL，各 5 个。

（20）塑料试剂瓶：1 L，1 个。

（21）烧杯：50 mL，5 个；250 mL（或 300 mL），10 个。

（22）棕色广口瓶：60 mL，4 个；250 mL，5 个。

（23）滴瓶：60 mL，3 个。

（24）酸性滴定管：50 mL，2 支。

（25）滴定台及滴定管夹：各 1 套。

（26）大肚移液管：25 mL、50 mL，各 1 支。

（27）表面皿：7 cm，10 块。

（28）玻璃棒：8 mm×250 mm 及 4 mm×180 mm，各 10 支。

（29）试剂勺：5 个。

（30）吸水管：8 mm×150 mm，5 支。

（31）洗耳球：大、小各 1 个。

三、试 剂

（1）1 mol/L 盐酸标准液：取 83 mL（相对密度 1.19）浓盐酸以蒸馏水稀释至 1 000 mL，按下述方法标定其摩尔浓度后备用。

称取已在 180 ℃ 烘箱内烘干 2 h 的碳酸钠（优级纯或基准级纯）1.5～2.0 g（精确至 0.000 1 g），记录为 m_0，置于 250 mL 三角瓶中，加 100 mL 水使其完全溶解；然后加入 2～3 滴 0.1% 甲基橙指示剂，记录滴定管中待滴定盐酸标准溶液的体积 V_1，用待标定的盐酸标准溶液滴定，至碳酸钠溶液由黄色变为橙红色；将溶液加热至微沸，并保持微沸 3 min，然后放在冷水中冷却至室温，如此时橙红色变为黄色，则再用盐酸标准溶液滴定，至溶液出现稳定橙红色时为止，记录滴定管中盐酸标准溶液的体积 V_2。V_1、V_2 的差值即为盐酸标准溶液的消耗量 V。

盐酸标准溶液的摩尔浓度按公式（4-2-8）计算：

$$N = \frac{m_0}{V \times 0.053} \tag{4-2-8}$$

式中　N——盐酸标准溶液的摩尔浓度，mol/L；

　　　m_0——称取碳酸钠的质量，g；

　　　V——滴定时消耗盐酸标准溶液的体积，mL；

　　0.053——与 1.00 mL 盐酸标准溶液[$C(\mathrm{HCl})$ = 1.000 mol/L]相当的以克表示的无水碳酸钠的质量。

（2）1% 酚酞指示剂。

四、准备试样

（1）生石灰试样：将生石灰样品打碎，使颗粒不大于 1.18 mm。拌和均匀后用四分法缩减至 200 g 左右，放入瓷研钵研细。再经四分法缩减至 20 g 左右。研磨所得石灰样品，应通过 0.15 mm（方孔筛）的筛。从此细样中均匀挑取 10 余克，置于称量瓶中，在 105 ℃ 烘箱烘至恒量，储于干燥器中，供试验用。

（2）消石灰试样：将消石灰样品用四分法缩减至 10 余克左右。如有大颗粒存在，须在瓷研钵中磨细至无不均匀颗粒存在为止。置于称量瓶中，在 105 ℃ 烘箱烘至恒量，储于干燥器中，供试验用。

五、试验步骤

（1）迅速称取石灰试样 0.8 ~ 1.0 g（准确至 0.000 1 g）放入 300 mL 三角瓶，记录试样质量 m。加入 150 mL 新煮沸并已冷却的蒸馏水和 10 颗玻璃珠。瓶口上插一短颈漏斗，使用带电阻的电炉加热 5 min（调到最高挡），但勿使液体沸腾，放至冷水中迅速冷却。

（2）向三角瓶中滴入酚酞指示剂 2 滴，记录滴定管中盐酸标准溶液体积 V_3，在不断摇动下以盐酸标准溶液滴定，控制速度为 2 ~ 3 滴/s，至粉红色完全消失，稍停，又出现红色，继续滴入盐酸，如此重复几次，直至 5 min 内不出现红色为止，记录滴定管中盐酸标准溶液体积 V_4。V_3、V_4 的差值即为盐酸标准溶液的消耗量 V_5。如滴定过程持续半小时以上，则结果只能作为参考。

六、计　算

有效氧化钙和氧化镁含量按公式（4-2-9）计算：

$$X = \frac{V_5 \times N \times 0.028}{m} \times 100 \qquad (4\text{-}2\text{-}9)$$

式中　X——有效氧化钙和氧化镁的含量，%；

V_5——滴定消耗盐酸标准溶液的体积，mL；

N——盐酸标准溶液的摩尔浓度，mol/L；

m——样品质量，g；

0.028——氧化钙的毫克当量，因氧化镁含量甚少，并且两者之毫克当量相差不大，故有效氧化钙和氧化镁的毫克当量都以 CaO 的毫克当量计算。

七、结果整理

（1）读数精确至 0.1 mL。

（2）对同一石灰样品，至少应做两个试样和进行两次测定，并取两次测定结果的平均值代表最终结果。

课题三　路面基层对材料的技术要求

> **知识点：**
> ◎ 各种原材的技术要求、检测项目
> **技能点：**
> ◎ 选择原材的方法

为了保证无机结合料稳定土具有良好的技术性能和使用品质，必须正确选用原材料。

一、水泥及添加剂

（1）强度等级为 32.5 或 42.5，且满足技术要求的普通硅酸盐水泥等均可使用。

（2）所用水泥初凝时间应大于 3 h，终凝时间应大于 6 h 且小于 10 h。

（3）在水泥稳定材料中掺加缓凝剂或早强剂时，应对混合料进行试验验证。缓凝剂和早强剂的技术要求应符合现行《公路水泥混凝土路面施工技术细则》（JTG/T F30）的规定。

（4）常规试验项目：凝结时间试验、强度试验。

二、石　灰

（1）石灰技术要求应符合表 4-2-1 和表 4-2-2 的规定。

（2）高速公路和一级公路用石灰应不低于Ⅱ级技术要求，二级公路用石灰应不低于Ⅲ级技术要求，二级以下公路宜不低于Ⅲ级技术要求。

（3）高速公路和一级公路的基层，宜采用磨细消石灰。

（4）二级以下公路使用等外石灰时，有效氧化钙含量应在 20% 以上，且混合料强度应满足要求。

（5）常规试验项目：有效氧化钙与氧化镁含量试验。

三、粉煤灰等工业废渣

（1）工业废弃物作为筑路材料使用前应进行环境评价，并满足国家相关规定。

（2）干排或湿排的硅铝粉煤灰和高钙粉煤灰等均可用作基层或底基层的结合料。粉煤灰技术要求应符合表 4-3-1。

（3）各等级公路的底基层、二级及二级以下公路的基层使用的粉煤灰，通过度指标不满足表 4-3-1 要求时，应进行混合料强度试验，达到规范相关要求的强度指标时，方可使用。

（4）煤矸石、煤渣、高炉矿渣、钢渣及其他冶金矿渣等工业废渣可用于修筑基层或底基层，使用前应崩解稳定，且宜通过不同龄期条件下的强度和模量试验以及温度收缩和干湿收缩试验等评价混合料性能。

表 4-3-1　粉煤灰技术要求

检测项目	技术要求
SiO_2、Al_2O_3 和 Fe_2O_3 总含量/%	> 70
烧失量/%	≤ 20
比表面积/(cm^2/g)	> 2 500
检测项目	技术要求
0.3 mm 筛孔通过率/%	≥ 90
0.075 mm 筛孔通过率/%	≥ 70
湿粉煤灰含水率/%	≤ 35

（5）水泥稳定煤矸石不宜用于高速公路和一级公路。

（6）工业废渣类作为集料使用时，公称最大粒径应不大于 31.5 mm，颗粒组成宜有一定级配，且不宜含杂质。

（7）常用试验项目：烧失量、氧化物含量、比表面积或细度。

四、水

（1）符合现行《生活饮用水卫生标准》（GB 5749）的饮用水可直接作为基层、底基层材料拌和与养生用水。

（2）拌和使用的非饮用水应进行水质检验，技术要求应符合表 4-3-2 的规定。

表 4-3-2　非饮用水技术要求

项次	项目	技术要求
1	pH	≥ 4.5
2	Cl^- 含量/(mg/L)	≤ 3 500
3	SO_4^{2-} 含量/(mg/L)	≤ 2 700
4	碱含量/(mg/L)	≤ 1 500
5	可溶物含量/(mg/L)	≤ 10 000
6	不溶物含量/(mg/L)	≤ 5 000
7	其他杂质	不应有漂浮的油脂和泡沫及明显的颜色和异味

（3）养生用水可不检验不溶物的含量，其他指标应符合表 4-3-2 的规定。

五、粗集料

（1）用作被稳定材料的粗集料宜采用各种硬质岩石或砾石加工成的碎石，也可直接采用天然砾石。粗集料应符合表 4-3-3 中 Ⅰ 类规定，用作级配碎石的粗集料应符合表 4-3-3 中 Ⅱ 类的规定。

表 4-3-3　粗集料技术要求表

指　　标	层　位	高速公路和一级公路				二级及二级以下公路	
		极重、特重交通		重、中、轻交通			
		Ⅰ类	Ⅱ类	Ⅰ类	Ⅱ类	Ⅰ类	Ⅱ类
压碎值（%）	基　层	≤22	≤22	≤26	≤26	≤35	≤30
	底基层	≤30	≤26	≤30	≤26	≤40	≤35
针片状颗粒含量（%）	基　层	≤18	≤18	≤22	≤18	—	≤20
	底基层	—	≤20	—	≤20	—	≤20
0.075 mm 以下粉尘含量（%）	基　层	≤1.2	≤1.2	≤2	≤2	—	—
	底基层	—	—	—	—	—	—
软石含量（%）	基　层	≤3	≤3	≤5	≤5	—	—
	底基层	—	—	—	—	—	—

注：对花岗岩石料，压碎值可放宽至25%。

（2）基层、底基层的粗集料规格要求宜符合表 4-3-4 的规定。

表 4-3-4　粗集料规格要求

规格名称	工程粒径/mm	通过下列筛孔（mm）的质量百分率（%）									公称粒径/mm
		53	37.5	31.5	26.5	19.0	13.2	9.5	4.75	2.36	
G1	20~40	100	90~100	—	—	0~10	0~5	—	—	—	19~37.5
G2	20~30	—	100	90~100	—	0~10	0~5	—	—	—	19~31.5
G3	20~25	—	—	100	90~100	0~10	0~5	—	—	—	19~26.5
G4	15~25	—	—	100	90~100	—	0~10	0~5	—	—	13.2~26.5
G5	15~20	—	—	—	100	90~100	0~10	0~5	—	—	13.2~19
G6	10~30	—	100	90~100	—	—	—	0~10	0~5	—	9.5~31.5
G7	10~25	—	—	100	90~100	—	—	0~10	0~5	—	9.5~26.5
G8	10~20	—	—	—	100	90~100	—	0~10	0~5	—	9.5~19
G9	10~15	—	—	—	—	100	90~100	0~10	0~5	—	9.5~13.2
G10	5~15	—	—	—	—	100	90~100	40~70	0~10	0~5	4.75~13.2
G11	5~10	—	—	—	—	—	100	90~100	0~10	0~5	4.75~9.5

（3）高速公路和一级公路极重、特重交通荷载等级基层的 4.75 mm 以上粗集料应采用单一粒径的规格料。

（4）作为高速公路、一级公路底基层和二级及二级以下公路基层、底基层被稳定材料的天然砾石材料宜满足表 4-3-3 的要求，并应级配稳定、塑性指数不大于 9。

（5）应选择适当的碎石加工工艺，用于破碎的原石粒径应为破碎后碎石公称最大粒径的 3 倍以上。高速公路基层用碎石，应采用反击破碎的加工工艺。

（6）碎石加工中，根据筛网放置的倾斜角度和工程经验，应选择合理的筛孔尺寸。粒径尺寸与筛孔尺寸对应关系宜符合表 4-3-5 的规定。根据破碎方式和石质的不同，可适当调整筛孔尺寸，调整范围宜为 1 ~ 2 mm。

表 4-3-5　粒径尺寸与筛孔尺寸对应表

粒径尺寸/mm	4.75	9.5	13.2	16	19	26.5	31.5	37.5
筛孔尺寸/mm	5.5	11	15	18	22	31	36	43

（7）用作级配碎石或砾石的粗集料应采用具有一定级配的硬质石料，且不应含有黏土块、有机物等。

（8）级配碎石或砾石用作基层时，高速公路和一级公路公称最大粒径应不大于 26.5 mm，二级及二级以下公路公称最大粒径应不大于 31.5 mm；用作底基层时，公称最大粒径应不大于 37.5 mm。

（9）二级及二级以下公路底基层采用未筛分碎石、砾石时，宜采用表 4-3-6 中推荐的级配范围。

表 4-3-6　筛分碎石、砾石的推荐级配范围表

筛孔尺寸/mm	C-B-1	C-B-2	筛孔尺寸/mm	C-B-1	C-B-2
53	100	—	4.75	10 ~ 30	17 ~ 45
37.5	85 ~ 100	100	2.36	8 ~ 25	11 ~ 35
31.5	69 ~ 88	83 ~ 100	0.6	6 ~ 18	6 ~ 21
19.0	40 ~ 65	54 ~ 84	0.075	0 ~ 10	0 ~ 10
9.5	19 ~ 43	29 ~ 59			

（10）用于底基层的天然砾石、砾石土宜采用表 4-3-7 中推荐的级配范围。

表 4-3-7　天然砾石、砾石土的推荐级配范围表

筛孔尺寸/mm	53	37.5	9.5	4.75	0.6	0.075
通过质量百分率/%	100	80 ~ 100	40 ~ 100	25 ~ 85	8 ~ 45	0 ~ 15

（11）级配碎石或砾石、未筛分砾石和砾石土等材料应符合下列规定：

① 液限宜不大于 28%。

② 在潮湿多雨的地区，塑性指数宜小于 6；其他地区宜小于 9。

六、细集料

（1）细集料应洁净、干燥、无风化、无杂质，并有适当的颗粒级配。

（2）高速公路和一级公路用细集料技术要求应符合表 4-3-8 的规定。

表 4-3-8　细集料技术要求

项　　目	水泥稳定[1]	石灰稳定	石灰粉煤灰综合稳定	水泥粉煤灰综合稳定
颗粒分析	满足级配要求			
塑性指数[2]	≤17	适宜范围 15～20	适宜范围 12～20	—
有机质含量（%）	<2	≤10	≤10	<2
硫酸盐含量（%）	≤0.25	≤0.8		≤0.25

注：① 水泥稳定包含水泥石灰综合稳定。
　　② 应测定 0.075 mm 以下材料的塑性指数。

（3）细集料规格要求应符合表 4-3-9 的规定。

表 4-3-9　细集料规格要求

规格名称	工程粒径/mm	通过下列筛孔（mm）的质量百分率（%）								公称粒径/mm
		9.5	4.75	2.36	1.18	0.6	0.3	0.15	0.075	
XG1	3～5	100	90～100	0～15	0～5	—	—	—	—	2.36～47.5
XG2	0～3	—	100	90～100	—	—	—	—	0～15	0～2.36
XG3	0～5	100	90～100	—	—	—	—	—	0～20	0～4.75

（4）对 0～3 mm 和 0～5 mm 的细集料应分别严格控制大于 2.36 mm 和 4.75 mm 的颗粒含量。对 3～5 mm 的细集料，应严格控制小于 2.36 mm 的颗粒含量。

（5）高速公路和一级公路，细集料中小于 0.075 mm 的颗粒含量应不大于 15%；二级及二级以下公路，细集料中小于 0.075 mm 的颗粒含量应不大于 20%。

（6）级配碎石或砾石中的细集料可使用细筛余料或专门轧制的细碎石集料。

（7）天然砾石或粗砂作为细集料时，其颗粒尺寸应满足工程需要，且级配稳定，超尺寸颗粒含量超过规范或实际工程的规定时应筛余。

七、材料分档与掺配

（1）材料分档应符合表 4-3-10 的规定。

表 4-3-10　材料分档要求

层位	高速公路和一级公路		二级及二级以下公路
	极重、特重交通	重、中、轻交通	
基层	≥5	≥4	≥3 或 4[注]
底基层	≥4	≥3 或 4[注]	≥3

注：对一般工程可选择不少于 3 档备料，对极重、特重交通荷载等级且强度要求较高时，为了保证级配的稳定，宜选择不少于 4 档备料。

（2）公称最大粒径为 19 mm、26.5 mm 和 31.5 mm 的无机结合料稳定碎石或砾石的备料规格宜符合表 4-3-11 的规定。

表 4-3-11 不同粒径混合料的备料规格

公称最大粒径/mm	类型	一档	二档	三档	四档	五档	六档
19	三档备料	XG3	G11	G8	—	—	—
	四档备料 I	XG2	XG1	G11	G8	—	—
	四档备料 II	XG3	G11	G9	G5	—	—
	四档备料 III注	XG3（1）	XG3（2）	G11	G8	—	—
	五档备料 I	XG2	XG1	G11	G9	G5	—
	五档备料 II注	XG3（1）	XG3（2）	G11	G9	G5	—
26.5	四档备料	XG3	G11	G8	G3	—	—
	五档备料 I	XG3	G11	G9	G5	G3	—
	五档备料 II	XG2	XG1	G11	G8	G3	—
	五档备料 III a	XG3（1）	XG3（2）	G11	G8	G3	—
	六档备料 I	XG2	XG1	G11	G9	G5	G3
	六档备料 II注	XG3（1）	XG3（2）	G11	G9	G5	G3
31.5	四档备料	XG3	G11	G8	G2	—	—
	五档备料 I	XG3	G11	G9	G5	G2	—
	五档备料 II	XG3	G11	G9	G4	G2	—
	五档备料 III a	XG3（1）	XG3（2）	G11	G8	G2	—
31.5	六档备料 I	XG2	XG1	G11	G9	G5	G2
	六档备料 II注	XG3（1）	XG3（2）	G11	G9	G5	G2

注：表中 XG3（1）和 XG3（2）为两种不同级配规律的 0～5 mm 的细集料。

（3）用于二级及二级以上公路基层和底基层的级配碎石或砾石，应由不少于 4 种规格的材料掺配而成。

（4）天然材料用于高速公路和一级公路的基层时，应筛分成表 4-3-4 中规定的规格，并按表 4-3-11 中的备料规格进行掺配。天然材料的规格不满足设计级配的要求时，可掺配一定比例的碎石或轧碎砾石。

（5）级配碎石或砾石类材料中宜掺加石屑、粗砂等材料。

（6）级配碎石或砾石细集料的塑性指数应不大于 12。不满足要求时，可加石灰、无塑性的砂或石屑掺配处理。

八、混合料推荐级配及技术要求

（1）采用水泥稳定时，被稳定材料的液限应不大于 40%，塑性指数应不大于 17。塑性指数大于 17 时，宜采用石灰稳定或用水泥和石灰综合稳定。

（2）采用水泥稳定，被稳定材料中含有一定量的碎石或砾石，且小于 0.6 mm 的颗粒含量在 30% 以下时，塑性指数可大于 17，且土的均匀系数应大于 5。其级配可采用表 4-3-11 中推荐的级配范围，并应符合下列规定：

① 用于高速公路和一级公路的底基层时，被稳定材料的公称最大粒径应不大于 31.5 mm，级配宜符合表 4-3-12 中 C-A-1 或 C-A-2 的规定，被稳定材料中不宜含有黏性土或粉性土。

② 用于二级公路的基层时，级配宜符合表 4-3-12 中 C-A-1 的规定，被稳定材料中不宜含有黏性土或粉性土。

③ 用于二级以下公路的基层时，级配宜符合表 4-3-12 中 C-A-3 的规定，被稳定材料的公称最大粒径应不大于 37.5 mm。

④ 用于二级及二级以下公路的底基层时，级配宜符合表 4-3-12 中 C-A-4 的规定，被稳定材料的公称最大粒径应不大于 37.5 mm。

表 4-3-12　水泥稳定材料的推荐级配范围（%）

筛孔尺寸 /mm	高速公路和一级公路的底基层或二级公路的基层	高速公路和一级公路的底基层	二级以下公路的基层	二级及二级以下公路的底基层
	C-A-1	C-A-2	C-A-3	C-A-4
53	—	—	100	100
37.5	100	100	90 ~ 100	—
31.5	90 ~ 100	—	—	—
26.5	—	—	66 ~ 100	—
19	67 ~ 90	—	54 ~ 100	—
9.5	45 ~ 68	—	39 ~ 100	—
4.75	29 ~ 50	50 ~ 100	28 ~ 84	50 ~ 100
2.36	18 ~ 38	—	20 ~ 70	—
1.18	—	—	14 ~ 57	—
0.6	8 ~ 22	17 ~ 100	8 ~ 47	17 ~ 100
0.075	0 ~ 7	0 ~ 30	0 ~ 30	0 ~ 50

注：表中水泥稳定材料不包括水泥稳定级配碎石或砾石。

（3）采用水泥稳定，被稳定材料为粒径较均匀的砂时，宜在砂中添加适量塑性指数小于 10 的黏性土、石灰土或粉煤灰，加入比例应通过击实试验确定。添加粉煤灰的比例宜为 20% ~ 40%。

（4）水泥稳定级配碎石或砾石的级配可采用表 4-3-13 中推荐的级配范围，并宜符合下列规定：

① 用于高速公路和一级公路时，级配宜符合表 4-3-13 中 C-B-1 或 C-B-2 的规定。混合料密实时也可采用 C-B-3 级配。C-B-1 级配宜用于基层和底基层，C-B-2 级配宜用于基层。

② 用于二级及二级以下公路时，级配宜符合表 4-3-13 中 C-C-1、C-C-2、C-C-3 的规定。C-C-1 级配宜用于基层和底基层，C-C-2 和 C-C-3 级配宜用于基层，C-C-3 级配宜用于极重、特重交通荷载等级下的基层。

③ 被稳定材料的液限宜不大于 28%。

④ 用于高速公路和一级公路时，被稳实材料的塑性指数宜不大于 5；用于二级及二级以下公路时，宜不大于 7。

表 4-3-13　水泥稳定材料级配碎石或砾石的推荐级配范围（%）

筛孔尺寸 /mm	高速公路和一级公路			二级及二级以下公路		
	C-B-1	C-B-2	C-B-3	C-C-1	C-C-2	C-C-3
37.5	—	—	—	100	—	—
31.5	—	—	100	100～90	100	—
26.5	100	—	—	94～81	100～90	100
19	86～82	100	68～86	83～67	87～73	100～90
16	79～73	93～88	—	78～61	82～65	92～79
13.2	72～65	86～76	—	73～54	75～58	83～67
9.5	62～53	72～59	38～58	64～45	66～47	71～52
4.75	45～35	45～35	22～32	50～30	50～30	50～30
2.36	31～22	31～22	16～28	36～19	36～19	36～19
1.18	22～13	22～13	—	26～12	26～12	26～12
0.6	15～8	15～8	8～15	19～8	19～8	19～8
0.3	10～5	10～5	—	14～5	14～5	14～5
0.15	7～3	7～3	—	10～3	10～3	10～3
0.075	5～2	5～2	0～3	7～2	7～2	7～2

（5）石灰粉煤灰稳定材料可采用表 4-3-14 中推荐的级配范围，并应符合下列规定：

① 用于高速公路和一级公路基层时，石灰粉煤灰总质量宜占 15%，应不大于 20%，被稳定材料公称最大粒径应不大于 26.5 mm，级配宜符合表 4-3-14 中 LF-A-2L 和 LF-A-2S 的规定。

② 用于高速公路和一级公路底基层时，各档被稳定材料总质量宜不小于 80%，级配宜符合表 4-3-14 中 LF-A-1L 和 LF-A-1S 的规定。对极重、特重交通荷载等级，级配宜符合表 4-3-13 中 LF-A-2L 和 LF-A-2S 的规定。

③ 用于二级及二级以下公路基层时，被稳定材料的公称最大粒径应不大于 31.5 mm，其总质量宜不小于 80%，并符合表 4-3-14 中 LF-B-2L 和 LF-B-2S 的规定。

④ 用于二级及二级以下公路底基层时，各档被稳定材料总质量宜不小于 70%，并符合表 4-3-14 中 LF-B-1L 和 LF-B-1S 的规定。对极重、特重交通荷载等级，级配宜符合表 4-3-14 中 LF-B-2L 和 LF-B-2S 的规定。

表 4-3-14　石灰粉煤灰稳定材料级配碎石或砾石的推荐级配范围（%）

筛孔尺寸/mm	高速公路和一级公路				二级及二级以下公路			
	稳定碎石		稳定砾石		稳定碎石		稳定砾石	
	LF-A-1S	LF-A-2S	LF-A-1L	LF-A-2L	LF-B-1S	LF-B-2S	LF-B-1L	LF-B-2L
37.5	—	—	—	—	100	—	100	—
31.5	100	—	100	—	100～90	100	100～90	100
26.5	95～91	100	96～93	100	94～81	100～90	95～84	100～90
19	85～76	89～82	88～81	91～86	83～67	87～73	87～72	91～77
16	80～69	84～73	84～75	87～79	78～61	82～65	83～67	86～71
13.2	75～62	78～65	79～69	82～72	73～54	75～58	79～62	81～65
9.5	65～51	67～53	71～60	73～62	64～45	66～47	72～54	74～55
4.75	45～35	45～35	55～45	55～45	50～30	50～30	60～40	60～40
2.36	31～22	31～22	39～27	39～27	36～19	36～19	44～24	44～24
1.18	22～13	22～13	28～16	28～16	26～12	26～12	33～15	33～15
0.6	15～8	15～8	20～10	20～10	19～8	19～8	25～9	25～9
0.3	10～5	10～5	14～6	14～6	—	—	—	—
0.15	7～3	7～3	10～3	10～3	—	—	—	—
0.075	5～2	5～2	7～2	7～2	7～2	7～2	10～2	10～2

（6）水泥粉煤灰稳定材料可采用表 4-3-15 中推荐的级配范围，并应符合下列规定：

① 用于高速公路和一级公路基层时，水泥粉煤灰总质量宜为 12%，应不大于 18%，各档被稳定材料总质量宜不小于 85%，其公称最大粒径应不大于 26.5 mm，级配宜符合表 4-3-14 中 CF-A-2L 和 CF-A-2S 的规定。

② 用于高速公路和一级公路底基层时，各档被稳定材料总质量宜不小于 80%，级配宜符合表 4-3-15 中 CF-A-1L 和 CF-A-1S 的规定。对极重、特重交通荷载等级，级配宜符合表 4-3-15 中 CF-A-2L 和 CF-A-2S 的规定。

③ 用于二级及二级以下公路基层时，被稳定材料的公称最大粒径应不大于 31.5 mm，其总质量宜不小于 80%，级配宜符合表 4-3-15 中 CF-B-2L 和 CF-B-2S 的规定。

④ 用于二级及二级以下公路底基层时，各档被稳定材料总质量宜不小于 75%，级配宜符合表 4-3-15 中 CF-B-1L 和 CF-B-1S 的规定。对极重、特重交通荷载等级，级配宜符合表 4-3-15 中 CF-B-2L 和 CF-B-2S 的规定。

（7）级配碎石或砾石的级配范围宜符合下列规定：

① 用于高速公路和一级公路基层时，级配宜符合表 4-3-16 中级配 G-A-4 或 G-A-5 的规定。

② 用于高速公路和一级公路底基层时，级配宜符合表 4-3-16 中级配 G-A-3 或 G-A-4 的规定。

表 4-3-15　水泥粉煤灰稳定级配碎石或砾石的推荐级配范围（%）

| 筛孔尺寸/mm | 高速公路和一级公路 | | | | 二级及二级以下公路 | | | |
| | 稳定碎石 | | 稳定砾石 | | 稳定碎石 | | 稳定砾石 | |
	CF-A-1S	CF-A-2S	CF-A-1L	CF-A-2L	CF-B-1S	CF-B-2S	CF-B-1L	CF-B-2L
37.5	—	—	—	—	100	—	100	—
31.5	100	—	100	—	100~90	100	100~90	100
26.5	95~90	100	95~91	100	93~80	100~90	94~81	100~90
19	84~72	88~79	85~76	89~82	81~64	86~70	83~67	87~73
16	79~65	82~70	80~69	84~73	75~57	79~62	78~61	82~65
13.2	72~57	76~61	75~62	78~65	69~50	72~54	73~54	75~58
9.5	62~47	64~49	65~51	67~53	60~40	62~42	64~45	66~47
4.75	40~30	40~30	45~35	45~35	45~25	45~25	50~30	50~30
2.36	28~19	28~19	33~22	33~22	31~16	31~16	36~19	36~19
1.18	20~12	20~12	24~13	24~13	22~11	22~11	26~12	26~12
0.6	14~8	14~8	18~8	18~8	15~7	15~7	19~8	19~8
0.3	10~5	10~5	13~5	13~5	—	—	—	—
0.15	7~3	7~3	10~3	10~3	—	—	—	—
0.075	5~2	5~2	7~2	7~2	5~2	5~2	7~2	7~2

③ 用于二级及二级以下公路和基层、底基层时，级配可符合表 4-3-16 中级配 G-A-1 或 G-A-2 的规定。

表 4-3-16　级配碎石或砾石推荐级配范围（%）

筛孔尺寸/mm	G-A-1	G-A-2	G-A-3	G-A-4	G-A-5
37.5	100	—	—	—	—
31.5	100~90	100	100	—	—
26.5	93~80	100~90	95~90	100	100
19	81~64	86~70	84~72	88~79	100~95
16	75~57	79~62	79~65	82~70	89~82
13.2	69~50	72~54	72~57	76~61	79~70
9.5	60~40	62~42	62~47	62~49	63~53
4.75	45~25	45~25	40~30	40~30	40~30
2.36	31~16	31~16	28~19	28~19	28~19
1.18	22~11	22~11	20~12	20~12	20~12
0.6	15~7	15~7	14~8	14~8	14~8
0.3	—	—	10~5	10~5	10~5
0.15	—	—	7~3	7~3	7~3
0.075 注	5~2	5~2	5~2	5~2	5~2

注：对无塑性的混合料，小于 0.075 mm 的颗粒含量宜接近高限。

（8）二级及二级以下公路底基层采用未筛分碎石、砾石时，宜采用表 4-3-17 中推荐的级配范围。

表 4-3-17　未筛分碎石、砾石的推荐级配范围（%）

筛孔尺寸/mm	G-B-1	G-B-2	筛孔尺寸/mm	G-B-1	G-B-2
53	100	—	4.75	10 ~ 30	17 ~ 45
37.5	85 ~ 100	100	2.36	8 ~ 25	11 ~ 35
31.5	69 ~ 88	83 ~ 100	0.6	6 ~ 18	6 ~ 21
19.0	40 ~ 65	54 ~ 84	0.075	0 ~ 10	0 ~ 10
9.5	19 ~ 43	29 ~ 59			

（9）用于底基层的天然砾石、砾石土宜采用表 4-3-18 中推荐的级配范围。

表 4-3-18　天然砾石、砾石土的推荐级配范围（%）

筛孔尺寸/mm	53	37.5	9.5	4.75	0.6	0.075
通过质量百分率	100	80 ~ 100	40 ~ 100	25 ~ 85	8 ~ 45	0 ~ 15

（10）级配碎石或砾石、未筛分碎石、天然砾石和砾石土等材料应符合下列规定：

① 液限宜不大于 28%。

② 在潮湿多雨的地区，塑性指数宜小于 6；其他地区宜小于 9。

课题四　无机结合料稳定土的技术性质

知识点：
◎ 无机结合料稳定材料的技术性质
◎ 各种性质的影响因素

技能点：
◎ 稳定材料的击实试验、无侧限抗压强度试验、灰剂量试验

一、压实性

无机结合料稳定材料的强度、水稳定性、抗冻性与缩裂现象等均与密实度有关。一般稳定材料的密度每增加1%，强度增加4%左右，同时其水稳定性与抗冻性也会提高，缩裂现象减少，由此可见提高密实度的重要意义。

现行《公路路面基层施工技术细则》（JTG/T F20—2015）规定，采用重型击实试验确定无机结合料稳定土的最佳含水量和最大干密度，以规定工地实际压实机械碾压时的合适含水量和应达到的最大干密度；同时，为确定制备无机结合料稳定土强度试验和耐久性试验的试件应该用的含水量和干密度，以及制备承载比试验试件的材料含水量。

（1）无机结合料稳定材料的基层压实标准应符合表4-4-1的规定。

表4-4-1　基层材料压实标准（%）

公路等级		水泥稳定材料	石灰粉煤灰稳定材料	水泥粉煤灰稳定材料	石灰稳定材料
高速公路和一级公路		≥98	≥98	≥98	—
二级及二级以下公路	稳定中、粗粒材料	≥97	≥97	≥97	≥97
	稳定细粒材料	≥95	≥95	≥95	≥95

（2）无机结合料稳定材料的底基层压实标准应符合表4-4-2的规定。

表4-4-2　底基层材料压实标准（%）

公路等级		水泥稳定材料	石灰粉煤灰稳定材料	水泥粉煤灰稳定材料	石灰稳定材料
高速公路和一级公路	稳定中、粗粒材料	≥97	≥97	≥97	≥97
	稳定细粒材料	≥95	≥95	≥95	≥95
二级及二级以下公路	稳定中、粗粒材料	≥95	≥95	≥95	≥95
	稳定细粒材料	≥93	≥93	≥93	≥93

（3）对级配碎石材料，基层压实度应不小于 99%，底基层压实度应不小于 97%。

（4）高速公路和一级公路在极重、特重交通荷载等级下，基层和底基层的压实标准可提高 1~2 个百分点。

二、强　度

无机结合料稳定材料是一种非匀质性的复合材料。在被稳定材料中掺入适量的无机结合料（如水泥、消石灰粉等），并在最佳含水量时拌匀压实，使结合料与被稳定材料发生一系列的物理化学作用，从而使被稳定材料的工程性质发生根本的变化。初期表现为被稳定材料的结团、塑性降低、最佳含水量增大和最大干密度减小等；后期变化主要表现在结晶结构的形成，致使刚度不断增大，被稳定材料的强度和稳定性不断提高。

现行《公路路面基层施工技术细则》（JTG/T F20—2015）规定，采用无机结合料稳定材料无侧限抗压强度指标来表征，同时采用它进行材料组成设计，选定最适宜于水泥或石灰稳定的材料（包括土），确定施工中所用的无机结合料的最佳剂量，为工地施工提供质量评定标准。

（一）技术标准

采用 7 d 龄期无侧限抗压强度作为无机结合料稳定材料施工质量控制的主要指标。

（1）水泥稳定材料的 7 d 龄期无侧限抗压强度标准 R_d 应符合表 4-4-3 的规定。

表 4-4-3　水泥稳定材料的 7 d 龄期无侧限抗压强度标准 R_d（MPa）

结构层		公路等级	极重、特重交通	重交通	中、轻交通
基　层		高速公路和一级公路	5.0~7.0	4.0~6.0	3.0~5.0
		二级及二级以下公路	4.0~6.0	3.0~5.0	2.0~4.0
底基层		高速公路和一级公路	3.0~5.0	2.5~4.5	2.0~4.0
		二级及二级以下公路	2.5~4.5	2.0~4.0	1.0~3.0

注：1. 公路等级高或交通荷载等级高或结构安全性要求高时，推荐取上限强度标准。
　　2. 表中强度标准指的是 7 d 龄期无侧限抗压强度的代表值，以下各表同。

（2）石灰粉煤灰稳定材料的 7 d 龄期无侧限抗压强度标准 R_d 应符合表 4-4-4 的规定，其他工业废渣稳定材料宜参照此标准。

表 4-4-4　石灰粉煤灰稳定材料的 7 d 龄期无侧限抗压强度标准 R_d（MPa）

结构层		公路等级	极重、特重交通	重交通	中、轻交通
基　层		高速公路和一级公路	≥1.1	≥1.0	≥0.9
		二级及二级以下公路	≥0.9	≥0.8	≥0.7
底基层		高速公路和一级公路	≥0.8	≥0.7	≥0.6
		二级及二级以下公路	≥0.7	≥0.6	≥0.5

注：石灰粉煤灰稳定材料强度不满足表 4-4-4 的要求时，可外加混合料质量 1%~2% 的水泥。

（3）水泥粉煤灰稳定材料的 7 d 龄期无侧限抗压强度标准 R_d 应符合表 4-4-5 的规定。

表 4-4-5　水泥粉煤灰稳定材料的 7 d 龄期无侧限抗压强度标准 R_d（MPa）

结构层	公路等级	极重、特重交通	重交通	中、轻交通
基　层	高速公路和一级公路	4.0～5.0	3.5～4.5	3.0～4.0
	二级及二级以下公路	3.5～4.5	3.0～4.0	2.5～3.5
底基层	高速公路和一级公路	2.5～3.5	2.0～3.0	1.5～2.5
	二级及二级以下公路	2.0～3.0	1.5～2.5	1.0～2.0

（4）石灰稳定材料的 7 d 龄期无侧限抗压强度标准 R_d 应符合表 4-4-6 的规定。

表 4-4-6　石灰稳定材料的 7 d 龄期无侧限抗压强度标准 R_d（MPa）

结构层	高速公路和一级公路	二级及二级以下公路
基　层	—	≥0.8[①]
底基层	≥0.8	0.5～0.7[②]

注：① 石灰土强度不到表 4-4-6 规定的抗压强度标准时，可添加部分水泥，或改用另一种土。塑性指数过小的土，不宜用石灰稳定，宜改用水泥稳定。
② 在低塑性材料（塑性指数小于 7）地区，石灰稳定砾石土和碎石土的 7 d 龄期无侧限抗压强度应大于 0.5 MPa（100 g 平衡锥测液限）。
③ 低限用于塑性指数小于 7 的黏性土，且低限值宜仅用于二级以下公路。高限用于塑性指数大于 7 的黏性土。

（5）水泥稳定类材料强度要求较高时，宜采取控制原材料技术指标和优化级配设计等措施，不宜单纯地通过增加水泥剂量来提高材料的强度。

（6）石灰稳定砾石土或碎石土材料可仅对其中公称最大粒径小于 4.75 mm 的石灰土进行 7 d 龄期无侧限抗压强度验证，且无侧限抗压强度应不小于 0.8 MPa。

（二）影响强度的主要因素

1. 原材料品质

（1）石灰的品质。

石灰的品种和等级不同，其稳定效果不同。各种化学组成的石灰均可用于稳定土。在剂量不大的情况下，钙质石灰比镁质石灰稳定土的初期强度高，但镁质石灰稳定土的后期效果并不比钙质石灰差，尤其是在剂量较大时，还优于钙质石灰。石灰的等级越高，其活性 CaO + MgO 含量越大，稳定效果越好。在相同剂量下，石灰细度越大，其比表面积越大，石灰与土粒的作用越充分，反应进行得越快，因而稳定效果越好。

对用于高速公路和一级公路稳定土的石灰，为了获得很好的稳定效果，宜采用磨细生石灰粉。生石灰在灰土中消解可放出大量热能加速灰土的硬化。另外，刚消解的石灰呈胶体 Ca（OH）$_2$，其活性和溶解度均较高，能保证石灰与土中的胶粒更好的作用。因而，采用生石灰稳定土的稳定效果优于消石灰稳定土。但应注意，用磨细生石灰稳定土时，成型时间对其使用效果有着重要的影响。成型过早，会因产生的水化热过多使土体胀松；成型过晚，则水化热不能得到充分利用，会影响其稳定效果。一般磨细生石灰与土拌匀后闷料约 3 h 成型，则可取得最佳效果。

（2）水泥的品质。

各种类型的水泥都可用于稳定土。但实验研究证明，水泥的矿物成分和分散度对其稳定效果有明显影响。对于同一种土，通常情况下硅酸盐水泥的稳定效果好，而铝酸盐水泥较差。在水泥硬化条件相似，矿物成分相同时，随着水泥分散度的增加，其活性程度和硬化能力也有所提高，从而水泥土的强度也大大提高。

（3）粉煤灰的品质。

粉煤灰用量越多，初期强度越低，3 个月龄期的强度增长幅度也越大；烧失量过多将明显降低混合料的强度；粉煤灰的含水量不应过大，含水量过大时，粉煤灰颗粒会凝聚成团。

（4）土质。

各种成因的亚砂土、亚黏土、粉质土和黏质土都可以用石灰来稳定。一般来说，黏质土颗粒的活性强，比表面积大，其稳定效果显著，强度高。高液限黏质土施工时不易粉碎和拌和，稳定效果反而差些；低液限黏质土易于粉碎拌和，难以压碾成形，稳定效果不显著。粉质土早期强度较低，后期强度可以满足行车要求。因而，粉质黏土的稳定效果较好。

土的类别和性质是影响水泥稳定土的重要因素，除有机质或硫酸盐含量高的土外，各种砂砾土、砂土、粉质土和黏质土均可用水泥稳定，但稳定效果不同。试验和生产实践证明，用水泥稳定级配良好的土，既可节约水泥，又可取得满意的稳定效果。稳定效果最好的是级配良好的碎（砾）石和砂砾，其次是砂性土，再次是粉性土和黏性土。对于重黏土，由于难于粉碎和拌和，不适宜用水泥稳定。

2. 配合比设计参数

（1）结合料剂量。

水泥稳定材料的水泥剂量应以水泥质量占全部干燥被稳定材料质量的百分率。石灰稳定材料的石灰剂量应以石灰质量占全部干燥被稳定材料质量的百分率表示。

石灰剂量较低（小于 3%～4%）时，石灰主要起稳定作用，土的塑性、膨胀、吸水量减小，使土的密实度、强度得到改善。随着剂量的增加，强度和稳定性均提高，但剂量超过一定范围时，强度反而降低。因此，石灰稳定土中石灰存在一个最佳剂量，其最佳剂量随土质不同而异，同时亦与养生龄期有关。生产实践中常用的最佳剂量范围，对于黏性土及粉性土为 8%～16%，对于砂性土则为 10%～18%，剂量的确定应根据结构层技术要求进行混合料组成设计。

水泥稳定土的强度随着水泥剂量的增加而增长。过多使用水泥虽可获得强度的提高，同时也使温缩和干缩现象增多，在经济上也不一定合理。通常在保证土的技术性能起根本性的变化，且能保证水泥稳定土达到设计规定的强度和稳定性的前提下，考虑到水泥稳定土的抗温缩与抗干缩以及经济性，应尽可能降低水泥剂量。水泥剂量控制在 5%～10% 较为合理。

（2）含水量。

水是石灰土的重要组成部分，它能促使石灰土发生物理化学变化，形成强度，施工过程中便于土的粉碎、拌和和压实，并且有利于养生。不同土质的石灰土具有不同的最佳含水量，需通过重型击实试验确定。

含水量对水泥稳定土强度影响很大，当含水量不足时，水泥不能在混合料中完全水化和水解，发挥不了水泥对土的稳定作用，影响强度的形成。同时，含水量小，致使混合料达不到最佳含水量，也影响水泥稳定土的压实度。因此，使混合料含水量达到最佳含水量的同时，也要满足水泥完全水化水解的需要。一般水泥正常水化所需的水量约为水泥质量的20%。对于砂性土，完全水化达到最高强度的含水量较最佳密实度时的含水量小，而对于黏质土，则相反。

3. 施工工艺

石灰土的强度随密实度的增加而增长。实践证明，石灰土的密实度每增减1%，强度约增减4%。而密实的石灰土，其抗冻性、水稳定性好，缩裂现象少。

水泥、土和水拌和得愈均匀，且能在最佳含水量下压实，其密实度越大，强度和稳定性就越高。水泥稳定土从开始加水拌和到完全压实的延长时间要尽可能短，路拌法一般不要超过3~4 h，厂拌法一般不要超过2 h。若时间过长，则水泥凝结，在碾压时，不但达不到压实度的要求，而且也会破坏已结硬水泥的胶凝作用，反而会使水泥稳定土的强度下降。

4. 养生条件

（1）龄期。

强度具有随龄期增长的特点。一般初期强度低，前期（1~2个月）强度增长率较后期快，半年时的强度为一个月时的一倍以上，并随时间增长趋于稳定。

（2）温湿度

养生条件主要指温度和湿度。养生条件不同，其强度也有差异。当温度高时，物理化学反应、硬化、强度增长快，气温低时强度增长缓慢，在负温度下强度甚至不增长。因此，要求施工期的最低温度应在5 ℃以上，并在第一次重冰冻（−5~−3 ℃）到来之前一个月至一个半月完成。

养生的湿度条件对稳定土的强度也有很大影响，实践证明：在一定潮湿条件下养生强度的形成比在一般空气中养生要好。

5. 试验条件

（1）试件尺寸。

各种路面材料的无侧限抗压强度的大小都存在尺寸效应，也就是相同的材料，不同的试件尺寸，其测定的强度水平是不同的。

（2）压实方法和压实度水平。

材料的压实方法和压实度水平对混合料试验强度的大小有显著影响。在强度试验试件的成型时，按现场压实度标准折算混合料的干密度，并计算强度试验的混合料质量，而不是直接采用击实试验确定的混合料最大干密度。

在压实度、含水率、密度都一样的条件下，采用静压法和振动法或旋转压实法成型的试件体积指标理论上应该一致，但是由于成型方法变化导致材料颗粒排列规律差异，会对材料的强度水平产生影响。为保证材料强度水平评价的一致性和连续性，规范仍采用静压法成型。

三、稳定土的缩裂特性

无机结合料稳定土的最大缺点是抗变形能力低，特别是在温度和湿度变化时容易产生裂缝。当采用无机结合料稳定土作为沥青路面的基层时，这些裂缝易反射到面层，造成路面产生裂缝，进而严重影响沥青路面的使用性能。了解无机结合料稳定土的缩裂规律，对减少裂缝的危害和防治裂缝具有十分重要的意义。

1. 分　类

无机结合料稳定土的缩裂现象主要有干缩裂缝和温缩裂缝两种。

（1）干缩裂缝。

随着无机稳定土强度的不断形成，水分逐渐消耗以及蒸发，体积发生收缩，收缩变形受到约束时，逐渐产生裂缝，称为干缩裂缝。

① 干缩系数的大小。

以最佳含水量状态下各种无机结合料稳定土的干缩系数的大小排序，则为石灰土 > 石灰砂砾 > 二灰土 > 二灰砂砾 > 水泥砂砾。

② 影响因素。

影响因素包括：结合料的种类与用量、含细粒土的多少、养护条件。

石灰稳定土比水泥稳定土更容易产生干缩裂缝。对于含细粒土较多的无机结合料稳定土，常以干缩为主，故应加强初期养护，保持石灰土表面潮湿，减轻稳定土的干缩裂缝。

（2）温缩裂缝。

① 定义：随气温的降低，稳定土会产生冷却收缩变形，收缩变形受到约束时，逐渐会形成裂缝，称为温缩裂缝。

② 温缩系数大小。

以最佳含水量状态下各种无机结合料稳定土的温缩系数大小排序，则为石灰土 > 石灰砂砾 > 二灰土 > 水泥砂砾 > 二灰砂砾。

③ 影响因素。

影响因素包括：结合料的种类与用量，土的粗细程度与成分以及养护条件。

石灰稳定土比水泥稳定土的温缩大，细粒土比粗粒土的温缩大。掺入一定数量的粉煤灰可以降低温缩系数。早期养生良好的无机结合料稳定土易于成形，早期强度高，可以减少裂缝的产生。

2. 裂缝防治措施

（1）改善土质：采用黏性较小的土，或在黏性土中掺入砂土、粉煤灰等，以降低土的塑性指数。

（2）控制压实含水量：稳定土因含水量过多产生的干缩裂缝显著，因而压实时含水量不要大于最佳含水量，其含水量应略小于最佳含水量。

（3）严格控制压实标准：实践证明，压实度小时产生的干缩要比压实度大时严重，因此，应尽可能达到最大压实度。

（4）掺加粗粒料：掺入一定数量（掺入量 60% ~ 70%）的粗粒料，如砂、碎石、砾石、煤渣及矿渣等，使混合料满足最佳组成的要求，可以提高其强度和稳定性，减少缩裂的产生，同时可以节约结合料和改善碾压时的拥挤现象。

（5）加强初期养护。

干缩的最不利情况是无机结合料稳定土成型初期，因此要重视初期养护，保证稳定土表面处于潮湿状态，禁防干晒。

试验一　无机结合料稳定材料取样方法

一、适用范围

本方法适用于无机结合料稳定材料室内试验、配合比设计以及施工过程中的质量抽检等。本方法规范了无机结合料及稳定材料的现场取样操作。

二、分　料

可用下列方法之一将整个样品缩小到每个试验所需材料的合适质量。

1. 四分法

（1）需要时应加清水使主样品变湿。充分拌和主样品：在一块清洁、平整、坚硬的表面上将试料堆成一个圆锥体，用铲翻动此锥体并形成一个新锥体，这样重复进行 3 次。在形成每一个锥体堆时，铲中的料要放在锥顶，使滑到边部的那部分料尽可能分布均匀，使锥体的中心不移动。

（2）将平头铲反复交错垂直插入最后一个锥体的顶部，使锥体顶变平，每次插入后提起铲时不要带有试料。沿两个垂直的直径，将已变成平顶的锥体料堆分成四部分，尽可能使这四部分料的质量相同。

（3）将对角的一对料（如一、三象限为一对，二、四象限为另一对）铲到一边，将剩余的一对料铲到一块。重复上述拌和以及缩小的过程，直到达到要求的试样质量。

2. 分料器法

如果集料中含有粒径 2.36 mm 以下的细料，材料应该是表面干燥的。将材料充分拌和后通过分料器，保留一部分，将另一部分再次通过分料器。这样重复进行，直到将原样品缩小到需要的质量。

3. 料堆取料

在料堆的上部、中部和下部各取一份试样，混合后按四分法分料取样。

4. 试验室分料

（1）在目标配合比阶段，各种石料应逐级筛分，然后按设定级配进行配料。

（2）在生产配合比阶段，可采用四分法分料，且取料总质量应大于分料取样后每份质量的 4~8 倍。

5. 施工过程中混合料取样

（1）在进行混合料验证时，宜在摊铺机后取料，且取料应分别来源于 3~4 台不同的料车，然后混合到一起采用四分法取样，然后进行无侧限抗压强度成型及试验。

（2）在评价施工离散性时，宜在施工现场取料。应在施工现场的不同位置按随机取样原则分别取样品；对于结合料剂量，还需要在同一位置的上层和下层分别取样，试样应单独成型。

试验二　无机结合料稳定土的击实试验方法

一、目的和适用范围

（1）本试验法适用于在规定的试筒内，对水泥稳定土（在水泥水化前）、石灰稳定材料及石灰（或水泥）粉煤灰稳定土进行击实试验，以绘制稳定土的含水量-干密度关系曲线，从而确定其最佳含水量和最大干密度。

（2）试验集料的最大粒径宜控制在 37.5 mm 以内（方孔筛）。

（3）试验方法类别。本试验方法分三类，各类击实方法的主要参数列于表 4-4-7。

表 4-4-7　试验方法类别表

类别	锤的质量/kg	锤击面直径/cm	落高/cm	试筒尺寸			锤击层数	每层锤击次数/次	平均单位击实力/J	容许最大粒径/mm
				内径/cm	高/cm	容积/cm³				
甲	4.5	5.0	45	10.0	12.7	997	5	27	2.687	19.0
乙	4.5	5.0	45	15.2	12.0	2 177	5	59	2.687	19.0
丙	4.5	5.0	45	15.2	12.0	2 177	3	98	2.677	37.5

二、仪器设备

（1）击实筒：小型，内径 100 mm、高 127 mm 的金属圆筒，套环高 50 mm，底座；大型，内径 152 mm、高 170 mm 的金属圆筒，套环高 50 mm，直径 151 mm 和高 50 mm 的筒内垫块，底座。

（2）多功能自控电动击实仪：击锤的底面直径为 50 mm，总质量为 4.5 kg。击锤在导管内的总行程为 450 mm。可设置击实次数，并保证锤自由垂直落下，落高应为 450 mm，锤迹均匀分布于试样面。

（3）电子天平：量程 4 000 g，感量 0.01 g。

（4）电子天平：称量 15 kg，感量 0.1 g。

（5）方孔筛：孔径 53 mm、37.5 mm、26.5 mm、19 mm、4.75 mm、2.36 mm 的筛各 1 个。

（6）量筒：50 mL、100 mL 和 500 mL 的量筒各 1 个。

（7）直刮刀：长 200～250 mm、宽 30 mm 和厚 3 mm，一侧开口的直刮刀，用以刮平和修饰粒料大试件的表面。

（8）刮土刀：长 150～200 mm、宽约 20 mm 的刮刀，用以刮平和修饰小试件的表面。

（9）工字型刮平尺：30 mm×50 mm×310 mm，上、下两面和侧面均刨平。

（10）拌和工具：约 400 mm×600 mm×70 mm 的长方形金属盘，拌和用平头小铲等。

（11）脱模器。

（12）测定含水量用的铝盒、烘箱等其他用具。

（13）游标卡尺。

三、试料准备

（1）将具有代表性的风干试样（必要时，也可以在 50 ℃ 的烘箱内烘干）用木锤或用木碾碾碎。土团均应破碎到能通过 4.75 mm 的筛孔。但应注意不使粒料的单个颗粒破碎或不使其破碎程度超过施工中拌和机械的破碎率。

（2）如试料是细粒土，将已破碎的具有代表性的土过 4.75 mm 的筛备用（用甲法或乙法做试验）。

（3）如试料中含有粒径大于 4.75 mm 的颗粒，则先将试料过 19 mm 的筛；如存留在筛孔 19 mm 筛的颗粒的含量不超过 10%，则过 26.5 mm 筛，留作备用（用甲法或乙法做试验）。

（4）如试料中粒径大于 19 mm 的颗粒含量超过 10%，则将试料过 37.5 mm 的筛；如存留在筛孔 37.5 mm 筛上的颗粒的含量不超过 10%，则过 53 mm 的筛备用（用丙法做试验）。

（5）每次筛分后，均应记录超尺寸颗粒的百分率 P。

（6）在预定做击实试验的前一天，取有代表性的试料测定其风干含水量。对于细粒土，试样应不少于 100 g；对于中粒土，试样应不少于 1 000 g；对于粗粒土的各种集料，试样不应少于 2 000 g。

（7）在试验前用游标卡尺准确测量试模的内径、高和垫块的厚度，以计算试筒的容积。

四、试验步骤

1. 准备工作

在试验前应将试验所需要的各种仪器设备准备齐全，测量设备应满足精度要求；调试击实仪器，检查其运转是否正常。

2. 甲法

（1）将已筛分的试样用四分法逐次分小，至最后取出 10～15 kg 试料。再用四分法将已取出的试料分成 5～6 份，每份试料的干质量为 2.0 kg（对于细粒土）或 2.5 kg（对于各种中粒土）。

（2）预定 5～6 个不同的含水量，依次相差 0.5%～1.5%[①]，且其中至少有两个大于和两个小于最佳含水量。

注①：对于中、粗粒土，在最佳含水量附近取 0.5%，其余取 1%。对于细粒土，取 1%；但对于黏土，特别是重黏土，可能需要取 2%。

（3）按预定含水量制备试样。将 1 份试料平铺于金属盘内，将事先计算得的该份试料中应加的水量均匀地喷洒在试料上，用小铲将试料充分拌和到均匀状态（如为石灰稳定材料、石灰粉煤灰综合稳定材料、水泥粉煤灰综合稳定材料和水泥、石灰综合稳定材料，可将石灰、粉煤灰和试料一起拌匀），然后装入密闭容器或塑料口袋内浸润备用。

浸润时间要求：黏质土 12～24 h，粉质土 6～8 h，砂类土、砂砾土、红土砂砾、级配砂砾等可以缩短到 4 h 左右，含土很少的未筛分碎石、砂砾和砂可缩短到 2 h。浸润时间一般不超过 24 h。

应加水量可按式（4-4-1）计算：

$$m_w = \left(\frac{m_n}{1+0.01w_n} + \frac{m_c}{1+0.01w_c} \right) \times 0.01w -$$

$$\frac{m_n}{1+0.01w_n} \times 0.01w_n - \frac{m_c}{1+0.01w_c} \times 0.01w_c \quad （4-4-1）$$

式中　　m_w——混合料中应加的水量，g；

$\quad\quad m_n$——混合料中素土（或集料）的质量，g，其原始含水量为 w_n，即风干含水量，%；

$\quad\quad m_c$——混合料中水泥或石灰的质量，g，其原始含水量为 w_c，%；

$\quad\quad w$——要求达到的混合料的含水量，%。

（4）将所需要的稳定剂水泥加到浸润后的试料中，并用小铲、泥刀或其他工具充分拌和到均匀状态。水泥应在土样击实前逐个加入。加有水泥的试样拌和后，应在 1 h 内完成下述击实试验。拌和后超过 1 h 的试样，应予作废（石灰稳定材料和石灰粉煤灰稳定材料除外）。

（5）试筒套环与击实底板应紧密联结。将击实筒放在坚实地面上，用四分法取制备好的试样 400～500 g（其量应使击实后的试样等于或略高于筒高的 1/5）倒到筒内，整平其表面并稍加压紧，然后将其安装到多功能自控电动击实仪上，设定所需锤击次数，进行第 1 层试样的击实。第 1 层击实完后，检查该层高度是否合适，以便调整以后几层的试样用量。用刮土刀或螺丝刀将已击实层的表面"拉毛"，然后重复上述做法，进行其余 4 层试样的击实。最后一层试样击实后，试样超出试筒顶的高度不得大于 6 mm，超出高度过大的试件应该作废。

（6）用刮土刀沿套环内壁削挖（使试样与套环脱离）后，扭动并取下套环。齐筒顶时细心刮平试样，并拆除底板。如试样底面略突出筒外或有孔洞，则应细心刮平或修补。最后用工字形刮平尺齐筒顶和筒底将试样刮平。擦净试筒的外壁，称其质量 m_1。

（7）用脱模器推出筒内试样。从试样内部从上至下取两个有代表性的样品（可将脱出试件用锤打碎后，用四分法采取），测定其含水量，计算至 0.1%。两个试样的含水量的差值不得大于 1%。所取样品的数量见表 4-4-8（如只取一个样品测定含水量，则样品的质量应为表列数值的两倍）。擦净试筒的外壁，称其质量 m_2。

表 4-4-8　测稳定土含水量的样品数量

公称最大粒径/mm	样品质量/g
2.36	约 50
19	约 300
37.5	约 1 000

烘箱的温度应事先调整到 110 ℃ 左右，以使放入的试样能立即在 105～110 ℃ 的温度下烘干。

（8）按本方法第（3）～（7）项的步骤进行其余含水量下稳定材料的击实和测定工作。凡已用过的试样，一律不再重复使用。

3. 乙　法

在缺乏内径为 10 cm 的试筒时，以及在需要与承载比等试验结合起来进行时，采用乙法进行击实试验。本法更适宜于公称最大粒径达 19 mm 的集料。

（1）将已过筛的试料用四分法逐次分小，至最后取出约 30 kg 试料。再用四分法将取出的试料分成 5～6 份，每份试料的干质量约为 4.4 kg（细粒土）或 5.5 kg（中粒土）。

（2）以下各步的做法与甲法第（2）～第（8）项相同，但应该先将垫块放至筒内底板上，然后加料并击实。所不同的是，每层需取制备好的试样约 900 g（对于水泥或石灰稳定细粒土）或 1 100 g（对于稳定中粒土），每层的锤击次数为 59 次。

4. 丙　法

（1）将已过筛的试料用四分法逐次分小，至最后取约 33 kg 试料。再用四分法将取出的试料分成 6 份（至少要 5 份），每份的质量约为 5.5 kg（风干质量）。

（2）预定 5～6 个不同含水量，依次相差 0.5%～1.5%。在估计的最佳含水量左右可只差 0.5%～1%[①]。

注：① 对于水泥稳定类材料，在最佳含水量附近取 0.5%；对于石灰、二灰稳定类材料，根据具体情况在最佳含水量附近取 1%。

（3）同甲法第（3）项。

（4）同甲法第（4）项。

（5）将试筒、套环与夯击底板紧密地联结在一起，并将垫块放在筒内底板上。击实筒应放在坚实地面上，取制备好的试样 1.8 kg 左右［其量应使击实后的试样略高于（高出 1～2 mm）筒高的 1/3］倒到筒内，整平其表面，并稍加压紧。然后将其安装到多功能自控电动击实仪上，设定所需锤击次数，进行第 1 层试样的击实。第 1 层击实完后检查该层的高度是否合适，以便调整以后两层的试样用量。用刮土刀或螺丝刀将已击实的表面"拉毛"，然后重复上述做法，进行其余两层试样的击实。最后一层试样击实后，试样超出试筒顶的高度不得大于 6 mm。超出高度过大的试样应该作废。

（6）用刮土刀沿套环内壁削挖（使试样与套环脱离），扭动并取下套环。齐筒顶细心刮平试样，并拆除底板，取走垫块。擦净试筒的外壁，称其质量 m_1。

（7）用脱模器推出筒内试样。从试样内部从上至下取两个有代表性的样品（可将脱出试件用锤打碎后，用四分法采取），测定其含水量，计算至 0.1%。两个试样的含水量的差值不得大于 1%。所取样品的数量应不少于 700 g，如只取一个样品测定含水量，则样品的数量应不少于 1 400 g。烘箱的温度应事先调整到 110 ℃ 左右，以使放入的试样能立即在 105 ~ 110 ℃ 的温度下烘干。擦净试筒的外壁，称其质量 m_2。

（8）按本方法第（3）~（7）项进行其余含水量下稳定材料的击实和测定。凡已用过的试样，一律不再重复使用。

五、计　算

1. 稳定材料湿密度计算

按式（4-4-2）计算每次击实后稳定土的湿密度。

$$\rho_w = \frac{m_1 - m_2}{V} \tag{4-4-2}$$

式中　ρ_w——稳定材料的湿密度，g/cm^3；

m_1——试筒与湿试样的总质量，g；

m_2——试筒的质量，g；

V——试筒的容积，cm^3。

2. 稳定材料干密度计算

按式（4-4-3）计算每次击实后稳定材料的干密度。

$$\rho_d = \frac{\rho_w}{1 + 0.01w} \tag{4-4-3}$$

式中　ρ_d——试样的干密度，g/cm^3；

w——试样的含水量，%。

3. 制　图

（1）以干密度为纵坐标、含水量为横坐标，绘制含水量-干密度曲线。曲线必须为凸形的，如试验点不足以连成完整的凸形曲线，则应该进行补充试验。

（2）将试验各点采用二次曲线方法拟合曲线，曲线的峰值点对应的含水量及干密度即为最佳含水量和最大干密度。

4. 超尺寸颗粒的校正

当试样中大于规定最大粒径的超尺寸颗粒的含量为 5% ~ 30% 时，按下列格式对试验所得最大干密度和最佳含水量进行校正（超尺寸颗粒的含量小于 5% 时，可以不进行校正）[①]。

（1）最大干密度按公式（4-4-4）校正。

$$\rho'_{dm} = \rho_{dm}(1 - 0.01p) + 0.9 \times 0.01pG'_a \qquad （4\text{-}4\text{-}4）$$

式中　ρ'_{dm}——校正后的最大干密度，g/cm^3；

$\quad\quad\ \rho_{dm}$——试验所得的最大干密度，g/cm^3；

$\quad\quad\ p$——试样中超尺寸颗粒的百分率，%；

$\quad\quad\ G'_a$——超尺寸颗粒的毛体积相对密度。

（2）最佳含水量按式（4-4-5）校正：

$$w'_o = w_o(1 - 0.1p) + 0.01pw_a \qquad （4\text{-}4\text{-}5）$$

式中　w'_o——校正后的最佳含水量，%；

$\quad\quad\ w_o$——试验所得的最佳含水量，%；

$\quad\quad\ p$——试样中超尺寸颗粒的百分率，%；

$\quad\quad\ w_a$——超尺寸颗粒的吸水量，%。

注：超尺寸颗粒的含量少于5%时，它对最大干密度的影响位于平行试验的误差范围内。

六、结果整理

（1）应做两次平行试验，取两次试验的平均值作为最大干密度和最佳含水量。两次重复性试验最大干密度的差不应超过 0.05 g/cm^3（稳定细粒土）和 0.08 g/cm^3（稳定中粒土和粗粒土），最佳含水量的差不应超过 0.5%（最佳含水量小于 10%）和 1.0%（最佳含水量大于 10%）。超过上述规定值，应重做试验，直到满足精度要求。

（2）混合料密度计算应保留小数点后 3 位有效数字，含水量应保留至小数点后 1 位有效数字。

七、报　告

报告应包括以下内容：

（1）试样的最大粒径、超尺寸颗粒的百分率。

（2）无机结合料类型及剂量。

（3）所用试验方法类别。

（4）最大干密度（g/cm^3）。

（5）最佳含水量（%），并附击实曲线。

试验三　无机结合料稳定材料养生试验方法

一、适用范围

（1）本方法适用于水泥稳定材料类和石灰、二灰稳定材料类的养生。

（2）标准养生方法是指无机结合料稳定类材料在规定的标准温度和湿度环境下强度增长的过程。快速养生是为了提高试验效率，采用提高养生温度缩短养生时间的养生方法。

（3）本方法规定了无机结合料稳定材料的标准养生和快速养生的试验方法和步骤。在采用快速养生时，应建立快速养生条件下与标准养生条件下，混合料的强度发展的关系曲线，并确定标准养生的长龄期强度对应的快速养生短龄期。

二、仪器设备

（1）标准养护室：标准养护室温度 20 ℃ ± 2 ℃，相对湿度在 95% 以上。

（2）高温养护室：能保持试件养生温度 60 ℃ ± 1 ℃，相对湿度 95% 以上。容积能满足试验要求。

三、试验步骤

1. 标准养生方法

（1）试件从试模内脱出并量高称质量后，中试件和大试件应装进塑料袋内。试件装入塑料袋后，将袋内的空气排除干净，扎紧袋口，将包好的试件放入养护室。

（2）标准养生的温度为 20 ℃ ± 2 ℃，标准养生的湿度为 ≥95%。试件宜放在铁架或木架上，间距为 10 ~ 20 mm。试件表面应保持一层水膜，并避免用水直接冲淋。

（3）对无侧限抗压强度试验，标准养生龄期为 7 d，最后一天浸水。对弯拉强度、间接抗拉强度，水泥稳定材料类的标准养生龄期为 90 d，石灰稳定材料类的标准养生龄期为 180 d。

（4）在养生期的最后一天，将试件取出，观察试件的边角有无磨损和缺块，并量高称质量，然后将试件浸泡于 20 ℃ ± 2 ℃ 水中，应使水面在试件顶上约 2.5 cm。

2. 快速养生方法

（1）快速养生龄期的确定。

① 将一组无机结合料稳定材料，在标准养生条件下（20 ℃ ± 2 ℃，湿度 ≥95%）养生 180 d（石灰稳定类材料养生 180 d，水泥稳定类材料养生 90 d）测试抗压强度值。

② 将同样的一组无机结合料稳定材料，在高温养生条件下（60 ℃ ± 1 ℃，湿度 ≥95%）下养生 7 d、14 d、21 d、28 d 等，进行不同龄期的抗压强度试验，建立高温养生条件下强度-龄期的相关关系。

③ 在强度-龄期关系曲线上，找出标准养生长龄期强度对应的高温养生的短龄期。并以此作为快速养生的龄期。

（2）快速养生试验步骤。

① 将高温养护室的温度调至规定的温度（60 ℃ ± 1 ℃，湿度也保持在 95% 以上，并能自动控温控湿。

② 将制备的试件量高、称质量后，小心装入塑料袋。试件装入塑料袋后，将袋内的空气排除干净，并将袋口扎紧，将包好的试件放入养护箱。

③ 养生期的最后一天，将试件从高温养护室内取出，晾至室温（约 2 h），再打开塑料袋取出试件，观察试件有无缺损，量高、称质量后，浸入 20 ℃ ± 2 ℃ 恒温水槽，水面高

出试件顶 2.5 cm。浸水 24 h 后，取出试件，用软布擦去可见自由水，称质量、量高后，立即进行相关的试验。

四、结果整理

（1）如养生期间有明显的边角缺损，试件应该作废。

（2）对养生 7 d 的试件，在养生期间，试件质量损失应符合下列规定：小试件不超过 1 g；中试件不超过 4 g；大试件不超过 10 g。质量损失超过此规定的试件，应予作废。

（3）对养生 90 d 和 180 d 的试件，在养生期间，试件质量的损失应符合下列规定：小试件不超过 1 g；中试件不超过 10 g；大试件不超过 20 g。质量损失超过此规定的试件，应予作废。

五、报　告

试验报告应包括以下内容：
（1）材料的颗粒组成。
（2）水泥的种类和强度等级，或石灰的等级。
（3）重型击实的最佳含水量（%）和最大干密度（g/cm^3）。
（4）无机结合料类型及剂量。
（5）试件干密度（保留小数点后 3 位，g/cm^3）或压实度。
（6）该材料在高温下龄期与强度的对应关系。
（7）与标准长龄期强度所对应的快速养生的龄期。

试验四　无机结合料稳定土的无侧限抗压强度试验方法

一、适用范围

本方法适用于测定无机结合料稳定材料（包括稳定细粒土、中粒土和粗粒土）试件的无侧限抗压强度。

二、仪器设备

（1）方孔筛：孔径 53 mm、37.5 mm、31.5 mm、26.5 mm、4.75 mm 和 2.36 mm 的筛各 1 个。

（2）试模：细粒土，试模的直径×高 = ϕ50 mm×50 mm；中粒土，试模的直径×高 = ϕ100 mm×100 mm；粗粒土，试模的直径×高 = ϕ150 mm×150 mm。适用于下列不同土的试模尺寸如图 4-4-1 所示。

（3）电动脱模器。

（4）反力架：反力在 400 kN 以上。

（5）液压千斤顶：200～1 000 kN。

（6）钢板尺：量程 200 mm 或 300 mm，最小刻度 1 mm。

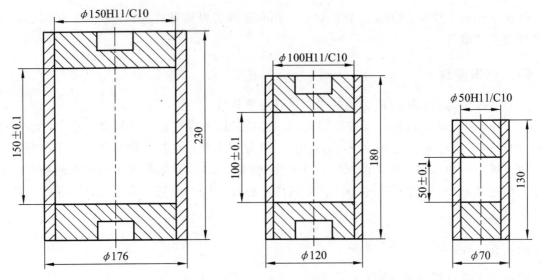

图 4-4-1   圆柱形试件和垫块设计尺寸（尺寸单位：mm）

注：H11/C10 表示垫块和试模的配合精度。

（7）游标卡尺：量程 200 mm 或 300 mm。

（8）电子天平：量程 15 kg，感量 0.1 g；量程 4 000 g，感量 0.01 g。

（9）压力试验机或万能试验机（也可用路面强度试验仪和测力计）：可替代千斤顶和反力架，量程不小于 2 000 kN，行程、速度可调。压力机压力机应符合现行《液压式压力试验机》（GB/T 3722）及《试验机通用技术要求》（GB/T 2611）中的要求，其测量精度为 ±1%，同时应具有加载速率指示装置或加载速率控制装置。上、下压板平整并有足够刚度，可以均匀地连续加载卸载，可以保持固定荷载。开机、停机均灵活自如，能够满足试件吨位要求，且压力机加载速率可以有效控制在 1 mm/min。

（10）标准养护室。

（11）水槽：深度应大于试件高度 50 mm。

（12）量筒、拌和工具、大小铝盒、烘箱等。

（13）球形支座。

（14）机油：若干。

三、试验步骤

（一）无机结合料稳定材料试件制作

1．试验准备

（1）试件的径高比一般为 1∶1，根据需要也可成型 1∶1.5 或 1∶2 的试件。试件的成型根据需要的压实度水平，按照体积标准，采用静力压实法制备。

（2）将具有代表性的风干试料（必要时，可以在 50 ℃ 烘箱内烘干），用木锤捣碎或用木碾碾碎，但应避免破坏粒料的原粒径。按照公称最大粒径的大一级筛，将土过筛并进行分类。

（3）在预定做试验的前一天，取有代表性的试料测定其风干含水量。对于细粒土，试样应不少于 100 g；对于中粒土，试样应不少于 1 000 g；对于粗粒土，试样应不少于 2 000 g。

（4）确定无机结合料稳定材料的最佳含水量和最大干密度。

（5）根据击实结果，称取一定质量的风干土，其质量随试件大小而变。对 ϕ50 mm×50 mm 的试件，1 个试件约需干土 180～210 g；对于 ϕ100 mm×100 mm 的试件，1 个试件约需干土 1 700～1 900 g；对于 ϕ150 mm×150 mm 的试件，1 个试件约需干土 5 700～6 000 g。

对于细粒土，一次可称取 6 个试件的土；对于中粒土，一次宜称取一个试件的土；对于粗粒土，一次只称取一个试件的土。

（6）将准备好的试料分别装入塑料袋备用。

2. 试验步骤

（1）调试成型所需要的各种设备，检查是否运行正常；将成型用的模具擦拭干净，并涂抹机油。成型中、粗粒土时，试模筒的数量应与每组试件的个数相配套。上、下垫块应与试模筒相配套，上、下垫块能够刚好放进试筒内上下自由移动（一般来说，上、下垫块直径比试筒内径小约 0.2 mm）且上、下垫块完全放进试筒后，试筒内未被上、下垫块占用的空间体积能满足径高比为 1∶1 的设计要求。

（2）对于无机结合料稳定细粒土，至少应该制备 6 个试件；对于无机结合料稳定中粒土和粗粒土，至少应该分别制备 9 个和 13 个试件。

（3）根据击实结果和无机结合料的配合比按式（T 0843-1）计算每份料的加水量、无机结合料的质量。

（4）将称好的土放在长方盘（约 400 mm×600 mm×70 mm）内。向土中加水拌料、闷料。石灰稳定材料、水泥和石灰综合稳定材料、石灰粉煤灰综合稳定材料、水泥粉煤灰综合稳定材料，可将石灰或粉煤灰和土一起拌和，将拌和均匀后的试料放在密闭容器或塑料袋（封口）内浸润备用。

对于细粒土（特别是黏性土），浸润时的含水量应比最佳含水量小 3%；对于中粒土和粗粒土，可按最佳含水量加水[①]；对于水泥稳定类材料，加水量应比最佳含水量小 1%～2%。

注：应加的水量可按式（4-4-6）计算。

$$m_w = \left(\frac{m_n}{1+0.01w_n} + \frac{m_c}{1+0.01w_c} \right) \times 0.01w -$$

$$\frac{m_n}{1+0.01w_n} \times 0.01w_n - \frac{m_c}{1+0.01w_c} \times 0.01w_c \qquad (4\text{-}4\text{-}6)$$

式中　m_w——混合料中应加的水量，g；

　　　m_n——混合料中素土（或集料）的质量，g，其含水量为 w_n（风干含水量，%）；

　　　m_c——混合料中水泥或石灰的质量，g，其原始含水量为 w_c（水泥的 w_c 通常很小，也可以忽略不计，%）；

　　　w——要求达到的混合料的含水量，%。

浸润时间要求为：黏质土 12～24 h，粉质土 6～8 h，砂类土、砂砾土、红土砂砾、级配砂砾等可以缩短到 4 h 左右，含土很少的未筛分碎石、砂砾及砂可以缩短到 2 h。浸润时间一般不超过 24 h。

（5）在试件成型前 1 h 内，加入预定数量的水泥并拌和均匀。在拌和过程中，应将预留的水（对于细粒土为 3%，对于水泥稳定类为 1% ~ 2%）加入土中，使混合料达到最佳含水量。拌和均匀的加有水泥的混合料应在 1 h 内按下述方法制成试件，超过 1 h 的混合料应该作废。其他结合料稳定材料，混合料虽不受此限，但也应尽快制成试件。

（6）用反力架和液压千斤顶或采用压力试验机制件。

将试模配套的下垫块放入试模的下部，外露 2 cm 左右。将称量的规定数量 m_2 的稳定材料混合料分 2 ~ 3 次灌入试模，每次灌入后用夯棒轻轻均匀插实。如制取 $\phi50$ mm×50 mm 的小试件，则可以将混合料一次倒入试模，然后将与试模配套的上垫块放入试模，并应使其外露 2 cm 左右（即上、下垫块露出试模外的部分应该相等）。

（7）将整个试模（连同上、下垫块）放到反力架内的千斤顶上（千斤顶下应放一扁球座）或压力机上，以 1 mm/min 的加载速率加压，直到上下压柱都压入试模为止。维持压力 2 min。

（8）解除压力后，取下试模，并放到脱模器上将试件顶出。用水泥稳定有黏结性的材料（如黏质土）时，制件后可以立即脱模；用水泥稳定无黏结性细粒土时，最好过 2 ~ 4 h 再脱模；对于中、粗粒土的无机结合料稳定材料，也最好过 2 ~ 6 h 脱模。

（9）在脱模器上取试件时，应用双手抱住试件侧面的中下部，然后沿水平方向轻轻旋转，待感觉到试件移动后，再将试件轻轻捧起，放置到试验台上。切勿直接将试件向上捧起。

（10）称试件的质量 m_2，小试件精确至 0.01 g，中试件精确至 0.01 g，大试件精确至 0.1 g。然后用游标卡尺测量试件高度 h，精确至 0.1 mm。检查试件的高度和质量，不满足成型标准的试件作为废件。

（11）试件称量后应立即放在塑料袋中封闭，并用潮湿的毛巾覆盖，移放至养生室。

（二）无机结合料稳定材料养生（见试验三）

（三）无机结合料稳定土无侧限抗压强度测定

1. 试件的制备与养护

（1）细粒土，试模的直径×高 = $\phi50$ mm×50 mm；中粒土，试模的直径×高 = $\phi100$ mm×100 mm；粗粒土，试模的直轻×高 = $\phi150$ mm×150 mm。

（2）按照规程方法成型径高比为 1∶1 的圆柱形试件。

（3）按照规程的标准养生方法进行 7 d 的标准养生。

（4）将试件两顶面用刮刀刮平，必要时可用快凝水泥砂浆抹平试件顶面。

（5）为保证试验结果的可靠性和准确性，每组试件的数目要求为：小试件不少于 6 个；中试件不少于 9 个；大试件不少于 13 个。

2. 试验步骤

（1）根据试验材料的类型和一般的工程经验，选择合适量程的测力计和压力机，试件破坏荷载应大于测力量程的 20% 且小于测力量程的 80%。球形支座和上下顶板涂上机油，使球形支座能够灵活转动。

（2）将已浸水一昼夜的试件从水中取出，用软布吸去试件表面的水分，并称试件的质量 m_4。

（3）用游标卡尺测量试件的高度 h，精确至 0.1 mm。

（4）将试件放在路面材料强度试验仪或压力机上，并在升降台上先放一扁球座，进行抗压试验。试验过程中，应保持加载速率为 1 mm/min。记录试件破坏时的最大压力 P（N）。

（5）从试件内部取有代表性的样品（经过打破），按照本规程 T 0801—2009 方法，测定其含水量 w。

四、计 算

（一）无机结合料稳定材料试件制作

单个试件的标准质量：

$$m_0 = V \times \rho_{max} \times (1 + w_{opt}) \times \gamma \tag{4-4-7}$$

考虑到试件成型过程中的质量损耗，实际操作过程中每个试件的质量可增加 0 ~ 2%，即

$$m_0' = m_0 \times (1 + \delta) \tag{4-4-8}$$

每个试件的干料（包括干土和无机结合料）总质量：

$$m_1 = \frac{m_0'}{1 + w_{opt}} \tag{4-4-9}$$

每个试件中的无机结合料质量：

外掺法　　$m_2 = m_1 \times \dfrac{\alpha}{1 + \alpha}$ 　　　　　　　　　　　　　　（4-4-10）

内掺法　　$m_2 = m_1 \times \alpha$ 　　　　　　　　　　　　　　　　　　（4-4-11）

每个试件中的干土质量：

$$m_3 = m_1 - m_2 \tag{4-4-12}$$

每个试件中的加水量：

$$m_w = (m_2 + m_3) \times w_{opt} \tag{4-4-13}$$

验算：　　　　$m_0' = m_2 + m_3 + m_w$ 　　　　　　　　　　　　　　（4-4-14）

式中　V ——试件体积，cm^3；

　　　w_{opt} ——混合料最佳含水量，%；

　　　ρ_{max} ——混合料最大干密度，g/cm^3；

　　　γ ——混合料压实度标准，%；

　　　m_0，m_0' ——混合料质量，g；

m_1——干混合料质量，g；

m_2——无机结合料质量，g；

m_3——干土质量，g；

δ——计算混合料质量的冗余量，%；

α——无机结合料的掺量，%；

m_w——加水质量，g。

（二）无机结合料稳定土无侧限抗压强度测定

试件的无侧限抗压强度按式（4-4-15）计算。

$$R_c = \frac{P}{A} \tag{4-4-15}$$

式中　R_c——试件的无侧限抗压强度，MPa；

P——试件破坏时的最大压力，N；

A——试件的截面积（mm²），$A = \frac{\pi}{4}D^2$；

D——试件的直径，mm。

五、结果整理

（一）无机结合料稳定材料试件制作

（1）小试件的高度误差范围应为 −0.1～0.1 cm，中试件的高度误差范围应为 −0.1～0.15 cm，大试件的高度误差范围应为 −0.1～0.2 cm。

（2）质量损失：小试件应不超过标准质量 5 g，中试件应不超过 25 g，大试件应不超过 50 g。

（二）无机结合料稳定土无侧限抗压强度测定

（1）抗压强度保留 1 位小数。

（2）同一组试件试验中，采用 3 倍均方差方法剔除异常值，小试件可以允许有 1 个异常值，中试件允许有 1～2 个异常值，大试件允许有 2～3 个异常值。异常值数量超过上述规定的试验重做。

（3）同一组试验的变异系数 C_V（%）符合下列规定，方为有效试验：小试件 $C_V \leqslant 6\%$；中试件 $C_V \leqslant 10\%$；大试件 $C_V \leqslant 15\%$。如不能保证试验结果的变异系数小于规定的值，则应按允许误差 10% 和 90% 的概率重新计算所需的试件数量，增加试件数量并另做新试验。新试验结果与老试验结果一并重新进行统计评定，直到变异系数满足上述规定。

六、报　告

试验报告应包括以下内容：

（1）材料的颗粒组成。

（2）水泥的种类和强度等级，或石灰的等级。

（3）重型击实的最佳含水量（%）和最大干密度（g/cm³）。

（4）无机结合料类型及剂量。

（5）试件干密度（保留 3 位小数，g/cm³）或压实度。

（6）吸水量以及测抗压强度时的含水量（%）。

（7）抗压强度，保留 1 位小数。

（8）若干个试验结果的最小值和最大值、平均值 $\bar{R}_c$、标准差 s、变异系数 C_V 和 95% 保证率的值 $R_{c0.95}$（$R_{c0.95} = \bar{R}_c - 1.645\,s$）。

试验五　水泥或石灰稳定土中水泥或石灰剂量的测定方法（EDTA 滴定法）

一、适用范围

（1）本方法适用于在工地快速测定水泥和石灰稳定材料中水泥和石灰的剂量，并可用于检查现场拌和和摊铺的均匀性。

（2）本办法适用于在水泥终凝之前的水泥含量测定，现场土样的石灰剂量应在路拌后尽快测试，否则需要用相应龄期的 EDTA 二钠标准溶液消耗量的标准曲线确定。

（3）本方法也可以用来测定水泥和石灰综合稳定材料中结合料的剂量。

二、仪器设备

（1）滴定管（酸式）：50 mL，1 支。

（2）滴定台：1 个。

（3）滴定管夹：1 个。

（4）大肚移液管：10 mL、50 mL，10 支。

（5）锥形瓶（即三角瓶）：200 mL，20 个。

（6）烧杯：2 000 mL（或 1 000 mL），1 只；300 mL，10 只。

（7）容量瓶：1 000 mL，1 个。

（8）搪瓷杯：容量大于 1 200 mL，10 只。

（9）不锈钢棒（或粗玻璃棒）：10 根。

（10）量筒：100 mL 和 5 mL，各 1 只；50 mL，2 只。

（11）棕色广口瓶：60 mL，1 只（装钙红指示剂）。

（12）电子天平：量程不小于 1 500 g，感量 0.01 g。

（13）秒表：1 只。

（14）表面皿：$\phi9$ cm，10 个。

（15）研钵：$\phi12$ cm ~ 13 cm，1 个。

（16）洗耳球：1 个。

（17）精密试纸：pH12 ~ 14。

（18）聚乙烯桶：20 L（装蒸馏水和氯化铵及 EDTA 二钠标准液），3 个；5 L（大口桶），10 个。

（19）毛刷、去污粉、吸水管、塑料勺、特种铅笔、厘米纸。

（20）洗瓶（塑料）：500 mL，1 只。

三、试　剂

（1）0.1 mol/m³ 乙二胺四乙酸二钠（EDTA 二钠）标准溶液（简称 EDTA 二钠标准溶液）：准确称取 EDTA 二钠（分析纯）37.23 g，用 40 ~ 50 ℃ 的无二氧化碳蒸馏水溶解，待全部溶解并冷却至室温后，定容至 1 000 mL。

（2）10% 氯化铵（NH₄Cl）溶液：将 500 g 氯化铵（分析纯或化学纯）放在 10 L 的聚乙烯桶内，加蒸馏水 4 500 mL，充分振荡，使氯化铵完全溶解。也可以分批在 1 000 mL 的烧杯内配制，然后倒进塑料桶内摇匀。

（3）1.8% 氢氧化钠（内含三乙醇胺）溶液：用电子天平称 18 g 氢氧化钠（NaOH）（分析纯），放入洁净干燥的 1 000 mL 烧杯中，加 1 000 mL 蒸馏水使其全部溶解，待溶液冷却至室温后，加入 2 mL 三乙醇胺（分析纯），搅拌均匀后储于塑料桶中。

（4）钙红指示剂：将 0.2 g 钙试剂羟酸钠（分子式 $C_{21}H_{13}N_2NaO_7S$，分子量 460.39）与 20 g 预先在 105 ℃ 烘箱中烘 1 h 的硫酸钾混合。一起放进研钵中，研成极细粉末，储于棕色广口瓶中，以防吸潮。

四、准备标准曲线

（1）取样：取工地用石灰和土，风干后用烘干法测其含水量（如为水泥，可假定含水量为 0）。

（2）混合料组成的计算。

① 公式：干料质量 = 湿料质量/(1 + 含水量)

② 计算步骤：

a. 干混合料质量 = 湿混合料质量/(1 + 最佳含水量)

b. 干土质量 = 干混合料质量/(1 + 石灰或水泥剂量)

c. 干石灰或水泥质量 = 干混合料质量 – 干土质量

d. 湿土质量 = 干土质量 ×(1 + 土的风干含水量)

e. 湿石灰质量 = 干石灰质量 ×(1 + 石灰的风干含水量)

f. 石灰土中应加入的水 = 湿混合料质量 – 湿土质量 – 湿石灰质量

（3）准备 5 种试样，每种两个样品（以水泥稳定材料为例），如为水泥稳定中、粗粒土，每个样品取 1 000 g 左右（如为细粒土，则可称取 300 g 左右）准备试验。为了减少中、粗粒土的离散，宜按设计级配单份掺配的方式备料。

5 种混合料的水泥剂量应为：水泥剂量为 0，最佳水泥剂量左右、最佳水泥剂量 ±2% 和 ±4%[①]，每种剂量取两个（为湿质量）试样，共 10 个试样，并分别放在 10 个大口聚乙烯桶（如为稳定细粒土，可用搪瓷杯或 1 000 mL 具塞三角瓶；如为粗粒土，可用 5 L 的大口聚乙烯桶）内。土的含水量应等于工地预期达到的最佳含水量，土中所加的水应与工地所用的水相同。

注：在此，准备标准曲线的水泥剂量为：0%、2%、4%、6%、8%，如水泥剂量较高或较低，应保证工地实际所用水泥或石灰的剂量位于标准曲线所用剂量的中间。

（4）取一个盛有试样的盛样器，在盛样器内加入两倍试样质量（湿料质量）体积的10%氯化铵溶液（如湿料质量为300 g，则氯化铵溶液为600 mL；如湿料质量为1 000 g，则氯化铵溶液为2 000 mL）。料为300 g，则搅拌3 min（每分钟搅110～120次）；料为1 000 g，则搅拌5 min。如用1 000 mL具塞三角瓶，则手握三角瓶（瓶口向上）用力振荡3 min（每分钟120次±5次），以代替搅拌棒搅拌。放置沉淀10 min[②]，然后将上部清液转移到300 mL烧杯内，搅匀，加盖表面皿待测。

注：② 如10 min后得到的是混浊悬浮液，则应增加放置沉淀时间，直到出现无明显悬浮颗粒的悬浮液为止，并记录所需的时间。以后所有该种水泥（或石灰）稳定材料的试验，均应以同一时间为准。

（5）用移液管吸取上层（液面下1～2 cm）悬浮液10.0 mL放进200 mL的三角瓶内，用量筒量取1.8%氢氧化钠（内含三乙醇胺）溶液50 mL倒进三角瓶中，此时溶液pH值为12.5～13.0（可用pH12～14精密试纸检验），然后加入钙红指示剂（质量约为0.2 g），摇匀，溶液呈玫瑰红色。记录滴定管中EDTA二钠标准溶液的体积V_1，然后用EDTA二钠标准溶液滴定，边滴定边摇匀，并仔细观察溶液的颜色；在溶液颜色变为紫色时，放慢滴定速度，并摇匀；直到纯蓝色为终点，记录滴定管中EDTA二钠标准溶液体积V_2（以mL计，读至0.1 mL）。计算V_1-V_2，即为EDTA二钠标准溶液的消耗量。

（6）对其他几个盛样器中的试样，用同样的方法进行试验，并记录各自的EDTA二钠标准溶液的消耗量。

（7）以同一水泥或石灰剂量稳定材料EDTA二钠标准溶液消耗量（mL）的平均值为纵坐标，以水泥或石灰剂量（%）为横坐标制图。两者的关系应是一根顺滑的曲线，如图4-4-2所示。如素土、水泥或石灰改变，必须重做标准曲线。

五、试验步骤

（1）选取有代表性的无机结合料稳定材料，对稳定中、粗粒土取试样约3 000 g，对稳定细粒土取试样约1 000 g。

（2）对水泥或石灰稳定细粒土，称300 g放在搪瓷杯中，用搅拌棒将结块搅散，加10%氯化铵溶液600 mL；对水泥或石灰稳定中、粗粒土，可直接称取1 000 g左右，放入10%氯化铵溶液2 000 mL，然后如前述步骤进行试验。

（3）利用所绘制的标准曲线，根据EDTA二钠标准溶液消耗量，确定混合料中的水泥或石灰剂量（参见图4-4-2）。

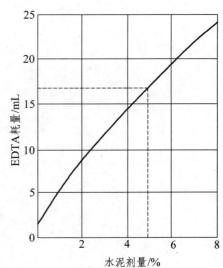

图4-4-2　标准曲线图

六、结果整理

本试验应进行两次平行测定，取算术平均值，精确至 0.1mL。允许重复性误差不得大于均值的 5%，否则，重新进行试验。

七、报　告

试验报告应包括以下内容：

（1）无机结合料稳定材料的名称。

（2）试验方法的名称。

（3）试验数量 n。

（4）试验结果的极小值和极大值。

（5）试验结果平均值 $\bar{x}$。

（6）试验结果标准差 s。

（7）试验结果偏差系数 C_V。

课题五　无机结合料稳定材料的配合比设计

一、概　述

1．材料组成设计

材料组成设计是指根据对某种材料规定的技术要求，选择合适的原材料，确定结合料的种类和数量及混合料的最佳含水量。

2．设计原则

设计出的混合料技术可行，经济合理；具有合适的强度和耐久性；就地取材，便于施工；用作高等级道路路面基层时，具有小的收缩变形和强抗冲刷能力。

二、混合料配合比设计流程

无机结合料稳定材料组成设计应包括原材料检验、混合料的目标配合比设计、混合料的生产配合比设计和施工参数确定四部分，设计流程见图 4-5-1。

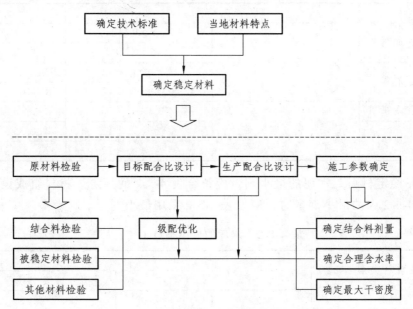

图 4-5-1　无机结合料稳定材料设计流程

（1）原材料检测应包括结合料、被稳定材料及其他相关材料的试验。所有检测指标均应满足相关设计标准或技术文件的要求。

（2）目标配合比设计应包括下列技术内容：

① 选择级配范围。

② 确定结合料的类型及掺配比例。

③ 验证混合料相关的设计及施工技术指标。

（3）生产配合比设计应包括下列技术内容：

① 确定料仓供料比例。

② 确定水泥稳定材料的容许延迟时间。

③ 确定结合料剂量的标定曲线。

④ 确定混合料的最佳含水率、最大干密度。

（4）施工参数确定应包括下列技术内容：

① 确定施工中结合料的剂量。

② 确定施工合理含水率及最大干密度。

③ 验证混合料强度技术指标。

三、混合料目标配合比设计步骤

（1）根据当地材料的特点，通过原材料性能的试验评定，选择适宜的结合类型，确定混合料配合比设计的技术标准。

（2）在目标配合比设计中，应选择不少于 5 个结合料剂量。

① 水泥稳定材料配合比试验推荐水泥试验剂量可采用表 4-5-1 中的推荐值。

表 4-5-1　水泥稳定材料配合比试验推荐水泥试验剂量表

被稳定材料	条　件		推荐试验剂量/%
有级配的碎石或砾石	基　层	$R_d \geqslant 5.0$ MPa	5、6、7、8、9
		$R_d < 5.0$ MPa	3、4、5、6、7
土、砂、石屑等		塑性指数 < 12	5、7、9、11、13
		塑性指数 ≥ 12	8、10、12、14、16
有级配的碎石或砾石	底基层	—	3、4、5、6、7
土、砂、石屑等		塑性指数 < 12	4、5、6、7、8
		塑性指数 ≥ 12	6、8、10、12、14

对于水泥稳定材料，水泥的最小剂量应符合表 4-5-2 的规定。材料组成设计所得水泥剂量少于表 4-5-2 中的最小剂量时，应按表 4-5-2 采用最小剂量。

表 4-5-2　水泥的最小剂量（%）

被稳定材料类型	拌和方法	
	路拌法	集中厂拌法
中、粗粒材料	4	3
细粒材料	5	4

② 石灰粉煤灰稳定材料和石灰煤渣稳定材料比例可采用表 4-5-3 中的推荐值。石灰工业废渣混合料应采用质量配合比计算，以石灰：工业废渣：被稳定材料的质量比表示。

表 4-5-3　石灰粉煤灰稳定材料和石灰煤渣稳定材料推荐比例

材料类型	材料名称	使用层位	结合料间比例	结合料与被稳定材料间比例
石灰粉煤灰	硅铝粉煤灰的石灰粉煤灰类[①]	基层或底基层	石灰：粉煤灰=1：2~1：9	—
	石灰粉煤灰土	基层或底基层	石灰：粉煤灰=1：2~1：4[②]	石灰粉煤灰：细粒材料 =30：70[③]~10：90
	石灰粉煤灰稳定级配碎石或砾石	基层	石灰：粉煤灰=1：2~1：4	石灰粉煤灰：被稳定材料 =20：80~15：85[④]
石灰煤渣	石灰煤渣稳定材料	基层或底基层	石灰：煤渣=20：80~15：85	—
	石灰煤渣土	基层或底基层	石灰：煤渣=1：1~1：4	石灰煤渣：细粒材料 =1：1~1：4[⑤]
	石灰煤渣稳定材料	基层或底基层	石灰：煤渣：被稳定材料=(7~9)：(26~33)：(67~58)	

注：① CaO 含量为 2%~6% 的硅铝粉煤灰。
　　② 粉土以 1：2 为宜。
　　③ 采用此比例时，石灰与粉煤灰之比宜为 1：2~1：3。
　　④ 石灰粉煤灰与粒料之比为 15：85~20：80 时，在混合料中，粒料形成骨架，石灰粉煤灰起填充孔隙和胶结作用。
　　⑤ 混合料中石灰应不少于 10%，可通过试验选取强度较高的配合比。

③ 水泥粉煤灰稳定材料和水泥煤渣稳定材料比例可采用表 4-5-4 中的推荐值。水泥粉煤灰稳定材料应采用质量配合比计算，以水泥：粉煤灰：被稳定材料的质量比表示。

表 4-5-4　水泥粉煤灰稳定材料和水泥煤渣稳定材料推荐比例

材料类型	材料名称	使用层位	结合料间比例	结合料与被稳定材料间比例
水泥粉煤灰	硅铝粉煤灰的水泥粉煤灰类[①]	基层或底基层	水泥：粉煤灰=1：3~1：9	—
	水泥粉煤灰土	基层或底基层	水泥：粉煤灰=1：3~1：5	水泥粉煤灰：细粒材料 =30：70[②]~10：90
	水泥粉煤灰稳定级配碎石或砾石	基层	水泥：粉煤灰=1：3~1：5	水泥粉煤灰：被稳定材料 =20：80~15：85
水泥煤渣	水泥煤渣稳定材料	基层或底基层	水泥：煤渣=5：95~15：85	—
	水泥煤渣土	基层或底基层	水泥：煤渣=1：2~1：5	水泥煤渣：细粒材料 =1：2~1：5[④]
	水泥煤渣稳定材料	基层或底基层	水泥：煤渣：被稳定材料=(3~5)：(26~33)：(71~62)	

注：① CaO 含量为 2%~6% 的硅铝粉煤灰。
　　② 采用此比例时，水泥与粉煤灰之比宜为 1：2~1：3。
　　③ 水泥粉煤灰与粒料之比为 15：85~20：80 时，在混合料中，粒料形成骨架，水泥粉煤灰起填充孔隙和胶结作用。
　　④ 混合料中水泥应不少于 4%，可通过试验选取强度较高的配合比。

④ 水泥、石灰综合稳定时，水泥用量占结合量总量不小于 30% 时，应按水泥稳定材料的技术要求进行组成设计，水泥和石灰的比例宜取 60：40、50：50 或 40：60。水泥用量占结合料总量小于 30% 时，应按石灰稳定材料设计。

（3）确定目标级配曲线：

① 对无机结合料稳定级配碎石或砾石材料，应根据当地材料特点和技术要求，优化设计混合料级配，确定目标级配曲线和合理的变化范围。

② 在目标级配曲线优化选择过程中，应选择不少于 4 条级配曲线，试验级配曲线可按推荐的级配范围和以往工程经验或按附录 A 的方法构造。

③ 在配合比设计试验中，应将各档石料筛分成单一粒径的规格逐档配料，并按相关的试验规程操作，保证每组试验的样本量。

④ 选定目标级配曲线后，应对各档材料进行筛分，确定其平均筛分曲线及相应的变异系数，并按 2 倍标准差计算各档材料筛分级配的波动范围。

⑤ 按确定的目标级配，根据各档材料的平均筛分曲线，确定其使用比例，得到混合料的合成级配。

⑥ 根据合成级配进行混合料重型击实试验和 7 d 龄期无侧限抗压强度试验，验证混合料的性能。

（4）击实试验：

① 至少做三组不同结合料剂量的混合料击实试验，即最小剂量、中间剂量和最大剂量，其他两个剂量混合料的最佳含水量和最大干密度用内插法确定。

② 确定无机结合料稳定材料最大干密度指标时宜采用重型击实方法，也可采用振动压实方法。

③ 分别确定各剂量条件下混合料的最佳含水率和最大干密度。

（5）无侧限抗压强度试件成型：

① 强度试验时，应按现场压实度标准采用静压法成型试件。

② 试件尺寸

强度试验试件的径高比应为 1：1。无机结合料稳定细料材料的试件直径应为 100 m，无机结合料稳定中、粗粒材料的试件直径应为 150 mm。

③ 试件数量

进行强度试验时，平行试验的最少试件数量应符合表 4-5-5 的规定。试验结果的变异系数大于表中规定值时，应重做试验或增加试件数量。

表 4-5-5 平等试验的最少试验数量

材料类型	变异系数要求		
	< 10%	10% ~ 15%	15% ~ 20%
细粒材料①	6	9	—
中粒材料②	6	9	13
粗粒材料③	—	9	13

注：① 公称最大粒径小于 16 mm 的材料。

② 公称最大粒径不小于 16 mm，且小于 26.5 mm 的材料。

③ 公称最大粒径不小于 26.5 mm 的材料。

④ 计算。

按最佳含水量和计算得到的干密度（按规定的现场压实度计算）计算一个试件的质量。

$$m_1 = \rho_{d\,max} \times (1 + w_0) \times k \times V \qquad\qquad (4\text{-}5\text{-}1)$$

（6）无侧限抗压强度试件养护：

试件在规定温度保湿养生 6 d，浸水 1 d，进行无侧限抗压强度试验。

（7）无侧限抗压强度试验：

（8）强度计算：

① 平均值、标准差、变异系数

注：强度数据处理时，宜按 3 倍标准差的标准剔除异常数值，且同一组试验样本异常值剔除应不多于 2 个。

② 强度代表值 R_d^0：

$$R_d^0 = \bar{R} \cdot (1 - Z_\alpha C_v) \qquad\qquad (4\text{-}5\text{-}2)$$

式中　Z_α——标准正态分布表中随保证率或置信度 α 而变的系数（速公路和一级公路应取保证率 95%，即 $Z_\alpha = 1.645$；二级及二级以下公路应取保证率 90%，即 $Z_\alpha = 1.282$）。

　　$\bar{R}$——一组试验的强度平均值。

　　C_v——一组试验的强度变异系数。

③ 强度代表值 R_d^0 应不小于强度标准值 R_d，见公式（4-5-3）。当 $R_d^0 < R_d$ 时，应重新进行配合比试验。

$$R_d^0 \geqslant R_d \qquad\qquad (4\text{-}5\text{-}3)$$

（9）确定混合料的配合比：

① 选定合适的结合料剂量，满足强度要求。

② 选定合适的结合料剂量，满足经济要求。——最终配合比

（10）用于基层的无机结合料稳定材料，强度满足要求时，尚宜检验其抗冲刷和抗裂性能。

注：在施工过程中，材料品质或规格发生变化、结合料品种发生变化时，应重新进行材料组成设计。

（11）确定灰剂量标定曲线。

四、无机结合料稳定材料生产配合比设计技术要求

（1）根据目标配合比确定的各档材料比例，应对拌和设备进行调试和标定，确定合理的生产参数。

（2）拌和设备的调试和标定应包括料斗称量精度的标定、结合料剂量的标定和拌和设备加水量的控制等内容，并应符合下列规定：

① 绘制不小于 5 个点的结合料剂量标定曲线。

② 按各档材料的比例关系,设定曲线的称量装置,调整拌和设备各个料仓的进料速度。

③ 按设定的施工参数进行第一阶段试生产,验证生产级配。不满足要求时,应进一步调整施工参数。

（3）对水泥稳定、水泥粉煤灰稳定材料,应分别进行不同成型时间条件下的混合料强度试验,绘制相应的延迟时间曲线,并根据设计要求确定容许延迟时间。

（4）应在第一阶段试生产试验的基础上进行第二阶段试验。分别按不同结合料剂量和含水率进行混合料试拌,并取样、试验。试验应符合下列规定:

① 通过混合料中实际含水率的测定,确定施工过程中水流量计的设施范围。

② 通过混合料中实际结合料剂量的测定,确定施工过程中结合料掺加的相关技术参数。

③ 通过击实试验,确定结合料剂量变化、含水率变化对混合料最大干密度的影响。

④ 通过抗压强度试验,确定材料的实际强度水平和拌和工艺的变异水平。

（5）混合料生产参数的确定应包括结合料剂量、含水率和最大干密度等指标,并应符合下列规定:

① 对水泥稳定材料,工地实际采用的水泥剂量宜比室内试验确定的剂量多 0.5 ~ 1.5 个百分点;对其他稳定材料,可增加 1 ~ 2 个百分点。

② 最大干密度应以最终合成级配击实试验的结果为标准。

课题六 路面基层工程质量检测

知识点：
◎ 路面基层材料施工前及施工过程中的检测项目
技能点：
◎ 路面基层材料施工前及施工过程中的检测项目

一、材料检验

（1）在施工前以及在施工过程中，原材料或混合料发生变化时，应检验拟采用材料。
（2）用作基层和底基层的土，应按表 4-6-1 所列试验项目和要求检测评定。

表 4-6-1 基层和底基层用土试验项目和要求

项次	试验项目	目　的	频　度
1	含水率	确定原始含水率	每天使用前测 2 个样品
2	液限、塑限	求塑性指数、审定是否符合规定	每种土使用前测 2 个样品，使用过程中每 2 000 m³ 测 2 个样品
3	颗粒分析	确定级配是否符合要求，确定材料配合比	每种土使用前测 2 个样品，使用过程中每 2 000 m³ 测 2 个样品
4	有机质和硫酸盐含量	确定土是否适宜于用石灰或水泥稳定	对土有怀疑时做此试验

（3）用作基层和底基层的碎石、砾石等粗集料，应按表 4-6-2 所列试验项目和要求检测评定。

表 4-6-2 基层和底基层用碎石、砾石试验项目和要求

项次	试验项目	目　的	频　度
1	含水率	确定原始含水率	每天使用前测 2 个样品
2	级　配	确定级配是否符合要求，确定材料配合比	每档碎石使用前测 2 个样品，使用过程中每 2 000 m³ 测 2 个样品
3	毛体积相对密度、吸水率	评定粒料质量，计算固体体积率	使用前测 2 个样品，砾石使用过程中每 2 000 m³ 测 2 个样品，碎石种类变化重做 2 个样品
4	压碎值	评定石料的抗压碎能力是否符合要求	
5	粉尘含量	评定石料质量	
6	针片状颗粒含量	评定石料质量	
7	软石含量	评定石料质量	

注：ª 级配砾石或级配碎石中 0.6 mm 以下的细土进行此项试验。

（4）用作基层和底基层的细集料，应按表4-6-3所列试验项目和要求检测评定。

表 4-6-3　基层和底基层用细集料试验项目和要求

项次	试验项目	目　的	频　度
1	含水率	确定原始含水率	每天使用前测 2 个样品
2	级配	确定级配是否符合要求，确定材料配合比	每档材料使用前测 2 个样品，使用过程中每 2 000 m³ 测 2 个样品
3	液限、塑限	求塑性指数、审定是否符合规定	每种细集料使用前测 2 个样品，使用过程中每 2 000 m³ 测 2 个样品
4	毛体积相对密度、吸水率	评定粒料质量，计算固体体积率	使用前测 2 个样品，使用过程中每 2 000 m³ 测 2 个样品
5	有机质和硫酸盐含量	确定是否适宜于用石灰或水泥稳定	有怀疑时做此试验

（5）用作基层和底基层的水泥，应按表4-6-4所列试验项目和要求检测评定。

表 4-6-4　基层和底基层用水泥试验项目和要求

项次	试验项目	目　的	频　度
1	水泥强度等级和初、终凝时间	确定水泥的质量是否适宜应用	做材料组成设计时测 1 个样品，料源或强度等级变化时重测

（6）用作基层和底基层的粉煤灰，应按表4-6-5所列试验项目和要求检测评定。

表 4-6-5　基层和底基层用粉煤灰试验项目和要求

项次	试验项目	目　的	频　度
1	含水率	确定原始含水率	每天使用前测 2 个样品
2	烧失量	确定粉煤灰是否适用	做材料组成设计前测 2 个样品
3	细度	确定粉煤灰质量	做材料组成设计前测 2 个样品
4	三氧化硅等氧化物含量	确定粉煤灰质量	每天使用前测 2 个样品

（7）用作基层和底基层的石灰，应按表4-6-6所列试验项目和要示检测评定。

表 4-6-6　基层和底基层用石灰试验项目和要求

项次	试验项目	目　的	频　度
1	含水率	确定原始含水率	每天使用前测 2 个样品
2	有效钙、镁含量	确定石灰质量	做材料组成设计和生产使用时分别测 2 个样品，以后每月测 2 个样品
3	残渣含量	确定石灰质量	做材料组成设计和生产使用时分别测 2 个样品，以后每月测 2 个样品

（8）初步确定使用的基层和底基层混合料，包括非整体性材料，应按表 4-6-7 所列试验项目和要求检测评定。

表 4-6-7　基层和底基层混合料试验项目和要求

项次	试验项目	目　的	频　度
1	重型击实试验	最佳含水率和最大干密度	材料发生变化时
2	承载比（CBR）	确定非整体性材料是否适宜做基层或底基层	材料发生变化时
3	抗压强度	整体性材料配合比试验及施工期间质量评定	每次配合比试验
4	延迟时间	确定延迟时间对混合料密度和抗压强度的影响，确定施工允许的延迟时间	水泥品种变化时
5	绘制 EDTA 标准曲线	对施工过程中水泥、石灰剂量有效控制	水泥、石灰品种变化时

二、铺筑试验段

（1）基层和底基层正式施工前，均应铺筑试验段。

（2）试验段应设置在生产路段上，长度宜为 200 ~ 300 m。

（3）试验段开工前，应符合下列规定：

① 提交完整的目标配合比报告和生产配合比报告。

② 正常施工时所配备的施工机械完全进场，且测试完毕。

③ 全部施工人员到位。

（4）在试验段施工期间，应及时检测下列技术项目：

① 施工所用原材料的全部技术指标。

② 混合料拌和时的结合料剂量，应不少于 4 个样本。

③ 混合料拌和时的含水率，应不少于 4 个样本。

④ 混合料拌和时的级配，应不少于 4 个样本。

⑤ 不同松铺系数条件下的实际压实厚度，宜设定 2 ~ 3 个松铺系数。

⑥ 不同碾压工艺下的混合料压实度，宜设定 2 ~ 3 种压实工艺，每种压实工艺的压实度检测样本应不少于 4 个。

⑦ 混合料压实后的含水率，应不少于 6 个样本。

⑧ 混合料击实试验，测定干密度和含水率，应不少于 3 个样本。

⑨ 7 d 龄期无侧限抗压强度试件成型，样本量应符合要求。

（5）养生 7 d 后，无机结合料稳定材料的试验段应及时检测下列技术项目：

① 标准养生试件的 7 d 无侧限抗压强度。

② 水泥稳定材料钻芯取样，评价芯样外观，取芯样本量应不少于 9 个。

③ 将完整的芯样切割成标准试件，测定强度。

④ 按车道，每 10 m 一点测定弯沉指标，并按规程要求计算回弹弯沉值。

⑤ 按车道，每 50 m 一点测定承载比。

（6）对非整体性材料结构层，试验段铺筑完成后应及时进行承载板试验，按车道，每50 m一点。

（7）试验段铺筑阶段应对下列关键工序、工艺进行评价：

① 拌和设备各档材料的进料比例、速度及精度。

② 结合料的进料比例和精度。

③ 含水率的控制精度。

④ 松铺系数合理值。

⑤ 拌和、运输、摊铺和碾压机械的协调和配合。

⑥ 压实机械的选择和组合，压实的顺序、速度和遍数。

⑦ 对人工拌和工艺，应确定合适的拌和设备、方法、深度和遍数。

⑧ 对人工摊铺碾压工艺，应确定适宜的整平和整形机具和方法。

（8）试验段施工后，应及时总结，总结报告应包括下列内容：

① 试验段检测报告。

② 试验段总体效果评价。

③ 施工关键参数的推荐值，包括配合比、含水率、松铺系数、碾压工艺等。

④ 确定每一作业段的合适长度。

（9）试验段不满足技术要求时，应重新铺设试验段。试验段各项指标合格后，方可正式施工。

三、施工工程检测

（1）施工过程中的质量控制应包括外形尺寸检查及内在质量检验两部分。

（2）外形尺寸检查项目、频度和质量标准应符合表 4-6-8 的规定。

表 4-6-8　外形尺寸检查项目、频度和质量标准

工程类别	项　目		频　度	质量标准	
				高速公路和一级公路	二级及二级以下公路
基层	纵断高程/mm		二级及二级以下公路每 20 m 一点；高速公路和一级公路每 20 m 一个断面，每个断面 3～5 点	+5～-10	+5～-15
	厚度/mm	均值	每 1 500～2 000 m² 六点	≥-8	≥-10
		单个值		≥-10	≥-20
	宽度/mm		每 40 m 一处	>0	>0
	横坡度/%		每 100 m 三处	±0.3	±0.5
	平整度/mm		每 200 m 两处，每处连续 10 尺（3 m 直尺）	≤8	≤12
			连续式平整度仪的标准差/mm	≤3.0	—

工程类别	项目		频度	质量标准	
				高速公路和一级公路	二级及二级以下公路
底基层	纵断高程/mm		二级及二级以下公路每 20 m 一点；高速公路和一级公路每 20 m 一个断面，每个断面 3~5 点	+5~-15	+5~-20
	厚度/mm	均值	每 1500~2000 m² 六点	≥-10	≥-12
		单个值		≥-25	≥-30
	宽度/mm		每 40 m 一处	>0	>0
	横坡度/%		每 100 m 三处	±0.3	±0.5
	平整度/mm		每 200 m 两处，每处连续 10 尺（3 m 直尺）	≤12	≤15

（3）施工过程中的内在质量控制应分为原材料质量控制、拌和质量控制、摊铺及碾压质量控制等四部分。对集中厂拌、摊铺机摊铺的施工工艺，应按后场与前场划分。

（4）后场质量控制的项目、内容应符合表 4-6-9 的规定，实际检测频度应不低于表中的要求，检测结果应满足规范的技术要求。

表 4-6-9 施工过程中后场质量控制的关键内容

项次	项目	内容	频度
1	原材料抽检	结合料质量	每批次
		粗、细集料品质	异常时，随时试验
		级配、规格	异常时，随时试验
2	混合料抽检	混合料级配	每 2 000 m² 一次
		结合料剂量	每 2 000 m² 一次
		混合料最大干密度	每个工日
		含水率	每 2 000 m² 一次

（5）前场质量控制的项目及内容应符合表 4-6-10 的规定，实际检测频率应不低于表中的要求，检测结果应满足规范的技术要求。

（6）应在现场碾压结束后及时检测压实度。压实度检测中，测定的含水率与规定含水率的绝对误差应不大于 2%；不满足要求时，应分析原因并采取必要的措施。

（7）施工过程中的压实度检测，应以每天现场取样的击实结果确定的最大干密度为标准。每天取样的击实试验应符合下列规定：

① 击实试验应不少于 3 次平行，且相互之间的最大干密度差值应不大于 0.02 g/cm³；否则，应重新进行试验，并取平均值作为当天压实度的检测标准。

表 4-6-10　施工过程中后场质量控制的关键内容

项次	项 目	内 容	频 度
1	摊铺目测	是否离析	随 时
		粗估含水率状态	随 时
2	碾压目测	压实机械是否满足	随 时
		碾压组合、次数是否合理	随 时
4	强度检测	在前场取样成型试件	每一作业段不少于 9 个
5	钻芯检测	—	每一作业段不少于 9 个
6	弯沉检测	—	每一评定段（不超过 1 km）每车道 40 ~ 50 个测点
7	承载比	—	每 2 000 m² 一次，异常时，随时增加试验

② 该数值与设计阶段确定的最大干密度差值大于 0.02 g/cm³ 时，应分析原因，及时处理。

（8）压实度检测应采用整层灌砂试验方法，灌砂深度应与现场摊铺厚度一致。

（9）无机结合料稳定材料应钻取芯样检验其整体性，并应符合下列规定：

① 无机结合料稳定细粒材料的芯样直径宜为 100 mm，无机结合料稳定中、粗粒材料的芯样直径应为 150 mm。

② 采用随机取样的方式，不得在现场人为挑选位置；否则，评价结果无效。

③ 芯样顶面、四周应均匀、致密。

④ 芯样的高度应不小于实际摊铺厚度的 90%。

⑤ 取不出完整的芯样时，应找出实际路段相应的范围，返工处理。

（10）无机结合料稳定材料应在下列规定的龄期内取芯：

① 用于基层的水泥稳定中、粗粒材料，龄期 7 d。

② 用于基层的水泥粉煤灰稳定的中、粗粒材料，龄期 10 ~ 14 d。

③ 用于底基层的水泥稳定材料、水泥粉煤灰稳定材料，龄期 10 ~ 14 d。

④ 用于基层的石灰粉煤灰稳定材料，龄期 14 ~ 20 d。

⑤ 用于底基层的石灰粉煤灰稳定材料，龄期 20 ~ 28 d。

（11）设计强度大于 3 MPa 的水泥稳定材料的完整芯样应切割成标准试件，检测强度，并应符合下列规定：

① 标准试件的径高比应为 1 : 1。

② 记录实际养生龄期。

③ 根据实际施工情况确定试件强度的评价标准。

④ 同一批次强度试验的变异系数应不大于 15%。

⑤ 样本量宜不少于 9 个。

（12）对高速公路和一级公路的基层、底基层，应养生 7 ~ 10 d 内检测弯沉；不满足要求时，应返工处理。

（13）对高速公路和一级公路，7～10 d 龄期的水泥稳定碎石基层的代表弯沉值宜为：对极重、特重交通荷载等级，应不大于 0.15 mm；对重交通荷载等级，应不大于 0.20 mm；对中等交通荷载等级，应不大于 0.25 mm。

（14）施工过程中的混合料质量检测，应在施工现场的摊铺机位置取样，且应分别来自不同的料车。

四、质量检查

（1）检查内容应包括工程完工后的外形和质量两方面，外形检查的要求应符合表 4-6-2 的规定。

（2）宜以 1 km 长的路段为单位评定路面结构层质量；采用大流水作业法施工时，以每天完成的段落为评定单位。

（3）应检查施工原始记录，对检查内容作初步评定。

（4）应随机抽样检查，不得带有任何主观性。压实度、厚度、水泥或石灰剂量检测样品和取芯等的现场随机取样位置的确定应按相关标准的要求执行。

（5）各项技术指标质量应符合表 4-6-11 的规定。

表 4-6-11　质量合格标准值

工程类别	检查项目	检查数量②	标准值	极限低值
无机结合料底基层	压实度	6～10 处	96%	92%
	弯沉值①	每车道 40～50 个测点	按规范要求计算弯沉标准值	—
级配碎石（或砾石）	压实度	6～10 处	基层 98%	94%
			底基层 96%	92%
	颗粒组成	2～3	规定级配范围	
	弯沉值①	每车道 40～50 个测点	按规范要求计算弯沉标准值	—
填隙碎石	压实度（固体体积率）	6～10 处	基层 98%	82%
			底基层 96%	80%
	弯沉值①	每车道 40～50 个测点	按规范要求计算弯沉标准值	—
水泥土、石灰土、石灰粉煤灰、石灰粉煤灰土	压实度	6～10 处	93%（95%）	89%（91%）
	水泥或石灰剂量/%	3～6 处	设计值	水泥 1.0% 石灰 2.0%
水泥稳定材料、石灰稳定材料、石灰粉煤灰稳定材料、水泥粉煤灰稳定材料	压实度	6～10 处	基层 98%（97%）	94%（93%）
			底基层 96%（95%）	92%（91%）
	颗粒组成	2～3	规定级配范围	
	水泥或石灰剂量/%	3～6 处	设计值	设计值 −1.0%

注：① 按规范要求计算得到的弯沉值即是极限高值。

② 以每天完成段落为评定单位时，检查数量可取低值；以 1 km 为评定单位时，检查数量应取高值。

单元五 沥青面层材料试验检测方法

课题一 概 述

知识点：
◎ 沥青混合料的定义、分类
◎ 沥混的组成结构及特点

一、沥青路面

（一）路 面

路面是指用筑路材料铺在路基顶面，供车辆直接在其表面行驶的一层或多层的道路结构层。

路面是用筑路材料铺在路基上供车辆行驶的层状构造物，具有承受车辆重量、抵抗车轮磨耗和保持道路表面平整的作用。为此，要求路面有足够的强度、较高的稳定性、一定的平整度、适当的抗滑能力、行车时不产生过大的扬尘现象，以减少路面和车辆机件的损坏，保持良好的视距，减少对环境的污染。

（二）沥青路面

沥青路面是指在矿质材料中掺入路用沥青材料铺筑的各种类型的路面。沥青结合料提高了铺路用粒料抵抗行车和自然因素对路面损害的能力，使路面平整少尘、不透水、经久耐用。因此，沥青路面是道路建设中一种被最广泛采用的高级路面。

（三）沥青路面的特点

沥青路面与砂石路面相比，其强度和稳定性都大大提高。与水泥混凝土路面相比，沥青路面表面平整无接缝，行车振动小，噪声低，开放交通快，养护简便，适宜于路面分期修建，是我国路面的重要结构形式。

沥青路面的缺点是温度敏感性较高，夏季强度下降，若控制不好会使路面发软泛油或推移剪裂破坏；低温时沥青材料变脆，可能引起路面开裂。

（四）沥青路面的要求

为使路面能起到承受车辆载重、抵抗车轮磨耗，使路面厚度的确定比较合理，保持表面平整的作用，对路面的具体要求有：

（1）具有足够的强度和刚度，抵抗车辆对路面的破坏或产生过大的形变。

（2）具有足够的稳定性，使路面强度在使用期内不致因水文、温度等自然因素的影响而产生幅度过大的变化。

（3）具有足够的平整度，以减小车轮对路面的冲击力，保证车辆安全、舒适地行驶。

（4）具有足够的抗滑能力，以保证行车安全和运输的经济效益。

（5）具有足够的耐久性，以延迟路面出现各种破坏，减少养护工作量的费用。

（6）具有尽可能低的扬尘性和噪声，以减少路面和车辆机件的损坏，减少环境污染。

二、沥青混合料

（一）定　义

由矿料与沥青结合料拌和而成的混合料的总称。

（二）分　类

1．按结合料分类

石油沥青混合料，煤沥青混合料。

2．按制造工艺分类

热拌沥青混合料、冷拌沥青混合料、再生沥青混合料。

3．按材料组成及结构分类

（1）连续级配沥青混合料：矿料是按级配原则，从大到小各级粒径都有，按比例相互搭配组成连续级配的沥青混合料。

（2）间断级配沥青混合料：矿料级配组成中缺少一个或几个档次（或用量很少）而形成的沥青混合料。

4．按矿料级配组成及空隙率大小分类

（1）密级配沥青混合料：按密实级配原理设计组成的各种粒径颗粒的矿料，与沥青结合料拌和而成，设计空隙率较小（对不同交通及气候情况、层位可作适当调整）的密实式沥青混凝土混合料（以 AC 表示）和密实式沥青稳定碎石混合料（以 ATB 表示）。按关键性筛孔通过率的不同又可分为细型（F 型）、粗型（C 型）密级配沥青混合料等，见表 5-1-1。

表 5-1-1　细型（F 型）和粗型（C 型）密级配沥青混合料关键性筛孔通过率

混合料类型	公称最大粒径/mm	用以分类的关键性筛孔/mm	粗型密级配		细型密级配	
			名称	关键性筛孔通过率/%	名称	关键性筛孔通过率/%
AC-25	26.5	4.75	AC-25C	< 40	AC-25F	> 40
AC-20	19	4.75	AC-20C	< 45	AC-20F	> 45
AC-16	16	2.36	AC-16C	< 38	AC-16F	> 38
AC-13	13.2	2.36	AC-13C	< 40	AC-13F	> 40
AC-10	9.5	2.36	AC-10C	< 45	AC-10F	> 45

（2）半开级配沥青碎石混合料：由适当比例的粗集料、细集料及少量填料（或不加填料）与沥青结合料拌和而成，经马歇尔标准击实成型试件的剩余空隙率在 6% ~ 12% 的半开式沥青碎石混合料（以 AM 表示）。

（3）开级配沥青混合料：矿料级配主要由粗集料嵌挤组成，细集料及填料较少，设计空隙率在 18% 以上的混合料。

5. 按公称最大粒径的大小分类（见表 5-1-2）

特粗式沥青混合料：公称最大粒径等于或大于 31.5 mm。

粗粒式沥青混合料：公称最大粒径 26.5 mm。

中粒式沥青混合料：公称最大粒径 16 或 19 mm。

细粒式沥青混合料：公称最大粒径 9.5 或 13.2 mm。

砂粒式沥青混合料：公称最大粒径小于 9.5 mm。

表 5-1-2　热拌沥青混合料种类

混合料类型	密级配			开级配		半开级配	公称最大粒径/mm	最大粒径/mm
	连续级配		间断级配	间断级配				
	沥青混凝土 AC	沥青稳定碎石 ATB	沥青玛琋脂碎石 SMA	排水式沥青磨耗层 OGFC	排水式沥青碎石基层 ATPB	沥青稳定碎石 AM		
特粗式	—	ATB-40	—		ATPB-40	—	37.5	53.0
粗粒式	—	ATB-30	—		ATPB-30	—	31.5	37.5
	AC-25	ATB-25	—		ATPB-25	—	26.5	31.5
中粒式	AC-20	—	SMA-20	—	—	AM-20	19.0	26.5
	AC-16	—	SMA-16	OGFC-16	—	AM-16	16.0	19.0
细粒式	AC-13	—	SMA-13	OGFC-13	—	AM-13	13.2	16.0
	AC-10	—	SMA-10	OGFC-10	—	AM-10	9.5	13.2
砂粒式	AC-5	—	—	—	—	AM-5	4.75	9.5
设计空隙率/%	3 ~ 5	3 ~ 6	3 ~ 4	> 18	> 18	6 ~ 12		

（三）特　点

沥青混合料具有强度高、整体性好、抵抗自然因素破坏作用的能力强等优点，它是各种沥青类面层中质量最好的高级路面面层。这种面层适用于各类道路，特别是交通量繁重的公路和城市道路，具有以下优点：

（1）沥青混合料是一种弹塑性黏性材料，具有一定的高温稳定性和低温抗裂性。不需设置施工缝和伸缩缝，路面平整且有弹性，行车比较舒适。

（2）沥青混合料路面有一定的粗糙度，雨天具有良好的抗滑性。路面又能保证一定的平整度，如高速公路路面，其平整度可达 1.0 mm，而且沥青混合料路面为黑色，无强烈反光，行车比较安全。

（3）施工方便，速度快，养护期短，能及时开放交通。

（4）沥青混合料路面可分期改造和再生利用。随着道路交通量的增大，可以对原有的路面拓宽和加厚。对旧的沥青混合料，可以运用现代技术，再生利用，以节约原材料。

当然，沥青混合料也存在一些问题，如夏季高温时易软化，路面易产生车辙、波浪等现象；冬季低温时易脆裂，在车辆重复荷载作用下易产生裂缝；因老化现象会使路面表层产生松散开裂，引起路面破坏。

三、沥青混合料的组成结构和强度形成原理

沥青混合料是一种复合材料，由沥青、粗集料、细集料和矿粉以及外加剂所组成。这些组成材料在混合料中，由于组成材料质量的差异和数量的多少，可形成不同的组成结构，并表现出不同的力学性能。

（一）沥青混合料的组成结构

1. 悬浮-密实结构

（1）组成特点：矿质集料由大到小组成连续型密级配的混合料结构。混合料中粗集料数量较少，不能形成骨架，如图 5-1-1（a）所示。

（2）路用特点：黏聚力较大，内摩阻角较小，因而高温稳定性差。

2. 骨架-空隙结构

（1）组成特点：矿质集料属于连续型开级配的混合料结构。矿质集料中粗集料较多，可互相靠拢形成骨架，细集料较少，不足以填满空隙，如图 5-1-1（b）所示。

（2）路用特点：空隙率大，耐久性差，沥青与矿料的黏聚力差，热稳定性较好。

3. 骨架-密实结构

（1）组成特点：矿质集料属于间断型密级配的混合料结构。较多数量的粗集料形成空间骨架，同时又有足够的细集料填满骨架的空隙，如图 5-1-1（c）所示。

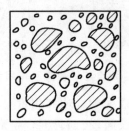 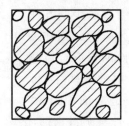 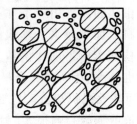

（a）悬浮密实结构　　　（b）骨架空隙结构　　　（c）骨架密实结构

图 5-1-1　沥青混合料的典型组成结构

（2）路用特点：密实度大，具有较高的黏聚力和内摩阻角，是沥青混合料中最理想的一种结构类型。

（二）沥青混合料的强度形成原理

1. **沥青混合料抗剪强度的材料参数**

沥青混合料在路面结构中产生破坏的情况，主要是表现为在高温时由于抗剪强度不足或塑性变形过剩而产生推挤等现象，以及低温时抗拉强度不足或变形能力较差而产生裂缝现象。目前沥青混合料强度和稳定性理论，主要是要求沥青混合料在高温时必须具有一定的抗剪强度和抵抗变形的能力。

沥青混合料的抗剪强度（τ）主要取决于沥青与矿质集料物理、化学交互作用而产生的黏聚力（c），以及矿质集料在沥青混合料中分散程度不同而产生的内摩阻角（φ），即

$$\tau = c + \sigma c \tan \varphi \qquad (5\text{-}1\text{-}1)$$

式中　τ——沥青混合料的抗剪强度，MPa；

σ——正应力，MPa；

c——沥青混合料的黏结力，MPa；

φ——沥青混合料的内摩擦角，rad。

2. **影响沥青混合料抗剪强度的因素**

（1）沥青黏度的影响。

在相同的矿料性质和组成条件下，随着沥青黏度的提高，沥青混合料黏聚力有明显的提高，同时内摩擦角亦稍有提高。

（2）沥青与矿料之间的吸附作用。

沥青与矿料相互作用后，沥青在矿料表面形成一层扩散结构膜，如图 5-1-2 所示，在此结构膜以内的沥青称为结构沥青，在结构膜以外的沥青为自由沥青。如果矿料颗粒之间的黏结力由结构沥青提供，颗粒间的黏结力较大；若颗粒间的黏结力由自由沥青提供，则黏结力较小。所以在配制沥青混合料时，应控制沥青用量，使混合料能形成结构沥青，减少自由沥青。

（3）矿粉用量的影响。

在相同的沥青用量条件下，与沥青产生交互作用的矿料表面积越大，形成的沥青膜越薄，则在沥青中结构沥青所占的比例越大，因而沥青混合料的黏聚力也越高。在沥青混合料中矿粉用量虽只占 7%

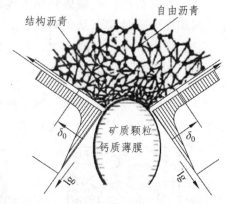

图 5-1-2　沥青与矿料交互作用示意图

左右，而其表面积却占矿质混合料的总表面积的 80% 以上，所以矿粉性质和用量对沥青混合料的抗剪强度影响很大。为增加沥青与矿料物理-化学作用的表面，在沥青混合料配料时，必须含有适量的矿粉。提高矿粉细度可增加矿粉比表面积，所以对矿粉细度也有一定的要求，希望 < 0.075 mm 粒径的含量不要过少。

（4）沥青用量的影响。

在沥青和矿料固定质量的条件下，沥青与矿料的比例（即沥青用量）是影响沥青混合

料抗剪强度的重要因素，不同沥青用量的沥青混合料结构示意如图 5-1-3 所示。

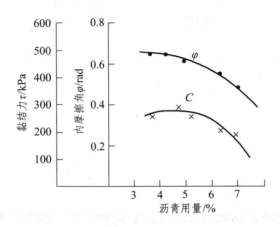

图 5-1-3　不同沥青用量时的沥青混合料结构示意图

　　在沥青用量很少时，沥青不足以形成结构沥青的薄膜来黏结矿料颗粒。随着沥青用量的增加，结构沥青逐渐形成，沥青更为理想地包裹在矿料表面，使沥青与矿料间的黏附力随着沥青的用量增加而增加。当沥青用量足以形成薄膜并充分黏附矿粉颗粒表面时，沥青胶浆具有最优的黏聚力。随后，如沥青用量继续增加，则由于沥青用量过多，逐渐将矿料颗粒推开，在颗粒间形成未与矿粉交互作用的"自由沥青"，则沥青胶浆的黏聚力随着自由沥青的增加而降低。当沥青用量增加至某一用量后，沥青混合料的黏聚力主要取决于自由沥青，所以抗剪强度几乎不变。随着沥青用量的增加，沥青不仅起着黏结剂的作用，而且起着润滑剂的作用，使粗集料的相互密排作用降低，因而使沥青混合料的内摩擦角减小。

　　（5）矿质集料的级配类型、粒度、表面性质的影响。

　　沥青混合料的抗剪强度与矿质集料在沥青混合料中的分布情况有密切关系。沥青混合料有密级配、开级配和间断级配等不同组成结构类型已如前述，因此矿料级配类型是影响沥青混合料抗剪强度的因素之一。

　　此外，沥青混合料中，矿质集料的粗度、形状和表面粗糙度对沥青混合料的抗剪强度都具有极为明显的影响。通常具有显著的面和棱角，各方向的尺寸相差不大，近似正方体，以及具有明显细微凸出的粗糙表面的矿质集料，在碾压后能互相嵌挤锁结而具有很大的内摩擦角。在其他条件相同的情况下，这种矿料所组成的沥青混合料较之圆形而表面平滑的颗粒具有较高的抗剪强度。

　　（6）试验条件的影响。

　　沥青混合料是一种热塑性材料，它的抗剪强度随着温度的升高而降低。在材料参数中，黏聚力随温度升高而显著降低，但是内摩擦角受温度变化的影响较少。

　　沥青混合料是一种黏-弹性材料，它的抗剪强度与形变速率有密切关系。在其他条件相同的情况下，变形速率对沥青混合料的内摩擦角影响较小，而对沥青混合料的黏聚力影响则较为显著。试验资料表明，c 值随变形速率的增加而显著提高，而值随变形速率的变化很小。

课题二 石油沥青

知识点：
◎ 石油沥青的组成和结构
◎ 石油沥青的技术性质
◎ 改性沥青、乳化沥青术语、技术指标

技能点：
◎ 石油沥青三大指标的试验方法

一、沥青的基本知识

（一）定　义

在沥青混合料中起胶结作用的沥青类材料（含添加的外掺剂、改性剂等）的总称。它是由一些极其复杂的高分子碳氢化合物及其非金属衍生物所组成的化合物。

（二）分　类

1. 按来源分类

（1）地沥青：由天然产状或石油精制加工得到。

（2）天然沥青：石油在自然条件下，长时间经受地球物理因素作用而形成的产物。

（3）石油沥青：石油在自然界长期受地壳挤压、变化，并与空气、水接触逐渐变化而形成的、以天然状态存在的石油沥青，其中常混有一定比例的矿物质。按形成的环境可以分为湖沥青、岩沥青、海底沥青、油页岩等。

（4）焦油沥青：各种有机物（煤、泥炭、木材等）干馏加工得到的焦油，经再加工而得到的产品。焦油沥青按其加工的有机物名称而命名，如由煤干馏所得的煤焦油，经再加工后得到的沥青，即称为煤沥青。

2. 按沥青常温下的稠度分类

（1）黏稠沥青：常温下为半固体或固体状态。

（2）液体沥青：常温下多呈黏稠液体或液体状态。

（三）特　点

（1）常温下一般呈固体或半固体，也有少数品种的沥青呈黏性液体状态。

（2）可溶于二硫化碳、四氯化碳、三氯甲烷和苯等有机溶剂。

（3）颜色为黑褐色或褐色。

二、石油沥青的组成和结构

（一）元素组成

石油沥青是由多种碳氢化合物及其非金属（氧、硫、氮）的衍生物组成的混合物，它的化学通式为 $C_nH_{2n+a}O_bS_cN_d$。其化学组成主要是碳（80%～87%）、氢（10%～15%），其次是非烃元素，如氧、硫、氮等（<3%）。此外，还含有一些微量的金属元素，如镍、钒、铁、锰、钙、镁、钠等，但含量都很少，为几个至几十个 ppm（百万分之一）。

（二）石油沥青的化学组成

1. 组 分

石油沥青是由多种碳氢化合物及其非金属（氧、硫、氮）衍生物组成的混合物。由于石油沥青是由多种有机物组成的混合物，分析其性质较困难，为了便于分析石油沥青的性质，常将沥青分离为化学性质相近，而且与其路用性质有一定联系的几个组，这些组就称为"组分"。

2. 组分分析方法

沥青的组分分析是指按规定方法将沥青试样分离成若干个组成成分的化学分析方法，是利用沥青在不同有机溶剂中的选择性溶解或在不同吸附剂上的选择性吸附等性质。《公路工程沥青及沥青混合料试验规程》（JTG E20—2011）中规定了三组分和四组分两种分析法。

（1）三组分分析法。

石油沥青分离为油分、树脂和沥青质三个组分。这种分析方法称为溶解-吸附法，按三组分分析法所得各组分的性状列见表 5-2-1。

① 油分是决定沥青流动性的组分。油分多，流动性大，而黏性小，温度感应性大。

② 树脂是决定沥青塑性的组分。树脂含量增多，沥青塑性增大，温度感应性增大。

③ 沥青质是决定沥青黏性的组分。沥青质含量高，沥青黏性大，温度感应性小，塑性降低，脆性增大。

表 5-2-1 石油沥青三组分分析法的各组分的性状

组 分	外观特征	平均分子量 M_w	碳氢比 C/H	物化特征
油 分	淡黄色透明液体	200～700	0.5～0.7	几乎可溶于大部分有机溶剂,具有光学活性,常发现有荧光,相对密度为 0.910～0.925
树 脂	红褐色黏稠半固体	800～3 000	0.7～0.8	温度敏感性高，溶点低于 100 ℃，相对密度大于 1.000
沥青质	深褐色固体末状微粒	1 000～5 000	0.8～1.0	加热不熔化，分解为硬焦碳，使沥青呈黑色

（2）四组分分析法。

L. W. 科尔贝特首先提出将沥青分离为：饱和分、环烷—芳香分、极性—芳香分和沥青质等四组分。后来也有将上述 4 个组分称为饱和分、芳香分、胶质和沥青质。

表 5-2-2 石油沥青四组分分析法的各组分性状

性　状	外观特性	平均相对密度	平均分子量	主要化学结构
饱和分	无色液体	0.89	625	烷烃、环烷烃
芳香分	黄色至红色液体	0.99	730	芳香烃、含 S 衍生物
胶　质	棕色黏稠液体	1.09	970	多环结构，含 S、O、N 衍生物
沥青质	深棕色至黑色固体	1.15	3 400	缩合环结构，含 S、O、N 衍生物

沥青中各组分相对含量对其路用性能有着重要的影响。一般认为：

① 饱和分和芳香分是决定沥青流动性的组分，含量多，流动性大；而黏性小，温度感应性大。

② 胶质使沥青具有良好的塑性和黏结性。

③ 沥青质决定沥青的耐热性、黏性和脆性，其含量越多，温度感应性越小，塑性降低，脆性增大。

3. 石油沥青的胶体结构

石油沥青的胶体结构是以沥青质为核心，周围吸附部分树脂和油分的互溶物形成胶团，分散在油分中而构成稳定的胶体结构。根据沥青中各组分相对含量的不同，可将沥青分为下列三种胶体结构：

（1）溶胶型结构。

沥青中各组分相对含量对其路用性能有着重要的影响。一般认为：

① 结构：沥青质含量较少（10% 以下），所形成的胶团数量少、间距大，如图 5-2-1（a）所示，胶团之间的吸引力很小。

② 特点：流动性和塑性较好，开裂后自行愈合能力较强；而对温度的敏感性强，即对温度的稳定性较差，温度过高会流淌。

③ 沥青种类：液体沥青多属溶胶型沥青。

（2）凝胶型结构。

① 结构：沥青质含量高（30% 以上），所形成的胶团数量多、间距小，如图 5-2-1（c）所示，胶团间吸引力很大，相互移动较困难。

② 特点：弹性和黏性较高、温度敏感性较小，但开裂后自行愈合能力较差、流动性和塑性较低。在工程性能上，凝胶型结构虽具有较好的温度感应性，但低温变形能力较差。

（3）溶-凝胶型结构。

① 结构：这种结构介于溶胶与凝胶之间，沥青质含量适当（15% ~ 25%），所形成的胶团数量增多、距离相对靠近，如图 5-2-1（b）所示，胶团之间有一定的吸引力。

② 特点：溶-凝胶型沥青的工程性能很好，在高温时具有较低的感温性，低温时又具有较好的形变能力。

③ 沥青种类：大多数优质的路用沥青都属于溶-凝胶型沥青。

（a）溶胶型结构　　　　　　（b）溶-凝胶型结构　　　　　　（c）凝胶型结构

图 5-2-1　沥青胶体结构

（4）胶体结构类型的判定：针入度指数法，见表 5-2-3 所列。

表 5-2-3　沥青的针入度指数和胶体结构类型

沥青的针入度指数（PI）	沥青胶体结构类型	沥青的针入度指数（PI）	沥青胶体结构类型	沥青的针入度指数（PI）	沥青胶体结构类型
< -2	溶　胶	$-2 \sim +2$	溶凝胶	$> +2$	凝　胶

三、石油沥青的技术性质

（一）密度与相对密度

1. 定　义

（1）沥青的密度：沥青在规定的温度下单位体积所具有的质量，单位为 g/cm^3（非特殊要求，宜在试验温度 25 ℃ 及 15 ℃ 下测定的沥青密度）。

（2）沥青的相对密度：在同一温度下，沥青质量与同体积的水质量之比值，无量纲（非特殊要求，宜在试验温度 25 ℃ 及 15 ℃ 下测定的沥青相对密度）。

2. 测定方法

沥青密度与相对密度试验（比重瓶法）。

沥青的密度与其化学组成有密切的关系，通过沥青的密度测定，可以概略地了解沥青的化学组成。通常，黏稠沥青的密度为 0.96 ~ 1.04。

（二）沥青的黏滞性

1. 黏滞性

沥青的黏滞性指沥青在外力作用下抵抗变形的能力。

黏滞性是与沥青路面力学性质联系最密切的一种性质。在现代交通条件下，为防止路面出现车辙，对沥青黏度的选择成为首要考虑的因素。

各种石油沥青的黏滞性变化范围很大，黏滞性的大小与化学组分及温度有关。当沥青质含量较高，又含适量的树脂、含少量的油分时，则黏滞性较大。在一定温度范围内，当温度升高时，黏滞性随之降低，反之则增大。

2. 指 标

黏滞性亦称黏性，通常用黏度表示。沥青黏度的测定方法可分为两类：

（1）绝度黏度法：如采用毛细管黏度度计等。

（2）相对黏度法（条件黏度法）：由一些经验方法确定，如针入度法、道路标准黏度计法、赛氏黏度计法和恩氏黏度计法等。

由于绝对黏度测定较为复杂，在实际运用上多用沥青的相对黏度（又称条件黏度）来表示。测定相对黏度的主要方法是用针入度仪或标准黏度计。黏稠石油沥青的相对黏度用针入度仪测定的针入度来表示。对于液体石油沥青或较稀的石油沥青，其相对黏度可用标准黏度计测定的标准黏度表示。

3. 针入度

针入度指沥青在规定温度和时间内，附加一定质量的标准针垂直贯入沥青试样的深度，以 0.1 mm 为单位。试验条件以 $P_{T,m,t}$ 表示，其中 P 为针入度，T 为试验温度，m 为荷重，t 为贯入时间。针入度值越小，表示黏度越大。

4. 标准黏度

《公路工程沥青及沥青混合料试验规程》（JTG E20—2011）规定：液体状态的沥青材料，在标准黏度计中（见图 5-2-2），于规定的温度条件下（20 ℃、25 ℃、30 ℃ 或 60 ℃），通过规定的流孔直径（3 mm，4 mm，5 mm 及 10 mm），流出 50 mL 体积所需的时间（s），以 $C_{T,d}$ 表示。其中 C 为黏度，T 为试验温度，d 为流孔直径。例如某沥青在 60 ℃ 时，自 5 mm 孔径流出 50 mL 沥青所需时间为 100 s，表示为 $C_{60,5}=100\ \text{s}$。在相同温度和相同流孔条件下，流出时间越长，表示沥青黏度越大。

（三）沥青的塑性

1. 塑 性

塑性是指沥青在外力作用下发生变形而不破坏的能力。

影响塑性大小的因素与沥青的组分及温度有关。沥青中树脂含量多，油分及沥青质含量适当，则塑性较大。当温度升

图 5-2-2　标准黏度计

高，塑性增大，沥青膜层越厚则塑性越高；反之，塑性越差。在常温下，塑性好的沥青不易产生裂缝，并减少摩擦时的噪声。同时它对于沥青在温度降低时抵抗开裂的性能有重要影响。

2．指　　标

沥青的塑性用延度来表示，指规定形态的沥青试样，在规定温度下以一定速度受拉伸至断裂开时的长度，以 cm 计。沥青的延度越大，塑性越好，变形与抗裂性越好。

（四）沥青的温度稳定性（感温性）

1．温度稳定性

沥青的温度稳定性指沥青的黏滞性和塑性随温度升降而变化的性能，是沥青的重要指标。

当温度升高时，沥青由固态或半固态逐渐软化成黏流状态；当温度降低时，由黏流态转变成固态甚至变脆。在工程上使用的沥青，要求有较好的温度稳定性。

2．指　　标

软化点——高温稳定性。
脆　　点——低温抗裂性。

3．软化点

（1）试验方法：环球法。
（2）定义：将沥青试样在规定尺寸的金属环内，上置规定尺寸和质量的钢球，放于水或甘油中，以规定的速度加热，至钢球下沉规定距离时的温度，以°C 计。
（3）指标与品质的关系：软化点越高，表明沥青的耐热性越好，即温度稳定性越好。

4．弗拉斯脆点

（1）试验方法：弗拉斯法。
（2）定义：弗拉斯脆点是指涂于金属片上的沥青薄膜在规定条件下，因冷却和弯曲而出现裂纹时的温度，以°C 计。

《公路工程沥青及沥青混合料试验规程》（JTG E20—2011）规定：将沥青试样涂在金属片上，置于有冷却设备的脆点仪内摇动脆点仪的曲柄，使涂有沥青的金属片产生弯曲。随着制冷剂的温度降低，沥青薄膜温度逐渐降低，当沥青薄膜在规定弯曲条件下，产生断裂时的温度，即为脆点，如图 5-2-3 所示。

在工程实际运用时，要求沥青是有较高的软化点与较低的脆点，否则容易发生沥青材料夏季流淌或冬季变脆甚至开裂等现象。

针入度、延度、软化点是评价黏稠石油沥青路用性能最常用的经验指标，所以通称"三大指标"。

（五）耐久性

1．定　　义

指石油沥青在热、阳光、空气、氧气与潮湿状态等因素的长期作用下抵抗老化的性能。

图 5-2-3　脆点仪

（1）检测方法：针入度试验

（2）基本思路：沥青针入度值的对数（ $\lg P$ ）与温度（ T ）具有线性关系，即

$$\lg P = AT + K \tag{5-2-1}$$

式中　A——直线斜率，表示为针入度-温度感应性系数；

　　　K——截距（常数）。

（3）针入度指数（ PI ）

$$PI = \frac{20 - 500A}{1 + 50A} \tag{5-2-2}$$

（4）指标与品质的关系：针入度指数越大，表示沥青的感温性越低。通常按 PI 来评价沥青感温性时，要求沥青的 PI 取 $-1 \sim +1$ 。

四、石油沥青的技术标准

（一）沥青路面使用性能气候分区

沥青路面采用的沥青标号应适应公路环境条件的需要，能承受高温、低温、雨（雪）水的考验。沥青路面的气候条件按我国行业标准《公路沥青路面施工技术规范》（JTG F40—2004）中的气候分区执行。各地宜按照该规范中规定的方法对本地区作更为具体的气候区划分，以适应地区具体气候条件的需要。

沥青路面气候分区由温度和雨量组合而成，第一个数字代表高温分区，第二个数字代表低温分区，第三个数字代表雨量分区，数字越小表示气候因素越严重。沥青及沥青混合料气候分区应符合表5-2-4的要求。

表 5-2-4　沥青及沥青混合料气候分区指标

气候区名		温度/°C		年降雨量/mm
		最热月平均最高气温	年极端最低气温	
1-1-4	夏炎热冬严寒干旱	> 30	< -37.0	< 250
1-2-2	夏炎热冬寒湿润	> 30	-37.0 ~ -21.5	500 ~ 1 000
1-2-3	夏炎热冬寒半干	> 30	-37.0 ~ -21.5	250 ~ 500
1-2-4	夏炎热冬寒干旱	> 30	-37.0 ~ -21.5	< 250
1-3-1	夏炎热冬冷潮湿	> 30	-21.5 ~ -9.0	> 1 000
1-3-2	夏炎热冬冷湿润	> 30	-21.5 ~ -9.0	500 ~ 1 000
1-3-3	夏炎热冬冷半干	> 30	-21.5 ~ -9.0	250 ~ 500
1-3-4	夏炎热冬冷干旱	> 30	-21.5 ~ -9.0	< 250
1-4-1	夏炎热冬温潮湿	> 30	> -9.0	> 1 000
1-4-2	夏炎热冬温湿润	> 30	> -9.0	500 ~ 1 000
2-1-2	夏热冬严寒湿润	20 ~ 30	< -37.0	500 ~ 1 000
2-1-3	夏热冬严寒半干	20 ~ 30	< -37.0	250 ~ 500

气候区名		温度/°C		年降雨量/mm
		最热月平均最高气温	年极端最低气温	
2-1-4	夏热冬严寒干旱	20～30	＜－37.0	＜250
2-2-1	夏热冬寒潮湿	20～30	－37.0～－21.5	＞1 000
2-2-2	夏热冬寒湿润	20～30	－37.0～－21.5	500～1 000
2-2-3	夏热冬寒半干	20～30	－37.0～－21.5	250～500
2-2-4	夏热冬寒干旱	20～30	－37.0～－21.5	＜250
2-3-1	夏热冬冷潮湿	20～30	－21.5～－9.0	＞1 000
2-3-2	夏热冬冷湿润	20～30	－21.5～－9.0	500～1 000
2-3-3	夏热冬冷半干	20～30	－21.5～－9.0	250～500
2-3-4	夏热冬冷干旱	20～30	－21.5～－9.0	＜250
2-4-1	夏热冬温潮湿	20～30	＞－9.0	＞1 000
2-4-2	夏热冬温湿润	20～30	＞－9.0	500～1 000
2-4-3	夏热冬温半干	20～30	＞－9.0	250～500
3-2-1	夏凉冬寒潮湿	＜20	－37.0～－21.5	＞1 000
3-2-2	夏凉冬寒湿润	＜20	－37.0～－21.5	500～1 000

（二）黏稠石油沥青的技术标准

沥青路面采用的沥青标号，宜按照公路等级、气候条件、交通条件、路面类型及在结构层中的层位及受力特点、施工方法等，结合当地的使用经验，经技术论证后确定。

（1）对高速公路、一级公路，夏季温度高、高温持续时间长、重载交通、山区及丘陵区上坡路段、服务区、停车场等行车速度慢的路段，尤其是汽车荷载剪应力大的层次，宜采用稠度大、60 ℃黏度大的沥青，也可提高高温气候分区的温度水平选用沥青等级；对冬季寒冷的地区或交通量小的公路、旅游公路，宜选用稠度小、低温延度大的沥青；对温度日温差、年温差大的地区，宜注意选用针入度指数大的沥青。当高温要求与低温要求发生矛盾时，应优先考虑满足高温性能的要求。

（2）当缺乏所需标号的沥青时，可采用不同标号掺配的调和沥青，其掺配比例由试验决定。各个沥青等级的适用范围应符合表5-2-5的规定。掺配后的沥青质量应符合表5-2-6的要求。

表 5-2-5　道路石油沥青的适用范围

沥青等级	适用范围
A级沥青	各个等级的公路，适用于任何场合和层次
B级沥青	① 高速公路、一级公路沥青下面层及以下的层次，二级及二级以下公路的各个层次； ② 用作改性沥青、乳化沥青、改性乳化沥青、稀释沥青的基质沥青
C级沥青	三级及三级以下公路的各个层次

在同一品种黏稠石油沥青中，牌号越大，沥青越软，此时针入度、延度越大，而软化点降低；牌号越小，沥青越硬，此时针入度、延度越小，而软化点升高。

（三）液体石油沥青的技术标准

道路用液体石油沥青的技术要求，按液体沥青的凝固速度分为快凝 AL（R）、中凝 AL（M）、慢凝 AL（S）三个等级，快凝的液体沥青又划分为三个标号。除黏度外，对蒸馏的馏分及残留物性质闪点和水分等亦提出相应的要求。技术要求见表 5-2-7。

表 5-2-7　道路用液体石油沥青技术要求

试验项目		单位	快凝		中凝						慢凝					
			AL(R)-1	AL(R)-2	AL(M)-1	AL(M)-2	AL(M)-3	AL(M)-4	AL(M)-5	AL(M)-6	AL(S)-1	AL(S)-2	AL(S)-3	AL(S)-4	AL(S)-5	AL(S)-6
黏度	$C_{25.5}$		< 20		< 20						< 20					
	$C_{60.5}$	s		5~15		5~15	16~25	26~40	41~100	101~200		5~15	16~25	26~40	41~100	101~200
蒸馏体积	225 °C 前	%	> 20	> 15	< 10	< 7	< 3	< 2	0	0						
	315 °C 前	%	> 35	> 30	< 35	< 25	< 17	< 14	< 8	< 5						
	360 °c 前	%	> 45	> 35	< 50	< 35	< 30	< 25	< 20	< 15	< 40	< 35	< 25	< 20	< 15	< 5
蒸馏后残留物	针入度（25 °C）	0.1 mm	60~200	60~200	100~300	100~300	100~300	100~300	100~300	100~300						
	延度（25 °C）	cm	>60	>60	>60	>60	>60	>60	>60	>60						
	浮漂度（50 °C）	s									< 20	< 20	< 30	< 40	< 45	< 50
闪点（TOC 法）		°C	> 30	> 30	> 65	> 65	> 65	> 65	> 65	> 65	> 70	> 70	> 100	> 100	> 120	> 120
含水量，不大于		%	0.2	0.2	0.2	0.2	0.2	0.2	0.2	0.2	2.0	2.0	2.0	2.0	2.0	2.0

五、改性沥青

随着国民经济的高速发展，社会对交通运输的需求不断增大，现代高等级沥青路面的交通特点是交通量大、车辆轴载重、荷载作用间歇时间短、高速化以及形成渠化交通。由于这些特点，造成沥青路面高温出现车辙，低温产生裂缝，抗滑性能很快衰降，使用年限不长，易出现坑槽、松散等水损坏以及局部龟裂等。为进一步提高沥青混合料的路用性能，在沥青材料的技术方面必须对沥青加以改性，亦即提高沥青的流变性能，改善沥青与集料的黏附性，延长沥青的耐久性。

（一）定　义

（1）改性沥青：掺加橡胶、树脂、高分子聚合物、天然沥青、磨细的橡胶粉或者其他材料等外掺剂（改性剂），使沥青或沥青混合料的性能得以改善而制成的沥青结合料。

（2）改性剂：在沥青中加入的天然的或人工的有机或无机材料，可溶融分散在沥青中，改善或提高沥青路面性能（与沥青发生反应或裹覆在集料表面上）的材料。

（二）改性沥青的分类及其特性

按照改性剂的不同，一般分为以下几类：

1. 热塑性橡胶类改性沥青

（1）改性剂：主要是苯乙烯类嵌段共聚物，如 SBS、SIS、SE/BS。
SBS 常用于路面沥青混合料，最大的特点是高弹性、高温下不软化，低温下不发脆。
（2）SBS 类改性沥青。
① 特点：高温、低温性能都好，且有良好的弹性恢复性能。
② 测试指标：软化点、5 °C 低温延度、弹性恢复。
③ 适用范围：在各种气候条件下使用。

2. 橡胶类改性沥青

（1）改性剂：丁苯橡胶（SBR）和氯丁橡胶（CR）。
（2）SBR 改性沥青
① 特点：低温性能得到改善，但在老化试验后，延度严重降低。
② 测试指标：5 °C 低温延度。
③ 适用范围：主要适宜在寒冷气候条件下使用。

3. 热塑性树脂类改性沥青

（1）改性剂：聚乙烯（PE）、乙烯—乙酸乙烯共聚物（EVA）等。
特点：使沥青结合料在常温下黏度增大，从而使高温稳定性增强，且加热后易离析，再次冷却时产生众多的弥散体。
（2）EVA 及 PE 类改性沥青。
① 特点：高温性能明显改善。
② 测试指标：软化点。
③ 适用范围：在炎热气候条件下使用。

4. 掺加天然沥青的改性沥青

（1）改性剂：天然沥青，如湖沥青（如特立尼达湖沥青 TLA）、岩石沥青（如美国的 Gilsonite）和海底沥青（如 BMA）等。
（2）特点：
① 掺加 TLA 的混合沥青有良好的高温稳定性及低温抗裂性能，耐久性好。
② 掺加岩石沥青的沥青有抗剥离、耐久性、高温抗车辙，抗老化特点。
③ BMA 适用于重交通道路、飞机场跑道、抗磨耗层等，最小铺筑厚度可减薄到 2 cm，由此降低工程造价。

（三）改性沥青技术性质的比较

表 5-2-8 SBS、SBR、EVA、PE 四种改性剂的特点

测试指标		SBS	SBR	EVA	PE
针入度指数 PI		增大最显著	—	第二	第三
高温稳定性	软化点	提高最大	第二	第三	第三
	60 ℃黏度	增大最多	—	第二	第二
5 ℃延度		—	低温延度特别大	略有增加，但剂量太大又降低	降低
弹性恢复		最好	—	有一定的弹性恢复	几乎没有弹性

综上所述，SBS 的高温、低温性能，弹性恢复性能，感温性等无论从哪方面讲，都有非常突出的优点，是 PE 和 EVA 无法相比的。PE 仅仅在高温稳定性方面显示出较好的效果，与 SBS 相比有很大的差距，EVA 的高温稳定性不如 PE，然低温性能较 PE 要稍好一些，但均不如 SBS；SBR 有较好的低温性能，经过改性后的 SBR 胶乳也有较好的高温稳定性。

（四）聚合物改性沥青技术性质

改性沥青的技术指标除了与黏稠石油沥青相同的针入度、延度、软化点、闪点、溶解度等以外，增补列入了以下技术指标。

1. 弹性恢复（回弹）

（1）适用范围：评价热塑性橡胶类（SBS 等）聚合物改性沥青的弹性恢复性能。

（2）试模：采用延度试验所用试模，但中间部分换为直线侧模，制作的试件截面面积为 1 cm²，见图 5-2-6。

（3）试验方法：按延度试验方法在 25 ℃±0.5 ℃试验温度下以 5 cm/min 的规定速率拉伸试样达 10 cm 时停止，用剪刀在中间将沥青试样剪成两部分，原封不动地保持试样在水中 1 h，然后将两个半截试样对至尖端刚好接触，测量试件的长度为 X，按式（5-2-3）计算弹性恢复，即延度试验拉长至 10 cm 后的可恢复变形的百分率。

$$恢复率 = \frac{10-X}{10} \times 100 \qquad （5-2-3）$$

图 5-2-6 弹性恢复试模

2. 离析试验

（1）测定原因：聚合物改性沥青在停止搅拌、冷却过程中，聚合物会从沥青中离析。

（2）离析现象：

① 对 SBR、SBS 类聚合物改性沥青，离析时表现为聚合物的上浮。

② 对 PE、EVA 类聚合物改性沥青，离析时表现为向四周的容器壁吸附，在表面则结皮。

（3）试验方法：

① SBR、SBS 类聚合物改性沥青。

将改性沥青注入竖立的试管，试样高度为 180 mm，将其放入 163 ℃±5 ℃ 的烘箱，在不受任何扰动的情况下静放 48 h±1 h，加热结束后从烘箱中取出，放进家用冰箱中冷冻 1 h，使改性沥青凝为固体；然后将试管轻轻砸碎或事先埋入一根铁丝将沥青拨出，并将改性沥青试样切成相等的三截，取顶部和底部的试样分别测定软化点，计算软化点之差，进行评价。

② 对 PE、EVA 类聚合物改性沥青。

在高温状态下灌进试样杯中，放至 135 ℃ 的烘箱中，持续烘烤 15~18 h，不扰动表面，观察试样，并用一小刮刀徐徐地探测试样，检查表面层稠度以及底部的沉淀物，这些检查都在沥青从烘箱中取出后 5 min 之内进行。

3. 老化试验

（1）试验方法：旋转薄膜加热试验（RTFOT）。

（2）试验过程。

沥青旋转薄膜加热试验（RTFOT）采用旋转薄膜烘箱进行测定，如图 5-2-7 所示，盛样瓶采用的是特别的玻璃瓶。在每个盛样瓶中注入沥青试样 35 g，将盛样瓶置于烘箱环形架的各个瓶位中，关上烘箱门后烘箱的温度应在 10 min 回升到 163 ℃，开启环形架转动的同时热空气喷入转动着的盛样瓶的试样中，持续 85 min，到达时间后，立即逐个取出盛样瓶，迅速将试样倾出混匀，以备进行旋转薄膜加热试验后的沥青性质的试验。

图 5-2-7　沥青旋转薄膜烘箱

（五）我国的改性沥青技术标准

《公路沥青路面施工技术规范》（JTG F40—2004）根据我国的实际情况，提出的聚合物改性沥青技术要求如表 5-2-9 所示。它是在我国改性沥青实践经验和试验研究的基础上提出的，制订时主要参考了 ASTM 标准，既汲取了国外标准的长处，又采用了我国经过努力可以实现的指标和试验方法。

表 5-2-9　聚合物改性沥青技术要求

指　标	单位	SBS类（I类）				SBR类（II类）			EVA, PE类（III类）			
		I-A	I-B	I-C	I-D	II-A	II-B	II-C	III-A	III-B	III-C	III-D
针入度 25 ℃, 100 g, 5 s	0.1 mm	>100	80~100	60~80	30~60	>100	80~100	60~80	>80	60~80	40~60	30~40
针入度指数 PI, 不小于		-1.2	-0.8	-0.4	0	-1.0	-0.8	-0.6	-1.0	-0.8	-0.6	-0.4
延度 5 ℃, 5 cm/min, 不小于	cm	50	40	30	20	60	50	40				
软化点 $T_{R\&B}$, 不小于	℃	45	50	55	60	45	48	50	48	52	56	60
运动黏度① 135 ℃, 不大于	Pa·s	3										
闪点, 不小于	℃	230				230			230			
溶解度, 不小于	%	99				99			—			
弹性恢复 25 ℃, 不小于	%	55	60	65	75	—			—			
黏韧性, 不小于	N·m	—				5			—			
韧性, 不小于	N·m	—				2.5			—			
离析, 48 h 软化点差, 不大于	℃	2.5				—			无改性剂明显析出、凝聚			
质量变化, 不大于	%	1.0										
针入度比 25 ℃, 不小于	%	50	55	60	65	50	55	60	50	55	58	60
延度 5 ℃, 不小于	cm	30	25	20	15	30	20	10	—			

注：① 表中 135 ℃ 运动黏度可采用《公路工程沥青及沥青混合料试验规程》（JTG E20—2011）中的"沥青布氏旋转黏度试验方法（布洛克菲尔德黏度计法）"进行测定。若在不改变改性沥青物理力学性质并符合安全条件的温度下易于泵送和施工，容易操作，可不作要求测定。

② 储存稳定性指标适用于工厂生产的成品改性沥青。现场制作的改性沥青，或经证明适当提高拌和温度和泵送温度时能保证改性沥青的质量，容易施工，对储存稳定性指标可不作要求。现场制作的改性沥青对储存稳定性要求时，保持不间断地搅拌或泵送循环，保证使用前没有明显的离析。

（六）改性沥青的应用

（1）改性沥青可用于做排水或吸音磨耗层及其下面的防水层。

（2）在老路面上做应力吸收膜中间层，以减少反射裂缝。

（3）在重载交通道路的老路面上加铺薄或超薄的沥青面层，以提高耐久性。

（4）在老路面上或新建一般公路上做表面处治，以恢复路面使用性能或减小养护工作量等。

六、乳化沥青

（一）定　义

指石油沥青与水在乳化剂、稳定剂等的作用下经乳化加工制得的均匀的沥青产品。

（二）特　点

（1）可冷态施工，节省了能源。乳化沥青具有较好的流动性，可以在常温下进行喷洒、贯入或拌和摊铺，现场无需加热，简化了施工程序，操作简便，节省了大量的能源。

（2）施工便利，节约沥青。乳化沥青黏度低、混合料中含有水分、施工和易性好，故施工方便，可节约劳动力。此外，由于乳化沥青在集料表面形成的沥青膜较薄，不仅提高沥青与集料的黏附性，而且可以节约沥青用量。

（3）保护环境，减少污染，施工安全。乳化沥青施工不需加热，故不污染环境；同时，避免了劳动操作人员受沥青挥发物的毒害。

（4）乳化沥青铺筑的路面成型期较长。

（5）乳化沥青储存时间不能太长，易破乳。

（三）组成材料

乳化沥青主要是由沥青、乳化剂、稳定剂和水等组分组成。

1. 石油沥青（主要材料）

沥青是乳化沥青组成的主要材料，占 55%～70%。沥青的质量直接关系到乳化沥青的性能。在选择作为乳化沥青用的沥青时，首先要考虑它的易乳化性。沥青的易乳化性与其化学结构有密切关系。以工程适用为目的，可认为易乳化性与沥青中的沥青酸含量有关。通常认为沥青酸总量大于 1% 的沥青，采用通用乳化剂和一般工艺即易于形成乳化沥青。一般来说，相同油源和工艺的沥青，针入度较大者易于形成乳液。但是针入度的选择，应根据乳化沥青在路面工程中的用途而决定。

2. 乳化剂（关键材料）

乳化剂是乳化沥青形成的关键材料。沥青乳化剂是表面活性剂的一种类型，从化学结构上看，其基本结构为一种"两亲性"分子，分子的一个基团具有亲水性质，另一个基团具有亲油性质，这两个基团具有使互不相溶的沥青与水连接起来的特殊功效。在沥青、水分散体系中，沥青微粒被乳化剂分子的亲油基吸引，此时以沥青微粒为固体核，乳化剂包的温度下，提离木塞，当试样流至第一条标线 50 mL 时开动秒表，至达到第二条标线 100 mL 时，立即按停秒表，并记取时间（见图 5-2-9）。

2. 乳化沥青的破乳速度

乳液试样与规定级配的矿料拌和后，从矿料表面被乳液薄膜裹覆的均匀情况，判断乳液的拌和效果，从而鉴别乳液是属于快裂、中裂或慢裂类型的哪一种。

3. 乳化沥青的储存稳定性

乳化沥青的储存稳定性是在规定的容器和条件下，储存规定的时间后，竖直方向上试样浓度的变化程度，以上、下两部分乳液蒸发残留物质量百分率的差值表示，以判断乳液储存后的稳定性能（见图 5-2-10）。我国储存时间采用 5 天。

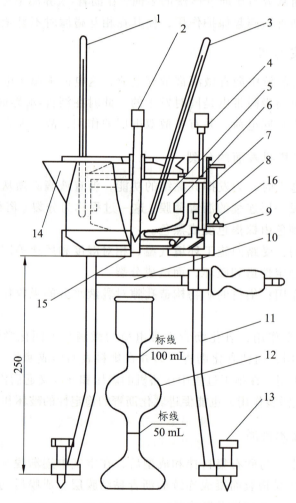

图 5-2-9　恩格拉黏度计（尺寸单位：mm）

1—保温浴温度计；2—硬木塞杆；3—试样用温度计；4—容器盖；5—盛样器；6—液面标记；
7—保温浴槽；8—保温浴搅拌器；9—电热器；10—燃气灯；11—三脚架；12—量杯；
13—水平脚架；14—溢出口；15—白金制流出口；16—水准器

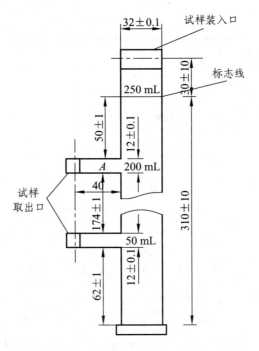

图 5-2-10　稳定性试验管（尺寸单位：mm）

4. 乳化沥青蒸发残留物含量试验

称取容器、玻璃棒及乳化沥青试样 300 g±1 g 的合计质量，将盛有试样的容器连同玻璃棒一起置于电炉或燃气炉（放有石棉垫）上缓缓加热，边加热边搅拌，直至完全蒸发，冷却后称取容器、玻璃棒及沥青一起的合计质量。蒸发残留物含量即残留物质量占乳液质量的百分率。

（五）技术要求

详见表 5-2-10、表 5-2-11。

表 5-2-10　道路用乳化沥青技术要求

试验项目	单位	品种及代号									
		阳离子				阴离子				非离子	
		喷洒用			拌和用	喷洒用			拌和用	喷洒用	拌和用
		PC-1	PC-2	PC-3	BC-1	PA-1	PA-2	PA-3	BA-1	PN-2	BN-1
破乳速度	—	快裂	慢裂	快裂或中裂	慢裂或中裂	快裂	慢裂	快裂或中裂	慢裂或中裂	慢裂	慢裂
粒子电荷	—	阳离子（＋）				阴离子（－）				非离子	

试验项目		单位	品种及代号									
			阳离子				阴离子				非离子	
			喷洒用			拌和用	喷洒用			拌和用	喷洒用	拌和用
			PC-1	PC-2	PC-3	BC-1	PA-1	PA-2	PA-3	BA-1	PN-2	BN-1
筛上残留物（1.18 mm 筛），不大于（%）			0.1				0.1				0.1	
黏度	恩格拉黏度 E25，	—	2~10	1~6	1~6	2~30	2~10	1~6	1~6	2~30	1~6	2~30
	道路标准黏度计 C25，3	s	10~25	8~20	8~20	10~60	10~25	8~20	8~20	10~60	8~20	10~60
蒸发残留物	残留分含量，不小于（%）		50	50	50	55	50	50	50	55	50	55
	溶解度，不小于（%）		97.5				97.5				97.5	
	针入度（25 ℃）	0.1 mm	50~200	50~300	45~150		50~200	50~300	45~150		50~300	60~300
	延度（15 ℃），不小于	cm	40				40				40	
与粗集料的黏附性，裹附面积，不小于			2/3			—	2/3			—	2/3	—
与粗、细粒式集料拌和试验			—			均匀	—			均匀	—	
水泥拌和试验的筛上剩余，不大于			—				—				—	3
常温贮存稳定性:1 d 不大于（%）			1				1				1	
5 d 不大于（%）			5				5				5	

注：① P 为喷洒型，B 为拌和型，C、A、N 分别表示阳离子、阴离子、非离子乳化沥青。
② 黏度可选用恩格拉黏度计或沥青标准黏度计之一测定。
③ 表中的破乳速度与集料的黏附性、拌和试验的要求、所使用的石料品种有关，质量检验时应采用工程上实际的石料进行试验，仅进行乳化沥青产品质量评定时可不要求此三项指标。
④ 储存稳定性根据施工实际情况选用试验时间，通常采用 5 d；乳液生产后能在当天使用时也可用 1 d 的稳定性。
⑤ 当乳化沥青需要在低温冰冻条件下储存或使用时，尚需按 T 0656 进行 −5 ℃ 低温储存稳定性试验，要求没有粗颗粒、不结块。
⑥ 如果乳化沥青是将高浓度产品运到现场经稀释后使用时，表中的蒸发残留物等各项指标指稀释前乳化沥青的要求。

表 5-2-11　乳化沥青检验项目目的及意义

试验项目	目的与意义
蒸发残留物试验	检验乳液中实际沥青的含量
筛上剩余量试验	检验乳液中沥青微粒的均匀程度
微粒离子电荷试验	检验乳液沥青微粒的离子电荷，以区别是阳离子乳液还是阴离子乳液
与矿料拌和试验	检验分散乳液与集料拌和时的均匀性，乳液用于拌和施工的适用性
储存稳定性试验	检验乳液的存放稳定性，将试验存放在室温中一定时间后，观察乳液是否产生絮、沉淀和分离现象，从而判断乳液的允许存放时间
低温储存稳定性	检验乳液由于低温而产生冻融现象时质量是否发生变化。低温储存时必须进行该项试验
与水泥拌和试验	当沥青乳液用于加固稳定砂石土底基层时，为了检验乳液与砂石土拌和的均匀性，就用普通硅酸盐水泥
破乳速度试验	检验乳液与集料拌和时破乳速度，确定破乳类型
与矿料黏附性试验	检验沥青乳液与各种集料表面的黏附性，针对阳离子沥青乳液与湿润集料表面具有黏附特点而进行的

（六）乳化沥青的应用

乳化沥青品种及适用范围见表 5-2-12。

表 5-2-12　乳化沥青品种及适用范围

分　类	品种及代号	适用范围
阳离子乳化沥青	PC-1	表处、贯入式路面及下封层用
	PC-2	透层油及基层养生用
	PC-3	黏层油用
	BC-1	稀浆封层或冷拌沥青混合料用
阴离子乳化沥青	PA-1	表处、贯入式路面及下封层用
	PA-2	透层油及基层养生用
	PA-3	黏层油用
	BA-1	稀浆封层或冷拌沥青混合料用
非离子乳化沥青	PN-2	透层油用
	BN-1	与水泥稳定集料同时使用（基层路拌或再生）

试验一　沥青的取样

一、目的与适用范围

（1）本方法适用于在生产厂、储存或交货验收地点为检查沥青产品质量而采集各种沥青材料的样品。

（2）进行沥青性质常规检验的取样数量为：黏稠沥青或固体沥青不少于 4.0 kg；液体沥青不少于 1 L；沥青乳液不少于 4 L。

进行沥青性质非常规检验及沥青混合料性质试验所需的沥青数量，应根据实际需要确定。

二、仪具与材料

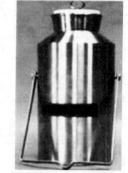

图 5-2-11 沥青取样器

（1）盛样器：根据沥青的品种选择。液体或黏稠沥青采用广口、密封带盖的金属容器（如锅、桶等）；乳化沥青也可使用广口、带盖的聚氯乙烯塑料桶；固体沥青可用塑料袋，但需外包装，以便携运。

（2）沥青取样器：金属制、带塞、塞上有金属长柄提手，形状见图 5-2-11。

三、方法与步骤

（一）准备工作

检查取样和盛样器是否干净、干燥，盖子是否配合严密。使用过的取样器或金属桶等盛样器必须干净、干燥后才可使用。对供质量仲裁用的沥青试样，应采用未使用过的新容器存放，且由供、需双方人员共同取样，取样后双方在密封上签字盖章。

（二）试验步骤

1. 从储油罐中取样

（1）无搅拌设备的储罐。

① 液体沥青或经加热已经变成流体的黏稠沥青取样时，应先关闭进油阀和出油阀，然后取样。

② 用取样器按液面上、中、下位置（液面高各为 1/3 等分处，但距罐底不得低于总液面高度的 1/6）各取 1~4 L 样品。每层取样后，取样器应尽可能倒净。当储罐过深时，亦可在流出口按不同流出深度分 3 次取样。对静态存取的沥青，不得仅从罐顶用小桶取样，也不能仅从罐底阀门流出少量沥青取样。

③ 将取出的 3 个样品充分混合后取 4 kg 样品作为试样，样品也可分别进行检验。

（2）有搅拌设备的储罐。

将液体沥青或经加热已经变成流体的黏稠沥青充分搅拌后，用取样器从沥青层的中部取规定数量的试样。

2. 从槽车、罐车、沥青洒布车中取样

（1）设有取样阀时，可旋开取样阀，待流出至少 4 kg 或 4 L 后再取样。取样阀如图 5-2-12 所示。

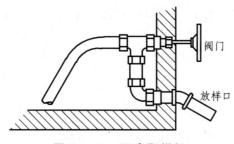

图 5-2-12   沥青取样阀

（2）仅有放料阀时，待放出全部沥青的 1/2 时再取样。

（3）从顶盖处取样时，可用取样器从中部取样。

3．在装料或卸料过程中取样

在装料或卸料过程中取样时，要按时间间隔均匀地取至少 3 个规定数量样品，然后将这些样品充分混合后取规定数量的样品作为试样。样品也可分别进行检验。

4．从沥青储存池中取样

沥青储存池中的沥青应待加热熔化后，经管道或沥青泵流至沥青加热锅之后取样。分间隔每锅至少取 3 个样品，然后将这些样品充分混匀后再取 4.0 kg 作为试样。样品也可分别进行检验。

5．从沥青运输船取样

沥青运输船到港后，应分别从每个沥青舱取样，每个舱从不同的部位取 3 个 4kg 的样品，混合在一起，将这些样品充分混合后再从中取出 4 kg，作为一个舱的沥青样品供检验用。在卸油过程中取样时，应根据卸油量，大体均匀地分间隔 3 次从卸油口或管道途中的取样口取样，然后混合作为一个样品供检验用。

6．从沥青桶中取样

（1）当能确认是同一批生产的产品时，可随机取样。如不能确认是同一批生产的产品时，应根据桶数按照表 5-2-12 规定或按总桶数的立方根数随机选出沥青桶数。

表 5-2-12   选取沥青样品桶数

沥青桶总数	选取桶数	沥青桶总数	选取桶数
2～8	2	217～343	7
9～27	3	344～512	8
28～64	4	513～729	9
65～125	5	730～1 000	10
126～216	6	1 001～1 331	11

（2）将沥青桶加热使桶中沥青全部熔化成流体后，按罐车取样方法取样。每个样品的

数量，以充分混合后能满足供检验用样品的规定数量不少于 4.0 kg 要求为限。

（3）若沥青桶不便加热熔化沥青时，亦可在桶高的中部将桶凿开取样，但样品应在距桶壁 5 cm 以上的内部凿取，并采取措施防止样品散落地面沾上尘土。

7. 固体沥青取样

从桶、袋、箱装或散装整块中取样，应在表面以下及容器侧面以内至少 5 cm 处采取。如沥青能够打碎，可用一个干净的工具将沥青打碎后取中间部分试样；若沥青是软塑的，则用一个干净的热工具切割取样。

当能确认是同一批生产的样品时，应随机取出一件按本条的规定取 4 kg 供检验用。

8. 在验收地点取样

当沥青到达验收地点卸货时，应尽快取样。所取样品为两份；一份样品用于验收试验；另一份样品留存备查。

四、试样的保护与存放

（1）除液体沥青、乳化沥青外，所有需加热的沥青试样必须存放在密封带盖的金属容器中，严禁灌入纸袋、塑料袋中存放。试样应存放在阴凉干净处，注意防止试样污染。装有试样的盛样器应加盖、密封好并擦拭干净后，应在盛样皿上（不得在盖上）标出识别标记，如试样来源、品种、取样日期、地点及取样人。

（2）冬季乳化沥青试样要注意采取妥善的防冻措施。

（3）除试样的一部分用于检验外，其余试样应妥善保存备用。

（4）试样需加热采取时，应一次取够一批试验所需的数量装入另一种盛样器，其余试样密封保存，应尽量减少重复加热取样。用于质量仲裁检验的样品，重复加热的次数不得超过两次。

试验二　沥青试样准备方法

一、目的与适用范围

（1）本方法规定了按规程取样的沥青试样在试验前的试样准备方法。

（2）本方法适用于黏稠道路石油沥青、煤沥青、聚合物改性沥青等需要加热后才能进行试验的沥青试样，按此方法准备的沥青供立即在试验室进行各项试验使用。

（3）本方法也适用于对乳化沥青试样进行各项性能测试。每个样品的数量根据需要确定，常规测定宜不少于 600 g。

二、仪具与材料

（1）烘箱：200 ℃，装有温度调节器。

（2）加热炉具：电炉或其他燃气炉（丙烷石油气、天然气）。

（3）石棉垫：不小于炉具上的面积。

（4）滤筛：筛孔孔径 0.6 mm。

（5）沥青盛样器皿：金属锅或瓷坩埚。

（6）烧杯：1 000 mL。

（7）温度计：0 ~ 100 °C 及 200 °C，分度为 0.1 °C。

（8）天平：称量 2 000 g，感量不大于 1 g；称量 100 g，感量不大于 0.1 g。

（9）其他：玻璃棒、溶剂、棉纱等。

三、热沥青试样制备方法与步骤

（1）将装有试样的盛样器带盖放至恒温烘箱中，当石油沥青试样中含有水分时，烘箱温度 80 °C 左右，加热至沥青全部熔化后供脱水用。当石油沥青中无水分时，烘箱温度宜为软化点温度以上 90 °C，通常为 135 °C 左右。对取来的沥青试样不得直接采用电炉或煤气炉明火加热。

（2）当石油沥青试样中含有水分时，将盛样器皿放在可控温的砂浴、油浴、电热套上加热脱水，不得已采用电炉、煤气炉加热脱水时必须放石棉垫。加热时间不超过 30 min，并用玻璃棒轻轻搅拌，防止局部过热。在沥青温度不超过 100 °C 的条件下，仔细脱水至无泡沫为止，最后的加热温度不宜超过软化点以上 100 °C（石油沥青）或 50 °C（煤沥青）。

（3）将盛样器中的沥青通过 0.6 mm 的滤筛过滤，不等冷却立即一次灌进各项试验的模具中。当温度下降太多时，宜适当加热再灌模。根据需要也可将试样分别装进擦拭干净并干燥的一个或数个沥青盛样器皿中，数量应满足一批试验项目所需的沥青样品。

（4）在沥青灌模过程中，如温度下降可放至烘箱中适当加热，试样冷却后反复加热的次数不得超过两次，以防沥青老化影响试验结果。为避免混进气泡，在沥青灌模时不得反复搅动沥青。

（5）灌模剩余的沥青应立即清洗干净，不得重复使用。

试验三　沥青密度与相对密度试验

一、目的与适用范围

本方法适用于使用比重瓶测定各种沥青材料的密度与相对密度。非特殊要求，本方法宜在试验温度 25 °C 及 15 °C 下测定沥青密度与相对密度。

二、仪具与材料

（1）比重瓶：玻璃制，瓶塞下部与瓶口须经仔细研磨。瓶塞中间有一个垂直孔，其下部为凹形，以便由孔中排除空气。比重瓶的容积为 20 ~ 30 mL，质量不超过 40 g，形状和尺寸如图 5-2-13 所示。

（2）恒温水槽：控温的准确度为 0.1 °C。

（3）烘箱：200 °C，装有温度自动调节器。

（4）天平：感量不大于 1 mg。

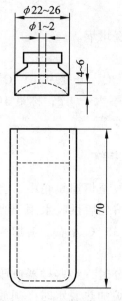

$\phi 22\sim 26$

$\phi 1\sim 2$

$4\sim 6$

70

图 5-2-13　沥青比重瓶

（5）滤筛：0.6 mm、2.36 mm 各 1 个。

（6）温度计：0～50 ℃，分度为 0.1 ℃。

（7）烧杯：600～800 mL。

（8）真空干燥器。

（9）洗液：玻璃仪器清洗液，三氯乙烯（分析纯）等。

（10）蒸馏水（或纯净水）。

（11）表面活性剂：洗衣粉（或洗涤灵）。

（12）其他：软布、滤纸。

三、方法与步骤

1．准备工作

（1）用洗液、水、蒸馏水先后仔细洗涤比重瓶，然后烘干称其质量（m_1），准确至 1 mg。

（2）将盛有冷却蒸馏水的烧杯浸入恒温水槽中保温，在烧杯中插入温度计，水的深度必须超过比重瓶顶部 40 mm 以上。

（3）使恒温水槽及烧杯中的蒸馏水达到规定的试验温度 ±0.1 ℃。

2．比重瓶水值的测定步骤

（1）将比重瓶及瓶塞放至恒温水槽中的烧杯里，烧杯底浸没水中的深度应不少于 100 mm，烧杯口露出水面，并用夹具将其固定。

（2）待烧杯中水温再次达到规定温度厚并保温 30 min 后，将瓶塞塞入瓶口，使多余的水由瓶塞上的毛细孔中挤出。此时比重瓶内不得有气泡。

（3）将烧杯从水槽中取出，再从烧杯中取出比重瓶，立即用干净软布将瓶塞顶部擦拭一次，再迅速擦干比重瓶外面的水分，称其质量 m_2，准确至 1 mg。瓶塞顶部只能擦拭一次，即使由于膨胀瓶塞上有小水滴也不能擦拭。

（4）以 $m_2 - m_1$ 作为试验温度时比重瓶的水值。

3. 液体沥青试样的试验步骤

（1）将试样过筛（0.6 mm）后注入干燥比重瓶至满，不要混入气泡。

（2）将盛有试样的比重瓶及瓶塞移入恒温水槽（测定温度 ±0.1 ℃）内盛有水的烧杯中，水面应在瓶口下约 40 mm。勿使水浸到瓶内。

（3）待烧杯内的水温达到要求的温度后起算保温 30 min，然后瓶塞塞上，使多余的试样由瓶塞的毛细孔中挤出。用蘸有三氯乙烯的棉花擦净孔口挤出的试样，并注意保持孔中充满试样。

（4）从水中取出比重瓶，立即用干净软布仔细地擦去瓶外的水分或黏附的试样（不得再揩孔口）后，称其质量（ m_3 ），准确至 0.001 g。

4. 黏稠沥青试样的试验步骤

（1）按本规程方法准备沥青试样，沥青的加热温度不高于估计软化点以上 100 ℃（石油沥青或聚合物改性沥青），将沥青仔细注入比重瓶，约至 2/3 高度。不得使试样黏附瓶口或上方瓶壁，并防止混入气泡。

（2）取出盛有试样的比重瓶，移入干燥器，在室温下冷却不少于 1 h，连同瓶塞称其质量（ m_4 ），准确至 0.001 g。

（3）从盛有蒸馏水的烧杯放到已达到试验温度的恒温水槽中，然后将称量后盛有试样的比重瓶放进烧杯中（瓶塞也放进烧杯中），等烧杯中的水温达到规定试验温度后保温 30 min，使比重瓶中气泡上升到水面，取出比重瓶，按前述方法迅速揩干瓶外水分后称其质量（ m_5 ），准确至 0.001 g。

5. 固体沥青试样的试验步骤

（1）试验前，如试样表面潮湿，可在干燥、清洁的环境下自然吹干，或置于 50 ℃ 烘箱中烘干。

（2）将 50～100 g 试样打碎，过 0.6 mm 及 2.36 mm 筛。取 0.6～2.36 mm 的粉碎试样不少于 5 g 放进清洁、干燥的比重瓶中，塞紧瓶塞后称其质量（ m_6 ），准确至 0.001 g。

（3）取下瓶塞，将恒温水槽内烧杯中的蒸馏水注入比重瓶，水面高于试样约 10 mm，同时加入几滴表面活性剂溶液（如 1% 洗衣粉、洗涤灵），并摇动比重瓶使大部分试样沉入水底，必须使试样颗粒表面上附气泡逸出。摇动时勿使试样摇到瓶外。

（4）取下瓶塞，将盛有试样和蒸馏水的比重瓶置真空干燥箱（器）中抽真空，逐渐达到真空度 98 kPa（735 mmHg）不少于 15 min。如比重瓶试样表面仍有气泡，可再加几滴表面活性剂溶液，摇动后再抽真空。必要时，可反复几次操作，直至无气泡为止。

注：抽真空不宜过快，防止将样品带出比重瓶。

（5）将保温烧杯中的蒸馏水再注到比重瓶中至满，轻轻地塞好瓶塞，再将带塞的比重瓶放进盛有蒸馏水的烧杯中，并塞紧瓶塞。

（6）将装有比重瓶的盛水烧杯再置恒温水槽（试验温度±0.1 ℃）中保持至少 30 min 后，取出比重瓶，迅速揩干瓶外水分后称其质量（ m_7 ），准确至 0.001 g。

四、结果计算与试验记录

（1）试验温度下液体沥青试样的密度或相对密度按公式（5-2-4）及公式（5-2-5）计算。

$$\rho_b = \frac{m_3 - m_1}{m_2 - m_1} \times \rho_w \tag{5-2-4}$$

$$\gamma_b = \frac{m_3 - m_1}{m_2 - m_1} \tag{5-2-5}$$

式中　ρ_b——试样在试验温度下的密度，g/cm³；

　　　γ_b——试样在试验温度下的相对密度；

　　　m_1——比重瓶质量，g；

　　　m_2——比重瓶与所盛满水时的合计质量，g；

　　　m_3——比重瓶与所盛满试样时的合计质量，g；

　　　ρ_w——验温度下水的密度，15 ℃ 水的密度为 0.999 1 g/cm³，25 ℃ 水的密度为 0.997 1 g/cm³。

（2）试验温度下黏稠沥青试样的密度或相对密度按公式（5-2-6）及公式（5-2-7）计算：

$$\rho_b = \frac{m_4 - m_1}{(m_2 - m_1) - (m_5 - m_4)} \times \rho_w \tag{5-2-6}$$

$$\gamma_b = \frac{m_4 - m_1}{(m_2 - m_1) - (m_5 - m_4)} \tag{5-2-7}$$

式中　m_4——比重瓶与沥青试样合计质量，g；

　　　m_5——比重瓶与试样和水合计质量，g。

（3）试验温度下固体沥青试样的密度或相对密度按公式（5-2-8）及公式（5-2-9）计算：

$$\rho_b = \frac{m_6 - m_1}{(m_2 - m_1) - (m_7 - m_6)} \times \rho_w \tag{5-2-8}$$

$$\gamma_b = \frac{m_6 - m_1}{(m_2 - m_1) - (m_7 - m_6)} \tag{5-2-9}$$

式中　m_6——比重瓶与沥青试样合计质量，g；

　　　m_7——比重瓶与试样和水合计质量，g。

（4）同一试样应做平行试验，当两次试验结果的差值符合重复性试验的精密度要求时，以平均值作为沥青的密度试验结果，并准确至 3 位小数。试验报告应注明试验温度。

五、允许误差

（1）对黏稠石油沥青及液体沥青的密度，重复性试验的允许差为 0.003 g/cm³；再现性试验的允许差为 0.007 g/cm³。

（2）对固体沥青，重复性试验的允许差为 0.01 g/cm³，再现性试验的允许差为 0.02 g/cm³。

（3）相对密度的精密度要求与密度相同（无单位）。

试验四　沥青针入度试验

一、目的与适用范围

本方法适用于测定道路石油沥青、聚合物改性沥青针入度以及液体石油沥青蒸馏或乳化沥青蒸发后残留物的针入度，以 0.1 mm 计。其标准试验条件为：温度 25 ℃，荷重 100 g，贯入时间 5 s。

针入度指数 PI 用以描述沥青的温度敏感性，宜在 15 ℃、25 ℃、30 ℃ 等 3 个或 3 个以上温度条件下测定针入度后按规定的方法计算得到；若 30 ℃ 时的针入度值过大，可采用 5 ℃ 代替。当量软化点 T_{800} 是相当于沥青针入度为 800 时的温度，用以评价沥青的高温稳定性。当量脆点 $T_{1.2}$ 是相当于沥青针入度为 1.2 时的温度，用以评价沥青的低温抗裂性能。

二、仪具与材料

（1）针入度仪：仪器如图 5-2-14 所示，为提高测试精度，针入度试验宜采用能够自动计时的针入度仪进行测定，要求针和针连杆在无明显摩擦下垂直运动，针的贯入深度必须准确到 0.1 mm。针和针连杆组合件总质量为 50 g ± 0.05 g，另附 50 g ± 0.05 g 砝码一只，试验时总质量为 100 g ± 0.05 g。仪器设有放置平底玻璃保温皿的平台，并有调节水平的装置，针连杆应与平台垂直。仪器设有针连杆制动按钮，使针连杆可自由下落。针连杆易于装拆，以便检查其质量。仪器还设有可自由转动与调节距离的悬臂，其端部有一面小镜或聚光灯泡，借以观察针尖与试样表面接触情况。且应对自动装置的准确性做经常性校验。当采用其他试验条件时，应在试验结果中注明。

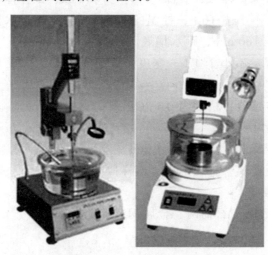

图 5-2-14　沥青针入度仪

（2）标准针：由硬化回火的不锈钢制成，洛氏硬度 HRC54 ~ 60，表面粗糙度 Ra0.2 μm ~ 0.3 μm，针和针杆总质量为 2.5 g ± 0.05 g，针杆上应打印有号码标志，针应设有固定装置盒（筒），以免碰撞针尖，每根针必须附有计量部门的检验单，并定期进行检验，其尺寸及形状如图 5-2-15 所示。

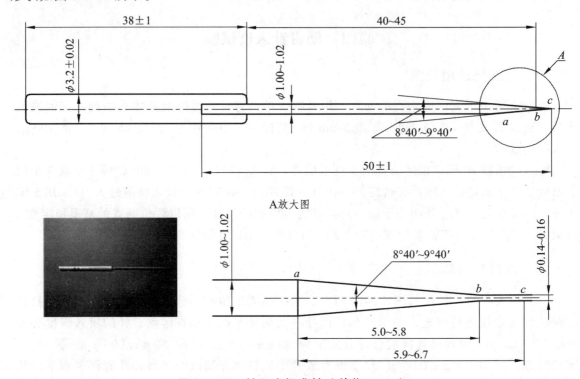

图 5-2-15 针入度标准针（单位：mm）

（3）盛样皿：金属制，圆柱形平底。小盛样皿的内径为 55 mm，深 35 mm（适用于针入度小于 200）；大盛样皿的内径为 70 mm，深 45 mm（适用于针入度 200～350）；针入度大于 350 的试样需使用特殊盛样皿，其深度不小于 60 mm，试样体积不小于 125 mL。

（4）恒温水槽：容量不小于 10 L，控温的准确度为 0.1 ℃。水槽中应设有一带孔的搁架，位于水面下不得少于 100 mm，距水槽底不得少于 50 mm 处。

（5）平底玻璃皿：容量不小于 1 L，深度不少于 80 mm。内设有一不锈钢三脚支架，能使盛样皿稳定。

（6）温度计或温度传感器：精度为 0.1 ℃。

（7）计时器：精度为 0.1 s。

（8）位移计或位移传感器：精度为 0.1 mm。

（9）盛样皿盖：平板玻璃，直径不小于盛样皿开口尺寸。

（10）溶剂：三氯乙烯等。

（11）其他：电炉或砂浴、石棉网、金属锅或瓷把坩埚等。

三、方法与步骤

（一）准备工作

（1）按沥青试样准备方法准备试样。

（2）按试验要求将恒温水槽调节到要求的试验温度 25 ℃，或 15 ℃、30 ℃（5 ℃）等，保持稳定。

（3）将试样注到盛样皿中，高度应超过预计针入度值 10 mm，并盖上盛样皿，以防落入灰尘。盛有试样的盛样皿在 15 ~ 30 ℃室温中冷却不少于 1.5 h（小盛样皿）、2 h（大盛样皿）或 3 h（特殊盛样皿）后，应移到保持规定试验温度 ± 0.1 ℃的恒温水槽中并应保温不少于 1.5 h（小盛样皿）、2 h（大盛样皿）或 3 h（特殊盛样皿）。

（4）调整针入度仪使之水平。检查针连杆和导轨，以确认无水和其他外来物，无明显摩擦。用三氯乙烯或其他溶剂清洗标准针，并擦干。将标准针插入针连杆，用螺钉固紧。按试验条件，加上附加砝码。

（二）试验步骤

（1）取出达到恒温的盛样皿，并移至水温控制在试验温度 ± 0.1 ℃（可用恒温水槽中的水）的平底玻璃皿中的三脚支架上，试样表面以上的水层深度不少于 10 mm。

（2）将盛有试样的平底玻璃皿置于针入度仪的平台上。慢慢放下针连杆，用适当位置的反光镜或灯光反射观察，使针尖恰好与试样表面接触，将位移计或刻度盘指针复位为零。

（3）开始试验，按下释放键，这时计时与标准针落下贯入试样同时开始，至 5 s 时自动停止。

（4）读取位移计或刻度盘指针的读数，准确至 0.1 mm。

（5）同一试样平行试验至少 3 次，各测试点之间及与盛样皿边缘的距离不应小于 10 mm。每次试验应将盛样皿的平底玻璃皿放入恒温水槽，使平底玻璃皿中水温保持试验温度。每次试验应换一根干净标准针或将标准针取下用蘸有三氯乙烯溶剂的棉花或布揩净，再用干棉花或布擦干。

（6）测定针入度大于 200 的沥青试样时，至少用 3 支标准针，每次试验后将针留在试样中，直至 3 次平行试验完成后，才能将标准针取出。

（7）测定针入度指数 PI 时，按同样的方法在 15 ℃、25 ℃、30 ℃（或 5 ℃）3 个或 3 个以上（必要时增加 10 ℃、20 ℃等）温度条件下分别测定沥青的针入度，但用于仲裁试验的温度条件应为 5 个。

四、计 算

（1）将 3 个或 3 个以上不同温度条件下测试的针入度值取对数，令 $y = \lg P, x = T$，按公式（5-2-10）的针入度对数与温度的直线关系，进行 $y = a + bx$ 一元一次方程的直线回归，求取针入度温度指数 $A_{\lg pen}$。

$$\lg P = K + A_{\lg Pen} \times T \qquad\qquad （5\text{-}2\text{-}10）$$

式中　　$\lg P$ —— 不同试验温度，测得的温度下的针入度为对数；

　　　　K —— 回归方程的常数项 a；

　　　　$A_{\lg Pen}$ —— 回归方程系数 b。

　　　　T —— 试验温度，℃。

按公式（5-2-10）回归时必须进行相关性检验，直线回归相关系数 R 不得小于 0.997（置信度 95%）；否则，试验无效。

（2）按公式（5-2-11）确定沥青的针入度指数，并记为 PI。

$$PI = \frac{20 - 500 A_{\lg Pen}}{1 + 50 A_{\lg Pen}} \qquad (5\text{-}2\text{-}11)$$

（3）按公式（5-2-12）确定沥青的当量软化点 T_{800}。

$$T_{800} = \frac{\lg 800 - K}{A_{\lg Pen}} = \frac{2.903\,1 - K}{A_{\lg Pen}} \qquad (5\text{-}2\text{-}12)$$

（4）按公式（5-2-13）确定沥青的当量脆点 $T_{1.2}$。

$$T_{1.2} = \frac{\lg 1.2 - K}{A_{\lg Pen}} = \frac{0.079\,2 - K}{A_{\lg Pen}} \qquad (5\text{-}2\text{-}13)$$

（5）按公式（5-2-14）计算沥青的塑性温度范围 ΔT。

$$\Delta T = T_{800} - T_{1.2} = \frac{2.823\,9}{A_{\lg Pen}} \qquad (5\text{-}2\text{-}14)$$

五、报　告

（1）应报告标准温度（25 ℃）时的针入度以及其他试验温度 T 所对应的针入度 P，以及由此求取针入度指数 PI、当量软化点 T_{800}、当量脆点 $T_{1.2}$ 的方法和结果。当采用公式计算法时，应报告按公式（5-2-10）回归的直线相关系数 R。

（2）同一试样 3 次平行试验结果的最大值和最小值之差在表 5-2-13 允许偏差范围内时，计算 3 次试验结果的平均值，取整数作为针入度试验结果，以 0.1 mm 为单位。

表 5-2-13　针入度允许误差

针入度（0.1 mm）	0 ~ 49	50 ~ 149	150 ~ 249	250 ~ 500
允许差值（0.1 mm）	2	4	12	20

当试验值不符合此要求时，应重新进行试验。

六、允许误差

（1）当试验结果小于 50（0.1 mm）时，重复性试验的允许差为 2（0.1 mm），再现性试验的允许差为 4（0.1 mm）。

（2）当试验结果等于或大于 50（0.1 mm）时，重复性试验的允许差为平均值的 4%，再现性试验的允许差为平均值的 8%。

试验五　沥青延度试验

一、目的与适用范围

（1）本方法适用于测定道路石油沥青、聚合物改性沥青、液体石油沥青蒸馏残留物和乳化沥青蒸发残留物等材料的延度。

（2）沥青延度的试验温度与拉伸速率可根据要求采用，通常采用的试验温度为 25 ℃、15 ℃、10 ℃ 或 5 ℃，拉伸速度为 5 cm/min ± 0.25 cm/min。当低温采用 1 cm/min ± 0.05 cm/min 拉伸速度时，应在报告中注明。

二、仪具与材料

（1）延度仪：延度仪的测量长度不宜大于150 cm，仪器应有自动控温、控速系统。应满足试件浸没于水中，能保持规定的试验温度及按照规定拉伸速度拉伸试件且试验时无明显振动。该仪器的形状及组成如图 5-2-16 所示。

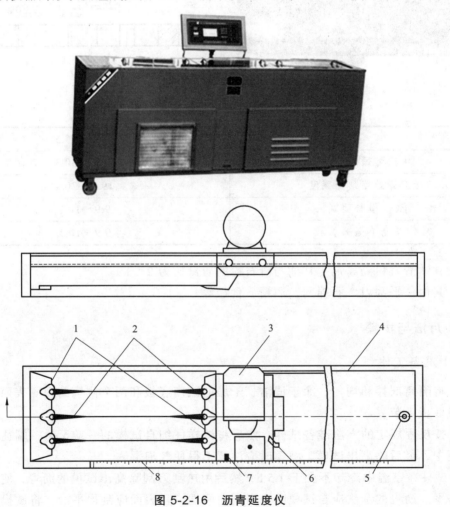

图 5-2-16　沥青延度仪

1—试模；2—试样；3—电机；4—水槽；5—泄水孔；6—开关阀；7—指针；8—标尺

（2）试模：黄铜制，由两个端模和两个侧模组成，其形状及尺寸如图 5-2-17 所示。试模内侧表面精糙度 Ra 0.2 μm，当装配完好后可浇铸成表 5-2-14 所列尺寸的试样。

（3）试模底板：玻璃板或磨光的铜板、不锈钢板（表面粗糙度 Ra 0.2 μm）。

（4）恒温水槽：容量不小于 10 L，控制温度的准确度为 0.1 ℃，水槽中应设有带孔搁架，搁架距水槽底不得小于 50 mm。试件浸入水中的深度不小于 100 mm。

（5）温度计：0 ~ 50 ℃，分度为 0.1 ℃。

（6）砂浴或其他加热炉具。

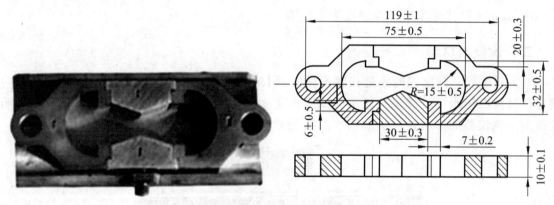

图 5-2-17　延度试模

表 5-2-14　延度试样尺寸（mm）

总　　长	74.5 ~ 75.5
中间缩颈部长度	29.7 ~ 30.3
端部开始缩颈处宽度	19.7 ~ 20.3
最小横断面宽	9.9 ~ 10.1
厚度（全部）	9.9 ~ 10.1

（7）甘油滑石粉隔离剂（甘油与滑石粉的质量比为 2 : 1）。

（8）其他：平刮刀、石棉网、酒精、食盐等。

三、方法与步骤

（一）准备工作

（1）将隔离剂拌和均匀，涂于清洁、干燥的试模底板和两个侧模的内侧表面，并将试模在试模底板上装妥。

（2）按规程规定的方法准备试样，然后将试样仔细自试模的一端至另一端往返数次缓缓注到模中，最后略高出试模。灌模时应注意不得使气泡混入。

（3）试件在室温中冷却不少于 1.5 h，然后用热刮刀刮除高出试模的沥青，使沥青面与试模面齐平。沥青的刮法应自试模的中间刮向两端，且表面应刮得平滑。将试模连同底板再放到规定试验温度的水槽中保温 1.5 h。

（4）检查延度仪延伸速度是否符合规定要求，然后移动滑板使其指针正对标尺的零点。将延度仪注水，并保温达到试验温度 ± 0.1 ℃。

（二）试验步骤

（1）将保温后的试件连同底板移至延度仪的水槽中，然后将盛有试样的试模自玻璃板或不锈钢板上取下，将试模两端的孔分别套在滑板及槽端固定板的金属柱上，并取下侧模。水面距试件表面应不小于 25 mm。

（2）开动延度仪，并注意观察试样的延伸情况。此时应注意，在试验过程中，水温应始终保持在试验温度规定范围内，且仪器不得有振动，水面不得有晃动；当水槽采用循环水时，应暂时中断循环，停止水流。

在试验中，如发现沥青细丝浮于水面或沉入槽底时，则应在水中加入酒精或食盐，调整水的密度至与试样相近后，重新进行试验。

（3）试件拉断时，读取指针所指标尺上的读数，以 cm 表示，在正常情况下，试件延伸时应成锥尖状，拉断时实际断面接近于零。如不能得到这种结果，则应在报告中注明。

四、报　告

同一试样，每次平行试验不少于 3 个，如 3 个测定结果均大于 100 cm，试验结果记作" > 100 cm"；有特殊需要也可分别记录实测值。如 3 个测定结果中，有一个以上的测定值小于 100 cm 时，若最大值或最小值与平均值之差满足重复性试验的精密度要求，则取 3 个测定结果的平均值的整数作为延度试验结果，若平均值大于 100 cm，记作" > 100 cm"；若最大值或最小值与平均值之差不符合重复性试验的精密度要求时，试验应重新进行。

五、允许误差

当试验结果小于 100 cm 时，重复性试验的允许差为平均值的 20%；再现性试验的允许差为平均值的 30%。

试验六　沥青软化点试验

一、目的与适用范围

本方法适用于测定道路石油沥青、聚合物改性沥青的软化点，也适用于测定液体石油沥青、煤沥青蒸馏残留物或乳化沥青蒸发残留物的软化点。

二、仪具与材料

（1）软化点试验仪：如图 5-2-18 所示，由下列部件组成：

① 金属支架：由两个主杆和三层平行的金属板组成，如图 5-2-18（b）所示。上层为一圆盘，直径略大于烧杯直径，中间有一圆孔，用以插放温度计。中层板形状尺寸如图 5-2-18（c）所示，板上有两个孔，各放置金属环，中间有一小孔可支持温度计的测温端部。一侧

立杆距环上面 51 mm 处刻有水高标记。环下面距下层底板为 25.4 mm，而下底板距烧杯底不小于 12.7 mm，也不得大于 19 mm。三层金属板和两个主杆由两螺母固定在一起。

② 钢球：直径 9.53 mm，质量 3.5 g ± 0.05 g。

③ 试样环：黄铜或不锈钢等制成，形状尺寸如图 5-2-19 所示。

④ 钢球定位环：黄铜或不锈钢制成，形状尺寸如图 5-2-19 所示。

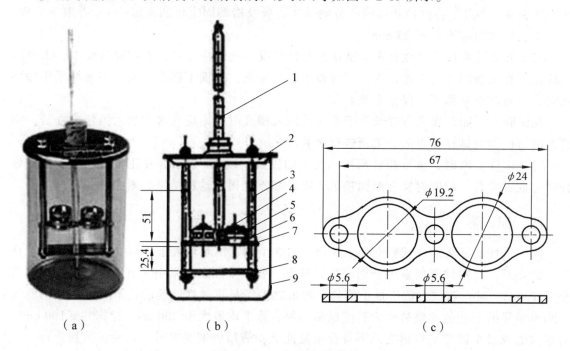

（a）   （b）   （c）

图 5-2-18　软化点仪配件

1—温度计；2—上盘板；3—杆；4—钢球；5—钢球定位仪；6—金属环；
7—中层板；8—下底板；9—烧杯

⑤ 耐热玻璃烧杯：容量 800 ~ 1 000 mL，直径不小于 86 mm，高度不小于 120 mm。

⑥ 温度计：0 ~ 100 ℃，分度为 0.5 ℃。

（2）环夹：由薄钢条制成，用以夹持金属环，以便刮平表面。

（3）装有温度调节器的电炉或其他加热炉具（液化石油气、天然气等）。应采用带有振荡搅拌器的加热电炉，振荡子置于烧杯底部。当采用自动软化点仪时，温度采用温度传感器测定，并能自动显示或记录，且应对自动装置的准确性做经常性校验。

（4）试样底板：金属板（表面粗糙度应达 $Ra\,0.8\,\mu m$）或玻璃板。

（5）恒温水槽：控温的准确度为 ± 0.5 ℃。

（6）平直刮刀。

（7）甘油滑石粉隔离剂（甘油与滑石粉的比例为质量比 2 : 1）。

（8）蒸馏水或纯净水。

（9）其他：石棉网。

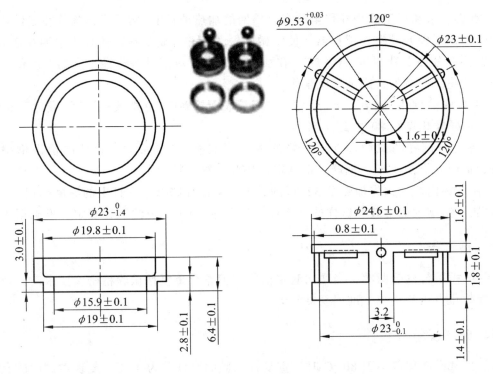

图 5-2-19　试样环、钢球及钢球定位环

三、方法与步骤

（一）准备工作

（1）将试样环置于涂有甘油滑石粉隔离剂的试样底板上。按规定方法将准备好的沥青试样徐徐注进试样环内至略高出环面为止。

　如估计试样软化点高于 120 ℃，则试样环和试样底板（不用玻璃板）均应预热至 80 ~ 100 ℃。

（2）试样在室温冷却 30 min 后，用热刮刀刮除环面上的试样，应使其与环面齐平。

（二）试验步骤

（1）试样软化点在 80 ℃ 以下者：

　① 将装有试样的试样环连同试样底板置于 5 ℃ ± 0.5 ℃ 水的恒温水槽中至少 15 min；同时将金属支架、钢球、钢球定位环等亦置于相同的水槽中。

　② 烧杯内注入新煮沸并冷却至 5 ℃ 的蒸馏水或纯净水，水面略低于立杆上的深度标记。

　③ 从恒温水槽中取出盛有试样的试样环放置在支架中层板的圆孔中，套上定位环；然后将整个环架放至烧杯中，调整水面至深度标记，并保持水温为 5 ℃ ± 0.5 ℃。环架上任何部分不得附有气泡。将 0 ~ 100 ℃ 的温度计由上层板中心孔垂直插入，使端部测温头底部与试样环下面齐平。

④ 将盛有水和环架的烧杯移至放有石棉网的加热炉具上，然后将钢球放在定位环中间的试样中央，立即开动振荡搅拌器，使水微微振荡，并开始加热，使杯中水温在 3 min 内调节至维持每分钟上升 5 ℃ ± 0.5 ℃。在加热过程中，应记录每分钟上升的温度值，如温度上升速度超出此范围，则试验应重作。

⑤ 试样受热软化，逐渐下坠，至与下层底板表面接触时，立即读取温度，准确至 0.5 ℃。

（2）试样软化点在 80 ℃ 以上者：

① 将装有试样的试样环连同试样底板置于装有 32 ℃ ± 1 ℃ 甘油的恒温槽中至少 15 min；同时将金属支架、钢球、钢球定位环等亦置于甘油中。

② 在烧杯内注入预先加热至 32 ℃ 的甘油，其液面略低于立杆上的深度标记。

③ 从恒温槽中取出装有试样的试样环，按上述（1）的方法进行测定，准确至 1 ℃。

四、报　告

同一试样平行试验两次，当两次测定值的差值符合重复性试验精密度要求时，取其平均值作为软化点试验结果，准确至 0.5 ℃。

五、允许误差

（1）当试样软化点小于 80 ℃ 时，重复性试验的允许差为 1 ℃，复现性试验的允许差为 4 ℃。

（2）当试样软化点等于或大于 80 ℃ 时，重复性试验的允许差为 2 ℃，复现性试验的允许差为 8 ℃。

试验七　沥青与粗集料的黏附性试验

一、目的与适用范围

本方法适用于检验沥青与粗集料表面的黏附性及评定粗集料的抗水剥离能力。对于最大粒径大于 13.2 mm 的集料，应用水煮法进行试验；对最大粒径小于或等于 13.2 mm 的集料，应用水浸法进行试验。对同一种料源的集料，最大粒径既有大于又有小于 13.2 mm 的时，取大于 13.2 mm 水煮法试验为标准，对细粒式沥青混合料应以水浸法试验为标准。

二、仪具与材料

（1）天平：称量 500 g，感量不大于 0.01 g。

（2）恒温水槽：能保持温度 80 ℃ ± 1 ℃。

（3）拌和用小型容器：500 mL。

（4）烧杯：1 000 mL。

（5）试验架。

（6）细线：尼龙线或棉线、铜丝线。

（7）铁丝网。

（8）标准筛：9.5 mm、13.2 mm、19 mm 各 1 个。

（9）烘箱：装有自动温度调节器。

（10）电炉、燃气炉。

（11）玻璃板：200 mm×200 mm 左右。

（12）搪瓷盘：300 mm×400 mm 左右。

（13）其他：拌和铲、石棉网、纱布、手套等。

三、水煮法试验

1. 准备工作

（1）将集料过 13.2 mm、19 mm 的筛，取粒径 13.2～19 mm 形状接近立方体的规则集料 5 个，用洁净水洗净，置温度为 105 ℃±5 ℃ 的烘箱中烘干，然后放在干燥器中备用。

（2）用大烧杯中盛水，并置加热炉的石棉网上煮沸。

2. 试验步骤

（1）将集料逐个用细线在中部系牢，再置 105 ℃±5 ℃ 烘箱内 1 h。按本规程规定的方法准备沥青试样。

（2）逐个取出加热的矿料颗粒用线提起，浸入预先加热的沥青（石油沥青 130～150 ℃，煤沥青 100～110 ℃）试样中 45 s 后，轻轻拿出，使集料颗粒完全为沥青膜所裹覆。

（3）将裹覆沥青的集料颗粒悬挂于试验架上，下面垫一张纸，使多余的沥青流掉，并在室温下冷却 15 min。

（4）待集料颗粒冷却后，逐个用线提起，浸入盛有煮沸水的大烧杯中央，调整加热炉，使烧杯中的水保持微沸状态，如图 5-2-20（b）、（c）所示，但不允许有沸开的泡沫，如图 5-2-20（a）所示。

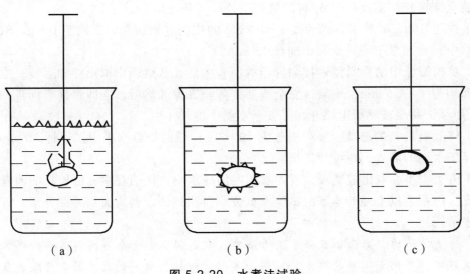

（a）　　　　　　　　（b）　　　　　　　　（c）

图 5-2-20　水煮法试验

（5）浸煮 3 min 后，将集料从水中取出，观察矿料颗粒上沥青膜的剥落程度，并按表 5-2-15 评定其黏附性等级。

表 5-2-15　沥青与集料的黏附性等级

试验后石料表面上沥青膜剥落情况	黏附性等级
沥青膜完全保存，剥离面积百分率接近于 0	5
沥青膜小部分为水所移动，厚度不均匀，剥离面积百分率少于 10%	4
沥青膜局部明显地为水所移动，基本保留在石料表面上，剥离面积百分率小于 30%	3
沥青膜大部分为水所移动，局部保留在石料表面上，剥离面积百分率大于 30%	2
沥青膜完全为水所移动，石料基本裸露，沥青全浮于水面上	1

（6）同一试样应平行试验 5 个集料颗粒，并由两名以上经验丰富的试验人员分别评定后，取平均等级作为试验结果。

四、水浸法试验

1. 准备工作

（1）将集料过 9.5 mm、13.2 mm 筛，取粒径为 9.5～13.2 mm 形状规则的集料 200 g 用洁净水洗净，并置温度为 105 ℃±5 ℃ 的烘箱中烘干，然后放在干燥器中备用。

（2）按规定准备沥青试样，加热至按沥青混合料试件制作（击实法）的要求确定的沥青与矿料的拌和温度。

（3）将煮沸过的热水注入恒温水槽，并维持温度 80 ℃±1 ℃。

2. 试验步骤

（1）按四分法称取集料颗粒（9.5～13.2 mm）100 g 置于搪瓷盘中，连同搪瓷盘一起放入已升温至沥青拌和温度以上 5 ℃ 的烘箱中持续加热 1 h。

（2）按每 100 g 矿料加入沥青 5.5 g±0.2 g 的比例称取沥青，准确至 0.1 g，放进小型拌和容器中，一起置于同一烘箱中加热 15 min。

（3）将搪瓷盘中的集料倒进拌和容器的沥青中后，从烘箱中取出拌和容器，立即用金属铲拌和均匀 1～1.5 min，使集料完全被沥青薄膜裹覆。然后，立即将裹有沥青的集料取 20 个，用小铲移至玻璃板上摊开，并置于室温下冷却 1 h。

（4）将放有集料的玻璃板浸入温度为 80 ℃±1 ℃ 的恒温水槽中，保持 30 min，并将剥离及浮于水面的沥青，用纸片捞出。

（5）由水中小心取出玻璃板，浸入水槽内的冷水中，仔细观察裹覆集料的沥青薄膜的剥落情况。由两名以上经验丰富的试验人员分别目测，评定剥离面积的百分率，评定后取平均值表示。

注：为使估计的剥离面积百分率较为正确，宜先制取若干个不同剥离率的样本，用比照法目测评定，不同剥离率的样本，可用加不同比例抗剥离剂的改性沥青与酸性集料拌和

后浸水得到。也可由同一种沥青与不同集料品种拌和后浸水得到，样本的剥离面积百分率逐个仔细计算得出。

（6）由剥离面积百分率按表 5-2-15 评定沥青与集料黏附性的等级。

五、报　告

试验结果应报告采用的方法及集料粒径。

课题三　矿　粉

> **知识点：**
> ◎　矿粉的基本知识
> ◎　矿粉的技术性质及试验方法

一、矿粉的定义

矿粉是由石灰岩等碱性石料经磨细加工得到的。在沥青混合料中起填料作用的是以碳酸钙为主要成分的矿物质粉末。

二、矿粉在沥青混合料中的作用

矿粉在沥青混合料中起到重要作用，矿粉性质和用量对沥青混合料的抗剪强度影响很大。矿粉用量少，不足以形成足够的比表面吸附沥青；矿粉用量过多又会使胶泥成团，致使路面胶泥离析，同样造成不良后果。

（1）在添加的沥青量相同情况下，矿料表面积与结构沥青的形成有很大关系。矿料表面积越大，形成的沥青膜相应的越薄，结构沥青所占的比例越大，因此生产的沥青混合料的黏聚力越高。所以，在生产沥青混合料时加入适量的矿粉，增大矿料表面积，对提高混合料的黏结力有很好的效果，易形成沥青胶结物质，具有较高的黏结力。

（2）加入适量的矿粉，可以提升沥青混合料的物理吸附能力和化学吸附能力。这样可以产生大量结构沥青，减少自由沥青的产生，有效地提高混合料相互作用的黏聚力，也能很好地稳定其防水性能。

（3）当今，我国高速公路建设步伐加快，对公路建设的防滑性有更高的要求。路面的防滑能力与沥青的粗糙度、密实程度、混合料的级配组成以及沥青用量等因素有关。目前对公路的耐用性有很高的要求，为了增加公路的使用寿命，应特别注意公路的耐磨性。因为通常的硬质石料都属于酸性，而酸性石料与沥青的黏附性较差。所以要使用碱性的矿粉，掺入适量的碱性矿粉，沥青与碱性矿粉黏附性较大，能有效地提高沥青混合料的质量。

三、矿粉的技术性质

1．矿粉的级配

矿粉的级配是指矿粉大小颗粒的搭配情况。

矿粉的级配用筛分试验（水洗法）进行检测。

2．矿粉的密度

矿粉的密度指矿粉单位体积所具有的质量，单位为 g/cm^3。

矿粉的密度不仅可以反映矿粉的质量，而且也是沥青混合料配合比设计的重要参数，采用李氏比重瓶法检测。

3. 亲水系数

矿粉的亲水系数是指矿粉试样在水（极性介质）中膨胀的体积与同一试样在煤油（非极性介质）中膨胀的体积之比。

亲水系数大于 1 的矿粉，表示矿粉对水的亲和力大于对沥青的亲和力，称为憎油矿粉。在工程中必须选用亲水系数小于 1 的矿粉。

4. 塑性指数

矿粉的塑性指数是指矿粉液限含水率与塑限含水率之差，以百分率表示。

它是评价矿粉中黏性土成分含量的指标。

5. 加热安定性

矿粉的加热安定性是指矿粉在热拌过程中受热而不产生变质的性能。

它是评价矿粉（除石灰石粉、磨细生石灰粉、水泥外）易受热变质的成分的含量。

试验一　矿粉密度试验

一、目的与适用范围

用于检验矿粉的质量，供沥青混合料配合比设计计算使用，同时适用于测定供拌制沥青混合料用的其他填料如水泥、石灰、粉煤灰的相对密度。

二、仪具与材料

（1）李氏比重瓶：容量为 250 mL 或 300 mL。

（2）天平：感量不大于 0.01 g。

（3）烘箱：能控温在 105 ℃ ± 5 ℃。

（4）恒温水槽：能控温在 20 ℃ ± 0.5 ℃。

（5）其他：瓷皿、小牛角匙、干燥器、漏斗等。

三、试验步骤

（1）将代表性矿粉试样置于瓷皿中，在 105 ℃ 烘箱中烘干至恒重（一般不少于 6 h），放进干燥器中冷却后，连同小牛角匙、漏斗一起准确称量（m_1），准确至 0.01 g，矿粉质量应不少于 20%。

（2）向比重瓶中注入蒸馏水，至刻度 0 ~ 1 mL，将比重瓶放进 20 ℃ 的恒温水槽中，静放至比重瓶中的水温不再变化为止（一般不少于 2 h），读取比重瓶中水面的刻度（V_1），准确至 0.02 mL。

（3）用小牛角匙将矿粉试样通过漏斗徐徐加入比重瓶，待比重瓶中水的液面上升至接近比重瓶的最大读数时为止，轻轻摇晃比重瓶，使瓶中的空气充分逸出。再次将比重瓶放至恒温水槽中，待温度不再变化时，读取比重瓶的读数（V_2），准确至 0.02 mL。在整个试验过程中，比重瓶中的水温变化不得超过 1 ℃。

（4）准确称取牛角匙、瓷皿、漏斗及剩余矿粉的质量（m_2），准确至 0.01 g。

注：对亲水性矿粉，应采用煤油作介质测定，方法相同。

四、结果计算

按式（5-3-1）、式（5-3-2）计算矿粉的密度和相对密度，精确至小数点后 3 位。

$$\rho_f = \frac{m_1 - m_2}{V_2 - V_1} \tag{5-3-1}$$

$$\gamma_f = \frac{\rho_f}{\rho_w} \tag{5-3-2}$$

式中　　ρ_f——矿粉的密度，g/cm^3；

γ_f——矿粉对水的相对密度，无量纲；

m_1——牛角匙、瓷皿、漏斗及试验前瓷器中矿粉的干燥质量，g；

m_2——牛角匙、瓷皿、漏斗及试验后瓷器中矿粉的干燥质量，g；

V_1——加矿粉以前比重瓶的初读数，mL；

V_2——加矿粉以后比重瓶的终读数，mL；

ρ_w——试验温度时水的密度。

五、精密度或允许差

同一试样应平行试验两次，取平均值作为试验结果。两次试验结果的差值不得大于 0.01 g/cm^3。

试验二　矿粉筛分试验（水洗法）

一、目的与适用范围

测定矿粉的颗粒级配。适用于测定供拌制沥青混合料用的其他填料如水泥、石灰、粉煤灰的颗粒级配。

二、仪具与材料

（1）标准筛：孔径为 0.6 mm、0.3 mm、0.15 mm、0.075 mm。

（2）天平：感量不大于 0.1 g。

（3）烘箱：能控温在 105 ℃ ± 5 ℃。

（4）搪瓷盘。

（5）橡皮头研杵。

三、试验步骤

（1）将矿粉试样放至 105 ℃ ± 5 ℃ 烘箱中烘干至恒重，冷却，称取 100 g，准确至 0.1 g。如有矿粉团粒存在，可用橡皮头研杵轻轻研磨粉碎。

（2）将 0.075 mm 筛装在筛底上，仔细倒入矿粉，盖上筛盖。手工轻轻筛分，至大体上筛不下去为止。存留在筛底上的小于 0.075 mm 部分可弃去。

（3）除去筛盖和筛底，按筛孔大小顺序套成套筛。将存留在 0.075 mm 筛上的矿粉倒回 0.6 mm 筛上，在自来水龙头下方接一胶管，打开自来水，用胶管的水轻轻冲洗矿粉过筛，0.075 mm 筛下部分任其流失，直至流出的水色清澈为止。水洗过程中，可以适当用手扰动试样，加速矿粉过筛，待上层筛冲干净后，取出 0.6 mm 筛，接着从 0.3 mm 或 0.15 mm 筛上冲洗，但不得直接冲洗 0.075 mm 筛。

注：① 自来水的水量不可太大太急，防止损坏筛面或将矿粉冲出；水不得从两层筛之间流出，自来水龙头宜装有防溅水龙头。当现场缺乏自来水时，也可由人工浇水冲洗。

② 如直接在 0.075 mm 筛上冲洗，将可能使筛面变形，筛孔堵塞，或者造成矿粉与筛面发生共振，不能通过筛孔。

（4）分别将各筛上的筛余反过来用小水流仔细冲洗进各个搪瓷盘中，待筛余沉淀后，稍稍倾斜搪瓷盘。仔细除去清水，放至 105 ℃ 烘箱中烘干至恒重。称取各号筛上的筛余量，准确至 0.1 g。

四、结果计算

各号筛上的筛余量除以试样总量的百分率，即为各号筛的分计筛余百分率，精确至 0.1%。用 100 减去 0.6 mm、0.3 mm、0.15 mm、0.075 mm 各筛的分计筛余百分率，即为通过 0.075 mm 筛的通过百分率，加上 0.075 mm 筛的分计筛余百分率即为 0.15 mm 筛的通过百分率。依次类推，计算出各号筛的通过百分率，精确至 0.1%。

五、精密度或允许差

以两次平行试验结果的平均值作为试验结果。各号筛的通过率相差不得大于 2%。

试验三 矿粉亲水系数试验

一、目的与适用范围

矿粉的亲水系数即矿粉试样在水（极性介质）中膨胀的体积与同一试样在煤油（非极性介质）中膨胀的体积之比，用于评价矿粉与沥青结合料的黏附性能。本方法也适用于测定供拌制沥青混合料用的其他填料如水泥、石灰、粉煤灰的亲水系数。

二、仪具与材料

（1）量筒：50 mL 两个，刻度至 0.5 mL。

（2）研钵及有橡皮头的研杵。

（3）天平，感量不大于 0.01 g。

（4）煤油：在温度 270 ℃ 分馏得到的煤油，并经杂黏土过滤而得到者（过滤用杂黏土应先经加热至 250 ℃ 3 h，俟其冷却后使用）。

（5）烘箱。

三、试验步骤

（1）称取烘干至恒重的矿粉 5 g（准确至 0.01 g），将其放在研钵中，加入 15 mL～30 mL 蒸馏水，用橡皮研杵仔细磨 5 min，然后用洗瓶把研钵中的悬浮液洗入量筒，使量筒中的液面恰为 50 mL。然后用玻璃棒搅和悬浮液。

（2）同上法将另一份同样重量的矿粉，用煤油仔细研磨后将悬浮液冲洗移至另一量筒中，液面亦为 50 mL。

（3）将上述两量筒静置，使量筒内液体中的颗粒沉淀。

（4）每天两次记录沉淀物的体积，直到体积不变为止。

四、结果计算

$$\eta = \frac{V_B}{V_H} \tag{1}$$

式中　η——亲水系数，无量纲；

　　　V_B——水中沉淀物体积，mL；

　　　V_H——煤油中沉淀物体积，mL。

五、精密度或允许差

平行测定两次，以两次测定值的平均值作为试验结果。

试验四　矿粉塑性指数试验

一、目的与适用范围

（1）矿粉的塑性指数是矿粉液限含水量与塑限含水量之差，以百分率表示。

（2）矿粉的塑性指数用于评价矿粉中黏性土成分的含量。

（3）本方法也适用于检验作为沥青混合料填料使用的粉煤灰、拌和机回收粉尘的塑性指数。

二、仪具与材料

同土的界限含水率试验仪器设备。

三、试验步骤

（1）将矿粉等填料用 0.6 mm 筛过筛，去除筛上部分。

（2）按《公路土工试验规程》（JTJ 051）规定的方法测定塑性指数。

课题四 沥青混合料对组成材料的要求

> **知识点:**
>
> ◎ 各种原材的技术要求、检测项目

沥青混合料的技术性质决定于组成材料的性质、组成配合的比例和混合料的制备工艺等因素。为保证沥青混合料的技术性质,首先是正确选择符合质量要求的组成材料。

沥青路面使用的各种材料运至现场后必须取样进行质量检验,经评定合格方可使用,不得以供应商提供的检测报告或商检报告代替现场检测。

沥青路面集料的选择必须经过认真的料源调查,确定料源应尽可能遵循就地取材的原则。质量符合使用要求,石料开采必须注意环境保护,防止破坏生态平衡。

集料粒径规格以方孔筛为准。不同料源、品种、规格的集料不得混杂堆放。

沥青混合料中各组成材料的技术要求分述如下:

一、对沥青的要求

(1)可采用道路石油沥青,其技术性质满足规范要求。所用沥青标号应根据地区的气候条件、施工季节的气温、路面类型与施工方法选用。通常在较热的气候区、较繁重的交通道路以及细粒式或砂粒式的混合料则应采用稠度较高的沥青;反之,则采用稠度较低的沥青。

(2)沥青必须按品种、标号分开存放。除长期不使用的沥青可放在自然温度下存储外,沥青在储罐中的储存温度不宜低于 130 ℃,并不得高于 170 ℃。

(3)道路石油沥青在储运、使用及存放过程中应有良好的防水措施,避免雨水或加热管道蒸汽进入沥青。

二、对粗集料的要求

沥青面层中粗集料的作用是形成沥青混合料的骨架,使其形成具有一定强度的路面层。粗集料的外形与品质对混合料的性质有决定性的影响。

沥青层用粗集料包括碎石、破碎砾石、筛选砾石、钢渣、矿渣等,但高速公路和一级公路不得使用筛选砾石和矿渣。

对粗集料的外观要求包括:应洁净、干燥、表面粗糙,并带棱角性(无尖锐棱角)的立方形颗粒;同时具有一定的强度与抗磨耗性。

1. 粗集料的质量要求

我国行业标准《公路沥青路面施工技术规范》(JTG F40—2004)规定,粗集料的各项质量要求应符合表 5-4-1。

表 5-4-1　沥青混合料用粗集料质量技术要求

指　标	单位	高速公路及一级公路		其他等级公路
		表面层	其他层次	
石料压碎值，不大于		26%	28%	30%
洛杉矶磨耗损失，不大于		28%	30%	35%
表观相对密度，不小于	t/m³	2.60	2.50	2.45
吸水率，不大于		2.0%	3.0%	3.0%
坚固性，不大于		12%	12%	—
针片状颗粒含量（混合料），不大于		15%	18%	20%
其中粒径大于 9.5 mm，不大于		12%	15%	—
其中粒径小于 9.5 mm，不大于		18%	20%	—
水洗法 < 0.075 mm 颗粒含量，不大于		1%	1%	1%
软石含量，不大于		3%	5%	5%

注：① 坚固性试验可根据需要进行。
　　② 用于高速公路、一级公路时，多孔玄武岩的视密度可放宽至 2.45 t/m³，吸水率可放宽至 3%，但必须得到建设单位的批准，且不得用于 SMA 路面。
　　③ 对 S14 即 3 ~ 5 规格的粗集料，针片状颗粒含量可不予要求，< 0.075 mm 的含量可放宽到 3%。

高速公路、一级公路沥青路面的表面层（或磨耗层）的粗集料的磨光值应符合表 5-4-2 的要求。

表 5-4-2　粗集料与沥青的黏附性、磨光值的技术要求

雨量气候区	1（潮湿区）	2（湿润区）	3（半干区）	4（干旱区）
年降雨量/mm	> 1 000	1 000 ~ 500	500 ~ 250	< 250
粗集料的磨光值 PSV，不小于				
高速公路、一级公路表面层	42	40	38	36
粗集料与沥青的黏附性，不小于高速公路、一级公路表面层	5	4	4	3
高速公路、一级公路的其他层次及其他等级公路的各个层次	4	4	3	3

2. 粗集料的级配要求

粗集料的粒径规格应按我国行业标准《公路沥青路面施工技术规范》（JTG F40—2004）规定的沥青混合料用粗集料规格（见表 5-4-3）选用。如粗集料不符合表 5-4-3 所列规格，但确认与其他矿料配合后的级配符合各类沥青混合料矿料级配（见表 5-4-9）要求时，可以使用。

表 5-4-3 沥青混合料用粗集料规格

规格名称	公称粒径/mm	通过下列筛孔（mm）的质量百分率（%）												
		106	75	63	53	37.5	31.5	26.5	19.0	13.2	9.5	4.75	2.36	0.6
S1	40~75	100	90~100	—	—	0~15	—	0~5						
S2	40~60		100	90~100	—	0~15	—	0~5						
S3	30~60		100	90~100	—	—	0~15	—	0~5					
S4	25~50			100	90~100	—	—	0~15	—	0~5				
S5	20~40				100	90~100	—	—	0~15	—	0~5			
S6	15~30					100	90~100	—	—	0~15	—	0~5		
S7	10~30					100	90~100	—	—	0~15	0~15	0~5		
S8	10~25							90~100	—	0~15	—	0~5		
S9	10~20							100	90~100	—	0~15	0~5		
S10	10~15								100	90~100	0~15	0~5		
S11	5~15								100	90~100	40~70	0~15	0~5	
S12	5~10									100	90~100	0~15	0~5	
S13	3~10									100	90~100	40~70	0~20	0~5
S14	3~5										100	90~100	0~15	0~3

3. 沥青与粗集料的黏附性

沥青与粗集料的黏附性是路用沥青混合料重要性能之一，其直接影响沥青路面的使用质量和耐久性。沥青裹覆集料后的抗水性（即抗剥性）不仅与沥青的性质有密切关系，而且亦与集料性质有关。当采用一种固定的沥青时，不同矿物成分的石料的剥落度也有所不同。从碱性、中性直至酸性石料，随着 SiO_2 含量的增加，剥落度亦随之增加。为保证沥青混合料的强度，在选择石料时应优先考虑利用碱性石料，当地缺乏碱性石料必须采用花岗岩、石英岩等酸性石料时，宜使用针入度较小的沥青。

粗集料与沥青的黏附性应符合表 5-4-2 的要求，当使用不符合要求的粗集料时，宜采用下列抗剥离措施使沥青混合料的水稳定性检验达到要求：

（1）掺加消石灰、水泥或用饱和石灰水处理后使用。

（2）必要时可同时在沥青中掺加耐热、耐水、长期性能好的抗剥落剂。

（3）采用改性沥青。

掺加外加剂的剂量由沥青混合料的水稳定性检验确定。

沥青与集料的黏附性的试验方法，我国规范《公路工程沥青及沥青混合料试验规程》（JTG E20—2011）规定采用水煮法和水浸法。

三、对细集料的要求

（1）种类：细集料包括天然砂、机制砂和石屑。

（2）外观：细集料应洁净、干燥、无风化、不含杂质，并有适当的颗粒级配。细集料的洁净程度，天然砂以小于 0.075 mm 含量的百分数表示，石屑和机制砂以砂当量（适用于 0 ~ 4.75 mm）或亚甲蓝值（适用于 0 ~ 2.36 mm 或 0 ~ 0.15 mm）表示。

（3）沥青面层用细集料的规格要求。

我国行业标准《公路沥青路面施工技术规范》（JTG F40—2004）对细集料的技术要求如表 5-4-4 ~ 表 5-4-6 所示。但细集料的级配应以其与粗集料和填料配制后的级配是否满足（见表 5-4-8）矿质混合料的级配要求来确定。当一种细集料不能满足级配要求时，可采用两种或两种以上的细集料掺和使用。

表 5-4-4　沥青混合料用细集料质量要求

项　目	单位	高速公路、一级公路	其他等级公路
表观相对密度，不小于		2.50	2.45
坚固性（> 0.3 mm 部分），不小于		12%	—
含泥量（小于 0.075 mm 的含量），不大于		3%	5%
砂当量，不小于		60%	50%
亚甲蓝值，不大于	g/kg	25	—
棱角性（流动时间），不小于	s	30	—

注：① 坚固性试验可根据需要进行。

表 5-4-5　沥青混合料用天然砂规格

筛孔尺寸/mm	通过各孔筛的质量百分率/%		
	粗　砂	中　砂	细　砂
9.5	100	100	100
4.75	90 ~ 100	90 ~ 100	90 ~ 100
2.36	65 ~ 95	75 ~ 90	85 ~ 100
1.18	35 ~ 65	50 ~ 90	75 ~ 100
0.6	15 ~ 30	30 ~ 60	60 ~ 84
0.3	5 ~ 20	8 ~ 30	15 ~ 45
0.15	0 ~ 10	0 ~ 10	0 ~ 10
0.075	0 ~ 5	0 ~ 5	0 ~ 5

表 5-4-6　沥青混合料用机制砂或石屑规格

规格	公称粒径/mm	水洗法通过各筛孔的质量百分率/%							
		9.5	4.75	2.36	1.18	0.6	0.3	0.15	0.075
S15	0 ~ 5	100	90 ~ 100	60 ~ 90	40 ~ 75	20 ~ 55	7 ~ 40	2 ~ 20	0 ~ 10
S16	0 ~ 3		100	80 ~ 100	50 ~ 80	25 ~ 60	8 ~ 45	0 ~ 25	0 ~ 15

注：当生产石屑采用喷水抑制扬尘工艺时，应特别注意含粉量不得超过表中要求。

四、对填料的技术要求

填料是指在沥青混合料中起填充作用的粒径小于 0.075 mm 的矿质粉末。在沥青混合料中，填料通常是指矿粉。矿粉是采用石灰岩等碱性石料粉磨得到的，在沥青混合料中起填料作用的以碳酸钙为主要成分的矿物质粉末，其小于 0.075 mm 的颗粒含量大于 75%。另外，消石灰、水泥、粉煤灰也可作为填料使用。

矿粉在沥青混合料中起到重要作用，矿粉性质和用量对沥青混合料的抗剪强度影响很大。矿粉用量少，不足以形成足够的比表面吸附沥青；矿粉用量过多又会使胶泥成团，致使路面胶泥离析，同样造成不良后果。

拌和机的粉尘可作为矿粉的一部分。但每盘用量不得超过填料总量的 25%。矿粉应干燥、洁净，能自由地从矿粉仓流出，其质量应符合表 5-4-7 的技术要求。

表 5-4-7　沥青混合料用矿粉质量要求

项　目	单　位	高速公路、一级公路	其他等级公路
表观密度，不小于	t/m³	2.50	2.45
含水量，不大于		1%	1%
粒度范围 　< 0.6mm		100%	100%
< 0.15 mm		90% ~ 100%	90% ~ 100%
< 0.075 mm		75% ~ 100%	70% ~ 100%
外观		无团粒结块	
亲水系数		< 1	
塑性指数		< 4	
加热安定性		实测记录	

五、矿质混合料的级配要求

由粗集料、细集料和填料组成的矿质混合料，应保证具有足够的密实度和较高的初始内摩擦角。密级配沥青混凝土混合料矿料级配范围应符合我国行业标准《公路沥青路面施工技术规范》（JTG F40—2004）的规定范围（见表 5-4-8）。该规范规定的各类级配范围均属连续型级配，是按理论公式计算并结合国内近年实践经验而制定的，对我国沥青混合料的生产和应用具有指导意义。

表 5-4-8　密级配沥青混凝土混合料矿料级配范围

级配类型		通过下列筛孔（mm）的质量百分率/%											
		31.5	26.5	19	16	13.2	9.5	4.75	2.36	1.18	0.6	0.3	0.15	0.075
粗粒式	AC-25	100	90~100	75~90	65~83	57~76	45~65	24~52	16~42	12~33	8~24	5~17	4~13	3~7
中粒式	AC-20		100	90~100	78~92	62~80	50~72	26~56	16~44	12~33	8~24	5~17	4~13	3~7
	AC-16			100	90~100	76~92	60~80	34~62	20~48	13~36	9~26	7~18	5~14	4~8
细粒式	AC-13				100	90~100	68~85	38~68	24~50	15~38	10~28	7~20	5~15	4~8
	AC-10					100	90~100	45~75	30~58	20~44	13~32	9~23	6~16	4~8
砂粒式	AC-5						100	90~100	55~75	35~55	20~40	12~28	7~18	5~10

课题五　沥青面层材料的技术性质

知识点:
◎ 沥青面层材料的技术性质

沥青混合料在路面中直接承受车辆荷载的作用,应具有一定力学强度;除了交通的作用外,还受到各种自然因素的影响,因此还必须具有抵抗自然因素作用的耐久性;现代交通的作用下,为保证行车安全、舒适,还需要具备有特殊表面特性(即抗滑性);为便利施工,还应具有施工和易性。

一、沥青面层材料的技术性质

（一）高温稳定性

1. 定　义

沥青混合料高温稳定性,是指沥青混合料在夏季高温(通常为 60 ℃)条件下,经车辆荷载长期重复作用后,不产生车辙(见图 5-5-1)和波浪等病害的性能。

图 5-5-1　某公路行车道沥青路面车辙

2. 测定方法

（1）马歇尔稳定度试验:评价沥青混合料的高温稳定性。

（2）车辙试验:检验其抗车辙能力,用于高速公路、一级公路、城市快速路、主干路用沥青混合料。

3. 马歇尔稳定度试验

马歇尔稳定度的试验方法自 B. 马歇尔(Marshall)提出,迄今已半个多世纪,经过许多研究者的改进，目前普遍是测定马歇尔稳定度（*MS*）、流值（*FL*）和马歇尔模数（*T*）三项指标。

（1）马歇尔稳定度 *MS*：按规定条件采用马歇尔试验仪测定的沥青混合料所能承受的最大荷载，以 kN 计。

（2）流值 *FL*：沥青混合料在进行马歇尔试验时相应于最大荷载时试件的竖向变形，以 mm 计。

（3）马歇尔模数 *T*：通常用马歇尔稳定度（*MS*）与流值（*FL*）之比值表示沥青混合料的视劲度，称为马歇尔模数，如下：

$$T = \frac{MS}{FL} \tag{5-5-1}$$

4. 车辙试验

车辙试验的方法，首先由英国道路研究所（RRL）提出，后来经过了许多国家的道路工作者研究改进。

（1）方法：用标准成型方法，制成 300 mm × 300 mm × 50 mm 的沥青混合料试件，在 60 ℃ 的温度条件下，以一定荷载的轮子在同一轨迹上作一定时间的反复行走，形成一定的车辙深度，然后计算试件变形 1 mm 所需试验车轮行走次数，即为动稳定度。

$$DS = \frac{(t_2 - t_1) \cdot N}{d_2 - d_1} \cdot c_1 c_2 \tag{5-5-2}$$

式中　　DS ——沥青混合料动稳定度，次/mm；

d_1，d_2 ——相对时间 t_1 和 t_2 的变形量，mm；

N ——试验轮往返碾压速度，通常为 42 次/min；

c_1 ——试验机类型系数，曲柄连杆驱动加载轮往返运行方式为 1.0；

c_2 ——试件系数，试验时制备宽 300 mm 的试件为 1.0。

（2）标准规定：沥青混合料车辙试验动稳定度试验结果应符合表 5-5-1 的规定。

表 5-5-1　沥青混合料车辙试验动稳定度技术要求

气候条件与技术指标		相应于下列气候分区所要求的动稳定度/（次/mm）								
七月平均最高气温/℃ 及气候分区		> 30				20 ~ 30				< 20
		1. 夏炎热区				2. 夏热区				3. 夏凉区
		1-1	1-2	1-3	1-4	2-1	2-2	2-3	2-4	3-2
普通沥青混合料，不小于		800		1 000		600		800		600
改性沥青混合料，不小于		2 400		2 800		2 000		2 400		1 800
SMA 混合料	非改性，不小于	1 500								
	改性，不小于	3 000								
OGFC 混合料，不小于		1 500（一般交通路段）、3 000（重交通量路段）								

（3）影响沥青混合料高温稳定性的因素。

影响沥青混合料高温稳定性的主要因素有沥青的用量、沥青的黏度、矿料的级配、矿料的尺寸、形状等。

① 沥青混凝土的强度取决于沥青混合料的黏结力和内摩擦角。沥青用量过多，不仅会使沥青混合料的内摩阻力降低，而且在夏季容易产生泛油现象。因此，严格控制沥青的用量，可以使矿料颗粒更多地以结构沥青的形式相联结，提高混合料的黏聚力和内摩阻力。

② 使用温度稳定性好的沥青是提高沥青混凝土温度稳定性和抗剪强度的最重要措施。在规定沥青标号范围内使用较稠的和黏度高的沥青可以提高沥青混凝土的抗形变能力。

③ 由合理矿料级配组成的沥青混合料，可以形成骨架密实结构，这种混合料的黏聚力和内摩阻力都比较大。

④ 使用接近立方体的有尖锐棱角和粗糙表面的碎石以及增加碎石用量可以提高沥青混凝土的抗车辙能力。

（二）低温抗裂性

沥青混合料随着温度的降低，变形能力下降。路面由于低温而收缩以及行车荷载的作用，在薄弱部位产生裂缝，从而影响道路的正常使用。因此，要求沥青混合料具有一定的低温抗裂性。

1. 低温裂缝产生的原因

沥青混合料的低温裂缝是由混合料的低温脆化、低温缩裂和温度疲劳引起的。混合料的低温脆化是指其在低温条件下，变形能力降低；低温缩裂通常是由于材料本身的抗拉强度不足而造成的；温度疲劳，则是因温度循环而引起的疲劳破坏。因此在混合料组成设计中，应选用稠度较低、温度敏感性低、抗老化能力强的沥青。

2. 低温开裂形式

（1）面层低温裂缝：由于温度骤降引起，由上向下发展。
（2）温度疲劳裂缝：由于温度循环引起，时间越长越明显。

3. 测定方法

低温弯曲试验（破坏应变）。

（三）耐久性

沥青混合料在路面中长期受自然因素的作用，为保证路面具有较长的使用年限，必须具有较好的耐久性。

1. 定　义

耐久性是指沥青混合料在使用过程中抵抗外界各种因素（如阳光、空气、水、车辆荷载等）的长期作用，保持原有性质的能力，主要包括抗老化性、水稳定性等。

2. 沥青混合料的抗老化性

在沥青混合料使用过程中，受到氧、水、紫外线等的作用，沥青逐渐硬化，混合料变脆，导致沥青路面开裂。

沥青混合料的老化取决于沥青的老化，其影响因素主要有：

（1）沥青的老化程度。

（2）外界环境因素。

（3）压实空隙率等。

3. 沥青混合料的水稳定性

沥青混合料水稳定性不足表现为：由于水或水汽作用，促使沥青从集料颗粒表面剥落，沥青混合料的黏结度降低，松散的颗粒被车轮带走，在路面形成坑槽。

这种病害形成的主要原因是沥青路面施工过程中，压实空隙率较大，沥青路面排水系统不完善，车辆产生的动力水压力对沥青产生剥离作用，加剧了沥青路面的"水损害"病害（见图 5-5-2）。

图 5-5-2　耐久性差引起的沥青路面破坏

4. 影响因素及改善措施

（1）沥青的成分与含量　沥青的成分是决定沥青材料老化速度的主要原因，沥青中含有分子量小的成分老化速度就快，沥青混合料的耐久性就差。沥青用量较正常的用量减少时，则沥青膜变薄，混合料的延伸能力降低，脆性增加；而且沥青用量偏少，将使混合料的空隙率增大，沥青膜暴露较多，加速了老化作用；同时增加了渗水率，加剧了水对沥青的剥落作用。有研究认为，沥青用量较最佳沥青用量少 0.5% 的混合料能使路面使用寿命减小一半以上。

（2）矿料的矿物成分与级配　矿料的矿物成分决定其与沥青材料的黏结能力，矿料的酸性成分含量大，矿料与沥青材料的黏附性差，易发生剥落，影响路面的耐久性，应在矿料中增加碱性矿粉来调解矿料表面的酸性程度。矿料的级配是决定沥青混合料的空隙率大小的主要因素，要求矿料的级配应符合规范要求。

（3）沥青混合料的组成结构（残留空隙、沥青填隙率）对沥青混合料的耐久性影响较大。就沥青混合料的组成结构而言，首先是沥青混合料的空隙率的影响。空隙率的大小与矿质集料的级配、沥青材料的用量以及压实程度等有关。从耐久性角度出发，希望沥青混合料空隙率尽量减小，以防止水的渗入和日光紫外线对沥青的老化作用等，但是一般沥青混合料中均应残留 3%~6% 的空隙，以备夏季沥青材料膨胀。

5. 评价指标

沥青混合料的耐久性一般采用马歇尔试验来评价，通过测试沥青混合料试件的空隙率、有效沥青饱和度和残留稳定度等，来说明沥青混合料的耐久性是否合格。

（四）抗滑性

1. 定　义

抗滑性是指车轮制动后沿路面滑移所产生的力。

2. 影响因素

影响沥青路面抗滑的主要因素有矿质集料的微表面性质、混合料的级配组成以及沥青用量等。

（1）要注意矿料的耐磨光性，应选择硬质有棱角的矿料。硬质集料往往属于酸性集料，与沥青的黏附性差，应采取掺加抗剥剂等措施。

（2）沥青用量对抗滑性的影响非常敏感，沥青用量超过最佳用量的 0.5% 即可使抗滑系数明显降低。

（3）含蜡量对沥青混合料抗滑性有明显的影响，我国现行行业标准要求含蜡量应不大于 3%。

3. 指　标

集料的磨光值、道瑞磨耗值和冲击值等，以及路面的摩擦系数、构造深度。

（五）施工和易性

1. 定　义

沥青混合料在施工过程中易拌和、摊铺与压实的性能。

2. 影响因素

矿料的级配、沥青的品种及用量，以及施工环境条件等。

（1）混合料的级配：如粗细集料的颗粒大小相距过大，缺乏中间尺寸，混合料容易分层层积（粗粒集中于表面，细粒集中于底部）；如细集料太少，沥青层就不容易均匀地分布在粗颗粒表面；细集料过多，则使拌和困难。

（2）当沥青用量过少或矿粉用量过多时，混合料容易产生疏松不易压实；反之，如沥青用量过多或矿粉质量不好，则容易使混合料黏结成团块，不易摊铺。

二、沥青混合料的技术标准

交通部现行行业标准《公路沥青路面施工技术规范》（JTG F40—2004）针对各种沥青混合料提出了不同的技术要求，表 5-5-2 是常用密级配沥青混凝土采用马歇尔方法时的技术标准。该标准根据道路等级、交通荷载和气候状况等因素提出了不同的指标。

表 5-5-2　密级配沥青混凝土混合料马歇尔试验技术标准
（本表适用于公称最大粒径≤26.5 mm 的密级配沥青混凝土混合料）

试　验　指　标		单位	高速公路、一级公路				其他等级公路	行人道路
			夏炎热区（1-1、1-2、1-3、1-4 区）		夏热区及夏凉区（2-1、2-2、2-3、2-4、3-2 区）			
			中轻交通	重载交通	中轻交通	重载交通		
击实次数（双面）		次	75				50	50
试件尺寸		mm	ϕ101.6 mm×63.5 mm					
空隙率 VV	深约 90 mm 以内		3%～5%	4%～6%[注2]	2%～4%	3%～5%	3%～6%	2%～4%
	深约 90 mm 以下		3%～6%		2%～4%	3%～6%	3%～6%	—
稳定度 MS，不小于		kN	8				5	3
流值 FL		mm	2～4	1.5～4	2～4.5	2～4	2～4.5	2～5
矿料间隙率 VMA（%），不小于	设计空隙率（%）	相应于以下公称最大粒径（mm）的最小 VMA 及 VFA 技术要求（%）						
		26.5	19	16	13.2	9.5	4.75
	2	10	11	11.5	12	13	15
	3	11	12	12.5	13	14	16
	4	12	13	13.5	14	15	17
	5	13	14	14.5	15	16	18
	6	14	15	15.5	16	17	19
沥青饱和度 VFA（%）			55～70		65～75		70～85	

试验一　沥青混合料取样法

一、目的与适用范围

本方法适用于在拌和厂及道路施工现场采集热拌沥青混合料或常温沥青混合料试样，供施工过程中的质量检验或在试验室测定沥青混合料的各项物理力学性质。所取的试样应有充分的代表性。

二、仪具与材料

（1）铁锹。
（2）手铲。
（3）搪瓷盘或其他金属盛样容器、塑料编织袋。

（4）温度计：分度为 1 ℃。宜采用有金属插杆的插入式数显温度计，金属插杆的长度应不小于 150 mm。量程为 0～300 ℃。

（5）其他：标签、溶剂（煤油）、棉纱等。

三、取样方法

1. 取样数量

取样数量应符合下列要求：

（1）试样数量根据试验目的确定，宜不少于试验用量的 2 倍。按现行规范规定进行沥青混合料试验的每一组代表性取样如表 5-5-3 所示。

平行试验应加倍取样。在现场取样直接装入试模或盛样盒成型时，也可等量取样。

表 5-5-3　常用沥青混合料试验项目的样品数量

试验项目	目　的	最少试样量/kg	取样量/kg
马歇尔试验、抽提筛分	施工质量检验	12	20
车辙试验	高温稳定性检验	40	60
浸水马歇尔试验	水稳定性检验	12	20
冻融劈裂试验	水稳定性检验	12	20
弯曲试验	低温性能检验	15	25

（2）取样材料用于仲裁试验时，取样数量除应满足本取样方法的规定外，还应保留一份有代表性的试样，直到仲裁结束。

2. 取样方法

沥青混合料取样应是随机的，并具有充分的代表性。以检查拌和质量（如油石比、矿料级配）为目的时，应从拌和机一次放料的下方或提升斗中取样，不得多次取样混合后使用。以评定混合料质量为目的时，必须分几次取样，拌和均匀后作为代表性试样。

（1）在沥青混合料拌和厂取样。在拌和厂取样时，宜用专用的容器（一次可装 5～8 kg）装在拌和机卸料斗下方，每放一次料取一次样，顺次装入试样容器，每次倒在清扫干净的平板上，连续几次取样，混合均匀，按四分法取样至足够数量。

（2）在沥青混合料运料车上取样。在运料汽车上取沥青混合料样品时，宜在汽车装料一半后，分别用铁锹从不同方向的 3 个不同高度处取样；然后混在一起用手铲适当拌和均匀，取出规定数量。在施工现场的运料车上取样时，应在卸料一半后从不同方向取样，样品宜从 3 辆不同的车上取样混合使用。

注意：在运料车上取样时不得仅从满载的运料车车顶上取样，且不允许只在一辆车上取样。

（3）在道路施工现场取样。在道路施工现场取样时，应在摊铺后未碾压前于摊铺宽度的两侧 1/3～1/2 位置处取样，用铁锹取该摊铺层的料。每摊铺一车料取一次样，连续 3 车取样后，混合均匀按四分法取样至足够数量。

（4）对热拌沥青混合料每次取样时，都必须用温度计测量温度，准确至 1 °C。

（5）乳化沥青常温混合料试样的取样方法与热拌沥青混合料相同，但宜在乳化沥青破乳水分蒸发后装袋，对袋装常温沥青混合料亦可直接从储存的混合料中随机取样。取样袋数不少于 3 袋，使用时将 3 袋混合料倒出，做适当拌和，按四分法取出规定数量的试样。

（6）液体沥青常温沥青混合料的取样方法同上，当用汽油稀释时，必须在溶剂挥发后方可封袋保存。当用煤油或柴油稀释时，可在取样后即装袋保存，保存时应特别注意防火安全。

（7）从碾压成型的路面上取样时，应随机选取 3 个以上不同地点的，钻孔、切割或刨取该层混合料。需重新制作试件时，应加热拌匀，按四分法取样至足够数量。

3. 试样的保存与处理

（1）热拌热铺的沥青混合料试样需送至中心试验室或质量检测机构作质量评定且二次加热会影响试验结果（如车辙试验）时，必须在取样后趁高温立即装入保温桶，送试验室立即成型试件，试件成型温度不得低于规定要求。

（2）热混合料需要存放时，可在温度下降至 60 °C 后装入塑料编织袋，扎紧袋口，并宜低温保存，应防止潮湿、淋雨等，且时间不宜太长。

（3）在进行沥青混合料质量检验或进行物理力学性质试验时，当采集的热拌混合料试样温度下降或结成硬块已不符合温度要求时，宜用微波炉或烘箱加热至符合压实的温度，通常加热时间不宜超过 4 h，且只容许加热一次，不得重复加热。不得用电炉或燃气炉明火局部加热。

四、样品的标记

（1）取样后当场试验时，可将必要的项目一并记录在试验记录报告上。此时，试验报告必须包括取样时间、地点、混合料温度、取样数量、取样人等栏目。

（2）取样后转送试验室试验或存放后用于其他项目试验时应附有样品标签，样品标签应记载下列事项：

① 工程名称、拌和厂名称。

② 沥青混合料种类及摊铺层次、沥青品种、标号、矿料种类、取样时混合料温度及取样位置或用以摊铺的路段桩号等。

③ 试样数量及试样单位。

④ 取样人，取样日期。

⑤ 取样目的或用途。

试验二 沥青混合料的试件制作方法 （击实法）

一、目的与适用范围

（1）本方法适用于标准击实法或大型击实法制作沥青混合料试件，以供试验室进行沥青混合料物理力学性质试验使用。

（2）标准击实法适用于马歇尔试验、间接抗拉试验（劈裂法）等所使用的 ϕ101.6 mm×

63.5 mm 圆柱体试件的成型。大型击实法适用于 ϕ152.4 mm×95.3 mm 的大型圆柱体试件的成型。

（3）沥青混合料试件制作时的矿料规格及试件数量应符合如下规定：

① 当集料公称最大粒径小于或等于 26.5 mm 时，采用标准击实法。一组试件的数量不少于 4 个。

② 当集料公称最大粒径大于 26.5 mm 时，宜采用大型击实法。一组试件的数量不少于 6 个。

二、仪具与材料

（1）自动击实仪。

应具有自动记数、控制仪表、按钮设置、复位及暂停等功能。按其用途分为以下两种：

① 标准击实仪：由击实锤、ϕ98.5 mm±0.5 mm 平圆形压实头及带手柄的导向棒组成。用机械将压实锤提升，从 457.2 mm±1.5 mm 的高度沿导向棒自由落下击实，标准击实锤质量为 4 536 g±9 g。

② 大型击实仪：由击实锤、ϕ149.5 mm±0.1 mm 平圆形压实头及带手柄的导向棒组成。用机械将压实锤提升，从 457.2 mm±2.5 mm 的高度沿导向棒自由落下击实，大型击实锤质量为 10 210 g±10 g。

自动击实仪（见图 5-5-3）是将标准击实锤及标准击实台安装一体并用电力驱动使击实锤连续击实试件且可自动记数的设备，击实速度为 60 次/min±5 次/min。大型击实法电动击实的功率不小于 250 W。

 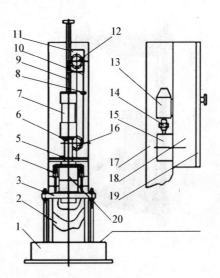

（a）击实仪实图　　　　　　　　　（b）结构示意图

图 5-5-3　沥青混合料击实仪

1—底座框；2—硬木墩；3—锅板平台；4—试模锁紧装置；5—安全操作杆；6—压实头；
7—击实锤；8—挡块；9—导杆；10—链条；11—链条调节板；12—不链轮；
13—电机；14—连轴器；15—减速器；16—下链轮；17—后箱；
18—前箱；19—安全门；20—试模

（2）试验室用沥青混合料拌和机：能保证拌和温度并充分拌和均匀，可控制拌和时间，容量不小于 10 L，如图 5-5-4 所示。搅拌叶自转速度为 70 ~ 80 r/min，公转速度为 40 ~ 50 r/min。

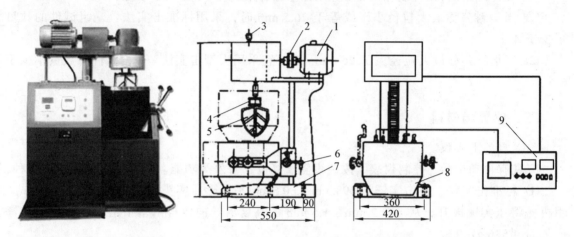

（a）沥青混合料拌和机实图　　　　　　　　（b）沥青混合料拌和机示意图

图 5-5-4　沥青混合料拌和机

1—电机；2—联轴器；3—变速器；4—弹簧；5—拌和叶片；6—升降手柄；
7—底座；8—加热拌和锅；9—温度时间控制仪

（3）脱模器：电动或手动，可无破损地推出圆柱体试件，备有标准圆柱体试件及大型圆柱体试件尺寸的推出环，见图 5-5-5。

（a）手动脱模器　　　　　　　　（b）电动脱模器

图 5-5-5　脱模器

（4）试模：由高碳钢或工具钢制成。

① 标准击实仪试模的内径为 101.6 mm ± 0.2 mm，圆柱形金属筒高 87 mm，底座直径为 120.6 mm，套筒内径为 101.6 mm、高 70 mm。

② 大型击实仪的试模与套筒尺寸：套筒外径为 165.1 mm，内径为 155.6 mm ± 0.3 mm，总高 83 mm；试模内径为 152.4 mm ± 0.2 mm，总高 115 mm，底座板厚 12.7 mm，直径为 172 mm。

（5）烘箱：大、中型各一台，应有温度调节器。

（6）天平或电子秤：用于称量矿料的，感量不大于 0.5 g；用于称量沥青的，感量不大于 0.1 g。

（7）布洛克菲尔德黏度计。

（8）插刀或大螺丝刀。

（9）温度计：分度为 1℃。宜采用有金属插杆的热电偶沥青温度计，金属插杆的长度不小于 150 mm。量程为 0 ~ 300 ℃。

（10）其他：电炉或煤气炉、沥青熔化锅、拌和铲、标准筛、滤纸（或普通纸）、胶布、卡尺、秒表、粉笔、棉纱等。

三、准备工作

1. 确定制作沥青混合料试件的拌和与压实温度

（1）按规程测定沥青的黏度，绘制黏温曲线。按表 5-5-4 确定制作沥青混合料试件的拌和与压实的等黏温度。

表 5-5-4　沥青混合料拌和及压实的沥青等黏温度

沥青结合料种类	黏度与测定方法	适宜于拌和的沥青结合料黏度	适宜于压实的沥青结合料黏度
石油沥青	表观黏度，T0625	0.17 Pa·s ± 0.02 Pa·s	0.28 Pa·s ± 0.03 Pa·s

（2）当缺乏沥青黏度测定条件时，试件的拌和与压实温度可按表 5-5-5 选用，并根据沥青品种和标号作适当调整。针入度小、稠度大的沥青取高限，针入度大、稠度小的沥青取低限，一般取中值。

表 5-5-5　沥青混合料拌和及压实温度参考表

沥青结合料种类	拌和温度/℃	压实温度/℃
沥青混合料拌和温度	140 ~ 160	120 ~ 150
试件击实成型温度	160 ~ 175	140 ~ 170

（3）对改性沥青，应根据实践经验、改性剂的品种和用量，适当提高混合料的拌和和压实温度。对大部分聚合物改性沥青，通常在普通沥青压实温度的基础上提高 10 ~ 20 ℃；掺加纤维时，尚需提高 10 ℃ 左右。

（4）常温沥青混合料的拌和和击实在常温下进行。

2. 沥青混合料试件的制作条件

（1）在拌和厂或施工现场采集沥青混合料试样。将试样置于烘箱中或加热的砂浴上保温，在混合料中插入温度计测量温度，待混合料温度符合要求后成型。需要适当拌和时可倒进已加热的小型沥青混合料拌和机中适当拌和，时间不超过 1 min。不得用铁锅在电炉或明火上加热炒拌。

（2）在试验室人工配制沥青混合料时，材料准备按下列步骤进行：

① 将各种规格的矿料置于 105 ℃±5 ℃的烘箱中烘干至恒重（时间一般为 4~6 h）。

② 将烘干分级的粗细集料，按每个试件设计级配要求称其质量，在一金属盘中混合均匀，矿粉单独放进小盆里；然后置于烘箱中预热至沥青拌和温度以上约 15 ℃（采用是有沥青时通常为 163 ℃；采用改性沥青时通常需 180 ℃）备用。一般按一组试件（每组 4~6 个）备料，但进行配合比设计时宜对每个试件分别备料。常温沥青混合料的矿料不应加热。

③ 将按规程采集的沥青试样，用烘箱加热至规定的沥青混合料拌和温度，但不得超过 175 ℃。当不得已采用燃气炉或电炉直接加热进行脱水时，必须使用石棉垫隔开。

四、拌制沥青混合料

1. 黏稠石油沥青或煤沥青混合料

（1）用沾有少许黄油的棉纱擦净试模、套筒及击实座等，置于 100 ℃左右的烘箱中加热 1 h 备用。常温沥青混合料用试模不加热。

（2）将沥青混合料拌和机预热至拌和温度以上 10 ℃左右。

（3）将加热的粗细集料置于拌和机中，用小铲子适当拌和；然后再加入需要数量的已加热至拌和温度的沥青（如沥青已称量在一专用容器内时，可在倒掉沥青后用一部分热矿粉将沾在容器壁上的沥青擦拭一起倒进拌和锅中)，开动拌和机一边搅拌一边将拌和叶片插进混合料中拌和 1~1.5 min；暂停拌和，加入矿粉，继续拌和至均匀为止，并使沥青混合料保持在要求的拌和温度范围内。标准的总拌和时间为 3 min。

2. 液体石油沥青混合料

将每组（或每个）试件的矿料置于加热至 55~100 ℃的沥青混合料拌和机中，注入要求数量的液体沥青，并将混合料边加热边拌和，使液体沥青中的溶剂挥发至 50% 以下，拌和时间应事先试拌确定。

3. 乳化沥青混合料

将每个试件的粗细集料置于沥青混合料拌和机（不加热，也可用人工炒拌）中，注入计算的用水量（阴离子乳化沥青不加水）后，拌和均匀并使矿料表面完全湿润，再注入设计的沥青乳液用量，在 1 min 内使混合料拌匀，然后加入矿粉后迅速拌和，使混合料拌成褐色为止。

五、成型方法

（1）马歇尔标准击实法的成型步骤：

① 将拌好的沥青混合料，均匀称取一个试件所需的用量（标准马歇尔试件约 1 200 g，大型马歇尔试件约 4 050 g）。当已知沥青混合料的密度时，可根据试件的标准尺寸计算并乘以 1.03 得到要求的混合料数量。当一次拌和几个试件时，宜将其倒进经预热的金属盘中，

用小铲适当拌和均匀分成几份，分别取用。在试件制作过程中，为防止混合料温度下降，应连盘放在烘箱中保温。

② 从烘箱中取出预热的试模及套筒，用沾有少许黄油的棉纱擦拭套筒、底座及击实锤底面，将试模装在底座上，垫一张圆形的吸油性小的纸，按四分法从四个方向用小铲将混合料铲进试模中，用插刀或大螺丝刀沿周边插捣 15 次，中间 10 次。插捣后将沥青混合料表面整平成凸圆弧面。对大型马歇尔试件，混合料分两次加入，每次插捣次数同上。

③ 插入温度计，至混合料中心附近，检查混合料的温度。

④ 待混合料温度符合要求的压实温度后，将试模连同底座一起放在击实台上固定，在装好的混合料上面垫一张吸油性小的圆纸，再将装有击实锤及导向棒的压实头插进试模中，然后开启电动机或人工将击实锤从 457 mm 的高度自由落下击实规定的次数（75 或 50 次）。对大型马歇尔试件，击实次数为 75 次（相应于标准击实 50 次的情况）或 112 次（相应于标准击实 75 次的情况）。

⑤ 试件击实一面后，取下套筒，将试模反面，装上套筒，然后以同样的方法和次数击实另一面。

乳化沥青混合料试件在两面击实后，将一组试件在室温下横向放置 24 h；将另一组试件置于温度为 105 ℃±5 ℃ 的烘箱中养生 24 h。将养生试件取出后立即两面锤击各 25 次。

⑥ 试件击实结束后，立即用镊子取掉上下面的纸，用卡尺量取试件离试模上口的高度并由此计算试件高度，如高度不符合要求，试件应作废，并按公式（5-5-3）调整试件的混合料质量，以保证高度符合 63.5 mm±1.3 mm（标准试件）或 95.3 mm±2.5 mm（大型试件）的要求。

$$调整后混合料质量 = \frac{要求试件高度 \times 原用混合料质量}{所得试件的高度} \qquad (5\text{-}5\text{-}3)$$

（2）卸去套筒和底座，将装有试件的试模横向放置冷却至室温后（不少于 12 h），置脱模机上脱出试件。用于现场马歇尔指标检验的试件，在施工质量检验过程中如急需试验，允许采用电风扇吹冷 1 h 或浸水冷却 3 min 以上的方法脱模，但浸水脱模法不能用于测量密度、空隙率等各项物理指标。

（3）将试件仔细置于干燥洁净的平面上，供试验用。

试验三　沥青混合料视密度试验（表干法）

一、目的与适用范围

（1）表干法适用于测定吸水率不大于 2% 的各种沥青混合料试件，包括密级配沥青混凝土、沥青玛琋脂碎石混合料（SMA）和沥青稳定碎石等沥青混合料试件的毛体积相对密度或毛体积密度。标准温度为 25 ℃±0.5 ℃。

（2）本方法测定的毛体积密度适用于计算沥青混合料试件的空隙率、矿料间隙率等各项体积指标。

二、仪器设备

（1）浸水天平或电子秤：当最大称量在 3 kg 以下时，感量不大于 0.1 g；最大称量 3 kg 以上时，感量不大于 0.5 g。应有测量水中重的挂钩。

（2）网篮。

（3）溢流水箱：使用洁净水，有水位溢流装置，保持试件和网篮浸入水中后的水位一定。能调整水温至 25 ℃ ± 0.5 ℃。

（4）试件悬吊装置：天平下方悬吊网篮及试件的装置，吊线应采用不吸水的细尼龙线绳，并有足够的长度。对轮碾成型机成型的板块状试件，可用铁丝悬挂。

（5）秒表。

（6）毛巾。

（7）电风扇或烘箱。

三、方法与步骤

（1）准备试件。

本试验可以采用室内成型的试件，也可以采用工程现场钻芯、切割等方法获得的试件。试验前试件宜在阴凉处保存（温度不宜高于 35 ℃），且放置在水平的平面上，注意不要使试件产生变形。

（2）选择适宜的浸水天平或电子秤，最大称量应满足试件质量的要求。

（3）除去试件表面的浮粒，称取干燥试件的空中质量（ m_a ），根据选择的天平感量读数，准确到 0.1 g 或 0.5 g。

（4）将溢流水槽水温保持在 25 ℃ ± 0.5 ℃。挂上网篮，浸入溢流水箱，调节水位，将天平调平或复零，把试件置于网篮中（注意不要晃动水）浸水中 3 ~ 5 min，称取水中质量（ m_w ）。若天平读数持续变化，不能很快达到稳定，说明试件吸水较严重，不适用于此法测定，应改用蜡封法测定。

（5）从水中取出试件，用洁净柔软的拧干湿毛巾轻轻擦去试件的表面水（不得吸走空隙内的水），称取试件的表干质量（ m_f ）。从试件拿出水面到擦拭结束不宜超过 5 s，称量过程中流出的水不得擦拭。

（6）对从工程现场钻取的非干燥试件，可先称取水中质量（ m_w ）和表干质量（ m_f ）然后用电风扇将试件吹干至恒重（一般不少于 12 h，当不需进行其他试验时，也可用 60 ℃ ± 5 ℃ 烘箱烘干至恒重），再称取空气中质量（ m_a ）。

四、计　算

（1）按公式（5-5-4）计算试件的吸水率，取 1 位小数。

试件的吸水率即试件吸水体积占沥青混合料毛体积的百分率。

$$S_a = \frac{m_f - m_a}{m_f - m_w} \times 100 \tag{5-5-4}$$

式中　s_a ——试件的吸水率，%；

m_f——试件的表干质量，g；

m_a——干燥试件的空气中质量，g；

m_w——试件的水中质量，g。

（2）按公式（5-5-5）、式（5-5-6）计算试件的毛体积相对密度和毛体积密度，取 3 位小数。

$$\gamma_f = \frac{m_a}{m_f - m_w} \tag{5-5-5}$$

$$\rho_f = \gamma_f \times \rho_w \tag{5-5-6}$$

式中 γ_f——用表干法测定的试件毛体积相对密度，无量纲；

ρ_f——试件的毛体积密度，g/cm^3；

ρ_w——25 ℃时水的密度，取 0.997 1 g/cm^3。

（3）按公式（5-5-7）计算试件的空隙率，取 1 位小数。

$$VV = \left(1 - \frac{\gamma_f}{\gamma_t}\right) \times 100 \tag{5-5-7}$$

式中 VV——试件的空隙率，%；

γ_t——按规程测定的沥青混合料理论最大相对密度，当实测理论最大相对密度有困难时，可采用后面的公式计算理论最大相对密度；

γ_f——试件的毛体积相对密度，无量纲，通常用表干法测定（当试件吸水率 $S_a > 2\%$时，用蜡封法测定；当按规定容许采用水中质量法测定时，可用表观相对密度代替）。

（4）计算试件的理论最大相对密度或理论最大密度，取 3 位小数。

① 对非改性的普通沥青混合料，在成型马歇尔试件的同时，用真空法实测各组沥青混合料的最大理论相对密度。

② 对改性沥青或 SMA 混合料，宜按公式计算各个不同沥青用量混合料的最大理论相对密度。

（5）按公式（5-5-8）计算试件中的矿料间隙率，取 1 位小数。

$$VMA = \left(1 - \frac{\gamma_f}{\gamma_{sb}} \times P_s\right) \times 100 \tag{5-5-8}$$

式中 VMA——试件的矿料间隙率，%；

γ_f——测定的试件的毛体积相对密度，无量纲；

P_s——各种矿料占沥青混合料总质量的百分率之和，%，即 $P_s = 100 - P_b$；

γ_{sb}——矿料混合料的合成毛体积相对密度，按公式（5-5-9）计算。

$$\gamma_{sb} = \frac{100}{\dfrac{P_1}{\gamma_1} + \dfrac{P_2}{\gamma_2} + \cdots + \dfrac{P_n}{\gamma_n}} \tag{5-5-9}$$

式中 $P_1, P_2, \cdots, P_n$——各种矿料成分的配比，其和为 100；

γ_1, γ_2, …, γ_n——各种矿料相应的毛体积相对密度。

（6）按公式（5-5-10）计算试件的有效沥青饱和度，取 1 位数。

$$VFA = \frac{VMA - VV}{VMA} \times 100 \qquad (5\text{-}5\text{-}10)$$

式中　VFA——试件的有效沥青饱和度，%，有效沥青含量占 VMA 的体积比例；

　　　VV——试件的空隙率，%；

　　　VMA——试件的矿料间隙率，%。

五、报　告

应在试验报告中注明沥青混合料的类型及采用的测定密度的方法。

六、允许误差

试件的毛体积密度试验重复性的允许误差为 0.020 g/cm³。试件毛体积相对密度试验重复性的允许误差为 0.020。

试验四　沥青混合料理论最大相对密度试验（真空法）

一、目的与适用范围

（1）本方法适用于真空法测定沥青混合料理论最大相对密度，供沥青混合料配合比设计、路况调查或路面施工质量管理计算孔隙率、压实度等使用。

（2）本方法不适用于吸水率大于 3% 的多孔性集料的沥青混合料。

二、仪具与材料

（1）天平：称量 5 kg 以上，感量不大于 0.1 g；称取 2 kg 以下，感量不大于 0.05 g。

（2）负压容器：如图 5-5-6 所示。根据试样数量选用表 5-5-6 中的 A、B、C 任何一种类型。负压容器中口带橡皮塞，上接橡胶管，管口下方有滤网，防止细料部分吸入胶管。为便于抽真空时观察气泡情况，负压容器至少有一面透明或者采用透明的密封盖。

图 5-5-6　最大理论密度测定仪

表 5-5-6　负压容器类型

类型	容　器	附属设置
A	耐压玻璃、塑料或金属制的罐，容器容积大于 1 000 mL	有密封盖，接真空胶管，与真空泵连接
B	容积大于 1 000 mL 的真空容量瓶	带胶皮塞，接真空胶管，与真空泵连接
C	4 000 mL 耐压真空干燥器	带胶皮塞，放气阀，接真空胶皮管与真空泵连接

（3）真空负压装置：由真空泵、真空表、调压装置、压力表及干燥或积水装置组成。

① 真空泵能使负压容器内造成 3.7 kPa ± 0.3 kPa（27.5 mmHg ± 2.5 mmHg）负压；真空表分度值不得大于 2 kPa。

② 调压装置应具备过压调节功能，以保持负压容器的负压稳定在要求范围内；同时还应具有卸除真空压力的功能。

③ 压力表应经过标定，能够测定 0~4 kPa（0~30 mmHg）负压。当采用水银压力表分度值 1 mmHg，示值误差为 2 mmHg；非水银压力表分度值为 0.1 kPa，示值误差为 0.2 kPa。压力表不得直接与真空装置连接，应单独与负压容器连接。

④ 采用干燥或积水装置主要是为了防止负压容器内的水分进入真空泵。

（4）振动装置：试验过程中根据需要可以开启或关闭。

（5）恒温水槽：水温控制 25 ℃ ± 0.5 ℃。

（6）温度计：分度为 0.5 ℃。

（7）其他：玻璃板、平底盘、铲子等。

三、方法与步骤

（一）准备工作

（1）按以下几种方法获取沥青混合料试样，试验数量宜不少于表 5-5-7 的规定数量。

表 5-5-7　沥青混合料试样数量

公称最大粒径/mm	试样最小质量/g	公称最大粒径/mm	试样最小质量/g
4.75	500	26.5	2 500
9.5	1 000	31.5	3 000
13.2、16	1 500	37.5	3 500
19	2 000		

① 室内拌制的沥青混合料，分别拌制两个平行试样，放置于平底盘中。

② 现场取样从拌和楼、运料车或者摊铺现场取样，趁热缩分成两个平行试样，分别置于平底盘中。

③ 从沥青路面上钻芯取样或切割的试样，或者其他来源的冷沥青混合料，应置于 125 ℃ ± 5 ℃ 烘箱中加热至变软、松散后，然后缩分成两个平行试样，分别置于平底盘中。

（2）将平底盘中的热沥青混合料，在室温中冷却或者用电风扇吹，一边冷却一边将沥青混合料团块仔细分散，粗集料不破碎，细集料团块分散到小于 6.4 mm。混合料坚硬时，可用烘箱适当加热后分散，一般加热温度不超过 60 ℃。分散试样可用铲子翻动、分散，在温度较低时应用手掰开，不得用锤打碎，防止集料破碎。当试样是从路上采取的非干燥混合料时，应用电风扇吹干至恒重后再操作。

（3）负压容器标定方法：

① 采用 A 类容器时，将容器全部进入 25 ℃ ± 0.5 ℃ 的恒温水槽，负压容器完全浸没、恒温 10 min ± 1 min 后，称取容器的水中质量（m_1）。

② B、C 类负压容器

a. 大端口的负压容器，需要有大于负压容器端口的玻璃板。将负压容器和玻璃板放进水槽中，注意轻轻摇动负压容器使容器内气泡排除。恒温 10 min ± 1 min，取出负压容器和玻璃板，向负压容器内加满 25 ℃ ± 0.5 ℃ 水至液面稍微溢出，用玻璃板先盖住容器端口 1/3，然后慢慢沿容器端口水平方向移动盖住整个端口，注意查看有没有气泡。擦除负压容器四周的水，称取盛满水的负压容器质量为 m_b。

b. 小口的负压容器，需要采用中间带垂直孔的塞子，其下部为凹槽，以便于空气从孔中排除。将负压容器和塞子放进水槽中，注意轻轻摇动负压容器使容器内气泡排除。恒温 10 min ± 1 min，在水中将瓶塞塞进瓶口，使多余的水由瓶塞的孔中挤出。取出负压容器，将负压容器用干净软布将瓶塞顶部擦拭一次，再迅速擦除负压容器外面的水分，最后称其质量 m_b。

（4）将负压容器干燥，编号，称取其干燥质量。

（二）试验步骤

（1）将沥青混合料试样装入干燥的负压容器，称容器及沥青混合料总质量，得到试样的净质量 m_a，试样质量应不小于上述规定的最小数量。

（2）在负压容器中注入约 25 ℃ ± 0.5 ℃ 的水，将混合料全部浸没，并比混合料顶面高出约 2 cm。

（3）将负压容器放到试验仪上，与真空泵、压力表等连接，开动真空泵，使负压容器内在 2 min 内达到 3.7 kPa ± 0.3 kPa（27.5 mmHg ± 2.5 mmHg）时，开始计时，同时开动振动装置和抽真空，持续 15 min ± 2 min。

为使气泡容易除去，试验前可在水中加 0.01% 浓度的表面活性剂（如每 100 mL 水中加 0.01 g 洗涤灵）。

（4）当抽真空结束后，关闭真空装置和振动装置，打开调压阀慢慢卸压，卸压速度不得大于 8 kPa/s（通过真空表读数控制），使负压容器压力逐渐恢复。

（5）当负压容器采用 A 类容器时，将盛试样的容器浸入保温至 25 ℃ ± 0.5 ℃ 的恒温水槽，恒温 10 min ± 1 min 后，称取负压容器与沥青混合料的水中质量（m_2）。

（6）当负压容器采用 B、C 类容器时，将装有沥青混合料试样的容器浸入保温至 25 ℃ ± 0.5 ℃ 的恒温水槽，恒温 10 min ± 1 min 后，注意容器中不得有气泡，擦净容器外的水分，称取容器、水和沥青混合料试样的总质量（m_c）。

四、计 算

（1）采用 A 类容器时，沥青混合料的理论最大相对密度按公式（5-5-11）计算。

$$\gamma_t = \frac{m_a}{m_a - (m_1 - m_2)} \qquad (5\text{-}5\text{-}11)$$

式中　γ_t——沥青混合料理论最大相对密度；

　　　m_a——干燥沥青混合料试样中空气中质量，g；

m_1——负压容器在 25 ℃ 水中的质量，g；

m_2——负压容器与沥青混合料一起在 25 ℃ 水中的，g。

（2）采用 B、C 类容器作负压容器时，沥青混合料的最大相对密度按公式（5-5-12）计算。

$$\gamma_t = \frac{m_a}{m_a + m_b - m_c} \tag{5-5-12}$$

式中 m_b——装满 25 ℃ 水的负压容器质量，g；

m_c——25 ℃ 时试样、水与负压容器的质量，g。

（3）沥青混合料 25 ℃ 时的理论最大密度按公式（5-5-13）计算。

$$\rho_t = \gamma_t \times \rho_w \tag{5-5-13}$$

式中 ρ_t——沥青混合料的理论最大相对密度，g/cm^3；

ρ_w——25 ℃ 时水的密度为 0.997 1 g/cm^3。

五、报　告

同一试样至少平行试验两次，取平均值作为试验结果，计算至小数点后三位。

六、允许误差

重复性试验的允许误差为 0.011 g/cm^3；再现性试验的允许误差为 0.019 g/cm^3。

试验五　沥青混合料马歇尔稳定度试验

一、目的与适用范围

（1）本方法适用于马歇尔稳定度试验和浸水马歇尔稳定度试验，以进行沥青混合料的配合比设计或沥青路面施工质量检验。浸水马歇尔稳定度试验（根据需要，也可进行真空饱水马歇尔试验）供检验沥青混合料受水损害时抵抗剥落的能力时使用，通过测试其水稳定性检验配合比设计的可行性。

（2）本方法适用于按成型的标准马歇尔试件圆柱体和大型马歇尔试件圆柱体。

二、仪具与材料

（1）沥青混合料马歇尔试验仪（见图 5-5-7）：分为自动式和手动式。自动马歇尔试验仪应具备控制装置、记录荷载-位移曲线、自动测定荷载与试件的垂直变形，能自动显示和存储或打印试验结果等功能。手动式马歇尔试验仪由人工操作，试验数据通过操作者目测后读取。

对用于高速公路和一级公路的沥青混合料、宜采用自动马歇尔试验仪。

① 当集料公称最大粒径小于或等于 26.5 mm 时，宜采用 ϕ101.6 mm×63.5 mm 的标准马歇尔试件，试验仪最大荷载不得小于 25 kN，读数准确度 0.1 kN，加载速率应能保持在

50 mm/min ± 5 mm/min。钢球直径为 16 mm ± 0.05 mm，上下压头曲率半径为 50.8 mm ± 0.08 mm。

② 当集料公称最大粒径大于 26.5 mm 时，宜采用 ϕ152.4 mm×95.3 mm 大型马歇尔试件时，试验仪最大荷载不得小于 50 kN，读数准确度为 0.1 kN。上下压头的曲率内径为 152.4 mm ± 0.2 mm，上下压头间距为 19.05 mm ± 0.1 mm。

大型马歇尔试件的压头尺寸如图 5-5-8 所示。

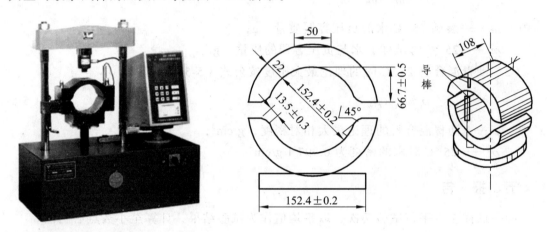

图 5-5-7　沥青混合料马歇尔稳定度试验仪　　　　图 5-5-8　大马歇尔试验的压头

（2）恒温水槽：控制准确度为 1 ℃，深度不小于 150 mm。

（3）真空饱水容器：包括真空泵及真空干燥器。

（4）烘箱。

（5）天平：感量不大于 0.1 g。

（6）温度计：分度为 1 ℃。

（7）卡尺。

（8）其他：棉纱，黄油。

三、标准马歇尔试验方法

（一）准备工作

（1）按标准击实法成型马歇尔试件，标准马歇尔试件尺寸应符合直径 101.6 mm ± 0.2 mm、高 63.5 mm ± 1.3 mm 的要求。对大型马歇尔试件，尺寸应符合直径 152.4 mm ± 0.2 mm，高 95.3 mm ± 2.5 mm 的要求。一组试件的数量最少不得少于 4 个。

（2）量测试件的直径及高度：用卡尺测量试件中部的直径，用马歇尔试件高度测定器或用卡尺在十字对称的 4 个方向量测离试件边缘 10 mm 处的高度，准确至 0.1 mm，并以其平均值作为试件的高度。如试件高度不符合 63.5 mm ± 1.3 mm 或 95.3 mm ± 2.5 mm 要求或两侧高度差大于 2 mm 时，此试件应作废。

（3）按规程规定的方法测定试件的密度、空隙率、沥青体积百分率、沥青饱和度、矿料间隙率等体积指标。

（4）将恒温水槽调节至要求的试验温度，对黏稠石油沥青或烘箱养生过的乳化沥青混合料为 60 ℃±1 ℃，对煤沥青混合料为 33.8 ℃±1 ℃，对空气养生的乳化沥青或液体沥青混合料为 25 ℃±1 ℃。

（二）试验步骤

（1）将试件置于已达规定温度的恒温水槽中保温，保温时间对标准马歇尔试件需 30～40 min，对大型马歇尔试件需 45～60 min。试件之间应有间隔，底下应垫起，离容器底部不小于 5 cm。

（2）将马歇尔试验仪的上、下压头放进水槽或烘箱中达到同样温度。将上、下压头从水槽或烘箱中取出擦拭干净内面。为使上、下压头滑动自如，可在下压头的导棒上涂少量黄油。再将试件取出置于下压头上，盖上上压头，然后装在加载设备上。

（3）在上压头的球座上放妥钢球，并对准荷载测定装置的压头。

（4）当采用自动马歇尔试验仪时，将自动马歇尔试验仪的压力传感器、位移传感器与计算机或 X-Y 记录仪正确连接，调整好适宜的放大比例，压力和位移传感器调零。

（5）当采用压力环和流值计时，将流值计安装在导棒上，使导向套管轻轻地压住上压头，同时将流值计读数调零。调整压力环中百分表，对零。

（6）启动加载设备，使试件承受荷载，加载速度为（50±5）mm/min。计算机或 X-Y 记录仪自动记录传感器压力和试件变形曲线并将数据自动存入计算机。

（7）当试验荷载达到最大值的瞬间，取下流值计，同时读取压力环中百分表读数及流值计的流值读数。

（8）从恒温水槽中取出试件至测出最大荷载值的时间，不得超过 30 s。

四、浸水马歇尔试验方法

浸水马歇尔试验方法与标准马歇尔试验方法的不同之处在于，试件在已达规定温度恒温水槽中的保温时间为 48 h，其余均与标准马歇尔试验方法相同。

五、真空饱水马歇尔试验方法

试件先放进真空干燥器中，关闭进水胶管，开动真空泵，使干燥器的真空度达到 97.3 kPa（730 mmHg），维持 15 min，然后打开进水胶管，靠负压进入冷水流使试件全部浸至水中，浸水 15 min 后恢复常压，取出试件再放入已达规定温度的恒温水槽中保温 48 h，其余均与标准马歇尔试验方法相同。

六、计 算

（1）试件的稳定度及流值。

① 当采用自动马歇尔试验仪时，将计算机采集的数据绘制成压力和试件变形曲线，或由 X-Y 记录仪自动记录的荷载-变形曲线，按图 5-5-9 所示的方法在切线方向延长曲线与横坐标相交于 O_1，将 O_1 作为修正原点，从 O_1 起量取相应于荷载最大值时的变形作为流值（FL），以 mm 计，准确至 0.1 mm。最大荷载即为稳定度（MS），以 kN 计，准确至 0.01 kN。

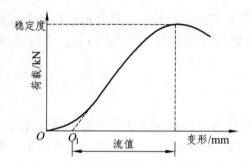

图 5-5-9　马歇尔试验结果的修正方法

② 采用压力环和流值计测定时，根据压力环标定曲线，将压力环中百分表的读数换算为荷载值，或者由荷载测定装置读取的最大值即为试样的稳定度（MS），以 kN 计，准至 0.01 kN。由流值计及位移传感器测定装置读取的试件垂直变形，即为试件的流值（FL），以 mm 计，准确至 0.1 mm。

（2）试件的马歇尔模数按公式（5-5-14）计算。

$$T = \frac{MS}{FL}$$ （5-5-14）

式中　T——试件的马歇尔模数，kN/mm；

　　　MS——试件的稳定度，kN；

　　　FL——试件的流值，mm。

（3）试件的浸水残留稳定度按公式（5-5-15）计算。

$$MS_0 = \frac{MS_1}{MS} \times 100$$ （5-5-15）

式中　MS_0——试件的浸水残留稳定度，%；

　　　MS_1——试件浸水 48 h 后的稳定度，kN。

（4）试件的真空饱水残留稳定度按公式（5-5-16）计算。

$$MS_0' = \frac{MS_2}{MS} \times 100$$ （5-5-16）

式中　MS_0'——试件的真空饱水残留稳定度，%；

　　　MS_2——试件真空饱水后浸水 48 h 后的稳定度，kN。

七、报　告

（1）当一组测定值中某个测定值与平均值之差大于标准差的 k 倍时，该测定值应予舍弃，并以其余测定值的平均值作为试验结果。当试件数目 n 为 3、4、5、6 个时，k 值分别为 1.15、1.46、1.67、1.82。

（2）报告中需列出马歇尔稳定度、流值、马歇尔模数，以及试件尺寸、试件的密度、空隙率、沥青用量、沥青饱和度、矿料间隙率等各项物理指标。

试验六　沥青混合料中沥青用量试验（离心分离法）

一、目的与适用范围

（1）本方法采用离心分离法测定黏稠石油沥青拌制的沥青混合料中沥青含量（或油石比）。

（2）本方法适用于热拌热铺沥青混合料路面施工时的沥青用量检测，以评定拌和厂的产品质量。此法也适用于旧路调查时检测沥青混合料的沥青用量，用此法抽提的沥青溶液可用于回收沥青，以评定沥青的老化性质。

二、仪具与材料

（1）离心抽提仪：如图 5-5-10 所示，由试样容器及转速不小于 3 000 r/min 的离心分离器组成，分离器备有滤液出口。容器盖与容器之间用耐油的圆环形滤纸密封。滤液通过滤纸排出后从出口流出收进回收瓶中，仪器必须安放稳固并有排风装置。

（2）圆环形滤纸。

（3）回收瓶：容量在 1 700 mL 以上。

（4）压力过滤装置。

（5）天平：感量不大于 0.01 g、1 mg 的天平各一台。

（6）量筒：最小分度 1 mL。

（7）电烘箱：装有温度自动调节器。

（8）三氯乙烯：工业用。

（9）碳酸铵饱和溶液：供燃烧法测定滤纸中的矿粉含量用。

图 5-5-10　沥青混合料抽提仪

（10）其他：小铲，金属盘，大烧杯等。

三、方法与步骤

（一）准备工作

（1）按沥青混合料取样方法，在拌和厂从运料卡车采取沥青混合料试样，放在金属盘中适当拌和，待温度稍下降后至 100 ℃ 以下时，用大烧杯取混合料试样 1 000 ~ 1 500 g（粗粒式沥青混合料用高限，细粒式用低限，中粒式用中限），准确至 0.1 g。

（2）如果试样是路上用钻机法或切割法取得的，应用电风扇吹风使其完全干燥，置于微波炉或烘箱中适当加热后成松散状态取样，但不得用锤击以防集料破碎。

（二）试验步骤

（1）向装有试样的烧杯中注入三氯乙烯溶剂，将其浸没，浸泡 30 min，用玻璃棒适当搅动混合料，使沥青充分溶解。

（2）将混合料及溶液倒入离心分离器，用少量溶剂将烧杯及玻璃棒上的黏附物全部洗入分离容器。

（3）称取洁净的圆环形滤纸质量，准确至 0.01 g。注意，滤纸不宜多次反复使用，有破损者不能使用，有石粉黏附时应用毛刷清除干净。

（4）将滤纸垫在分离器边缘上，加盖紧固，在分离器出口处放上回收瓶，上口应注意密封，防止流出液成雾状散失。

（5）开动离心机，转速逐渐增至 3 000 r/min，沥青溶液通过排出口注入回收瓶，待流出停止后停机。

（6）从上盖的孔中加入新溶剂，数量大体相同，稍停 3～5 min 后，重复上述操作，如此数次直至流出的抽提液成清澈的淡黄色为止。

（7）卸下上盖，取下圆环形滤纸，在通风橱或室内空气中蒸发干燥，然后放进 105 ℃ ±5 ℃ 的烘箱中干燥，称取质量，其增重部分（m_2）为矿粉的一部分。

（8）将容器中的集料仔细取出，在通风橱或室内空气中蒸发后放进 105 ℃ ±5 ℃ 的烘箱中烘干（一般需 4 h），然后放至大干燥器中冷却至室温，称取集料质量（m_1）。

（9）用压力过滤器过滤回收瓶中的沥青溶液，由滤纸的增重 m_3 得出泄漏入滤液中的矿粉量。如无压力过滤器，也可用燃烧法测定。

（10）用燃烧法测定抽提液中矿粉质量的步骤如下：

① 将回收瓶中的抽提液倒进量筒中，准确定量至 mL（V_a）。

② 充分搅匀抽提液，取出 10 mL（V_b）放进坩埚中，在热浴上适当加热使溶液试样发成暗黑色后，置高温炉（500～600 ℃）中烧成残渣，取出坩埚冷却。

③ 向坩埚中按每 1 g 残渣 5 mL 的用量比例，注入碳酸铵饱和溶液，静置 1 h，放进 105 ℃ ±5 ℃ 的烘箱中干燥。

④ 取出放在干燥器中冷却，称取残渣质量（m_4），准确至 1 mg。

四、计 算

（1）沥青混合料中矿料的总质量按公式（5-5-17）计算。

$$m_a = m_1 + m_2 + m_3 \tag{5-5-17}$$

式中　m_a——沥青混合料中矿料部分的总质量，g；

　　　m_1——容器中留下的集料干燥质量，g；

　　　m_2——圆环形滤纸在试验前后的增重，g；

　　　m_3——泄漏入抽提液中的矿粉质量，g，用燃烧法时可按公式（5-5-18）计算。

$$m_3 = m_4 \times \frac{V_a}{V_b} \tag{5-5-18}$$

式中　V_a——抽提液的总量，mL；

　　　V_b——取出的燃烧干燥的抽提液数量，mL；

　　　m_4——坩埚中燃烧干燥的残渣质量，g。

（2）沥青混合料中沥青含量按公式（5-5-19）计算，油石比按公式（5-5-20）计算。

$$P_b = \frac{m - m_a}{m}$$ （5-5-19）

$$P_a = \frac{m - m_a}{m_a}$$ （5-5-20）

式中　m——沥青混合料的总质量，g；

　　　P_b——沥青混合料的沥青含量，%；

　　　P_a——沥青混合料的油石比，%。

五、报　告

同一沥青混合料试样至少进行平行试验两次，取平均值作为试验结果。两次试验结果的差值应小于 0.3%；当大于 0.3% 但小于 0.5% 时，应补充平行试验一次，以 3 次试验的平均值作为试验结果，3 次试验的最大值与最小值之差不得大于 0.5%。

试验七　沥青混合料中沥青用量试验（燃烧炉法）

一、目的与适用范围

（1）本方法采用燃烧炉法测定沥青混合料中沥青含量，也适用于燃烧后的沥青混合料进行筛分分析。

（2）本方法适用于热拌沥青混合料以及从路面取样的沥青混合料在生产、施工过程中的质量控制。

二、仪具与材料

（1）燃烧炉：由燃烧室、称量装置、自动数据采集系统、控制装置、空气循环装置、试样篮及其附件组成。

燃烧室的尺寸应能容纳 3 500 g 以上的沥青混合料试样。

称量装置为内置天平，感量为 0.1 g，能够称量至少 3 500 g 的试样。

试样篮由网孔板做成，一般采用打孔的不锈钢或者其他合适的材料做成，通常情况下网孔的尺寸最大为 2.36 mm，最小为 0.6 mm。

（2）托盘：放置于试样篮下方，以接受从试样篮中滴落的沥青和集料。

（3）烘箱：温度应控制在设定值 ±5 ℃。

（4）防护装置：防护眼镜、隔热面罩、隔热手套、可以耐高温 650 ℃ 的隔热罩，试验结束后试样篮应该放置在隔热罩内冷却。

（5）天平：感量不大于 0.01 g、1 mg 的天平各 1 台。

（6）其他：大平底盘、刮刀、盆、钢丝刷。

三、方法与步骤

（一）准备试样

（1）按沥青混合料取样方法，在拌和厂从运料卡车采取沥青混合料试样，趁热放在金属盘中并适当拌和，待温度稍下降后至 100 ℃ 以下时，称取混合料试样，准确至 0.1 g。

（2）当用钻孔法或切割法从路面上取得的试样时，应用电风扇吹风使其完全干燥；但不得用锤击以防集料破碎；然后置烘箱 125 ℃ ± 5 ℃ 加热成松散状态，至恒重；适当拌和后称取试样质量，准确至 0.1 g。

（3）当混合料已经结团时，不得用刮刀或者铲刀处理，应将试样置于托盘中放在 125 ℃ ± 5 ℃ 的烘箱中加热成松散状态取样。

（4）试样最小质量根据沥青混合料的集料公称最大粒径按表 5-5-8 选用。

表 5-5-8 试样最小质量要求

公称最大粒径/mm	试样最小质量/g	公称最大粒径/mm	试样最小质量/g
4.75	1 200	19	2 000
9.5	1 200	26.5	3 000
13.2	1 500	31.5	3 500
16	1 800	37.5	4 000

（二）标 定

1. 标定要求

（1）对每一种沥青混合料都必须进行标定，以确定沥青用量的修正系数和筛分级配的修正系数。

（2）当混合料中任何一档料的料源变化或者单档集料配合比超过 5% 时，需要标定。

2. 标定步骤

（1）按照沥青混合料配合比设计的步骤，取代表性格挡集料，将格挡集料放入 105 ℃ ± 5 ℃ 烘箱加热至恒重，冷却后按配合比配出 5 份集料混合料（含矿粉）。

（2）将其中 2 分集料混合料进行水洗筛分。取筛分结果平均值为燃烧前的各档筛孔通过百分率 P_{Bi}，其级配需满足被检测沥青混合料的目标级配要求。

（3）分别称量 3 份沥青混合料质量 m_{B1}，准确至 0.1 g。按照配合比设计时成型试件的相同条件拌制沥青混合料，如沥青的加热温度、集料的加热温度和拌和温度等。

（4）在拌制 2 份标定试样前，先将 1 份沥青混合料进行洗锅，其沥青用量宜比目标沥青用量 P_b 多 0.3% ~ 0.5%，目的是使拌和锅的内侧先附着一些沥青和粉料，这样可以防止在拌制标定用的试样过程中拌和锅粘料而导致试验出现误差。

（5）正式分别拌制 2 份标定试样，其沥青用量为目标沥青用量 P_b。将集料混合料和沥青加热后，先将集料混合料全部放入拌和机，然后称量沥青质量 m_{B2}，准确至 0.1 g。将沥青放入拌和锅开始拌和，拌和后的试样质量应满足表 5-5-8 要求。拌和好的沥青混合料应直接放进试样篮中。

（6）预热燃烧炉。将燃烧温度设定为 538 ℃ ± 5 ℃，设定修正系数为 0。

（7）称量试样篮和托盘质量 m_{B3}，准确至 0.1 g。

（8）试样篮放进托盘中，将加热的试样均匀地在试样篮中摊平，计量避免试样太靠近试样边缘。称量试样、试样篮和托盘总质量 m_{B4}，准确至 0.1 g。计算初始试样总质量 m_{B5}（即 $m_{B4} - m_{B3}$），并将 m_{B5} 输入燃烧炉控制程序。

（9）将试样篮、托盘和试样放入燃烧炉，关闭燃烧室门、检查燃烧控制程序中显示的 m_{B4} 质量是否准确，即试样、试样篮、和托盘总质量（m_2）与显示质量（m_{B4}）的差值不得大于 5 g，否则需调整托盘的位置。

（10）锁定燃烧炉的门，启动开始按钮进行燃烧。燃烧至连续 3 min 试样质量每分钟损失率小于 0.01% 时，燃烧炉会自动发出警示声音或者指示灯亮起警报，并停止燃烧。燃烧炉控制程序自动计算试样燃烧损失质量 m_{B6}，准确至 0.1 g。按下停止按钮，燃烧室的门会解锁，并打印试验结果，从燃烧室中取出试样盘。燃烧结束后，罩上保护罩适当冷却。

（11）将冷却后的残留物倒进大盘子中，用钢丝刷清理试样篮确保所有残留物都刷到盘子中待用。

（12）重复以上（6）~（11）步骤，将第 2 份混合料燃烧。

（13）根据公式（5-5-21）分别计算两份试样的质量损失系数 C_B。

$$C_B = \left(\frac{m_{B6}}{m_{B5}} - \frac{m_{B2}}{m_{B1}} \right) \times 100 \qquad （5-5-21）$$

当两个试样的质量损失系数差值不大于 0.15% 时，则取平均值作为沥青用量的修正系数 C_f。

当两个试样的质量损失系数差值大于 0.15% 时，则重新准备两个试样，按以上步骤进行燃烧试验，得到 4 个质量损失系数，除去 1 个最大值和 1 个最小值，将剩下的两个修正系数取平均值作为沥青用量的修正系数 C_f。

（14）当沥青用量的修正系数 C_f 小于 0.5% 时，进行级配筛分。

（15）当沥青用量的修正系数 C_f 大于 0.5 时，设定 482 ℃ ± 5 ℃ 燃烧温度重新标定，得到 482 ℃ 的沥青用量修正系数 C_f。如果 482 ℃ 与 538 ℃ 得到的沥青用量修正系数差值在 0.1% 以内，则仍以 538 ℃ 的沥青用量修正系数作为最终的修正系数 C_f；如果修正系数大于 0.1%，则以 482 ℃ 的沥青用量修正系数作为最终修正系数 C_f。

（16）确保试样在燃烧室得到完全燃烧。如果试样燃烧后仍有发黑等物质，说明没有完全燃烧干净。如果沥青混合料试样的数量超过了设备的试验能力或者一次试样质量太多燃烧不彻底时，可将试样分成两等分分别测定，再合并计算沥青含量。不宜人为延长燃烧时间。

（17）级配筛分。用最终沥青用量修正系数 C_f 所对应的 2 份试样的残留物，进行筛分，取筛分平均值作为燃烧后沥青混合料各筛孔的通过百分率 P'_{Bi}。燃烧前、后各筛孔通过率差值均符合表 5-5-9 所例范围时，取各筛孔的通过百分率修正系数 $C_{Pi} = 0$，否则应按式

（5-5-22）进行燃烧后的混合料级配修正。

$$C_{Pi} = P'_{Bi} - P_{Bi} \qquad\qquad（5\text{-}5\text{-}22）$$

式中　P'_{Bi}——燃烧后沥青混合料各筛孔的通过率，%；

　　　P_{Bi}——燃烧后沥青混合料各筛孔的通过率，%。

表 5-5-9　燃烧前后混合料级配允许差值

筛孔/mm	≥2.36	0.15~1.18	0.075
允许差值	±5%	±3%	±0.5%

（三）试验方法和步骤

（1）将燃烧炉预热到设定温度（设定温度与标定温度相同）。将沥青用量的修正系数 C_f 输进控制程序中，将打印机连接好。

（2）将试样放在 105 ℃±5 ℃ 的烘箱中烘至恒重。

（3）称量试验篮和托盘质量 m_1，准确至 0.1 g。

（4）试样篮放入托盘，将加热的试样均匀地摊平在试样篮中。称量试样、试样篮和托盘总质量 m_2，准确至 0.1 g。计算初始试样总质量 m_3 即（$m_2 - m_1$），将 m_3 作为初始的试样质量输进燃烧炉控制程序中。

（5）将试样篮、托盘和试样放入燃烧炉，关闭燃烧室门。查看燃烧炉控制程序显示质量，即试样、试样篮和托盘总质量（m_2）与现实质量（m_{B4}）的差值不得大于 5 g，否则需调整托盘的位置。

（6）锁定燃烧炉的门，启动开始按钮进行燃烧。

（7）进行燃烧，连续 3 min 试样质量每分钟损失率小于 0.01% 时结束，燃烧炉控制程序自动计算试样损失质量 m_4，准确至 0.1 g。

（8）按式（5-5-23）计算修正后的沥青用量 P，准确至 0.01%。此值也可由燃烧炉控制程序自动计算。

$$P = \left(\frac{m_4}{m_3} \times 100 \right) - C_f \qquad\qquad（5\text{-}5\text{-}23）$$

（9）燃烧结束后，取出试样篮罩上保护罩，待试样冷却后，将试样篮中残留物倒入大盘子，用钢丝刷将试样篮所有残留物都清理到盘子中，然后进行筛分，得到燃烧后沥青混合料各筛孔的通过率 P'_i，修正得到混合料级配 P_i（即 $P'_i - C_{Pi}$）。

四、允许误差

沥青用量的重复性试验允许误差为 0.11%，再现性试验的允许误差为 0.17%。

五、报　告

同一沥青混合料试样至少平行测定两次，取平均值作为试验结果。报告内容应包括燃烧炉类型、试验温度，沥青用量的修正系数，试验前后试样质量和测定的沥青用量试验结果，并将标定和测定时的试验结果打印并附到报告中。当需要进行筛分试验时，还应包括混合料的筛分结果。

试验八　沥青混合料的矿料级配检验方法

一、目的和适用范围

本方法适用于测定沥青路面施工过程中沥青混合料的矿料级配，供评定沥青路面的施工质量时使用。

二、仪器设备

（1）标准筛：尺寸为 53.0 mm、37.5 mm、31.5 mm、26.5 mm、19.0 mm、16.0 mm、13.2 mm、9.5 mm、4.75 mm、2.36 mm、1.18 mm、0.6 mm、0.3 mm、0.15 mm、0.075 mm 的标准筛系列中，根据沥青混合料级配选用相应的筛号，必须有密封圈、盖和底。

（2）天平：感量不大于 0.1 g。

（3）摇筛机。

（4）烘箱：装有温度自动控制器。

（5）其他：样品盘，毛刷等。

三、方法与步骤

1. 准备工作

（1）按照沥青混合料的取样方法从拌和厂选取代表性样品。

（2）按沥青混合料中沥青含量的试验方法抽提沥青后，将全部矿质混合料放进样品盘中置温度 105 ℃±5 ℃烘干，并冷却至室温。

（3）按沥青混合料矿料级配设计要求，选用全部或部分需要筛孔的标准筛，作施工质量检验时，至少应包括 0.075 mm、2.36 mm、4.75 mm 及集料公称最大粒径等 5 个筛孔，按大小顺序排列成套筛。

2. 试验步骤

（1）将抽提后的全部矿料试样称量，准确至 0.1 g。

（2）将标准筛带筛底置摇筛机上，并将矿质混合料置于标准筛中，盖妥筛盖后，压紧摇筛机，开动摇筛机筛分 10 min。取下套筛后，按筛孔大小顺序，在一清洁的浅盘上再逐个进行手筛，手筛时可用手轻轻拍击筛框并经常地转动筛子，直至每分钟筛出量不超过筛上试样质量的 0.1% 时为止，但不允许用手将颗粒塞过筛孔，筛下的颗粒并入下一号筛，并和下一号筛中试样一起过筛。在筛分过程中，针对 0.075 mm 筛的料，根据需要也可参照《公路工程集料试验规程》的筛分方法，采用水筛法，或者对同一种混合料，适当进行几次干筛与湿筛的对比试验后，对 0.075 mm 通过率进行适当的换算或修正。

（3）称量各筛上筛余颗粒的质量，准确至 0.1 g。并将沾在滤纸、棉花上的矿粉及抽提液中的矿粉计入矿料中通过 0.075 mm 的矿粉含量。所有各筛的分计筛余量和底盘中剩余质量的总和与筛分前试样总质量相比，相差不得超过总质量的 1%。

四、计 算

（1）试样的分计筛余量按公式（5-5-24）计算：

$$P_i = \frac{m_i}{m} \times 100 \tag{5-5-24}$$

式中　　P_i——第 i 级试样的分计筛余量，%；

　　　　m_i——第 i 级筛上颗粒的质量，g；

　　　　m——试样的质量，g。

（2）累计筛分百分率：该号筛上的分计筛余百分率与大于该号筛的各号筛上的分计筛分百分率之和，准确至 0.1%。

（3）通过筛余百分率：用 100 减去该号筛上的累计筛余百分率，准确至 0.1%。

（4）以筛孔尺寸为横坐标，各个筛孔的通过筛分百分率为纵坐标，绘制矿料组成级配曲线（见图 5-5-11），评定该试样的颗粒组成。

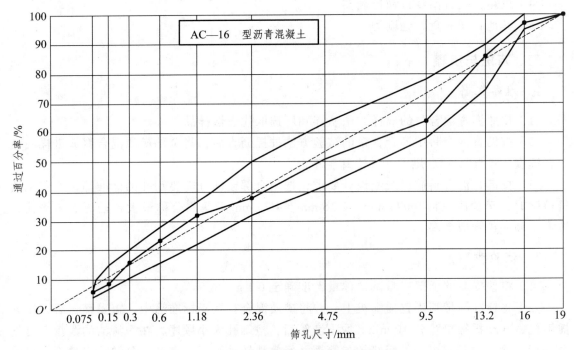

图 5-5-11　沥青混合料级配曲线示例

五、报 告

同一混合料至少取两个试样平行筛分试验两次，取平均值作为每号筛上的筛余量的试验结果，报告矿料级配通过百分率及级配曲线。

课题六 沥青面层材料的配合比设计

一、配合比设计步骤

（一）目标配合比设计阶段

（1）确定矿料比例：采用工程实际使用的材料。

（2）确定最佳沥青用量：马歇尔试验（5个沥青用量）。

（3）作用：供拌和机确定各冷料仓的供料比例、进料速度及试拌使用。

（二）生产配合比设计阶段

（1）确定矿料比例：二次筛分后进入各热料仓的材料。

（2）确定最佳沥青用量：马歇尔试验（目标配合比设计的最佳沥青用量及其 ± 0.3% 的三个沥青用量）。

（3）作用：确定各热料仓的材料比例，供拌和机控制室使用。

（三）生产配合比验证阶段

（1）铺筑试验段：路上钻取的芯样检验。

（2）拌和站的沥青混合料：马歇尔试验（仪器工作流程见图 5-6-1）。

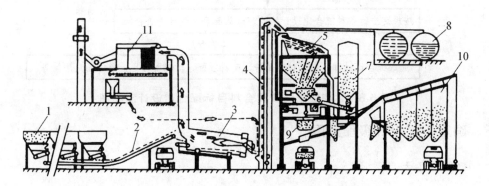

图 5-6-1 沥青混合料拌和站示意图

二、沥青混合料目标配合比的组成设计

以密级配沥青混合料为例，其目标配合比设计流程如图 5-6-2 所示。

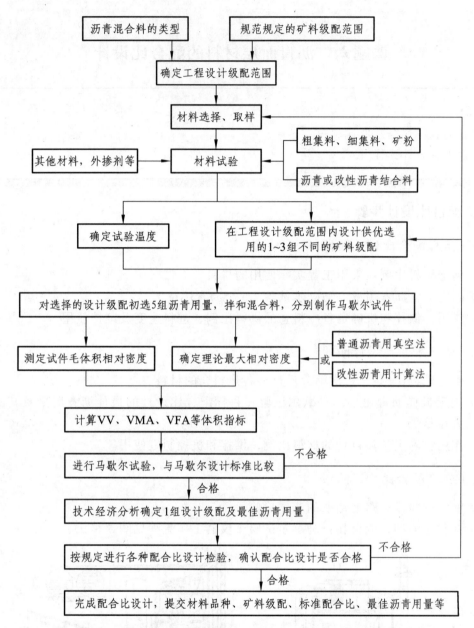

图 5-6-2 密级配沥青混合料目标配合比设计流程图

三、确定工程设计级配范围

（一）确定方法

沥青混合料矿料级配范围分为三个层次。

1. 规范规定的级配范围

适用于不同道路等级、不同气候条件、不同交通条件及不同层次等情况，适用于全国。

2. 工程设计级配范围

应根据符合工程的气候条件、交通条件、公路等级、所处层位等提出，工程设计级配范围≤规范规定的级配范围。

3. 施工质量检验时允许波动的级配范围

经过三阶段配合比设计确定标准配合比和级配曲线后，按施工质量检验允许的波动值得到的施工质量检验级配范围。

（二）密级配沥青混合料及密级配沥青碎石混合料级配范围的确定

1. 密级配沥青混合料

设计级配宜在规范规定的级配范围内，根据公路等级、工程性质、气候条件、交通条件、材料品种，通过对条件大体相当的工程的使用情况进行调查研究后调整确定，必要时允许超出规范级配范围。

2. 密级配沥青稳定碎石混合料

可直接以规范规定的级配范围作工程设计级配范围使用。经确定的工程设计级配范围是配合比设计的依据，不得随意变更。

（三）调整工程设计级配范围宜遵循的原则

（1）按规范确定采用粗型（C 型）或细型（F 型）的混合料，见表 5-1-1。

① 对夏季温度高、高温持续时间长，重载交通多的路段，宜选用粗型密级配沥青混合料（AC-C 型），并取较高的设计空隙率。

② 对冬季温度低且低温持续时间长的地区，或者重载交通较少的路段，宜选用细型密级配沥青混合料（AC-F 型），并取较低的设计空隙率。

（2）为确保高温抗车辙能力，同时兼顾低温抗裂性能的需要，进行配合比设计时宜适当减少公称最大粒径附近的粗集料用量，减少 0.6 mm 以下部分细粉的用量，使中等粒径集料较多，形成 S 形级配曲线，并取中等或偏高水平的设计空隙率。

（3）确定各层的工程设计级配范围时应考虑不同层位的功能需要，经组合设计的沥青路面应能满足耐久、稳定、密水、抗滑等要求。

（4）根据公路等级和施工设备的控制水平，确定的工程设计级配范围应比规范级配范围窄，其中 4.75 mm 和 2.36 mm 通过率的上、下限差值宜小于 12%。

（5）沥青混合料的配合比设计应充分考虑施工性能，使沥青混合料容易摊铺和压实，避免造成严重的离析。

四、矿质混合料配合比的组成设计

1. 组成材料的原始数据测定

根据现场取样，对粗集料、细集料和矿粉进行筛析试验，按筛析结果分别绘出各组成材料的筛分曲线。并测出各组成材料的相对密度,以供计算物理常数用。

图 5-6-3　现场取样

2．计算组成材料的配合比

根据各组成材料的筛析试验资料,计算符合要求级配范围的各组成材料用量比例,宜采用试算法或图解法确定各组成材料的大致比例,再借助计算机的电子表格进行反复试配校核后确定。

3．矿料级配曲线

以原点与通过集料最大粒径 100% 的点的连线作为沥青混合料的最大密度线。

对高速公路和一级公路,宜在工程设计级配范围内计算 1~3 组粗细不同的配比,绘制设计级配曲线,分别位于工程设计级配范围的上方、中值及下方。设计合成级配不得有太多的锯齿形交错,且在 0.3~0.6 mm 范围内不出现"驼峰"。当反复调整不能满意时,宜更换材料设计。

表 5-6-1　泰勒曲线的横坐标

d_i	0.075	0.15	0.3	0.6	1.18	2.36	4.75	9.5
$x = d_i^{0.45}$	0.312	0.426	0.582	0.795	1.077	1.472	2.016	2.754
d_i	13.2	16	19	26.5	31.5	37.5	53	63
$x = d_i^{0.45}$	3.193	3.482	3.762	4.370	4.723	5.109	5.969	6.452

五、确定最佳沥青用量

(一)预估计算最佳沥青用量

(1)计算矿料的合成毛体积相对密度:

$$\gamma_{sb} = \frac{100}{\dfrac{P_1}{\gamma_1} + \dfrac{P_2}{\gamma_2} + \cdots + \dfrac{P_n}{\gamma_n}} \tag{5-6-1}$$

式中 P_1, P_2, $\cdots$, P_n——各种矿料成分的配比，其和为 100；

  γ_1, γ_2, $\cdots$, γ_n——各种矿料相应的毛体积相对密度，机制砂及石屑可按细集料密度及吸水率试验方法测定，也可以用筛出的 2.36～4.75 mm 部分的毛体积相对密度代替，矿粉（含消石灰、水泥）以表观相对密度代替。

注：① 进行沥青混合料配合比设计时，均采用毛体积相对密度（无量纲），不采用毛体积密度，故无需进行密度的水温修正。

② 进行生产配合比设计时，当细料仓中的材料混杂各种材料而无法采用筛分替代法时，可将 0.075 mm 部分筛除后以统货实测值计算。

（2）计算矿料混合料的合成表观相对密度：

$$\gamma_{sa} = \cfrac{100}{\cfrac{P_1}{\gamma_1'} + \cfrac{P_2}{\gamma_2'} + \cdots + \cfrac{P_n}{\gamma_n'}} \tag{5-6-2}$$

式中 P_1, P_2, $\cdots$, P_n——各种矿料成分的配比，其和为 100；

  γ_1', γ_2', $\cdots$, γ_n'——各种矿料按试验规程方法测定的表观相对密度。

（3）预估沥青混合料适宜的油石比或沥青含量按式（5-5-3）或按式（5-5-4）预估沥青混合料的适宜的油石比 P_a 或沥青用量 P_b。

$$P_a = \frac{P_{a1} \times \gamma_{sb1}}{\gamma_{sb}} \tag{5-6-3}$$

$$P_b = \frac{P_a}{100 + \gamma_{sb}} \times 100 \tag{5-6-4}$$

式中 P_a——预估的最佳油石比（%，与矿料总量的百分比）；

  P_b——预估的最佳沥青用量（%，占混合料总量的百分数）；

  P_{a1}——已建类似工程沥青混合料的标准油石比，%；

  γ_{sb}——集料的合成毛体积相对密度；

  γ_{sb1}——已建类似工程集料的合成毛体积相对密度。

注：作为预估最佳油石比的集料密度，原工程和新工程均可采用有效相对密度。

（二）制备试件

（1）按确定的矿料配比，计算各种矿料的用量。

【例题】 已知细碎石：石屑：砂：矿粉 = 36：20：32：12，计算各种矿料的用量。

解：每个试件 1 200 g，按 5 块备料 6 000 g，则矿质混合料 $M = 6\,000$ g。有

细碎石：6 000 × 36% = 2 160 (g)

石屑： 6 000 × 20% = 1 200 (g)

砂：   6 000 × 32% = 1 920 (g)

矿粉： 6 000 × 12% = 720 (g)

（2）以预估的最佳油石比为中值，按一定间隔（对密级配沥青混合料通常为 0.5%，对沥青碎石混合料可适当缩小间隔为 0.3% ~ 0.4%），取 5 个或 5 个以上不同的油石比分别成型马歇尔试件。每一组试件的试样数一般为 4 ~ 6 个。

$$沥青用量(P_b) = 沥青质量/(沥青 + 矿质混合料质量)$$

$$油石比(P_a) = 沥青质量/矿质混合料质量$$

两点可转化：已知 $P_b = 4.0\%$，即 $P_b = 4/100 = 4/(4+96)$，则 $P_a = 4/96 = 4.2\%$。

【例题】　则在 AC-16（一般在 5.5% 左右）

P_b	P_a	
4.0%	4.2%	沥青：$6\,000 \times 4.2\% = 252$ (g)
4.5%	4.7%	沥青：$6\,000 \times 4.7\% = 282$ (g)
5.0%	5.3%	沥青：$6\,000 \times 5.3\% = 315$ (g)
5.5%	5.8%	沥青：$6\,000 \times 5.8\% = 348$ (g)
6.0%	6.4%	沥青：$6\,000 \times 6.4\% = 384$ (g)

（3）试件成型：见沥青混合料试件制作方法（击实法）。

沥青混合料试件的制作温度按规范规定的方法确定，并与施工实际温度相一致，普通沥青混合料如缺乏黏温曲线，可参照表 5-6-2 执行，改性沥青混合料的成型温度在此基础上提高 10 ~ 20 ℃。

表 5-6-2　热拌普通沥青混合料试件的制作温度（℃）

施工工序	石油沥青的标号				
	50 号	70 号	90 号	110 号	130 号
沥青加热温度	160 ~ 170	155 ~ 165	150 ~ 160	145 ~ 155	140 ~ 150
矿料加热温度	集料加热温度比沥青温度高 10 ~ 30（填料不加热）				
沥青混合料拌和温度	150 ~ 170	145 ~ 165	140 ~ 160	135 ~ 155	130 ~ 150
试件击实成型温度	140 ~ 160	135 ~ 155	130 ~ 150	125 ~ 145	120 ~ 140

（三）测定与计算试件的物理指标

1. 测定试件视密度的方法

（1）通常采用表干法测定毛体积相对密度。

（2）对吸水率大于 2% 的试件，宜改用蜡封法测定的毛体积相对密度。

（3）对吸水率小于 0.5% 的特别致密的沥青混合料，在施工质量检验时，允许采用水中重法测定的表观相对密度作为标准密度，钻孔试件也采用相同方法。但配合比设计时不得采用水中重法。

2. 计 算

（1）试件的吸水率：试件吸水体积占沥青混合料毛体积的百分率，取 1 位小数。

$$S_a = \frac{m_f - m_a}{m_f - m_w} \times 100 \qquad (5\text{-}6\text{-}5)$$

式中　s_a——试件的吸水率，%；

　　　m_f——试件的表干质量，g；

　　　m_a——干燥试件的空气中质量，g；

　　　m_w——试件的水中质量，g。

（2）毛体积密度：单位体积（含混合料实体体积与闭口孔隙、开口孔隙等颗粒表面轮廓线所包围的全体毛体积）压实沥青混合料的干质量，取 3 位小数。

$$\gamma_f = \frac{m_a}{m_f - m_w} \qquad (5\text{-}6\text{-}6)$$

式中　γ_f——用表干法测定的试件毛体积相对密度，无量纲。

（3）沥青混合料的最大理论相对密度：压实沥青混合料试件全部为矿料（包括矿料自身内部的孔隙）及沥青所占有，空隙率为零的理想状态下的最大密度。

① 对非改性的普通沥青混合料，用真空法实测。

② 对改性沥青或 SMA 混合料宜按式（5-6-7）或式（5-6-8）计算各个不同沥青用量混合料的最大理论相对密度。

$$\gamma_{ti} = \frac{100 + P_{ai}}{\dfrac{100}{\gamma_{se}} + \dfrac{P_{ai}}{\gamma_b}} \qquad (5\text{-}6\text{-}7)$$

$$\gamma_{ti} = \frac{100}{\dfrac{P_{si}}{\gamma_{se}} + \dfrac{P_{bi}}{\gamma_b}} \qquad (5\text{-}6\text{-}8)$$

式中　γ_{ti}——相对于计算沥青用量 P_{bi} 时沥青混合料的最大理论相对密度，无量纲；

　　　P_{ai}——所计算的沥青混合料中的油石比，%；

　　　P_{bi}——所计算的沥青混合料的沥青用量，%，$P_{bi} = P_{ai}/(1 + P_{ai})$；

　　　P_{si}——所计算的沥青混合料的矿料含量，%，$P_{si} = 100 - P_{bi}$；

　　　γ_b——沥青的相对密度（25 ℃/25 ℃），无量纲；

　　　γ_{se}——矿料的有效相对密度，按式（5-6-9）计算，无量纲。

$$\gamma_{se} = C \times \gamma_{sa} + (1 - C) \times \gamma_{sb} \qquad (5\text{-}6\text{-}9)$$

$$C = 0.033W_x^2 - 0.293W_x + 0.9339 \qquad (5\text{-}6\text{-}10)$$

$$W_x = \left(\frac{1}{\gamma_{sb}} - \frac{1}{\gamma_{sa}} \right) \times 100 \qquad (5\text{-}6\text{-}11)$$

式中　　γ_{se}——合成矿料的有效相对密度；

　　　　C——合成矿料的沥青吸收系数，按矿料的合成吸水率计算；

　　　　W_x——合成矿料的吸水率，%；

　　　　γ_{sb}——材料的合成毛体积相对密度，按公式（5-6-1）求取，无量纲；

　　　　γ_{sa}——材料的合成表观相对密度，按公式（5-6-2）求取，无量纲。

（4）空隙率：沥青混合料内矿料及沥青以外的空隙（不包括矿料自身内部已被沥青封闭的孔隙）的体积占试件总体积的百分率，以 VV 表示，取 1 位小数。

$$VV = \left(1 - \frac{\gamma_f}{\gamma_t}\right) \times 100 \qquad (5\text{-}6\text{-}12)$$

（5）矿料间隙率：压实沥青混合料试件内矿料部分以外的体积占试件总体积的百分率，即试件空隙率与沥青体积百分率之和，以 VMA 表示，取 1 位小数。

$$VMA = \left(1 - \frac{\gamma_f}{\gamma_{sb}} \times P_s\right) \times 100 \qquad (5\text{-}6\text{-}13)$$

（6）有效沥青的饱和度：指压实沥青混合料试件内有效沥青部分体积占矿料骨架以外的空隙部分体积（VMA）的百分率，以 VFA 表示。

$$VFA = \frac{VMA - VV}{VMA} \times 100 \qquad (5\text{-}6\text{-}14)$$

（四）进行马歇尔试验

通过马歇尔试验，测定试件的马歇尔稳定度和流值。

（五）确定最佳沥青用量

（1）按图 5-6-3 所示的方法，以油石比或沥青用量为横坐标，以马歇尔试验的各项指标为纵坐标，将试验结果点入图中，连成圆滑的曲线。

（2）求算最佳沥青用量的初始值 OAC_1：

① 在曲线图上求取相应于密度最大值、稳定度最大值、目标空隙率（或中值）、沥青饱和度范围的中值的沥青用量 a_1、a_2、a_3、a_4。按式（5-6-15）取平均值作为 OAC_1。

$$OAC_1 = (a_1 + a_2 + a_3 + a_4)/4 \qquad (5\text{-}6\text{-}15)$$

② 如果所选择的沥青用量范围未能涵盖沥青饱和度的要求范围，按式（5-6-16）求取三者的平均值作为 OAC_1。

$$OAC_1 = (a_1 + a_2 + a_3)/3 \qquad (5\text{-}6\text{-}16)$$

③ 对所选择试验的沥青用量范围，密度或稳定度没有出现峰值（最大值经常在曲线的两端）时，可直接以目标空隙率所对应的沥青用量 a_3 作为 OAC_1，但 OAC_1 必须介于 OAC_{min} ~ OAC_{max} 的范围内，否则应重新进行配合比设计。

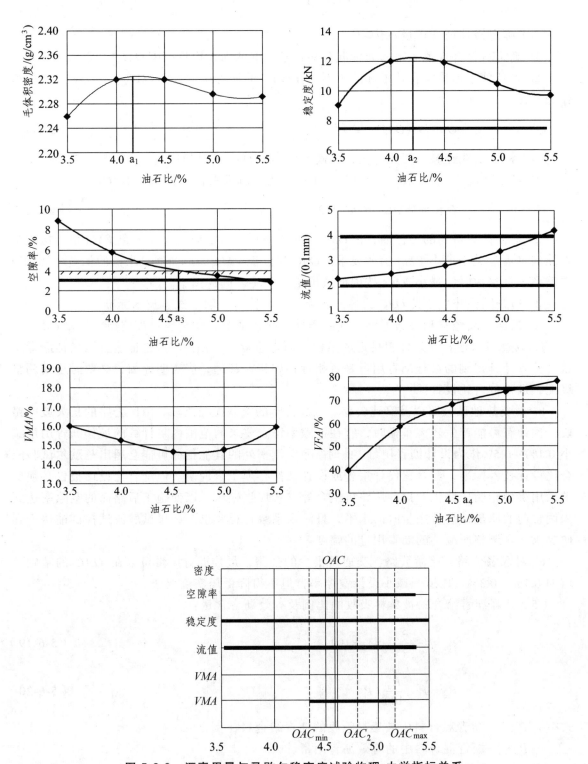

图 5-6-3　沥青用量与马歇尔稳定度试验物理-力学指标关系

注：图中 $a_1 = 4.2\%$，$a_2 = 4.2\%$，$a_3 = 4.6\%$，$a_4 = 4.6\%$，$OAC_1 = 4.4\%$（由 4 个平均值确定），$OAC_{min} = 4.3\%$，
$OAC_{max} = 5.2\%$，$OAC_2 = 4.8\%$，$OAC = 4.6\%$。此例中相对于空隙率 4% 的油石比为 4.6%。

（3）确定最佳沥青用量 OAC_2 。

① 确定均符合规范规定的沥青混合料技术标准的沥青用量范围 $OAC_{\min}$ 。

② 以各项指标均符合技术标准（不含 VMA）的沥青用量范围 $OAC_{\min} \sim OAC_{\max}$ 的中值作为 OAC_2 。

$$OAC_2 = (OAC_{\min} + OAC_{\max})/2 \qquad (5\text{-}6\text{-}17)$$

（4）根据实践经验与公路等级，气候条件确定 OAC ，其原则为：

① 通常情况下，取 OAC_1 及 OAC_2 的中值作为计算的最佳沥青用量 OAC 。

$$OAC = (OAC_1 + OAC_1)/2 \qquad (5\text{-}6\text{-}18)$$

② 根据计算得到的最佳油石比 OAC ，从图中得出所对应的空隙率和 VMA 值，检验是否能满足规范关于最小 VMA 值的要求。OAC 宜位于 VMA 凹形曲线最小值的偏右一侧。当空隙率不是整数时，最小 VMA 按内插法确定，并将其画进图中。

③ 检查图中相应于此 OAC 的各项指标是否均符合马歇尔试验技术标准。

④ 根据实践经验和公路等级、气候条件、交通情况，调整确定最佳沥青用量 OAC 。

a. 调查与当地各项条件相接近的工程的沥青用量及使用效果，论证适宜的最佳沥青用量。检查计算得到的最佳沥青用量是否相近，如相差甚远，应查明原因，必要时重新调整级配，进行配合比设计。

b. 对炎热地区公路以及高速公路、一级公路的重载交通路段，山区公路的长大坡度路段，预计有可能产生较大车辙时，宜在空隙率符合要求的范围内将计算的最佳沥青用量减小 0.1% ~ 0.5%作为设计沥青用量。此时，除空隙率外的其他指标可能会超出马歇尔试验配合比设计技术标准，配合比设计报告或设计文件必须予以说明。但配合比设计报告必须要求采用重型轮胎压路机和振动压路机组合等方式加强碾压，以使施工后路面的空隙率达到未调整前的原最佳沥青用量时的水平，且渗水系数符合要求。如果试验段试拌试铺达不到此要求，宜调整所减小的沥青用量的幅度。

c. 对寒区公路、旅游公路、交通量很少的公路，最佳沥青用量可以在 OAC 的基础上增加 0.1% ~ 0.3%，以适当减小设计空隙率，但不得降低压实度要求。

（5）计算沥青结合料被集料吸收的比例及有效沥青含量：

$$P_{ba} = \frac{\gamma_{se} - \gamma_{sb}}{\gamma_{se} \times \gamma_{sb}} \times \gamma_b \times 100 \qquad (5\text{-}6\text{-}19)$$

$$P_{be} = P_b - \frac{P_{ba}}{100} \times P_s \qquad (5\text{-}6\text{-}20)$$

式中　P_{ba} ——沥青混合料中被集料吸收的沥青结合料比例，%；

P_{be} ——沥青混合料中的有效沥青用量，%；

γ_{se} ——集料的有效相对密度，无量纲；

γ_{sb} ——材料的合成毛体积相对密度，无量纲；

γ_b ——沥青的相对密度（25 ℃/25 ℃），无量纲；

P_b——沥青含量，%；

P_s——各种矿料占沥青混合料总质量的百分率之和，%，即 $P_s=100-P_b$。

注：如果需要，可按式（5-6-21）及（5-6-22）计算有效沥青的体积百分率 V_b 及矿料的体积百分率 V_g。

$$V_{be}=\frac{\gamma_f \times P_{be}}{\gamma_b} \quad\quad (5\text{-}6\text{-}21)$$

$$V_g=100-(V_{be}+VV) \quad\quad (5\text{-}6\text{-}22)$$

（6）检验最佳沥青用量时的粉胶比和有效沥青膜厚度。

① 按式（5-6-23）计算沥青混合料的粉胶比，宜符合 0.6～1.6 的要求。对常用的公称最大粒径为 13.2～19 mm 的密级配沥青混合料，粉胶比宜控制在 0.8～1.2。

$$FB=\frac{P_{0.075}}{P_{be}} \quad\quad (5\text{-}6\text{-}23)$$

式中 FB——粉胶比，沥青混合料的矿料中 0.075 mm 通过率与有效沥青含量的比值，无量纲；

$P_{0.075}$——矿料级配中 0.075 mm 的通过率，%，采用用洗法；

P_{be}——有效沥青含量，%。

② 按式（5-6-24）的方法计算集料的比表面积，按式（5-6-25）估算沥青混合料的沥青膜有效厚度。各种集料粒径的表面积系数按表 5-6-3 采用。

$$SA=\sum(P_i \times FA_i) \quad\quad (5\text{-}6\text{-}24)$$

$$DA=\frac{P_{be}}{\gamma_b \times SA}\times 10 \quad\quad (5\text{-}6\text{-}25)$$

式中 SA——集料的比表面积，m²/kg。

P_i——各种粒径的通过百分率，%；

FA_i——相应于各种粒径的集料的表面积系数，如表 5-6-3 所列；

DA——沥青膜有效厚度，μm；

P_{be}——有效沥青含量，%；

γ_b——沥青的相对密度（25 ℃/25 ℃），无量纲。

表 5-6-3　集料的表面积系数计算示例

筛孔尺寸/mm	19	16	13.2	9.5	4.75	2.36	1.18	0.6	0.3	0.15	0.075	集料比表面总和 SA/（m²/kg）
表面积系数 FA_i	0.0041	—	—	—	0.0041	0.0082	0.0164	0.0287	0.0614	0.1229	0.3277	
通过百分率 P_i/%	100	92	85	76	60	42	32	23	16	12	6	
比表面积 $FA_i \times P_i$/(m²/kg)	0.41	—	—	—	0.25	0.34	0.52	0.66	0.98	1.47	1.97	6.60

注：各种公称最大粒径混合料中大于 4.75 mm 尺寸集料的表面积系数 FA 均取 0.0041，且只计算一次，4.75 mm 以下部分的 FA_i 如表 B.6.8 示例。该例的 $SA=6.60$ m²/kg。若混合料的有效沥青含量为 4.65%，沥青的相对密度 1.03，则沥青膜厚度为 $DA=4.65/1.03/6.60\times 10=6.83$ μm。

六、配合比设计检验

对用于高速公路和一级公路的密级配沥青混合料，需在配合比设计的基础上按本规范要求进行各种使用性能的检验；不符合要求的沥青混合料，必须更换材料或重新进行配合比设计。

1. 高温稳定性检验

对公称最大粒径等于或小于 19 mm 的混合料，按试验规程方法，在 60 ℃ 条件下用车辙试验机对设计的沥青用量检验其动稳定度。动稳定度应符合表 5-6-4 的要求。

表 5-6-4　沥青混合料车辙试验动稳定度技术要求

气候条件与技术指标	相应于下列气候分区所要求的动稳定度/（次/mm）								
七月平均最高气温（℃）及气候分区	> 30				20 ~ 30				< 20
	1. 夏炎热区				2. 夏热区				3. 夏凉区
	1-1	1-2	1-3	1-4	2-1	2-2	2-3	2-4	3-2
普通沥青混合料，不小于	800		1 000		600	800			600
改性沥青混合料，不小于	2 400		2 800		2 000	2 400			1 800

2. 水稳定性检验

按规定的试验方法进行浸水马歇尔试验和冻融劈裂试验，残留稳定度及残留强度比均必须符合表 5-6-5 的要求。

表 5-6-5　沥青混合料水稳定性检验技术要求

气候条件与技术指标	相应于下列气候分区的技术要求/%				试验方法
年降雨量（mm）及气候分区	> 1 000	500 ~ 1 000	250 ~ 500	< 250	
	1.潮湿区	2.湿润区	3.半干区	4.干旱区	
浸水马歇尔试验残留稳定度（%），不小于					
普通沥青混合料	80		75		T 0709
改性沥青混合料	85		80		
冻融劈裂试验的残留强度比（%），不小于					
普通沥青混合料	75		70		T 0729
改性沥青混合料	80		75		

3. 低温抗裂性能检验

对公称最大粒径等于或小于 19 mm 的混合料，按规定方法进行低温弯曲试验，其破坏应变宜符合表 5-6-6 的要求。

表 5-6-6　沥青混合料低温弯曲试验破坏应变（με）技术要求

气候条件与技术指标	相应于下列气候分区所要求的破坏应变（με）								
年极端最低气温（℃）及气候分区	< −37.0		−21.5 ~ −37.0			−9.0 ~ −21.5		> −9.0	
	1. 冬严寒区		2. 冬寒区			3. 冬冷区		4. 冬温区	
	1-1	2-1	1-2	2-2	3-2	1-3	2-3	1-4	2-4
普通沥青混合料，不小于	2 600		2 300			2 000			
改性沥青混合料，不小于	3 000		2 800			2 500			

4. 渗水系数检验

利用轮碾机成型的车辙试件进行渗水试验检验的渗水系数宜符合表 5-6-7 的要求。

表 5-6-7　沥青混合料试件渗水系数（mL/min）技术要求

级配类型	渗水系数要求 /（mL/min）
密级配沥青混凝土，不大于	120

5. 钢渣活性检验

对使用钢渣的沥青混合料，应按现行试验规程进行活性和膨胀性试验，钢渣沥青混凝土的膨胀量不得超过 1.5%。

七、配合比设计报告

（1）工程设计级配范围选择说明。
（2）材料品种选择与原材料质量试验结果。
（3）矿料级配。
（4）最佳沥青用量及各项体积指标。
（5）配合比设计检验结果。

八、沥青混合料配合比设计例题

[题目]试设计上海某高速公路沥青混凝土路面用沥青混合料的配合比。
[原始资料]
（1）道路等级：高速公路。
（2）路面类型：沥青混凝土。
（3）结构层位：三层式沥青混凝土的上面层，厚度为 100 mm。
（4）气候条件：最热月平均最高气温 28 ℃，年极端最低气温 −11 ℃；年降雨量 750 mm。
（5）交通条件：重载交通（交通量在 1 000 万辆以上）。
（6）工程设计级配范围：见表 5-6-8，根据以往工程使用情况对该级配进行调整，调整后的级配范围见表 5-6-9。

表 5-6-8　工程设计级配范围

级配类型	通过下列筛孔（mm）的质量百分率（%）									
	16.0	13.2	9.5	4.75	2.36	1.18	0.6	0.3	0.15	0.075
细粒式沥青混凝土（AC-13）	100	90～100	68～85	38～68	24～50	15～38	10～28	7～20	5～15	4～8

表 5-6-9　调整后的工程设计级配范围

级配类型	通过下列筛孔（mm）的质量百分率（%）									
	16.0	13.2	9.5	4.75	2.36	1.18	0.6	0.3	0.15	0.075
调整后的细粒式沥青混凝土	100	95～100	70～88	48～68	36～53	24～41	18～30	12～22	8～16	4～8

（7）材料性能：

① 沥青材料。70 号、90 号 A 级道路石油沥青，经检验技术性能均符合要求。

② 矿质材料。碎石：石灰石轧制碎石，饱水抗压强度为 120 MPa，洛杉矶磨耗率为 12%，黏附性（水煮法）为 4 级，毛体积相对密度为 2.700 g/cm^3；砂：洁净海砂，细度模数属中砂，含泥量及泥块量均 < 1%，毛体积相对密度为 2.650 g/cm^3；石屑：石灰石轧制石屑，毛体积相对密度为 2.680 g/cm^3；矿粉：石灰石磨细石粉，级配范围符合技术要求，无团粒结块，毛体积相对密度为 2.660 g/cm^3。

（8）已建类似沥青混合料的标准油石比：4.9%，已建类似集料的合成毛体积相对密度：2.72。

[设计要求]

（1）根据现有各种矿质材料的筛析结果，用图解法确定各种矿质材料的配合比。

（2）通过马歇尔试验，确定最佳沥青用量。

（3）配合比设计检验。

解：

（一）矿质混合料配合比设计

1．组成材料筛析试验

根据现场取样，碎石、石屑、砂和矿粉等原材料筛分结果列见表 5-6-10。

表 5-6-10　组成材料筛析试验结果

材料名称	筛孔尺寸（方孔筛）/mm									
	16.0	13.2	9.5	4.75	2.36	1.18	0.6	0.3	0.15	0.075
	通过百分率（%）									
碎石	100	94	26	0	0	0	0	0	0	0
石屑	100	100	100	80	40	17	0	0	0	0
砂	100	100	100	100	94	90	76	38	17	0
矿粉	100	100	100	100	100	100	100	100	100	83

2．组成材料配合比计算

用图解法计算组成材料配合比，如图 5-6-4 所示。由图解法确定各种材料用量为碎石：

石屑：砂：矿粉 = 36%：31%：25%：8%。各种材料组成配合比计算如表 5-6-10 所列。将表 5-6-11 计算得到的合成级配绘于矿质混合料级配范围（见图 5-6-5）中。

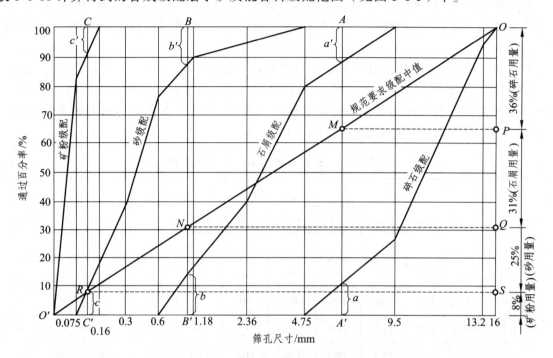

图 5-6-4　矿质混合料配合比计算图

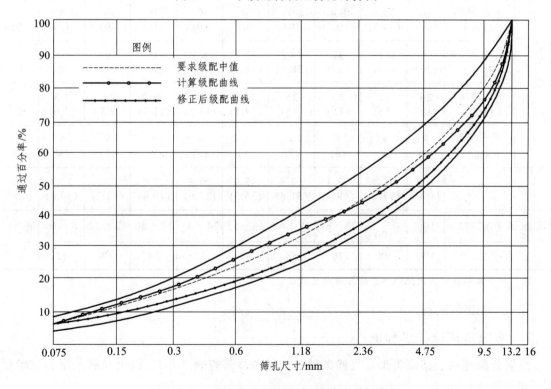

图 5-6-5　矿质混合料级配范围和合成级配图

3. 调整配合比

对于高速公路和一级公路，宜在工程设计级配范围内计算 1~3 组粗细不同的配比，级配曲线分别位于工程设计级配范围的上方、中值及下方。此处仅以位于级配范围下方的曲线计算为例。

经过组成配合比的调整，各种材料用量为碎石∶石屑∶砂∶矿粉 = 41%∶36%∶15%∶8%。按此计算结果列如表 5-6-11 中括号内数字，并将合成级配绘于图 5-6-2 中。由图中可看出，调整后的合成级配曲线为一光滑平顺位于级配范围下方的曲线。确定矿质混合料组成为碎石∶石屑∶砂∶矿粉 = 41%∶36%∶15%∶8%。

表 5-6-11　矿质混合料组成配合计算表

材料组成		筛孔尺寸（方孔筛）/mm									
		16.0	13.2	9.5	4.75	2.36	1.18	0.6	0.3	0.15	0.075
		通过百分率/%									
原材料级配	碎石 100%	100	94	26	0	0	0	0	0	0	0
	石屑 100%	100	100	80	40	17	0	0	0	0	0
	砂　100%	100	100	100	100	94	90	76	38	17	0
	矿粉 100%	100	100	100	100	100	100	100	100	100	83
各种矿质材料在混合料中的级配	碎石 36%（41%）	36(41)	33.8(38.5)	9.4(10.7)	0(0)	0(0)	0(0)	0(0)	0(0)	0(0)	0(0)
	石屑 31%（36%）	31(36)	31(36)	31(36)	24.8(28.8)	12.4(14.4)	5.3(6.1)	0(0)	0(0)	0(0)	0(0)
	砂 25%（15%）	25(15)	25(15)	25(15)	25(15)	23.5(14.1)	22.5(13.5)	19.0(11.4)	9.5(5.7)	4.3(2.6)	0(0)
	矿粉 8%（8%）	8(8)	8(8)	8(8)	8(8)	8(8)	8(8)	8(8)	8(8)	8(8)	6.6(6.6)
合成级配		100(100)	97.8(97.5)	73.4(69.7)	57.8(51.8)	43.9(36.5)	35.8(27.6)	27.0(19.4)	17.5(13.7)	12.3(10.6)	6.6(6.6)
级配范围（AC-13）		100	95~100	70~88	48~68	36~53	24~41	18~30	12~22	8~16	4~8
级配中值		100	98	79	58	45	33	24	17	12	6

注：括号内的数字为级配调整后的各项相应数值。

（二）马歇尔试验

1. 马歇尔试验技术标准

根据公路等级、路面类型、气候条件、交通条件等查表 5-6-1，得出马歇尔试验技术标准，列于表 5-6-14 中。

2. 试件成型

（1）选择沥青。根据公路等级、气候条件、路面类型及结构层位，并结合过去使用的经验，确定沥青等级为 A 级，选择 70 号道路石油沥青。

（2）成型试件：根据经验预估油石比 $P_a = 5.0\%$，$P_a = 5.0\%$ 为中值，采用 0.5% 的间隔变化，确定 5 组油石比为 4.0%、4.5%、5.0%、5.5%、6.0%，按现行试验规程的要求成型马歇尔试件。

3. 马歇尔试验

（1）测定、计算试件物理指标。

按上述方法成型的试件，经冷却、脱模后用表干法测定其毛体积相对密度、最大理论相对密度。计算沥青混合料试件的空隙率、矿料间隙率 VMA、有效沥青的饱和度 VFA，结果见表 5-6-12。

以油石比 4.0% 中试件 1-1 为例，试验结果见表 5-6-13。

① 毛体积密度：

$$\gamma_f = \frac{m_a}{m_f - m_w} = \frac{1\,189.3}{1\,190.2 - 679.2} = 2.327 \ (\text{g/cm}^3)$$

② 沥青混合料的理论最大密度：实测得到。

③ 空隙率：

$$VV = \left(1 - \frac{\gamma_f}{r_t}\right) \times 100 = \left(1 - \frac{2.327}{2.471}\right) \times 100 = 5.8\%$$

④ 合成毛体积相对密度：

$$\gamma_{sb} = \frac{100}{\dfrac{P_1}{\gamma_1} + \dfrac{P_2}{\gamma_2} + \cdots + \dfrac{P_n}{r_n}} = \frac{100}{\dfrac{41}{2.700} + \dfrac{36}{2.680} + \dfrac{15}{2.650} + \dfrac{8}{2.660}} = 2.682$$

⑤ 矿料间隙率：

$$VMA = \left(1 - \frac{r_f}{r_{sb}}\right) \times 100 = \left(1 - \frac{2.327}{2.682}\right) \times 100 = 13.2\%$$

⑥ 有效沥青的饱和度：

$$VFA = \frac{VMA - VV}{VMA} \times 100 = \frac{13.2 - 5.8}{13.2} \times 100 = 56.1$$

（2）力学指标测定。

测定沥青混合料试件的马歇尔稳定度及流值，结果见表 5-6-13。

表 5-6-12　AC-13 沥青混合料马歇尔试验结果报告表

矿料名称	碎石	石屑	砂	矿粉	混合料种类	沥青密度
毛体积相对密度	2.700	2.680	2.650	2.660	AC-13	1.03g/cm³
矿料合成毛体积相对密度	2.682				击实次数　75 次/面	
矿料比例	41	36	15	8	沥青用量%　4.0	

试件编号	直径	高度 1	高度 2	高度 3	高度 4	高度平均	空中重/g	水中重/g	表干质量/g	密度/(g/cm³) 理论值 2.471	实测值	空隙率/%	矿料间隙率/%	沥青饱和度/%	稳定度/kN	流值(0.1 mm)
1-1	101.6	64.4	63.8	63.9	63.3	63.9	1189.3	679.3	1190.2		2.327	5.8	16.7	65.3	8.79	16.3
1-2	101.6	64.5	64.0	64.4	63.3	64.1	1182.6	682.3	1189.2		2.333	5.6	16.5	66.1	8.90	15.7
1-3	101.6	64.5	63.7	63.9	63.2	63.8	1179.6	685.1	1188.2		2.345	5.1	16.1	68.2	8.62	16.1
1-4	101.6	64.2	63.7	63.4	63.2	63.6	1183.5	679.3	1189.3		2.321	6.1	16.9	64.1	8.45	15.8
平均值											2.332	5.6	16.5	65.9	8.69	16.0

表 5-6-13　马歇尔试验物理-力学指标测定结果汇总表

试件组号	油石比/%	技术指标						
		毛体积相对密度 γ_f	最大理论相对密度 γ_t	空隙率 VV/%	矿料间隙率 VMA/%	有效沥青饱和度 VFA/%	稳定度 MS/kN	流值 FL (0.1 mm)
1	4.0	2.332	2.471	5.6	13.1	56.8	8.69	16.0
2	4.5	2.360	2.476	4.7	16.0	70.6	9.71	19.0
3	5.0	2.430	2.521	3.6	13.9	74.1	10.31	23.0
4	5.5	2.428	2.508	3.2	14.4	77.8	10.22	28.1
5	6.0	2.385	2.456	2.9	16.4	82.3	9.79	37.2
技术标准（JTG F40—2004）		—	—	3 ~ 6	详见表 5-5-21	65 ~ 75	> 8	20 ~ 40

（三）确定最佳沥青用量（或油石比）

以油石比为横坐标，分别以毛体积密度、稳定度、空隙率、流值、矿料间隙率 VMA、有效饱和度 VFA 为纵坐标，绘制沥青用量（油石比）与物理-力学指标关系图。将试验结果点入图中，连成圆滑的曲线，如图 5-6-6 所示。

（1）确定沥青最佳用量 OAC_1：求取相应于密度最大值、稳定度最大值、目标空隙率（或中值）、沥青饱和度范围的中值的沥青用量，分别为 $a_1 = 5.1\%$，$a_2 = 5.1\%$，$a_3 = 4.6\%$，$a_4 = 4.5\%$，则 $OAC_1 = (a_1 + a_2 + a_3 + a_4)/4 = 4.8\%$。

（2）确定沥青最佳用量 OAC_2，各项指标均符合技术标准（不含 VMA）的沥青用量范围：$OAC_{min} = 4.6\%$，$OAC_{max} = 5.2\%$，则 $OAC_2 = (4.6\% + 5.2\%)/2 = 4.9\%$。

（3）确定最佳沥青用量 OAC：

$$OAC = (OAC_1 + OAC_2)/2 = (4.8\% + 4.9\%)/2 = 4.9\%$$

① 检验 $OAC = 4.9\%$ 所对应的空隙率和 VMA 值，$VV = 3.7\%$，$VMA = 13.8\%$，能够满足表 5-4-1 最小 VMA 值（按内插法约为 13.7%）要求。且位于 VMA 凹形曲线最小值的偏右一侧。

② 检验 OAC 对应的各项指标均符合马歇尔试验技术标准。

（4）调整确定最佳沥青用量 OAC。

当地为夏热地区并且是高速公路的重载交通路段，预计有可能产生较大车辙，因此将最佳沥青用量 OAC 减小 0.2%，即 OAC 确定为 4.7%。

（四）配合比设计检验

1. 高温稳定性检验

对公称最大粒径等于或小于 19 mm 的混合料，按试验规程（JTG E20—2011）方法，以沥青用量 4.7%，在 60 ℃ 条件下用车辙试验机检验其动稳定度，试验结果见表 5-6-14。

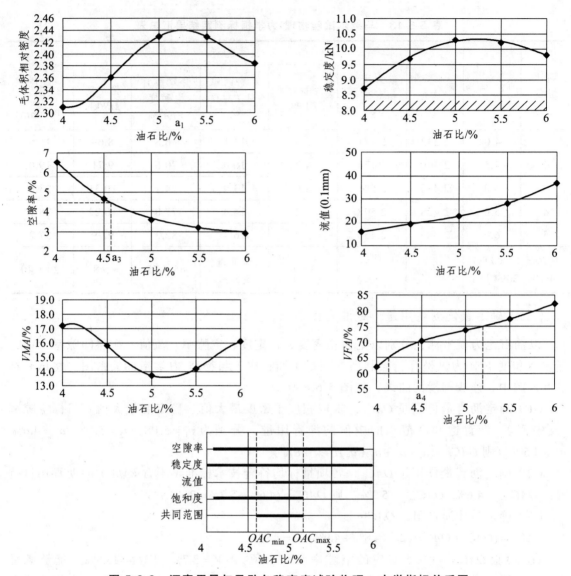

图 5-6-6   沥青用量与马歇尔稳定度试验物理—力学指标关系图

表 5-6-14   沥青混合料抗车辙试验

沥青用量（%）	试验温度 T/°C	试验轮胎压 P/MPa	动稳定度 DS/(次/mm)
$OAC = 4.7$	60	0.7	1 030

从表 5-6-14 中试验结果可知，动稳定度符合表 5-6-4 规定的高速公路 1-3 气候区不小于 1000 次/mm 的要求。

2. 水稳定性检验

按规定的试验方法进行浸水马歇尔试验和冻融劈裂试验，采用沥青用量 4.7% 制备试件，在浸水 48 h 后测定马歇尔稳定度及冻融劈裂残留强度比，试验结果见表 5-6-15。

表 5-6-15　沥青混合料水稳定性试验结果

沥青用量/%	马歇尔稳定度 MS/kN	浸水马歇尔稳定度 MS_1/kN	浸水残留稳定度 MS_0/%	冻融劈裂残留强度比/%
$OAC = 4.7$	8.3	7.6	92	86

从表 5-6-15 中试验结果可知，沥青用量为 $OAC = 4.7\%$ 时，残留稳定度、冻融劈裂残留强度比均符合表 5-6-6 规定的沥青混凝土湿润区不小于 80% 和 75% 的要求。

3. 低温抗裂性能检验

对于夏热气候分区，无需检验低温抗裂性能。

4. 渗水系数检验

利用车辙试件进行渗水试验检验，渗水系数为 75 mL/min，符合表 5-6-7 规定不大于 120 mL/min 的要求。

课题七　其他沥青混合料

一、沥青玛蹄脂碎石混合料（SMA）

（一）概　述

1. 定　义

由沥青结合料与少量的纤维稳定剂、细集料以及较多量的填料（矿粉）组成的沥青玛蹄脂填充于间断级配的粗集料骨架的间隙，组成一体的沥青混合料，简称 SMA。它主要采用粗集料，相互间构成嵌锁结构，很少使用细集料，从而形成间断级配。

2. 类　型

按照公称最大粒径的大小及压实度的厚度，SMA 分为 SMA-20、SMA-16、SMA-13、SMA-10。

3. 术　语

（1）沥青胶浆。由沥青结合料、矿粉、纤维组成的沥青玛琋脂的黏结剂。

（2）沥青玛蹄脂。由沥青胶浆与细集料组成的混合物，用以填充沥青玛琋脂混合料（SMA）的粗集料骨架的间隙，同时起黏结作用。

（3）纤维稳定剂。在沥青玛蹄脂混合料中起吸附沥青，增强结合料黏结力和稳定作用的木质素纤维、矿物纤维、聚合物化学纤维等各类纤维的名称。

（4）粗集料。在 SMA 混合料中形成嵌挤起到骨架作用的集料部分，对 SMA-13、SMA-16 是指粒径大于 4.75 mm 的集料，对 SMA-10 是指粒径大于 2.36 mm 的集料。

4. 特　点

优点：

（1）抗永久变形能力强，辙槽可减轻 30% ~ 40%。

（2）表面粗糙度好，构造深度可达 1.5 ~ 2.0 mm，噪声可减小 1 ~ 3 dB。

（3）抗磨耗能力强。

（4）早期裂缝少，老化较慢，耐久性可延长 20% ~ 40%。

缺点：

（1）造价增加约 20%。

（2）沥青和矿粉用量多，还需使用纤维素，加工较繁，生产率较低。

（3）使用性能对矿粉和沥青用量的敏感性强，适应的气温条件温差较小。

（4）新建的 SMA 潮湿状态时，有过滑的危险。

（二）组成材料

1. 沥青

（1）基本要求：具有较高的黏度，与集料有良好的黏附性，以保证有足够的高温稳定性和低温韧性。

（2）品种：宜采用改性沥青；当不使用改性沥青时，沥青的质量应采用 A 级沥青。

2. 纤维稳定剂

（1）作用：一是稳定沥青；二是改善低温路面的性质和抗滑性。

（2）沥青玛琋脂混合料在没有纤维、沥青含量多、矿粉用量大的情况下，沥青矿粉胶浆在运输、摊铺过程中会产生流淌离析，或在成型后由于沥青膜厚而引起路面抗滑性差等现象。所以，有必要加入纤维聚合物作为稳定剂。

3. 粗集料

（1）采用质地坚硬，表面粗糙，形状接近立方体，有良好的嵌挤能力的破碎集料，并必须符合现行规范关于抗滑表层集料的技术要求。

（2）在细破作业时不得采用鄂式破碎机加工。

（3）当采用酸性石料作粗集料，沥青与石料的黏附性和沥青混合料的水稳定性不符合要求时，应采用改性沥青、掺加适量消石灰粉或水泥等措施。如使用抗剥落剂，必须确认抗剥落剂具有长期的抗水损害效果。

4. 细集料

（1）宜采用专用的细料破碎机（制砂机）生产的机制砂。当采用普通石屑代替时，宜采用与沥青黏附好的石灰岩石屑，且不得含有泥土、杂物。与天然砂混用时，天然砂的用量不宜超过机制砂或石屑的用量。

（2）当采用砂作为细集料使用时，必须测定其粗糙度指标，以表示砂粒的棱角性和表面构造状况。

5. 填料

必须采用由石灰石等碱性岩石磨细的矿粉。矿粉必须保持干燥，能从石粉仓自由流出。

二、大粒径沥青混合料（LSAM）

（一）概述

1. 定义

指含有矿料的最大粒径在 25 ~ 63 mm 的热拌沥青混合料。

2. 特　点

（1）LSAM 具有十分明显的抗永久变形能力，抗车辙能力强。

（2）LSAM 大粒径集料用量多，矿粉用量少，沥青用量少，工程造价低。

（3）LSAM 可一次性摊铺较大厚度，缩短了路面施工工期。

（4）LSAM 内部储温能力高，利于寒冷季节施工。

3. 组成设计方法

国外主要有大马歇尔设计法、Superpave 旋转压实法、GTM 旋转压实法和 LSAM 骨架密实型设计法。

LSAM 通常铺筑在中、下面层，在国外，尤其是北美与南非，一般作为下面层或直接用作基层。

（二）对组成材料的要求

1. 沥　青

采用优质道路石油沥青，其技术要求须满足现行部颁规范。

2. 粗集料

（1）采用石质坚硬、清洁、不含风化颗粒、近立方体的碎石，粒径大于 2.36 mm。

（2）要求选用反击式破碎机轧制的碎石，严格控制细长扁平颗粒含量，以确保粗集料的质量。

3. 细集料

采用坚硬、洁净、干燥、无风化、无杂质并有适当级配的机制砂。

4. 填　料

采用石灰岩等碱性石料经磨细得到的矿粉，不能采用拌和机回收的粉尘。矿粉必须干燥、清洁。

（三）技术性质

1. 车辙试验

采用两种不同的尺寸 300 mm × 300 mm × 60 mm 和 300 mm × 300 mm × 80 mm，采用室内轮碾法成型试件，每组平行试件 3 个，试验温度为 60 ℃，轮压为 0.7 MPa。

2. 水稳定性试验

可采用两种浸水马歇尔试验：

（1）48 h 浸水马歇尔试验。将试件分为两组，每组取 3 个平行试件。一组在 60 ℃ 水浴中养护 45 min 后测其马歇尔稳定度 MS；另一组在 60 ℃ 水浴中恒温养护 48 h 后测其马歇尔稳定度 MS_1。计算浸水残留稳定度 $MS_0 = MS_1 / MS \times 100\%$。

（2）真空饱水马歇尔试验。将试件分两组，每组 3 个平行试件。一组在 60 ℃ 水浴中养护 45 min 后测其马歇尔稳定度 MS；另一组在 98.3 kPa 气压下抽真空 15 min，然后打开进水胶管，靠负压进入冷水流使试件全部浸入水中 15 min，取出试件放在 60 ℃ 的恒温水槽中保温 48 h 后测定马歇尔稳定度 MS_1'。计算浸水残留稳定度 $MS' = MS_1' / MS \times 100$。

三、再生沥青混合料

1915 年，美国开始对沥青路面再生利用的研究；20 世纪 90 年代末再生沥青混合料的用量约占 50%，开发了再生剂；近年来，各种沥青材料再生设备和路面重铺机产品相继问世，材料的重复利用率高达 80%。美国每年再生利用的沥青混合料约为 3 亿吨，可直接节约材料费 15 亿 ~ 20 亿美元。德国是最早将再生料应用于高速公路路面养护的国家，1978 年就将全部废弃沥青路面材料加以回收利用，并以法律形式加以执行。除此之外，芬兰、法国、日本等也都广泛应用再生的沥青混合料。

我国从 20 世纪 80 年代开始采用再生技术。1983 年建设部下达了"废旧沥青混合料再生利用"的研究项目。后期分别在云南省的昆洛、贵昆路，沪宁高速上海段，广佛高速公路等多条道路上进行再生沥青路面试验。

（一）沥青的再生

沥青的再生就是老化的逆过程。通常加入某种组分的低黏度油料（即再生剂）或者适当稠度的沥青材料，进行调配，使沥青质相对含量降低，且提高软沥青质对沥青质的溶解能力，改善沥青的相容性，提高沥青的针入度和延度，使其恢复或接近原来的性能，以满足筑路要求。

（二）沥青路面再生方法

1. 厂拌热再生

旧沥青路面铣刨运回工厂，破碎、筛分，掺入新集料、沥青和再生剂，使混合料达到规范规定的各项指标，按照与新建沥青路面完全相同的方法重新铺筑。

2. 厂拌冷再生

将旧沥青路面材料运回稳定土拌和厂，破碎后作为集料，加入水泥或石灰、粉煤灰、乳化沥青等稳定剂和新料进行搅拌，然后铺筑于基层或底基层。

3. 现场热再生

当沥青路面表面层出现裂缝、泛油、磨损、车辙、坑槽等病害或路用性能下降时，使用先进的现场热再生机组，就地加热旧路面，耙松、收集旧料（RAP），增加适当的新拌沥青混合料、再生剂进行机内热搅拌，随即摊铺、熨平、辗压，即可快速开放交通，是一种连续式的现场热再生作业方式。

4. 现场冷再生

利用专用再生机械在现场铣刨、破碎、加入新料，拌和、摊铺和预压，再由压路机进一步压实。

（三）沥青再生利用的社会效益

再生沥青混合料除了具有一定的经济效益外，还间接地具有良好的社会效益和环境效益，而这些效益是无法用货币来衡量的。

（1）铺筑再生路面而充分利用了旧沥青混合料，解决了沥青路面翻修所产生大量废料对环境的污染问题，保护了人类生存的环境，符合我国可持续发展战略的要求。

（2）不仅节约沥青和砂石材料，减少了对材料的需求量，又有助于自然资源的保护，缓和沥青材料供求的紧张状态。

（3）节省投资，可降低工程造价，使某些原来不能及时翻修的旧沥青路面得以修复，从而改善了道路状况，提高了公路的运输能力，减少了轮胎的磨损，降低了运输成本，减少了可能发生的交通事故，保证了行车舒适安全。

课题八　沥青面层工程质量检测

> **知识点：**
> ◎ SMA、LSAM、再生沥青混合料的基本知识

一、施工前的材料检验

1．概　述

材料是为保证沥青路面建设质量的第一个，也是最重要的一个环节。规范规定了保证质量的三个环节：首先是招标及订货关。供货单位必须提出各种材料的质量检测报告。其次是进货关。供货单位供应的材料有可能违背投标时的承诺，进货时必须重新检验，尤其是砂石料的来源比较杂，必须以"批（lot）"为单位进行控制，施工单位和监理都必须下功夫。再次是使用及保管关。有的材料本来是不错的，可是拌和厂在进货时对堆放场地、堆料顺序马马虎虎，场地和运输路线没有硬化，不同材料之间没有隔离，使用时相互混杂，或者在装载机装料时将泥土混入材料，把本来不错的材料弄得很脏。还有像桶装沥青经常是无序堆放，上面不加盖苫布，导致雨水从桶口漏入。所以材料进场后的存储、堆放、管理情况都必须重视。

2．检验项目

（1）粗集料：筛分、密度、压碎值、针片状含量、含泥量等。
（2）细集料：筛分、密度、含泥量等。
（3）沥青：三大指标。
（4）矿粉：筛分、密度等。

二、施工过程中的质量管理与检查

（1）沥青混合料生产过程中，必须按表 5-8-1 规定的检查项目与频度，对各种原材料进行抽样试验，其质量应符合本规范规定的技术要求。每个检查项目的平行试验次数或一次试验的试样数必须按相关试验规程的规定执行，并以平均值评价是否合格。未列入表中的材料的检查项目和频度按材料质量要求确定。

（2）检测沥青混合料的材料加热温度、混合料出厂温度，取样抽提、筛分检测混合料的矿料级配、油石比。抽提筛分应至少检查 0.075 mm、2.36 mm、4.75 mm、公称最大粒径及中间粒径等 5 个筛孔的通过率。

（3）取样成型试件进行马歇尔试验，测定空隙率、稳定度、流值，计算合格率。对 *VMA*、*VFA* 指标可只作记录（见表 5-8-2）。

表 5-8-1　施工过程中材料质量检查的项目与频度

材料	检查项目	检查频度 高速公路、一级公路	检查频度 其他等级公路	试验规程规定的平行试验次数或一次试验的试样数
粗集料	外观（石料品种、含泥量等）	随时	随时	—
	针片状颗粒含量	随时	随时	2~3
	颗粒组成（筛分）	随时	必要时	2
	压碎值	必要时	必要时	2
	磨光值	必要时	必要时	4
	洛杉矶磨耗值	必要时	必要时	2
	含水量	必要时	必要时	2
细集料	颗粒组成（筛分）	随时	必要时	2
	砂当量	必要时	必要时	2
	含水量	必要时	必要时	2
	松方单位重	必要时	必要时	2
矿粉	外观	随时	随时	—
	<0.075 mm 含量	必要时	必要时	2
	含水量	必要时	必要时	2
石油沥青	针入度	每2~3天1次	每周1次	3
	软化点	每2~3天1次	每周1次	2
	延度	每2~3天1次	每周1次	3
	含蜡量	必要时	必要时	2~3
改性沥青	针入度	每天1次	每天1次	3
	软化点	每天1次	每天1次	2
	离析试验（对成品改性沥青）	每周1次	每周1次	2
	低温延度	必要时	必要时	3
	弹性恢复	必要时	必要时	3
	显微镜观察（对现场改性沥青）	随时	随时	—
乳化沥青	蒸发残留物含量	每2~3天1次	每周1次	2
	蒸发残留物针入度	每2~3天1次	每周1次	2
改性乳化沥青	蒸发残留物含量	每2~3天1次	每周1次	2
	蒸发残留物针入度	每2~3天1次	每周1次	3
	蒸发残留物软化点	每2~3天1次	每周1次	2
	蒸发残留物的延度	必要时	必要时	3

注：① 表列内容是在材料进场时已按"批"进行了全面检查的基础上，日常施工过程中质量检查的项目与要求。

② "随时"是指需要经常检查的项目，其检查频度可根据材料来源及质量波动情况由业主及监理确定；"必要时"是指施工各方任何一个部门对其质量发生怀疑，提出需要检查或根据需要商定的检查频度。

表 5-8-2　热拌沥青混合料的频度和质量要求

项目		检查频度及单点检验评价方法	质量要求或允许偏差	
			高速公路、一级公路	其他等级公路
混合料外观		随时	观察集料粗细、均匀性、离析、油石比、色泽、冒烟、有无花白料、油团等各种现象	
拌和温度	沥青、集料的加热温度	逐盘检测评定	符合本规范规定	
	混合料出厂温度	逐车检测评定	符合本规范规定	
		逐盘测量记录，每天取平均值评定	符合本规范规定	
矿料级配（筛孔）	0.075 mm	逐盘在线检测	±2%（2%）	—
	≤2.36 mm		±5%（4%）	—
	≥4.75 mm		±6%（5%）	—
	0.075 mm	逐盘检查，每天汇总 1 次，取平均值评定	±1%	—
	≤2.36 mm		±2%	—
	≥4.75 mm		±2%	—
	0.075 mm	每台拌和机每天 1～2 次，以 2 个试样的平均值评定	±2%（2%）	±2%
	≤2.36 mm		±5%（3%）	±6%
	≥4.75 mm		±6%（4%）	±7%
沥青用量（油石比）		逐盘在线监测	±0.3%	—
		逐盘检查，每天汇总 1 次，取平均值评定	±0.1%	—
		每台拌和机每天 1～2 次，以 2 个试样的平均值评定	±0.3%	±0.4%
马歇尔试验：空隙率、稳定度、流值		每台拌和机每天 1～2 次，以 4～6 个试件的平均值评定	符合规范规定	
浸水马歇尔试验		必要时（试件数同马歇尔试验）	符合规范规定	
车辙试验		必要时（以 3 个试件的平均值评定）	符合规范规定	

注：① 单点检验是指试验结果以一组试验结果的报告值为一个测点的评价依据，一组试验（如马歇尔试验、车辙试验）有多个试样时，报告值的取用按《公路工程沥青与沥青混合料试验规程》的规定执行。

② 对高速公路和一级公路，矿料级配和油石比必须进行总量检验和抽提筛分的双重检验控制，互相校核，表中括号内的数字是对 SMA 的要求。油石比抽提试验应事先进行空白试验标定，提高测试数据的准确度。

（3）沥青路面铺筑过程中必须随时对铺筑质量进行评定，质量检查的内容、频度、允许差应符合表 5-8-3、表 5-8-4、表 5-8-5 的规定。

表 5-8-3 公路热拌沥青混合料路面施工过程中工程质量的控制标准

项　目		检查频度及单点检验评价方法	质量要求或允许偏差	
			高速公路、一级公路	其他等级公路
外　观		随时	表面平整密实，不得有明显轮迹、裂缝、推挤、油丁、油包等缺陷，且无明显离析	
接　缝		随时	紧密平整、顺直、无跳车	
		逐条缝检测评定	3 mm	5 mm
施工温度	摊铺温度	逐车检测评定	符合本规范规定	
	碾压温度	随时	符合本规范规定	
厚度①	每一层次	随时，厚度 50 mm 以下 厚度 50 mm 以上	设计值的 5% 设计值的 8%	设计值的 8% 设计值的 10%
	每一层次	1 个台班区段的平均值 厚度 50 mm 以下 厚度 50 mm 以上	− 3 mm − 5 mm	
	总厚度	每 2 000 m² 一点单点评定	设计值的 − 5%	设计值的 − 8%
	上面层	每 2 000 m² 一点单点评定	设计值的 − 10%	设计值的 − 10%
压实度②		每 2 000 m² 检查 1 组逐个试件评定并计算平均值	实验室标准密度的 97%（98%） 最大理论密度的 93%（94%） 试验段密度的 99%（99%）	
平整度（最大间隙）④	上面层	随时，接缝处单杆评定	3 mm	5 mm
	中下面层	随时，接缝处单杆评定	5 mm	7 mm
平整度（标准差）	上面层	连续测定	1.2 mm	2.5 mm
	中面层	连续测定	1.5 mm	2.8 mm
	下面层	连续测定	1.8 mm	3.0 mm
	基层	连续测定	2.4 mm	3.5 mm
宽度	有侧石	检测每个断面	± 20 mm	± 20 mm
	无侧石	检测每个断面	不小于设计宽度	不小于设计宽度
纵断面高程		检测每个断面	± 10 mm	± 15 mm
横坡度		检测每个断面	± 0.3%	± 0.5%
沥青层层面上的渗水系数③		每 1 km 不少于 5 点，每点 3 处取平均值	300 mL/min（普通密级配沥青混合料） 200 mL/min（SMA 混合料）	

注：① 表中厚度检测频度指高速公路和一级公路的钻坑频度，其他等级公路可酌情减少状况，且通常采用压实度钻孔试件测定。上面层的允许误差不适用于磨耗层。

② 压实度检测按附录 E 的规定执行，钻孔试件的数量按 11.4.8 的规定执行。括号中的数值是对 SMA 路面的要求；对马歇尔成型试件采用 50 次或者 35 次击实的混合料，压实度应适当提高要求。进行核子仪等无破损检测时，每 13 个测点的平均数作为一个测点进行评定是否符合要求。实验室密度是指与配合比设计相同方法成型的试件密度。以最大理论密度作标准密度时，对普通沥青混合料通过真空法实测确定，对改性沥青和 SMA 混合料，由每天的矿料级配和油石比计算得到。

③ 渗水系数适用于公称最大粒径等于或小于 19 mm 的沥青混合料，应在铺筑成型后未遭行车污染的情况下测定，且仅适用于要求密水的密级配沥青混合料、SMA 混合料。不适用于 OGFC 混合料，表中渗水系数以平均值评定，计算的合格率不得小于 90%。

④ 3 m 直尺主要用于接缝检测，对正常生产路段，采用连续式平整度仪测定。

表 5-8-4　公路沥青表面处治及贯入式路面施工过程中工程质量的控制标准

路面类型	项　目	检查频度及单点检验评价方法	质量要求或允许偏差
沥青表面处治	外观	随时	集料嵌挤密实，沥青撒布均匀，无花白料，接头无油包
	集料及沥青用量	每日 1 次逐日评定	±10%
	沥青洒布温度	每车 1 次评定	符合本规范规定
	厚度（路中及路侧各 1 点）	不少于每 2 000 m² 一点，逐点评定	− 5 mm
	平整度（最大间隙）	随时，以连续 10 尺的平均值评定	10 mm
	宽　度	检测每个断面逐个评定	±30 mm
	横坡度	检测每个断面逐个评定	±0.5%
沥青贯入式路面	外　观	随　时	集料嵌挤密实，沥青撒布均匀，无花白料，接头无油包
	集料及沥青用量	每日 1 次总量评定	±10%
	沥青洒布温度	每车 1 次逐点评定	符合本规范规定
	厚度	每 2 000 m² 一点逐点评定	− 5 mm 或设计厚度的 − 8%
	平整度（最大间隙）	随时，以连续 10 尺的平均值评定	8 mm
	宽度	检测每个断面	±30 mm
	横坡度	检测每个断面	±0.5%

表 5-8-5　公路稀浆封层、微表处施工过程中工程质量的控制标准

	项　目	检查频度及单点检验评价方法	质量要求或允许偏差
	外观	随时	表面平整，均匀一致，无拖痕及显著离析，接缝顺畅
	油石比	每日 1 次总量评定	±0.3%
	厚度	每公里 5 个断面	±10%
矿料级配	0.075 mm	每日 1 次取 2 个试样筛分的平均值	±2%
	0.15 mm		±3%
	0.3 mm		±4%
	0.6、1.18、2.36、4.75、9.5 mm		±5%
	湿轮磨耗试验	每周 1 次	符合设计要求

（4）施工厚度的检测按以下方法执行，并相互校核，当差值较大时通常以总量检验为准。

① 利用摊铺过程在线控制，即不断地用插尺或其他工具插入摊铺层测量松铺厚度。

② 利用拌和厂沥青混合料总生产量与实际铺筑的面积计算平均厚度进行总量检验。

③ 当具有地质雷达等无破损检验设备时，可利用其连续检测路面厚度，但其测试精度需经标定认可。

④ 待路面完全冷却后，在钻孔检测压实度的同时测量沥青层的厚度。

⑤ 沥青路面的压实度采取重点对碾压工艺进行过程控制，适度钻孔抽检压实度的方法。

⑥ 碾压过程中宜采用核子密度仪等无破损检测设备进行压实密度过程控制，测点随机选择，一组不少于 13 点，取平均值，与标定值或试验段测定值比较评定。测定温度应与试验段测定时一致，检测精度通过试验路与钻孔试件标定。

⑦ 在路面完全冷却后，随机选点钻孔取样。

⑧ 压实成型的路面应按《公路路基路面现场测试规程》规定的方法随机选点检测渗水情况，渗水系数的平均值宜符合规范要求。对排水式沥青混合料，应要求水能够迅速排走。如需要测定构造深度，宜在测定渗水的同时在附近选点测定，记录实测结果。

⑨ 施工过程中应随时对路面进行外观（色泽、油膜厚度、表面空隙）评定，尤其特别注意防止粗细集料的离析和混合料温度不均，造成路面局部渗水严重或压实不足，酿成隐患。如果确实该路段严重离析、渗水，且经 2 次补充钻孔仍不能达到压实度要求，确属施工质量差的，应予铣刨或局部挖补，返工重铺。

⑩ 施工过程中必须随时用 3 m 直尺检测接缝及与构造物的连接处平整度的检测，正常路段的平整度采用连续式平整度仪或颠簸累积仪测定。

三、交工验收阶段的工程质量检查与验收

（1）工程完工后，施工单位应将全线以 1~3 km 作为一个评定路段，每一侧车行道按表 5-8-6、表 5-8-7、表 5-8-8 的规定频度，随机选取测点，对沥青面层进行全线自检，将单个测定值与表中的质量要求或允许偏差进行比较，计算合格率，然后计算一个评定路段的平均值、极差、标准差及变异系数。施工单位应在规定时间内提交全线检测结果及施工总结报告，申请交工验收。

（2）沥青路面交工时应检查验收沥青面层的各项质量指标，包括路面的厚度、压实度、平整度、渗水系数、构造深度、摩擦系数。

① 需要作破损路面进行检测的指标，如厚度、压实度宜利用施工过程中的钻孔数据，检查每一个测点与极值相比的合格率，同时计算代表值。厚度也可利用路面雷达连续测定路面剖面进行评定。压实度验收可选用其中的 1 个或 2 个标准，并以合格率低的作为评定结果。

② 路表平整度可采用连续式平整度仪和颠簸累积仪进行测定，以每 100 m 计算一个测值，计算合格率。

③ 路表渗水系数与构造深度宜在施工过程中在路面成型后立即测定，但每一个点为 3 个测点的平均值，计算合格率。

④ 交工验收时可采用连续式摩擦系数测定车在行车道实测路表横向摩擦系数，如实记录测点数据。

⑤ 交工验收时可选择贝克曼梁或连续式弯沉仪实测路面的回弹弯沉或总弯沉，如实记录测点数据（含测定时的气候条件、测定车数据等），测定时间宜在公路的最不利使用条件

下（指春融期或雨季）进行。

表 5-8-6　公路热拌沥青混合料路面交工检查与验收质量标准

检查项目		检查频度（每一侧车行道）	质量要求或允许偏差	
			高速公路、一级公路	其他等级公路
外　观		随　时	表面平整密实，不得有明显轮迹、裂缝、推挤、油盯、油包等缺陷，且无明显离析	
面层总厚度①	代表值	每 1 km　5 点	设计值的 −5%	设计值的 −8%
	极　值	每 1 km　5 点	设计值的 −10%	设计值的 −15%
上面层厚度①	代表值	每 1 km　5 点	设计值的 −10%	—
	极　值	每 1 km　5 点	设计值的 −20%	—
压实度②	代表值	每 1 km　5 点	实验室标准密度的 96%（98%） 最大理论密度的 92%（94%） 试验段密度的 98%（99%）	
	极值（最小值）	每 1 km　5 点	比代表值放宽 1%（每 km）或 2%（全部）	
路表平整度	标准差 σ	全线连续	1.2 mm	2.5 mm
	IRI	全线连续	2.0 m/km	4.2 m/km
	最大间隙	每 1 km 10 处，各连续 10 杆	—	5 mm
路表渗水系数，不大于		每 1 km 不少于 5 点，每点 3 处取平均值评定	300 mL/min（普通沥青路面） 200 mL/min（SMA 路面）	—
宽度	有侧石	每 1 km　20 个断面	±20mm	±30 mm
	无侧石	每 1 km　20 个断面	不小于设计宽度	不小于设计宽度
纵断面高程		每 1 km　20 个断面	±15 mm	±20 mm
中线偏位		每 1 km　20 个断面	±20 mm	±30 mm
横坡度		每 1 km　20 个断面	±0.3%	±0.5%
弯沉	回弹弯沉	全线每 20 m 1 点	符合设计对交工验收的要求	符合设计对交工验收的要求
	总弯沉	全线每 5 m　1 点	符合设计对交工验收的要求	—
构造深度		每 1 km　5 点	符合设计对交工验收的要求	
摩擦系数摆值		每 1 km　5 点	符合设计对交工验收的要求	
横向力系数		全线连续	符合设计对交工验收的要求	

注：① 高速公路、一级公路面层除验收总厚度外，尚须验收上面层厚度。

表 5-8-7　公路沥青表面处治及贯入式路面交工检查与验收质量标准

路面类型	检查项目			检查频度 （每一侧车行道）	质量要求或允许偏差
沥青表面处治	外观			全线	密实，不松散
	厚度①	代表值		每 200 m 每车道 1 点	− 5 mm
		极值		每 200 m 每车道 1 点	− 10 mm
	路表平整度	标准差		全线每车道连续	4.5 mm
		IRI		全线每车道连续	7.5 m/km
		最大间隙		每 1 km 10 处，各连续 10 尺	10 mm
	宽度	有侧石		每 1 km　20 个断面	± 3 cm
		无侧石		每 1 km　20 个断面	不小于设计宽度
	纵断面高程			每 1 km　20 个断面	± 20 mm
	横坡度			每 1 km　20 个断面	± 0.5%
	沥青用量			每 1 km　1 点	± 0.5%
	矿料用量			每 1 km　1 点	± 5%
沥青贯入式路面	外观			全线	密实，不松散
	厚度①	代表值		每 200 m　1 点	− 5 mm 或 − 8%
		极值		每 200 m　1 点	15 mm
	路表平整度	标准差		全线连续	3.5 mm
		IRI		全线连续	5.8 m/km
		最大间隙		每 1 km 10 处，各连续 10 尺	8 mm
	宽度	有侧石		每 1 km　20 个断面	± 30 mm
		无侧石		每 1 km　20 个断面	不小于设计宽度
	纵断面高程			每 1 km　20 个断面	± 20 mm
	横坡度			每 1 km　20 个断面	± 0.5%
	沥青用量			每 1 km　1 点	± 0.5%
	矿料用量			每 1 km　1 点	± 5%

（3）工程交工时应对全线宽度、纵断面高程、横坡度、中线偏位等进行实测，以每个桩号的测定结果评定合格率，最后提出实际的竣工图。

（4）行人道路沥青面层的质量检查及验收与车行道相同，其质量指标应符合 5-8-9 的规定。